冶金专业教材和工具书经典传承国际传播工程

普通高等教育"十四五"规划教材

辽宁省优秀教材 | 冶金优秀教材

"十四五"国家重点
出版物出版规划项目

深部智能绿色采矿工程
金属矿深部绿色智能开采系列教材
冯夏庭 主编

井巷工程

Engineering for Shaft and Drift

（第3版）

赵兴东 主 编

于庆磊 徐 帅 杨宇江 副主编

扫码看本书
数字资源

北 京

冶金工业出版社

2024

内 容 提 要

　　本书根据高等学校采矿工程专业最新教学培养目标及教学大纲编写，以我国矿井建设方面所积累的新理论、新方法和新技术为基础，并反映世界各国的矿井建设发展现状及其成果，理论联系实际、紧密结合生产实践，全面系统地介绍了矿井建设方面的基本理论和基础知识，详细阐述了矿山井巷的设计方法及施工技术。本次修订补充了井巷机械化施工与释能支护。本书内容包括平巷、巷道交岔点、井下车场及其硐室、斜井、斜坡道、天（溜）井，支护工程，复杂地质条件下的巷道施工，巷道施工组织与管理，以及竖井设计与施工等。

　　本书为采矿工程专业本科生的必修课教材，也可供煤炭、水电工程、铁路工程、交通工程以及地下工程等领域的技术人员参考。

图书在版编目（CIP）数据

　　井巷工程/赵兴东主编．—3 版．—北京：冶金工业出版社，2022.10
（2024.1 重印）

　　（深部智能绿色采矿工程/冯夏庭主编）

　　"十四五"国家重点出版物出版规划项目

　　ISBN 978-7-5024-9064-5

　　Ⅰ.①井… Ⅱ.①赵… Ⅲ.①井巷工程—高等学校—教材 Ⅳ.①TD26

　　中国版本图书馆 CIP 数据核字（2022）第 026509 号

井巷工程（第 3 版）

出版发行	冶金工业出版社	电　话	(010)64027926
地　址	北京市东城区嵩祝院北巷 39 号	邮　编	100009
网　址	www.mip1953.com	电子信箱	service@mip1953.com

责任编辑　刘小峰　刘思岐　美术编辑　彭子赫　版式设计　孙跃红　郑小利
责任校对　李　娜　责任印制　窦　唯
三河市双峰印刷装订有限公司印刷
2010 年 5 月第 1 版，2014 年 1 月第 2 版，2022 年 10 月第 3 版，2024 年 1 月第 2 次印刷
787mm×1092mm 1/16；20.75 印张；499 千字；308 页
定价 49.00 元

投稿电话　(010)64027932　投稿信箱　tougao@cnmip.com.cn
营销中心电话　(010)64044283
冶金工业出版社天猫旗舰店　yjgycbs.tmall.com
（本书如有印装质量问题，本社营销中心负责退换）

冶金专业教材和工具书
经典传承国际传播工程
总　序

　　钢铁工业是国民经济的重要基础产业，为我国经济的持续快速增长和国防现代化建设提供了重要支撑，做出了卓越贡献。当前，新一轮科技革命和产业变革深入发展，中国经济已进入高质量发展新时代，中国钢铁工业也进入了高质量发展的新时代。

　　高质量发展关键在科技创新，科技创新离不开高素质人才。党的二十大报告指出："教育、科技、人才是全面建设社会主义现代化国家的基础性、战略性支撑。必须坚持科技是第一生产力、人才是第一资源、创新是第一动力，深入实施科教兴国战略、人才强国战略、创新驱动发展战略，开辟发展新领域新赛道，不断塑造发展新动能新优势。"加强人才队伍建设，培养和造就一大批高素质、高水平人才是钢铁行业未来发展的一项重要任务。

　　随着社会的发展和时代的进步，钢铁技术创新和产业变革的步伐也一直在加速，不断推出的新产品、新技术、新流程、新业态已经彻底改变了钢铁业的面貌。钢铁行业必须加强对科技进步、教育发展及人才成长的趋势研判、规律认识和需求把握，深化人才培养体制机制改革，进一步完善相应的条件支撑，持续增强"第一资源"的保障能力。中国钢铁工业协会《"十四五"钢铁行业人力资源规划指导意见》提出，要重视创新型、复合型人才培养，重视企业家培养，重视钢铁上下游复合型人才培养。同时要科学管理，丰富绩效体系，进一步优化人才成长环境，造就一支能够支撑未来钢铁行业高质量发展的人才队伍。

高素质人才来源于高水平的教育和培训，并在丰富多彩的创新实践中历练成长。以科技创新为第一动力的发展模式，需要科技人才保持知识的更新频率，站在钢铁发展新前沿去思考未来，系统性地将基础理论学习和应用实践学习体系相结合。要深入推进职普融通、产教融合、科教融汇，建立高等教育+职业教育+继续教育和培训一体化行业人才培养体制机制，及时把钢铁科技创新成果转化为钢铁从业人员的知识和技能。

一流的专业教材是高水平教育培训的基础，做好专业知识的传承传播是当代中国钢铁人的使命。20 世纪 80 年代，冶金工业出版社在原冶金工业部的领导支持下，组织出版了一批优秀的专业教材和工具书，代表了当时冶金科技的水平，形成了比较完备的知识体系，成为一个时代的经典。但是由于多方面的原因，这些专业教材和工具书没能及时修订，导致内容陈旧，跟不上新时代的要求。反映钢铁科技最新进展和教育教学最新要求的新经典教材的缺失，已经成为当前钢铁专业人才培养最明显的短板和痛点。

为总结、提炼、传播最新冶金科技成果，完成行业知识传承传播的历史任务，推动钢铁强国、教育强国、人才强国建设，中国钢铁工业协会、中国金属学会、冶金工业出版社于 2022 年 7 月发起了"冶金专业教材和工具书经典传承国际传播工程"（简称"经典工程"），组织相关高校、钢铁企业、科研单位参加，计划用 5 年左右时间，分批次完成约 300 种教材和工具书的修订再版和新编，以及部分教材和工具书的对外翻译出版工作。2022 年 11 月 15 日在东北大学召开了工程启动会，率先启动了高等教育和职业教育教材部分工作。

"经典工程"得到了东北大学、北京科技大学、河北工业职业技术大学、山东工业职业学院等高校，中国宝武钢铁集团有限公司、鞍钢集团有限公司、首钢集团有限公司、河钢集团有限公司、江苏沙钢集团有限公司、中信泰富特钢集团股份有限公司、湖南钢铁集团有限公司、包头钢铁（集团）有限责任公司、安阳钢铁集团有限责任公司、中国五矿集团公司、北京建龙重工集团有限公司、福建省三钢（集团）有限责任公司、陕西钢铁集团有限公司、酒泉钢铁（集团）有限责任公司、中冶赛迪集团有限公司、连平县昕隆实业有限公司等单位的大力支持和资助。在各冶金院校和相关钢铁企业积极参与支持下，工程相关工作正在稳步推进。

　　征程万里，重任千钧。做好专业科技图书的传承传播，正是钢铁行业落实习近平总书记给北京科技大学老教授回信的重要指示精神，培养更多钢筋铁骨高素质人才，铸就科技强国、制造强国钢铁脊梁的一项重要举措，既是我国钢铁产业国际化发展的内在要求，也有助于我国国际传播能力建设、打造文化软实力。

　　让我们以党的二十大精神为指引，以党的二十大精神为强大动力，善始善终，慎终如始，做好工程相关工作，完成行业知识传承传播的使命任务，支撑中国钢铁工业高质量发展，为世界钢铁工业发展做出应有的贡献。

中国钢铁工业协会党委书记、执行会长

2023 年 11 月

金属矿深部绿色智能开采系列教材
序　言

新经济时代，采矿技术从机械化全面转向信息化、数字化和智能化；极大程度上降低采矿活动对生态环境的损害，恢复矿区生态功能是新时代对矿产资源开采的新要求；"四深"（深空、深海、深地、深蓝）战略领域的国家部署，使深部、绿色、智能采矿成为未来矿产资源开采的主趋势。

为了适应这一发展趋势对采矿专业人才知识结构提出的新要求，依据新工科人才培养理念与需求，系统梳理了采矿专业知识逻辑体系，从学生主体认知特点出发，构建以地质、测量、采矿、安全等相关学科为节点的关联化教材知识结构体系，并有机融入"课程思政"理念，注重培育工程伦理意识；吸纳地质、测量、采矿、岩石力学、矿山生态、资源综合利用等相关领域的理论知识与实践成果，形成凸显前沿性、交叉性与综合性的"金属矿深部绿色智能开采系列教材"，探索出适应现代化教育教学手段的数字化、新形态教材形式。

系列教材目前包括《金属矿山地质学》《深部工程地质学》《深部金属矿水文地质学》《智能矿山测绘技术》《金属矿床露天开采》《金属矿床深部绿色智能开采》《井巷工程》《智能金属矿山》《深部工程岩体灾害监测预警》《深部工程岩体力学》《矿井通风降温与除尘》《金属矿山生态-经济一体化设计与固废资源化利用》《金属矿共伴生资源利用》，共13个分册，涵盖地质与测量、采矿、选矿和安全4个专业、近10个相关研究领域，突出深部、绿色和智能采矿的最新发展趋势。

系列教材经过系统筹划，精细编写，形成了如下特色：以深部、绿色、智能为主线，建立力学、开采、智能技术三大类课群为核心的多学科深度交叉融合课程体系；紧跟技术前沿，将行业最新成果、技术与装备引入教材；融入课程思政理念，引导学生热爱专业、深耕专业，乐于奉献；拓展教材展示手段，采用全新数字化融媒体形式，将过去平面二维、静态、抽象的专业知识以三维、动态、立体再现，培养学生时空抽象能力。系列教材涵盖地质、测量、开采、智能、资源综合利用等全链条过程培养，将各分册教材的知识点进行梳理与整合，避免了知识体系的断档和冗余。

系列教材依托教育部新工科二期项目"采矿工程专业改造升级中的教材体系建设"（E-KYDZCH20201807）开展相关工作，有序推进，入选《出版业"十四五"时期发展规划》，得到东北大学教务处新工科建设和"四金一新"建设项目的支持，在此表示衷心的感谢。

主编 冯夏庭

2021 年 12 月

第3版前言

《井巷工程》(第2版)自2014年初由冶金工业出版社出版后,得到各高校相关专业师生的认可,并被辽宁省教育厅、中国冶金教育学会评为优秀教材,编者对各方的支持与鼓励深表感谢。为了更好地适应学科发展需要和现代化教学手段发展要求,突出井巷工程教学特点,准确反映当今国内外井巷工程建设的实际情况,特对本教材进行修订。

本次修订,结合近些年主编单位、教材使用院校以及科研单位在教学与生产实践中提出的一些建议,按照新版《金属非金属矿山安全规程》,对教材内容进行了增补、删减和修订。结合井巷工程机械化施工发展现状,修正金属支架、新奥法内容,强化凿岩台车内容,增加地下矿用卡车、斜坡道施工、释能支护、注浆加固内容。通过修订,力求使教材的内容以现代化井巷工程建设作为基础,以先进井巷工程设计理念为准则,紧密联系矿山井巷工程建设的生产实践,准确反映当前矿山井巷工程建设的新技术、新工艺和新装备。

《井巷工程》(第3版)强调理论的实用性和工程施工的可操作性,通过融媒体教学,让学生既充分掌握井巷工程建设的理论知识,同时也了解井巷工程建设的生产实践知识,是一本理论与实践紧密结合的高等院校采矿工程专业教材。

《井巷工程》(第3版)由赵兴东担任主编,组织修订工作,审定编写内容,并负责统稿;于庆磊、徐帅、杨宇江担任副主编。修订教材的具体分工为:前言、绪论由赵兴东负责修订;第1章由赵兴东、杨宇江负责修订;第2~3章由赵兴东负责修订;第4~5章由徐帅负责修订;第6~7章由赵兴东负责修订;第8章由于庆磊负责修订;第9章由杨宇江负责修订;第

10 章由赵兴东负责修订；刘斌教授担任修订顾问。同时，中钢集团马鞍山矿山研究院陈柏林、中国华冶科工集团马银、北京矿冶研究总院许兆友、中冶北方工程公司郭杰等同志，对本书的修订提出了许多宝贵的建议和意见，在此深表谢意。本书在修订过程中参阅了相关的文献，在此特向其作者表示感谢。衷心感谢冯夏庭院士对本书给予的指导。

　　由于时间仓促，编者水平所限，书中难免有不妥之处，恳请读者批评、指正。

编　者

2021 年 11 月于沈阳

第2版前言

《井巷工程》在2010年由冶金工业出版社出版后，得到各高校相关专业师生的认可，并且被中国冶金教育学会评为优秀教材，编者对各方的支持与鼓励深表感谢。为了更好地适应学科发展的需要，突出井巷工程教学特点，准确反映当今国内外井巷工程建设的实际情况，特对本教材进行修订。

本次修订，结合近些年主编单位、教材使用院校以及科研单位在教学与生产实践中提出的一些建议，对教材进行了增补和删改。结合国内外井巷工程技术无轨运输设备的发展，增加"斜坡道设计"一章；将第1版中"井底车场设计与施工"及"硐室设计与施工"合并为"井下车场及相关硐室设计与施工"；删除了教材中不符合国家《金属非金属矿山安全规程》及相关采矿工程设计规范的内容；删除了木支护、干式喷射混凝土、料石衬砌等过于陈旧的内容；增加了铲运机、喷射混凝土台车等先进施工设备的内容；重点补充了一些设计与施工实例。通过修订，力求使教材的内容以现代化井巷工程建设作为基础，以国内外先进井巷工程设计理念为准则，紧密联系矿山井巷工程建设的生产实践，准确反映目前国内外矿山井巷工程建设的新技术、新工艺和新设备。

《井巷工程》（第2版）强调理论的实用性和工程施工的可操作性，让学生既充分掌握井巷工程建设的理论知识，同时也了解井巷工程建设的生产实践知识，是一本理论与实践紧密结合的高等院校采矿工程专业教材。

《井巷工程》（第2版）由赵兴东担任主编，组织修订工作，审定编写内容，并负责统稿；于庆磊、徐帅、杨宇江担任副主编。修订教材的具体分工为：前言、绪论由赵兴东负责修订；第 1 章由赵兴东、杨宇江负责修订；第2~3章由赵兴东负责修订；第 4~5 章由徐帅负责修订；第6~7章由赵兴东负责修订；第 8 章由于庆磊负责修订；第 9 章由杨宇江负责修订；第 10 章由赵兴东负责修订；刘斌教授担任修订顾问。同时，中钢集团马鞍山矿山研究院陈柏林、中国华冶科工集团马银、北京矿冶研究总院许兆友、中冶北方工程公司郭杰等同志，对本书的修订提出了许多宝贵的建议和意见，在此深表谢意。

本书在修订过程中参阅了相关的文献，在此特向其作者表示感谢。

由于时间仓促，编者水平所限，书中难免有不妥之处，恳请读者批评、指正。

编 者
2013 年 10 月于沈阳

第 1 版前言

矿产资源是我国的基础能源和重要原材料。随着国民经济的发展，对矿产资源的需求量与日俱增，新建矿井数目、竖井的开凿深度也不断增加。井巷工程是矿山建设的重要组成部分，约占矿山建设总工程量的50%~70%。随着现代科学技术发展，井巷施工机械化水平、施工技术、施工工艺、劳动生产率和施工组织管理等方面都有很大提高，这对加快建井速度、提高施工质量、保证施工安全具有重要作用。

井巷工程是一门应用性很强的工程学科，它具有一个特定的应用领域。本教材参照我国井巷工程设计与施工一直采取的"以掘保采，以采促掘，采掘并进，掘进先行"方针，汲取我国冶金矿山的设计、施工和生产的实践经验，依据《金属非金属矿山安全规程》及现行的矿井设计规范，全面系统地介绍了冶金矿山井巷工程设计、施工技术及施工组织与管理的基本理论和基本知识，以及最新的井巷设计与施工理论知识、现代机械设备，使教材力争能够反映我国目前最先进的矿井建设方面的新技术、新工艺和新设备。

井巷工程是矿山开采的主要工程，就井巷掘进而言，主要包括凿岩爆破、通风、装岩、运输、支护五个方面。本教材的编写吸取众多井巷工程方面教材的优点，提出采用现代化的设备和科技知识来强化矿山在井巷掘进的设计与施工，使井巷工程课程内容体现理论与生产实践的相互结合，既让学生掌握理论知识，又能了解生产实践知识，满足生产实践的要求。

本教材由赵兴东担任主编，并负责统稿，于庆磊、徐帅担任副主编，刘斌担任编写顾问。本书编写的人员及分工为：前言、绪论由赵兴东编写，第 1 章由赵兴东、徐帅、崔永峰编写，第 2~7 章由赵兴东编写，第 8 章由赵兴东、朱万成编写，第 9 章由于庆磊编写，第 10 章由李常文编写。

本教材在编写过程中，编者参考了大量相关的文献资料，在此谨向这些文献资料的作者致以诚挚的谢意！

由于编者水平所限，书中不妥之处，恳请读者批评、指正。

编　者
2010 年 4 月于沈阳

目　　录

绪　　论

本章课件

　　矿山建设包括井巷工程、土建工程和机电安装工程。井巷工程是金属非金属矿山建设的重要组成部分，占矿山建设总工程量的 50%～70%，施工工期长、条件差、技术复杂，是影响矿山建设进度和质量的关键环节。在地下矿山的建设和生产中，井巷工程是开采矿石的通道，与采矿生产紧密联系，互相促进和依存。其中，竖井工程在矿山建设中是主要连锁工程之一，它的完成时间直接影响到矿井建设的总工期。合理选取开拓方案，在井巷工程掘进工作中严格遵守质量标准，采用先进技术以加快掘进速度，对缩短矿山的基建周期和保证矿山三级矿量平衡、实现矿山生产的稳产高产，都具有重要意义。

　　在地下开采矿山建设过程中，地面上建设有矿山建（构）筑物、道路、运输线路、矿石与废石的贮存场、行政管理与生活福利建筑等，构成矿山总平面图。当矿山企业为联合企业时，除井口工业场地外，还有选矿厂、尾矿库、中央机修厂、总厂场地（布置总仓库、机车库、汽车库）等。

　　为地下矿石开采而开掘的井筒、井下车场、巷道及硐室、主要石门、运输大巷、采区巷道及通风巷道、支护工程等，统称为井巷工程。根据井巷在矿床开采中所发挥的作用，可分为主要开拓巷道和辅助开拓巷道。主要开拓巷道包括：主井、主平硐、井下车场、主溜井及斜坡道、主要运输平巷和石门等。辅助开拓巷道包括：副井、通风井及其他辅助井筒；通风、充填、排水以及各种非运矿石巷道和辅助硐室。将矿块和井筒等开拓巷道连接起来，从而形成完整的运输、通风和排水系统。

　　井巷工程课程内容主要包括井巷工程设计与施工。井巷工程设计是按照矿井生产需要、服务年限和围岩性质，根据设计规范要求，经济合理地确定井巷的断面形状和支护结构等，并贯穿于矿山的初步设计、矿井施工组织设计和作业规程设计中，其内容主要包括井巷断面选择、井巷断面结构尺寸、安全间隙、通风要求等，以及井下相应的凿岩爆破、出渣、运输、通风防尘与降温、井巷支护、施工排水、通信与照明、劳动施工组织等。井巷施工是按照井巷工程设计要求和施工条件，依据金属非金属矿山安全规程要求，采用不同施工技术、施工方法和支护方案，把岩石从地下岩体中开凿出来，形成设计要求的断面形状和结构尺寸，然后在形成的断面形状内进行支护，防止围岩脱落，为矿石开采创造条件。按照井巷工程围岩的强度、完整性、含水量及其赋存的地质环境以及施工队伍和施工设备等情况的不同，可以分别采用普通施工法、机械施工法或特殊施工法。

　　从历史上看，我们伟大的国家是世界上采掘和利用矿石最早的国家。勤劳、勇敢而富于创造性的我国劳动人民，远在四千多年前商周时期就掌握了采矿和冶炼技术，已经开采和冶炼铜矿石。湖北大冶铜绿山古铜矿是一处西周至汉代，包括春秋、战国和西汉时期的铜矿开采与冶炼遗址，遗址内有竖井、斜井和平巷等各种采矿井巷数百条，采用石、木、金属（西周至春秋时期的金属工具为铜制，战国以后为铁制）开凿 40～50m 深竖井，井筒断面为矩形，井巷框架大多用榫卯套接而成，有效解决了井下的通风、排水、提升、照明和支护等一系列复杂技术。安徽铜陵金牛洞古采矿遗址始于春秋时期，在古采矿遗址内已有竖井、平巷、斜井、支架、出入口等，竖井采用"井口接方框密集支架"（垛盘）维护疏松围岩；平巷、斜井采用了顶梁、立柱组成的半杠结构（门）支护，可见当时金属矿井巷开拓技术已相当发达。

战国时期（公元前475年到公元前221年）进入铁器时代，发现和开采的铁矿越来越多。《管子·地数》篇："出铜之山四百六十七山，出铁之山三千六百九山"；《山海经·五藏山经》所载"产铁之山三十七"。战国末期秦国蜀太守李冰在今四川省双流县境内开凿盐井，汲卤煮盐。

秦（公元前221年到公元前207年）统一中国后，执行冶铁官营的经济政策。从河南巩义铁生沟冶铁遗址可推断，西汉时期（公元前202年到公元8年）即已用煤冶铁，冶铁场附近发现有采矿井和巷道。竖井有圆形（直径1.03m）、方形（1m（长）×0.9m（宽））两种，矿井是顺矿体平行掘进，井下有斜形坡道，沿巷道下掘便进入矿床。从竖井和斜井的位置看，已经对不同的矿床采取不同的采掘方法。山西运城铜沟的东汉（公元25年到公元220年）铜矿有古矿洞七处，竖井、斜巷等遗迹；矿石是黄铜矿，也有少量的孔雀石，并发现铁锤、铁钎等采矿工具。唐代不但发明了黑火药，而且在唐宪宗（公元810年）时代开采银、铜、锡、铁等的矿坑已有百余处。在北宋时代（10世纪）已开始在坚硬岩石中用火焚、泽水的方法凿井。寇宗奭记载贵州丹砂的开采时说："蛮洞锦州界……其井深广数十丈，先聚薪於井，满则纵火焚之。其青石壁迸裂处，即有小龛。"元代（公元1200年）已有250m以上的深盐井。至明代（公元1400年）采矿时不仅掌握了勘查和开采技术，而且有了通风、支护和提升方法（见图0-1）。可见，当时的井巷工程也达到了相当的水平。在这些年代里，我国在矿业方面已经远远地走在世界其他各国的前面。在清代，17世纪初，欧洲

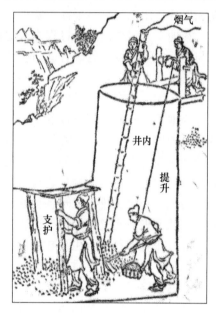

图0-1　明代采矿

人将中国传入的黑火药用于采矿，用凿岩爆破落矿代替人工挖掘，这是采矿技术发展的一个里程碑。特别是17世纪末叶，随着矿业的发展，井巷工程量增多，我国劳动人民最早发明的火药也渐渐地推广到采矿和井巷工程中应用，同时在凿岩工具方面也相应的有很大进步。

自从鸦片战争（1840~1842年）以后，我国长期陷入帝国主义、官僚资本主义和封建主义的残酷统治，矿业的发展受到阻碍，因而近代中国矿业处于非常落后的状态。在中华人民共和国成立前的几十年中，我国绝大部分的矿山都落到了官僚资本家手里，矿工们受到了非人的待遇和剥削，我国的大好宝藏被任意掠夺和糟蹋。统治者们为了追求最大利润，不顾矿工们的生命安全，采用最落后的技术进行井巷掘进，所有繁重工作几乎全靠人力来完成，井巷工程处于极端落后的状态。根据当时几个较大矿山的资料来看，1940~1949年平均岩石巷道掘进速度月进仅二十几米，开凿竖井的平均速度仅5~10米/月，建

设一个中型矿井至少需要 7~8 年。20 世纪上半叶开始，世界采矿技术迅速发展，出现了硝铵炸药，使用了地下深孔爆破技术，各种矿山设备不断完善和大型化，逐步形成了适用于不同矿床条件的机械化采矿工艺。

　　1949 年中华人民共和国成立后，在中国共产党的正确领导下，国民经济得到了空前迅速的发展，胜利地完成了第一个五年国民经济建设计划，采矿工业也得到了很大的发展。在第一个五年计划期间，我国冶金工业恢复和新建了 41 个黑色和有色矿山，矿山的基本建设共完成 42000 万立方米的井巷工程量，其中包括 12000m 的竖井、655000m 的平巷、165500m³ 的硐室工程。在平巷掘进方面，1956 年张家山平巷掘进创造了月进尺 192.6m 的纪录。1958 年马万水掘进队在破碎的花岗岩中掘进断面为 10.64m² 的石门创造了月进尺 429.7m 的纪录。夹皮沟矿 101 青年掘进队采用多工作面作业法，在人力装岩的条件下，创造了岩石平巷月进尺 966.5m 的纪录。

　　马万水同志和与共和国同龄的马万水英雄集体，为我国冶金工业的发展呕心沥血，无私奉献，先后 20 次攀登掘进高峰，被原冶金部命名为"英雄矿山掘进队"，是全国冶金战线的一面红旗，是新中国成立以来传承至今的一面红旗。他们艰苦奋斗和忘我创业的拼搏奉献精神，凝聚了采矿人的优良品质，成为冶金人最宝贵的精神财富，无比珍贵。"站在排头不让，把住红旗不放""干劲加技术、石头变豆腐"勇攀高峰的精神激励我们不断开拓创新，不负青春，是激励井巷掘进人前进的不竭动力和力量源泉。

　　改革开放和社会主义现代化建设新时期以来，随着科学技术的发展，矿山井巷施工工艺、技术水平以及装备水平的提高，特别是在特殊地质条件下井巷掘进与施工技术的迅速发展，建立了专业的井巷施工队伍。在竖井施工技术方面，先后研究成功环形和伞形钻架、独立回转式凿岩机和大斗容的靠壁式、环形轨道式、中心回转式抓岩机等高效率凿、装设备，以及一大批提升、锚喷机具等配套设备，组成了竖井施工机械化作业线，形成了光面爆破、锚喷支护、短段掘砌和多层吊盘掘、砌平行作业等一系列工艺技术。井筒衬砌采用整体下移式金属模板，由地面稳车悬吊，集中控制，同时下放，抄平找正后，浇筑混凝土，用气动液压泵脱模。竖井提升系统实现提升机信号闭锁、后备保护及安全回路故障显示一体化系统，实现无人值守，自动运转，对矿井的安全平稳运行起到了保障作用。平巷掘进采用凿岩台车、掘进钻车以及液压凿岩机凿岩、多种型号的耙（装）岩机装岩、转载机转运、机车牵引运输，形成了多种配套方式的机械化作业线。天井掘进在发展吊罐法和爬罐法的基础上，天井钻机得到广泛的推广应用，为开凿更长、更大的天井提供了基础条件，天井钻机钻凿的天井高度达 150m 以上，深孔爆破法掘进天井取得成功。斜井掘进机械化作业线取得了较好的技术经济效果，自动化的安全防护措施不断得到完善。在巷道、硐室施工中，光面爆破和锚喷网联合支护等多种技术的应用与发展，使巷道、硐室施工效率大幅提高。

　　深部金属矿开采已经成为采矿业的重要组成。20 世纪及以前，国内金属矿山开采深度主要在 800m 以浅，进入 21 世纪，国内部分矿山向 1000m 以深开采发展。当前我国有 55 座矿山深度超过 1000m，竖井建设深度范围在 1200~1500m，具有代表性的有云南会泽铅锌矿探矿 3 号明竖井，井筒深度 1526m，井筒直径为 6.5m；辽宁抚顺红透山铜矿七系统盲竖井井底深度已达 1600m；本溪龙新思山岭铁矿采用深竖井开拓，建成 7 条 1000m 以深竖井。山东新城金矿藤家矿区主井深度 1417m、副井深度 1268m、回风井深度 1265m；

新城金矿新主井深度 1527m；新疆阿舍勒铜矿主井深度 1246m、副井深度 1230m；辽宁陈台沟铁矿副井深度 1146m；三山岛金矿在建 2000m 深竖井，居亚洲第一位。

当前，我国金属矿山井巷施工仍以凿岩爆破法为主，以凿岩台车、铲运机、矿用卡车、锚杆台车、喷射混凝土台车为主的井巷机械化施工得以推广；井巷通风降温技术进一步发展；深部井巷设计与施工已经成为未来井巷发展的重要方向。

总之，井巷工程是围绕竖井和平巷的设计与施工，研究井筒、巷道、硐室及其深部复杂地质条件下支护的设计和施工的基本理论、方法和技术的科学。它以力学基本理论为基础，主要研究井巷破岩与围岩稳定控制的理论和技术。同时，它又以管理学基本理论为基础，研究井巷工程施工管理的理论和技术。此外，它还与测绘、地质、机械、信息与控制等其他多个学科相交叉，研究井巷设计与施工安全、信息化和智能化等问题。总之，井巷工程是一门综合性、技术性和实践性很强的课程，特别是对于深部井巷工程，发展与采动地压相融合的深部井巷设计理论与施工方法，密切与生产实践结合，形成完整、系统的井巷工程知识体系。

1 平巷设计与施工

本章提要

平巷在地下矿山的建设中占有极其重要的位置，其设计合理与否直接影响到矿山建设的速度。本章系统介绍了平巷断面形状选择及不同断面形状平巷净断面尺寸确定的基础知识；平巷施工基础内容；通风与防尘工作；岩石的装载与转载；平巷掘进机械化作业线等内容。

矿山巷道数量多、类型复杂、用途广，是联系井下各工作场所的主要通道。平巷设计与施工在地下矿山的生产和建设中，占有极为重要的位置，是开发矿床的基本工程，诸如阶段运输平巷、石门、凿岩道、人行通道等。平巷设计依据主要包括：工程地质和水文地质资料（如岩体构造要素、裂隙发育情况、溶洞充填情况、渗透系数、涌水量等），平巷的服务年限和用途以及通风、防火、卫生要求，运输设备的类型和规格尺寸、坑内外运输的联系，平巷内的装备和管缆的规格尺寸、数量及架设要求，工业场地对平巷口的相对位置要求。当平巷埋置在地震地区时，还需掌握地震类型和烈度，设计时要考虑对抗震的要求。

1.1 平巷断面设计

巷道断面设计是否合理，直接影响矿山的生产经济效益和生产的安全条件。因此，合理选择与设计巷道断面是采矿设计中极为重要的问题，对加快平巷的掘进速度，提高掘进质量，缩短矿山建设周期，保持三级矿量平衡，都有重要意义。

巷道断面设计的基本原则：在满足安全与技术要求的条件下，力求提高断面的利用率，降低造价并有利于加快施工进度。

巷道断面设计包括断面形状选择、断面尺寸确定、支护形式选择及巷道内其他设施的布置。

1.1.1 平巷断面形状的选择

1.1.1.1 断面形状

我国地下金属矿山使用的巷道断面形状，按其构成的轮廓线可分为折线形和曲线形两大类。前者如：梯形、多边形等；后者如：半圆拱形、圆弧拱形、三心拱形、椭圆形和圆形等（图1-1）。

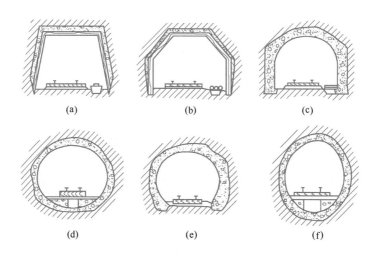

图 1-1 巷道断面形状

（a）梯形巷道；（b）多边形巷道；（c）拱形巷道；（d）圆形巷道；（e）马蹄形巷道；（f）椭圆形巷道

1.1.1.2 断面形状选择时主要考虑的因素

（1）地压大小。梯形或矩形断面仅适用于巷道顶压和侧压均不大的情况；而拱形断面则适用于顶压较大侧压较小的情况；当顶压、侧压均大时，可采用曲墙拱形（把墙也作成曲线形，如马蹄形）；当顶压侧压均大，同时有底鼓时，就应采用封闭式（带底拱的马蹄形、椭圆形或圆形）断面。在巷道围岩坚固稳定，地压和水压不大，且不易风化的岩体中，可采用不支护的拱形断面（设计时按圆弧拱或三心拱考虑）。

（2）巷道的用途及服务年限。巷道的用途和服务年限往往决定其选用何种支护形式。通常服务年限长达数十年的主要开拓巷道，断面形状选用拱形为好，与其相应的支护形式（通常采用混凝土衬砌或喷锚支护）；服务年限 10 年左右的采准巷道，采用拱形巷道断面，多用喷锚支护；服务年限很短的回采巷道，由于有动压，巷道断面设计为圆弧拱形或三心拱形，采用可缩性支架或者锚喷网进行支护。

（3）支护材料与方式。支护方式也直接影响断面形状的选择。液压支柱或者水压支柱仅适用于梯形和矩形断面；钢筋混凝土与喷射混凝土支护，多适用于拱形断面；而金属支架和锚杆支护可适用于任何形状的断面。

（4）巷道施工方法。巷道的掘进方式，对于巷道断面形状的选择也有一定的影响。目前巷道施工主要采用凿岩爆破方式，它能适应各种断面形状。由于光面爆破、锚喷支护的广泛使用，拱形断面中的三心拱断面多被圆弧拱断面代替，以简化设计和有利于施工。采用全断面硬岩掘进机掘进巷道断面的为圆形或圆弧拱形断面。

（5）通风阻力。在通风量大的矿井中，选择通风阻力小的断面形状和支护形式。

上述五个因素密切相关，前两个因素起主导作用，但在工程应用中一定要综合考虑，合理选择。

1.1.2 平巷净断面尺寸确定

不同用途的巷道，断面尺寸的设计方法也不尽相同。大多数巷道，依据通过巷道中运输设备的类型和数量，按《金属非金属矿山安全规程》（以下简称《安全规程》）规定的人行道宽度和各种安全间隙，并考虑管路、电缆及水沟的合理布置等来设计净断面尺寸，然后用通过该巷道的允许风速来校核，合格后再设计支护结构及尺寸，绘制施工图和工程量表。

专为通风或行人用的巷道断面尺寸，只要满足通风或行人的要求即可。为减少平巷断面规格的类型和数量，往往按净断面的要求，选择标准断面即可，不必单独设计。

平巷净断面尺寸设计（有轨）一般按下述顺序进行。

1.1.2.1 巷道净宽确定

拱形巷道的净宽度（B_0）是指直墙内侧的水平距离（图1-2），可按式（1-1）计算：

$$\left.\begin{aligned} B_0 &= 2b + b_1 + b_2 + m \quad （双轨）\\ B_0 &= b + b_1 + b_2 \quad （单轨） \end{aligned}\right\} \tag{1-1}$$

式中 b——运输设备的宽度，mm，按表1-1选取；

b_1——运输设备到支护体的间隙，mm，按表1-2选取；

b_2——人行道的宽度，mm，按表1-3选取，并要求双轨线路之间及溜矿口一侧禁设人行道；人行道尽量不穿越或少穿越线路；在人行道侧铺设管路（架高铺设除外）时，要相应增加人行道宽度，机车、车辆高度超过1.7m时，人行道宽度不小于1.0m；

m——两列对开列车最突出部分间距，mm，按表1-2选取。

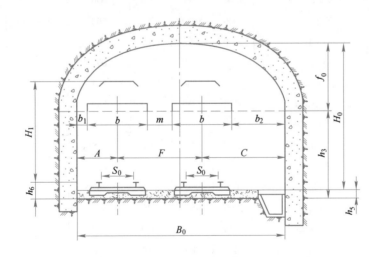

图1-2 巷道净尺寸计算

A—非人行道侧线路中心线到支护体的距离，mm；F—双轨运输线路中心距，mm；
还要考虑设置渡线道岔的可能性；一般按表1-1中选取F值，然后按通过运输设备最大
宽度来验算F值是否符合要求；C—人行道侧线路中心线到支护体的距离，mm。

设计曲线巷道时，要考虑矿车在弯道运行时，由于车体中心线和线路中心线不相吻合，产生矿车外侧车厢边角外伸和矿车内侧车帮内移现象。所以，按式（1-1）计算出的巷道净宽度（B_0）后，还要适当加宽，按表1-4选取加宽值。

表 1-1 金属矿山井下运输设备类型规格尺寸 （mm）

运输设备类型			设备外形尺寸			轨距 S_0	架线高度 H_1	线路中心线 F
			长 L	宽 B	高 H			
电机车	架线式	ZK1.5-6/100	2100	920	1550	600	1800~2000	1300
		ZK1.5-7/100	2100	1040	1550	762	1800~2000	1300
		ZK3-6/250	2700	1250	1550	600	1800~2100	1500
		ZK3-7/250	2700	1250	1550	762	1800~2100	1500
		ZK7-6/250	4500	1060	1550	600	1800~2200	1300
		ZK7-7/250	4500	1360	1550	762	1800~2200	1600
		ZK7-6/550	4500	1060	1550	600	1800~2200	1300
		ZK7-7/550	4500	1360	1550	762	1800~2200	1600
		ZK10-6/250	4500	1060	1550	600	1800~2200	1300
		ZK10-7/250	4500	1360	1550	762	1800~2200	1600
		ZK10-6/550	4500	1060	1550	600	1800~2200	1300
		ZK10-7/550	4500	1360	1550	762	1800~2200	1600
	蓄电池式	XK2.5/48	2100	950	1550	600	—	1300
		XK2.5/48A	2100	950	1550	762	—	1300
		XK2.5/48A	2100	1050	1550	762	—	1300
		XK6/100	4430	1063	1550	900		1300
矿车	固定式车厢	YGC0.5-6	1200	850	1000	600	—	1300
		YGC0.7-6	1500	850	1050	600	—	1300
		YGC1.2-6	1900	1050	1200	600	—	1300
		YGC1.2-7	1900	1050	1200	762	—	1300
		YGC2-6	3000	1200	1200	600	—	1500
		YGC2-7	3000	1200	1200	762	—	1500
		YGC4-7	3700	1330	1550	762	—	1900
		YGC4-9	3700	1330	1550	900	—	1900
	翻斗式矿车	YFC0.50-6	1500	850	1050	600	—	1200
		YFC0.70-6	1650	980	1200	600	—	1300
		YFC0.70-7	1650	980	1200	762	—	1300
		YFC0.75-6	1700	980	1250	600	—	1300
		YFC0.75-7	1700	980	1250	762	—	1300
		YFC1.10-6	2400	980	1250	600	—	1300
		YFC1.10-6	2400	980	1250	762	—	1300
	单侧曲轨侧卸式	YCC0.7-6	1650	980	1050	600	—	1300
		YCC1.2-6	1900	1050	1200	600	—	1300
		YCC2-6	3000	1250	1300	600	—	1500
		YCC2-7	3000	1250	1300	762	—	1500
	底卸式	YDC4-7	3900	1600	1600	762	—	1900
		YDC6-9	5400	1750	1650	900		1900

表 1-2　各种安全间隙　　　　　　　　　　（mm）

运输设备	运输设备之间 m			设备与支护体之间 b_1
	化工部门	冶金部门	建材部门	化工部门
小于 3.5m³ 矿车	≥300	≥300	≥300	≥300
小于 10m³ 矿车	≥300	≥600	≥300	≥600
无轨运输		≥600		≥600
带式输送机		≥400	≥400	≥400

表 1-3　人行道宽度 b_2　　　　　　　　　　（mm）

部　门	电机车		无轨运输	带式输送机	人车停车处的巷道两侧	矿车摘挂钩处两侧
	<14t	≥14t				
冶金部门	800	≥800	≥1200		≥1000	
建材部门	800	≥800	≥1200	≥1000	≥1000	≥1000
化工部门	800	≥800	≥1200		≥1000	

表 1-4　曲线巷道加宽值　　　　　　　　　　（mm）

运输方式	内侧加宽	外侧加宽	线路中心线加宽
电机车	100	200	200
人推车	50	100	100

1.1.2.2　巷道净高确定

巷道净高度（H_0）指从道砟面至拱顶内缘的垂直距离，应满足运输、行人及管缆架设的要求，其最小高度应符合《安全规程》有关规定。由图 1-2 可知，拱形断面巷道的净高度 H_0 为：

$$H_0 = f_0 + h_3 - h_5 \tag{1-2}$$

式中　f_0——拱形巷道拱高，mm；

　　　h_3——拱形巷道墙高，mm；

　　　h_5——巷道铺轨道砟厚度，mm。

A　拱的形式及拱高（f_0）的确定

拱的高度常用高跨比表示，即拱高与净宽度之比。选用较高的拱时，有利于巷道围岩稳定和支护结构受力；反之，不利于巷道围岩稳定和支护结构受力。但前者断面利用不好，后者断面利用较好。根据理论推导，结合矿山实际，通常认为 $f_0 = (0.35 \sim 0.40)B_0$ 是合理的拱高范围。目前，矿山常用的拱高及拱形的几何参数如下。

　　a　半圆拱

半圆拱是以巷道净宽为直径作圆，取其一半作巷道拱部形状。其拱高及拱半径均为巷道净宽的 $\frac{1}{2}$，即 $f_0 = B_0/2$，$R = B_0/2$。半圆拱拱高较大，能承受较大的顶压，但断面利用率低。

　　b　圆弧拱

圆弧拱是取圆周的一部分构成巷道拱部形状，承压性能比半圆拱差，比三心拱好；断面利用率比半圆拱高；与三心拱相比，拱部成形比较容易，施工也比较方便，具体参数见表1-5。

表1-5   圆弧拱有关参数

几 何 形 状	参数 f_0/B_0	$f_0(B_0)$	$R(B_0)$	α	拱弧长 $P_弧(B_0)$
	1/3	0.3333	0.5417	67°23′	1.2740
	1/4	0.2500	0.6250	53°8′	1.1591
	1/5	0.2000	0.7250	43°36′	1.1035

    c   三心拱

取一段大圆弧和两段小圆弧组合而成的新拱形，由于这个拱有三个圆心故称三心拱。它的承压性能比圆弧拱差，碹胎加工制作也比圆弧拱复杂，但断面利用较好。

根据所选择拱的类型和巷道净宽，可得出拱高尺寸。按几何作图法可绘出拱形，其中半圆拱、圆弧拱的绘制简单，三心拱的作图法（图1-3）如下：

先作矩形 $AFEG$，令 $AF=B_0$，$AG=f_0$，$CD\perp AF$ 且 $AD=DF=B_0/2$。连 AC、CF，过 C 点作 $\angle ECF$ 与 $\angle ACG$ 的角平分线，与过 F、A 作 $\angle EFC$ 与 $\angle GAC$ 的

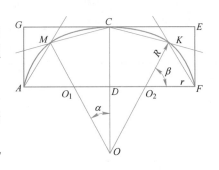

图1-3   三心拱作图法

平分线交于 K、M 点。由 M 作 AC 垂线，由 K 作 CF 垂线，均与 CD 延长线交于 O 点，与 AF 线分别交于 O_1、O_2 点，则得 $OK=OM=R$，$O_1A=O_2F=r$。以 O_1、O_2 为圆心，以 r 为半径作弧 AM、KF；再以 O 为圆心，以 R 为半径作圆弧 MCK，即最后得出三心拱弧形为 $AMCKF$。

为简化巷道断面设计，按表1-6的三心拱的几何参数，可直接绘出三心拱形。

表1-6   三心拱有关参数

几 何 形 状	参数 f_0/B_0	$f_0(B_0)$	$R(B_0)$	$r(B_0)$	β	α	拱弧长 $P(B_0)$	拱面积 $S_拱(B_0^2)$
	1/3	0.3333	0.6920	0.2620	56°19′	33°41′	1.3287	0.2620
	1/4	0.2500	0.9044	0.1727	63°26′	26°34′	1.2111	0.2000
	1/5	0.2000	1.1290	0.1285	68°12′	21°48′	1.6510	0.1600

    B   拱形巷道墙高（h_3）的确定

拱形巷道墙高是指巷道底板至拱基线的距离（图1-2）。通常墙高是根据电机车架线要

求计算，再按行人及管道架设要求验算比较，最后选其中最大值。

　　a　按电机车架线要求确定巷道墙高

架线式电机车滑触线顶端两切线的交点与巷道拱帮间的安全距离不小于300mm。

（1）圆弧拱巷道墙高（图1-4（a））：

$$h_{3圆弧} = H_1 + h_6 - \sqrt{(R-300)^2 - (K+Z)^2} + \sqrt{R^2 - \left(\frac{B_0}{2}\right)^2} \tag{1-3}$$

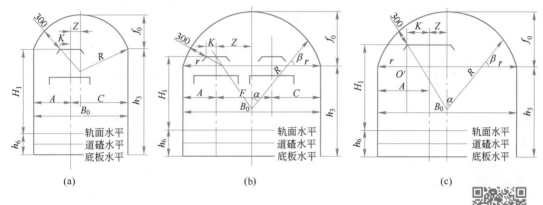

图1-4　架线式电机车墙高计算

电机车

（2）三心拱巷道墙高。当导电弓进入小圆弧断面内（图1-4（b）），即

$$\cos\beta = \frac{r-A+K}{r-300} \geqslant 0.554 \text{ 时：}$$

$$h_{3三心} = H_1 + h_6 - \sqrt{(r-300)^2 - (r-A+K)^2} \tag{1-4}$$

当滑触线进入大圆弧断面内（图1-4（c）），即$\cos\beta < 0.554$时：

$$h_{3三心} = H_1 + h_6 - \sqrt{(R-300)^2 - (K+Z)^2} + R - f_0 \tag{1-5}$$

式中　H_1——巷道轨面至滑触线的高度，安全规程规定：1）主要运输巷道，电源电压低
　　　　　于500V时，H_1不低于1800mm，电源电压为500V或500V以上时，H_1不低
　　　　　于2000mm；2）井下调车场、架线式电机车道与人行道交叉点，电源电压
　　　　　低于500V时，H_1不低于2000mm，电源电压为500V或500V以上时，H_1不
　　　　　低于2200mm；井下车场（至运送人员车站），H_1不低于2200mm；

　　　　h_6——巷道底板至轨面高度，按表1-8选取，mm；

　　　　K——电机车滑触线宽度之半，一般取400mm；

　　　　Z——轨道中心线至巷道中心线间距，mm。

　　上述0.554是指拱高$f = B_0/3$的三心拱小圆的圆心角的余弦值，即$\cos 56°19' = 0.554$。
当$\cos\beta \geqslant 0.554$时，表明滑触线在小圆弧断面内；反之，$\cos\beta < 0.554$时，表明滑触线只在
大圆弧断面内。如此可区分式（1-4）与式（1-5）的使用条件。

b 按行人要求确定巷道墙高

巷道墙高应保证行人避车靠帮站立时，距帮 100mm 处的巷道有效净高不小于 1900mm（图 1-5）。

（1）圆弧拱巷道墙高（图 1-5（a）），按式（1-6）计算：

$$h_{3圆弧} = 1900 + h_5 + \left[R - \sqrt{R^2 - (B_0/2 - 100)^2} \right] - f_0 \qquad (1-6)$$

（2）三心拱巷道墙高（图 1-5（b）），按式（1-7）计算：

$$h_{3三心} = 1900 + h_5 - \sqrt{r^2 - (r - 100)^2} \qquad (1-7)$$

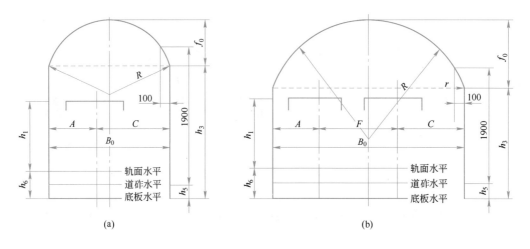

图 1-5 按行人高度要求的墙高计算

c 按架设管道要求确定巷道墙高

要求导电弓与金属管道外缘距离不小于 300mm，管道最下边应满足 1900mm 的行人高度。

1.1.2.3 道床参数与水沟

A 道床

道床是指轨道、轨枕和道砟，矿用道床结构如图 1-6 所示。

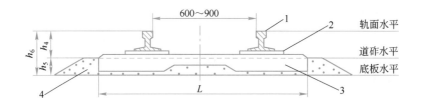

图 1-6 矿用道床结构
1—钢轨；2—垫板；3—轨枕；4—道砟

巷道运输主要采用轻轨（≤30kg/m），对于年产 200 万吨以上的大型矿山，可以采用重轨（>30kg/m）。目前我国生产的轻轨有 8kg/m、11kg/m、15kg/m、18kg/m、24kg/m、30kg/m 六种，重轨有 33kg/m、38kg/m、43kg/m 等种类。

轨道型号按通过该巷道的运输量、电机车类型及矿车容积而定，可按表 1-7 选取。轨枕、道砟应与轨道类型相适应，可按表 1-8 确定轨道结构尺寸。

表 1-7　巷道运输量与机车、矿车及轨道型号规格关系

年运输量/万吨	机车重量/t	矿车容量/m³	轨距/mm	轨道型号/kg·m⁻¹
<8	1.5	0.5~0.6	600	8
8~15	1.5~3	0.6~1.2	600	8~11
15~30	3~7	0.7~1.2	600	11~15
30~60	7~10	1.2~2.0	600	15~18
60~100	10~14	2.0~4.0	600, 762	18~24
100~200	14~20	4.0~6.0	762, 900	24~33
>200	20	>6.0	900	33

表 1-8　轨道结构尺寸

轨道型号/kg·m⁻¹	钢筋混凝土轨枕		木 轨 枕	
	h_6/mm	h_5/mm	h_6/mm	h_5/mm
8, 9	320 (260)	160 (100)	300 (250)	140 (100)
11, 12	320 (270)	160 (100)	320 (260)	140 (100)
15	350	200	320	160
18	350	200	320	160
22, 24, 30	400	250	350	200
33	420	250	360	220

B　水沟

水沟设计的一般要求为：

（1）水沟位置一般设在人行道一侧或空车线一侧。

（2）水沟设置应尽量避免穿越线路或少穿越线路。

（3）水沟坡度与平巷坡度相同，一般不小于 0.3%，巷道底板横向排水坡度不小于 0.2%。

（4）水沟中的最大水流速度，当混凝土支护时为 5~10m/s，不支护时为 3~4.5m/s。

（5）水沟中的最小水流速度应满足泥砂不沉淀的条件，且不应小于 0.5m/s。

（6）将水沟设在巷道的一侧时，应注意：在支护的巷道中，将沿水沟一侧的巷道基础加宽 100mm 以上，作为水沟盖板的支撑面，而水沟底板的掘进面，在一般情况下，比侧墙基础浅 50~100mm；在梯形和不规则断面形状的巷道中，水沟不应沿支撑窝开凿，同时水沟一侧的掘进，距棚腿的宽度不应小于 300mm。

（7）平巷水沟盖板一般采用钢筋混凝土预制板，预制盖板的宽度为 600mm，厚度为 50mm。

（8）水沟充满度取 0.75。

（9）水沟断面一般为等腰梯形、直角梯形或矩形。水沟侧帮坡度（图 1-7），当为混凝土或不支护时，一般为 1∶0.1~1∶0.25。

等腰梯形　　　　　　　直角梯形　　　　　　　矩形

图 1-7　水沟断面形状图

1.1.2.4　管缆布置

按生产要求，巷道内要设置管道和电缆，如压风管、排水管、供水管、动力电缆、照明电缆和通信电缆等。这些管线的布置要考虑安全、架设及检修的方便。

A　管道布置的一般要求

（1）管道应布置在人行道一侧，管子的架设一般采用管墩、托架或锚杆吊挂的方式，设计时要考虑便于维修。

（2）在架线式电机车运输平巷内，为防止电流腐蚀，管道应尽量避免沿平巷底板架设。

（3）管道与管道间垂直或不平行架设时，应保证管道之间留有足够的更换距离。管道架设在平硐顶部时，应不妨碍其他设备的维修和更换。

B　电缆布置的一般要求

（1）人行道一侧最好不铺设动力电缆。

（2）动力电缆和通信电缆一般不要铺设在巷道的同一侧。如必须设在同一侧，应各自悬挂，且将动力电缆布置在通信、照明电缆的下方。

（3）电缆与风水管平行铺设时，电缆要悬挂在管道的上方，并隔开 300mm 以上的距离。

（4）在不连续支护的巷道中，为防止电缆被落石砸断，应采用木钩或帆布带悬挂，其强度应保证当有落石时，木钩或帆布能被打断，而不致砸断电缆。

（5）电缆悬挂高度应使矿车掉道时不致撞击电缆，电缆坠落时不致掉在轨道或运输设备上。

（6）铺设电缆时，两悬吊点的间距应不大于 3m。两根电缆的上下距离不得小于 50mm。

（7）电缆到顶板的距离一般不小于 300mm，当有数根电缆时，不小于 200mm。

1.1.2.5　平巷支护参数的选择

巷道支护是影响金属矿山安全生产的关键技术问题。支护形式指混凝土衬砌、喷射混凝土支护，钢筋混凝土衬砌、金属支架、锚喷支护等。通常应根据巷道类型和用途、巷道服务年限、围岩物理力学性质以及支护材料的特性等因素综合分析，选择合理的支护形式。

支护方式确定后，即可进行支护参数的选择。支护参数是指各种支护形式的规格尺寸。如锚喷支护选择的锚杆类型、长度、直径、间距和排距，喷射混凝土的厚度等。对于岩石平巷的支护而言，锚喷支护是主要支护形式。目前，锚喷支护已形成一个支护系列，包括喷射混凝土，锚杆支护，锚杆与喷射混凝土联合支护，锚杆、喷射混凝土与金属网、金属支架的联合支护，锚喷网与混凝土等的联合支护等。

1.1.2.6 坡度

为了便于运输和排水，平巷均设有一定的坡度，其坡度一般与轨道的坡度相同。在一般情况下，运行机车的轨道坡度采用 3‰~5‰ 的重车下坡。在个别区段上，允许达到 10‰~15‰。

在机车需要摘挂钩的矿车装载地点和车场，其轨道的最大坡度应小于列车的基本单位阻力（即 $i_{max} < \omega$）。当 $i = \omega$ 时，则必须设置挡车装置，如阻车器、绞车等。

如果矿车用翻笼连续卸载而不摘钩，空车出翻笼后的一段轨道应用 15‰~18‰ 的自溜坡度。矿车之间的连接钩应挂紧，避免翻笼旋转时连接挂钩产生挤压现象，造成事故。

1.1.2.7 风速验算

几乎井下所有巷道都起通风作用。当通过该巷道的风量确定后，断面越小，风速越大。风速过大会扬起粉尘，影响工作效率和工人健康。为此，《安全规程》规定了各种用途的巷道所允许的最高风速（表 1-9）。故设计出巷道净断面后，还必须进行风速验算。若风速超过允许的最高风速，则应重新修改断面尺寸，直至满足通风要求为止。通常按式（1-8）验算：

$$v = \frac{Q}{S_{净}} < v_{允}　　　　　　(1-8)$$

式中　Q——根据设计要求通过该巷道的风量，m^3/s；

　　　$S_{净}$——巷道通风断面积，m^2，按表 1-10 和表 1-11 所列公式计算；

　　　$v_{允}$——允许通过的最大风速，m/s。

表 1-9　井巷断面平均最高风速规定

井巷名称	最高风速/$m \cdot s^{-1}$
专用风井，专用总进风道、专用回风道	20
用于回风的物料提升井	12
提升人员和物料的井筒、用于进风的物料提升井、中段的主要进风道和回风道、修理中的井筒、主要斜坡道	8
运输巷道、采区进风道、输送机斜井	6
采场	4

表 1-10　圆弧拱巷道工程量计算公式

项目名称	单位	符号或计算公式	
		$f_0 = B_0/3$	$f_0 = B_0/4$
从轨面算起电机车（矿车）高度	mm	h	h
从轨面算起墙高	mm	h_1	h_1
道砟高度	mm	h_5	h_5
道砟面到轨面高	mm	h_4	h_4
巷道底板到轨面高度	mm	$h_6 = h_4 + h_5$	$h_6 = h_4 + h_5$
从道砟面算起墙高	mm	$h_2 = h_1 + h_4$	$h_2 = h_1 + h_4$

续表 1-10

项 目 名 称	单位	符号或计算公式	
		$f_0 = B_0/3$	$f_0 = B_0/4$
从底板算起墙高	mm	$h_3 = h_2 + h_5$	$h_3 = h_2 + h_5$
电机车架线高度	mm	H_1	H_1
拱高	mm	f_0	f_0
拱厚	mm	d_0	d_0
巷道掘进高度	mm	$H = h_3 + f_0 + d_0$	$H = h_3 + f_0 + d_0$
运输设备宽度	mm	b	b
运输设备到支架的间隙	mm	b_1	b_1
运输设备之间的间隙	mm	m	m
人行道宽度	mm	b_2	b_2
巷道净宽　单轨	mm	$B_0 = b_1 + b_2 + b$	$B_0 = b_1 + b_2 + b$
双轨	mm	$B_0 = b_1 + b_2 + 2b + m$	$B_0 = b_1 + b_2 + 2b + m$
墙厚	mm	T	T
巷道掘进宽度	mm	$B = B_0 + 2T$	$B = B_0 + 2T$
巷道净周长	mm	$P = 2.274B_0 + 2h_2$	$P = 2.159B_0 + 2h_2$
净断面积(通风断面积)	m²	$S_净 = B_0(h_2 + 0.241B_0)$	$S_净 = B_0(h_2 + 0.175B_0)$
拱部面积	m²	$S_拱 = (1.13B_0 + 1.30d_0)d_0$	$S_拱 = (0.95B_0 + 1.20d_0)d_0$
墙部面积(整体式)	m²	$S_墙 = 2h_3 T$	$S_墙 = 2h_3 T$
喷射混凝土	m²	$S_墙 = 2(h_3 + 0.1)T$	$S_墙 = 2(h_3 + 0.1)T$
掘进断面积($d_0 = T$)	m³	$S_掘 = S_净 + S_拱 + S_墙 + h_5 B_0$	$S_掘 = S_净 + S_拱 + S_墙 + h_5 B_0$
每米巷道掘进体积	m³	$V_掘 = S_掘 \times 1$	$V_掘 = S_掘 \times 1$
每米巷道砌拱所需材料	m³	$V_拱 = S_拱 \times 1$	$V_拱 = S_拱 \times 1$
每米巷道砌墙所需材料	m³	$V_墙 = S_墙 \times 1$	$V_墙 = S_墙 \times 1$
每米巷道基础所需材料	m³	$V_基 = (m_1 + m_2)T + m_1 e$	$V_基 = (m_1 + m_2)T + m_1 e$

注：1. 表中符号见图 1-8。

2. 考虑到超挖部分在预算中计入，此处不予考虑。

3. 掘进断面未包括基础和水沟。

4. 通常有水沟一侧基础深 $m_1 = 500$mm，无水沟一侧 $m_2 = 250$mm；e 值随砌水沟方法不同而定，一般 $e = 100$mm。

表 1-11　三心拱巷道断面及工程量计算公式

名　称	单位	符号或计算公式	
		$f_0 = B_0/3$	$f_0 = B_0/4$
从轨面算起电机车（矿车）高度	mm	h	h
从轨面算起墙高	mm	h_1	h_1
道砟厚度	mm	h_5	h_5
道砟面到轨面高	mm	h_4	h_4
巷道底板到轨面高度	mm	$h_6 = h_4 + h_5$	$h_6 = h_4 + h_5$

名 称	单位	符号或计算公式	
		$f_0 = B_0/3$	$f_0 = B_0/4$
从道砟面算起墙高	mm	$h_2 = h_1 + h_4$	$h_2 = h_1 + h_4$
从底板算起墙高	mm	$h_3 = h_2 + h_5$	$h_3 = h_2 + h_5$
电机车架线高度	mm	H_1	H_1
巷道掘进高度	mm	$H = h_3 + f_0 + d_0$	$H = h_3 + f_0 + d_0$
拱厚	mm	d_0	d_0
运输设备宽度	mm	b	b
运输设备到支架的间隙	mm	b_1	b_1
两运输设备之间的间隙	mm	m	m
人行道宽度	mm	b_2	b_2
巷道净宽　　单轨	mm	$B_0 = b_1 + b_2 + b$	$B_0 = b_1 + b_2 + b$
双轨	mm	$B_0 = b_1 + b_2 + 2b + m$	$B_0 = b_1 + b_2 + 2b + m$
墙厚	mm	T	T
巷道掘进宽度	mm	$B = B_0 + 2T$	$B = B_0 + 2T$
巷道净周长	mm	$P = 2h_2 + 2.33B_0$	$P = 2h_2 + 2.24B_0$
净断面积（通风断面积）	m²	$S_{净} = B_0(h_2 + 0.262B_0)$	$S_{净} = B_0(h_2 + 0.196B_0)$
掘进断面积（$d_0 = T$）	m²	$S_{掘} = Bh_3 + 0.262B_0^2 +$ $(1.33B_0 + 1.55d_0)d_0$	$S_{掘} = Bh_3 + 0.196B_0^2 +$ $(1.22B_0 + 1.58d_0)d_0$
每米巷道掘进体积	m³	$V_{掘} = S_{掘} \times 1$	$V_{掘} = S_{掘} \times 1$
每米巷道砌拱所需材料	m³	$V_{拱} = (1.33B_0 + 1.55d_0)d_0$	$V_{拱} = (1.22B_0 + 1.58d_0)d_0$
每米巷道砌墙所需材料	m³	$V_{墙} = 2h_3T$	$V_{墙} = 2h_3T$
每米巷道基础所需材料	m³	$V_{基} = (m_1 + m_2)T + m_1e$	$V_{基} = (m_1 + m_2)T + m_1e$

注：1. 表中符号见图1-9。

2. 考虑到超挖部分在预算中计入，此处不予考虑。

3. 掘进断面未包括基础和水沟。

4. 通常有水沟一侧基础深 $m_1 = 500$mm，无水沟一侧 $m_2 = 250$mm；e 值随砌水沟方法不同而定，一般 $e = 100$mm。

5. 采用混凝土砌碹支护时，壁后充填厚度 $\delta = 50$mm。

1.1.2.8 绘制巷道断面图并编制工程量及材料消耗量表

巷道设计的最终成果，是按比例（1∶50）绘制巷道断面图，并附有工程量及材料消耗量表。巷道的施工图发至施工单位，作为指导施工的设计依据。

1.1.2.9 平巷断面形状与尺寸确定实例

某矿运输大巷的年生产能力为 60 万吨，铺设双线运输轨道；巷道穿过的主要岩层为 $f = 6 \sim 8$ 的花岗岩，井下正常涌水量为 140m³/h，压风管路 $D_1 = 200$mm，供水管路 $D_2 = 100$mm；巷内需设两条动力电缆和三条通信电缆，通过该巷道的风量为 50m³/s。试设计该巷道断面。

A 选择巷道断面形状和支护材料

该巷道年生产能力为 60 万吨，服务年限 10 年以上，穿过的岩层不稳固，采用混凝土

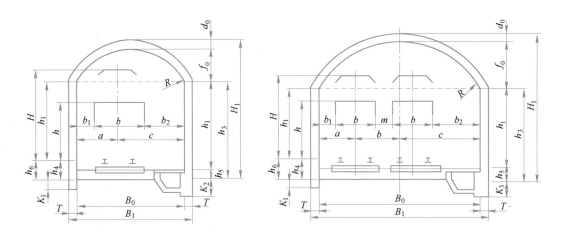

图 1-8　圆弧拱巷道断面尺寸

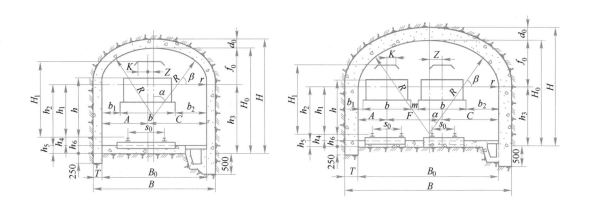

图 1-9　三心拱巷道断面尺寸

砌碹，选用拱高 $f_0 = B_0/3$ 的三心拱的断面，拱与墙同高且与墙同厚，这里按照设计标准取 $d_0 = T = 300\text{mm}$。采用混凝土砌碹支护时，壁后充填厚度 $\delta = 50\text{mm}$。

B　确定巷道净断面尺寸

a　确定巷道净宽度 B_0

根据该巷道年生产能力为 60 万吨，查表 1-1 和表 1-7 可知该矿应选用的电机车为 ZK10-6/250 型架线式电机车，电机车宽为 1060mm，高为 1550mm，线路中心距为 1300mm；选用 YGC2-6 矿车，矿车宽为 1200mm，高为 1200mm，线路中心距为 1500mm，两者比较取大值，所以运输设备（矿车）宽 $b = 1200\text{mm}$，线路中心距（矿车）$F = 1500\text{mm}$，经计算得两运输设备之间的间隙为：

$$m = 1500 - \left(\frac{1200}{2} + \frac{1200}{2} \right) = 300\text{mm}$$

由表 1-2 和表 1-3 可以取运输设备到支架的安全间隙 $b_1 = 300\text{mm}$，人行道宽度 $b_2 =$

800mm，此时巷道净宽度为：

$$B_0 = 2b + m + b_1 + b_2 = 2 \times 1200 + 300 + 300 + 800 = 3800\text{mm}$$

b　确定三心拱参数

拱高 $f_0 = \dfrac{B_0}{3} = \dfrac{3800}{3} = 1267\text{mm}$，这里取值 $f_0 = 1270\text{mm}$。

大圆弧半径 $R = 0.692B_0 = 0.692 \times 3800 = 2630\text{mm}$。

小圆弧半径 $r = 0.262B_0 = 0.262 \times 3800 = 996\text{mm}$，这里取值 $r = 1000\text{mm}$。

c　选择道床参数

根据选择的运输设备，查表 1-7 和表 1-8，初步选择 18kg/m 的钢轨，采用钢筋混凝土轨枕。轨面水平至底板之间距离 $h_6 = 350\text{mm}$，底板水平至道砟水平距离之间距离 $h_5 = 200\text{mm}$，所以道砟水平至轨面水平之间的距离 $h_4 = h_6 - h_5 = 350 - 200 = 150\text{mm}$。

d　确定墙高

（1）按电机车架线要求确定墙高。设架线导电弓宽度的 1/2 为 400mm，即 $K = 400\text{mm}$。

已知：$r = 1000\text{mm}$；$A = \dfrac{b}{2} + b_1 = \dfrac{1200}{2} + 300 = 900\text{mm}$；$K = 400\text{mm}$。

由于 $\cos\beta = \dfrac{r - A + K}{r - 300} = \dfrac{1000 - 900 + 400}{1000 - 300} = 0.714 > 0.554$，表明滑触线在已经进入了小圆弧范围内，根据《安全规程》取 $H_1 = 2000\text{mm}$，由式（1-4）得：

$$h_3 = H_1 + h_6 - \sqrt{(r - 300)^2 - (r - A + K)^2}$$

$$= 2000 + 350 - \sqrt{(1000 - 300)^2 - (1000 - 900 + 400)^2} = 1860.1\text{mm}$$

（2）按管路要求确定墙高。其计算公式如下：

$$h_3 = 1900 + h' + h_5 - \frac{D}{2} - \sqrt{\left(r - \frac{D}{2} - b'\right)^2 - \left(K + b_1 + \frac{D}{2} - c + r\right)^2}$$

式中　h'——管道占用的垂直距离，由图 1-10 可知 h' 等于压风管路和供水管路直径之和，即：$h' = D_1 + D_2 = 200 + 100 = 300\text{mm}$；

h_5——底板水平至道砟水平距离之间距离，$h_5 = 200\text{mm}$；

D——管道法兰盘直径，即 $D = D_1 + 100 = 200 + 100 = 300\text{mm}$；

b'——管道法兰盘与支架间的间隙，因管道直径为 200mm，在 $150 \sim 250\text{mm}$ 之间，取 $b' = 0\text{mm}$；

c——在人行道一侧的线路中心至墙的距离，其计算公式如下：

$$c = b_2 + \frac{b}{2} = 800 + \frac{1200}{2} = 1400\text{mm}$$

代入数据计算得：

$$h_3 = 1900 + h' + h_5 - \frac{D}{2} - \sqrt{\left(r - \frac{D}{2} - b'\right)^2 - \left(K + b_1 + \frac{D}{2} - c + r\right)^2}$$

$$= 1900 + 300 + 200 - \frac{300}{2} - \sqrt{\left(1000 - \frac{300}{2} - 0\right)^2 - \left(400 + 300 + \frac{300}{2} - 1400 + 1000\right)^2}$$

$$= 1528 \text{mm}$$

（3）按行人要求确定墙高。由式（1-7）可知：

$$h_3 = 1900 + h_5 - \sqrt{r^2 - (r - 100)^2}$$

$$= 1900 + 200 - \sqrt{1000^2 - (1000 - 100)^2} = 1664 \text{mm}$$

以上计算结果取大值，即从底板算起墙高为1861mm，取1860mm。

e　巷道净高度 H_0

计算结果为：$H_0 = f_0 + h_3 - h_5 = 1270 + 1860 - 200 = 2930 \text{mm}$。

C　计算巷道净断面积（通风断面）与风速校核

（1）巷道净断面积：

$$S_\text{净} = B_0(h_2 + 0.262B_0) = 3800 \times (1660 + 0.262 \times 3800) \approx 10.1 \text{m}^2$$

（2）风速校核：

$$v = \frac{Q}{S_\text{净}} = \frac{50}{10.1} \approx 4.95 < 6 \text{m/s}$$

满足风速的要求，无需修改断面尺寸。

D　水沟设计与管线布置

（1）水沟坡度和巷道坡度相同，取3‰。

（2）根据涌水量为140m³/h，水沟采取倒梯形混凝土砌碹。经过计算，水沟上宽330mm，下宽280mm，深度250mm，净断面积0.073m²。水沟的断面计算见图1-7。

（3）动力电缆布置在非人行道一侧，通信照明电缆布置在人行道一侧，距供水管300mm以方便检修；电缆必须采用电缆架悬挂至合理的高度。

（4）供水管布置在人行道一侧，距道砟面不得小于1900mm，用锚杆悬挂；压风管和供水管平行布置，且位于供水管之上。

E　计算巷道掘进工作量及材料消耗量

（1）巷道掘进宽度：

$$B = B_0 + 2T = 3800 + 2 \times 300 = 4400 \text{mm}$$

（2）巷道掘进高度：

$$H = H_0 + T = 2930 + 300 = 3230 \text{mm}$$

（3）巷道拱形面积：

$$S_\text{拱} = 1.33(B_0 + T)d_0 = 1.33 \times (3800 + 300) \times 300 = 1.64 \text{m}^2$$

（4）巷道墙断面积：

$$S_\text{墙} = 2h_3 T = 2 \times 1860 \times 300 = 1.12 \text{m}^2$$

（5）巷道基础面积：

$$S_\text{基} = (m_1 + m_2)T + m_1 e = (500 + 250) \times 300 + 500 \times 100 = 0.28 \text{m}^2$$

（6）巷道掘进面积：

$$S_\text{掘} = Bh_3 + 0.262B_0^2 + (1.33B_0 + 1.55d_0)d_0$$

$$= 4400 \times 1860 + 0.262 \times 3800^2 + (1.33 \times 3800 + 1.55 \times 300) \times 300$$

$$= 13.62 \text{m}^2$$

（7）每米巷道砌碹所需材料：

$$V = V_拱 + V_墙 + V_基 = 1.64 + 1.12 + 0.28 = 3.04 \text{m}^3$$

（8）绘制断面图。根据上述计算结果，按规定的比例尺寸（1∶50）绘制巷道断面图（图1-10）。

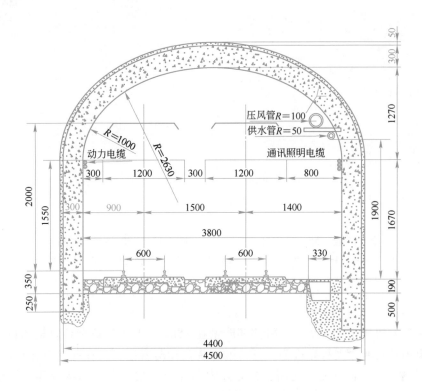

图1-10 双轨运输大巷断面图

1.2 平巷施工

金属矿山主要采用凿岩爆破法进行巷道掘进。施工的主要工序有凿岩、爆破、通风、装岩、运输和支护，辅助工序有撬浮石、铺轨、接长管线等。

1.2.1 凿岩工作

1.2.1.1 凿岩机具

A 风动凿岩机

风动凿岩机是以压缩空气为动力的凿岩机具，按其支架方式可分为手持式、气腿式、向上式（伸缩式）和导轨式；按其冲击频率可分为低频、中频和高频三种。国产气腿式凿岩机一般都是中、低频凿岩机。目前只有YTP-26等少数型号的属于高频凿岩机。

手持式凿岩机，因操作工人体力消耗大，目前已很少使用，主要有Y-30。

气腿式凿岩机由于机身重量由气腿支撑，减轻了人的体力劳动，主要有YT-23（图1-11）、YT-24、YT-26、YT-28。

与气腿轴线平行（旁侧气腿）或与气腿整体连接在同一轴线上的凿岩机，称为向上式凿岩机，专门用于反井和打锚杆施工，主要有 YSP-45（图 1-12）。

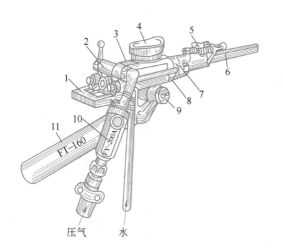

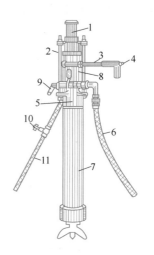

风动凿岩

图 1-11　YT-23 型（原名 7655）凿岩机
1—手把；2—柄体；3—缸体；4—消声罩；5—钎卡；
6—钎子；7—机头；8—长螺杆；9—连接套；
10—自动注油器；11—气腿

图 1-12　YSP-45 型凿岩机
1—机头；2—长螺杆；3—手把；4—放气按钮；
5—柄体；6—风管；7—气腿；8—缸体；
9—操纵阀手柄；10—水阀；11—水管

导轨式凿岩机属于大功率凿岩机，其质量在 35kg 以上、配备有导轨架和自动推进装置。在巷道内钻孔时，需将导轨架、自动推进装置和凿岩机安设在起支撑作用的钻架上，或者与凿岩台车、钻装机配合使用；在立井内钻孔时，则与伞形钻架或环形钻架配合使用，主要有 YG-40、YG-80、YGZ-90、YGP-28。

气腿式凿岩机便于组织多台凿岩机平行凿岩，易于实现凿岩与装岩的平行作业，机动性强，辅助时间短，利于组织快速施工等。

巷道掘进中，凿岩工作占用的时间较长。为了缩短凿岩时间，采用多台凿岩机同时作业，特别是在坚硬岩层中掘进时，效果尤为显著。

工作面同时作业的凿岩机台数，主要取决于岩石性质、巷道断面尺寸、施工速度、工人技术水平以及压缩空气供应能力和整个掘进循环中劳动力平衡等因素。当用气腿式凿岩机组织快速实施时，一般用多台凿岩机同时作业。凿岩机台数可按巷道宽度确定，一般每 0.5~0.7m 宽配备一台。工作面风水管路布置如图 1-13 所示。

B　凿岩台车

凿岩台车是将一台或几台凿岩机连同推进器一起安装在钻臂或台架上，并配以行走机构，实现凿岩作业机械化，它是钻爆法施工常用的一种液压凿岩设备，其主要由高功率液压凿岩机、钻臂（凿岩机的承托、定位和推进机构）、推进器、操作台、动力系统（压气、电、水、液压等）、行走底盘等组成（图 1-14），可实现多台凿岩机同时进行凿岩作业，大大提高凿岩效率，减轻劳动强度，改善劳动条件。

凿岩台车

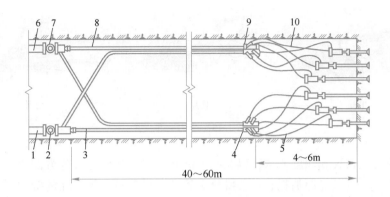

图 1-13　工作面风水管路布置

1—压风干管；2—压风总阀门；3—集中供风胶管；4—分风器；5—供风小胶管；6—供水干管；
7—供水总阀门；8—集中供水胶管；9—分水器；10—供水小胶管

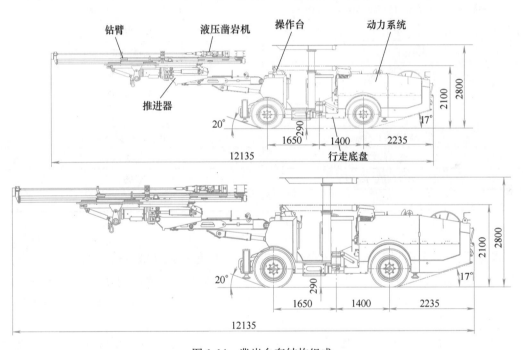

图 1-14　凿岩台车结构组成

钻进系统是凿岩台车的工作机构，由液压凿岩机、钻臂、推进器组成，正确设置、调整钻进系统工作参数（冲击压力、冲击频率、推进压力、转速等），并选择合适的凿岩钻具（钎杆、钎尾、钻头、连接套等），是保证钻孔质量，提高凿岩效率，降低掘进作业成本，实现凿岩工作机械化的关键。

按照凿岩台车钻臂的数目可分为单臂、双臂和三臂等（图 1-15）。

按照行走方式分为轨轮式、履带式、轮胎式。

凿岩台车选择主要包括设备的技术、经济指标的合理性和先进性，分析对比择优选择。技术指标主要包括：(1) 凿岩速度、工作稳定可靠性、结构简单；(2) 满足各种凿

单臂　　　　　　　　双臂　　　　　　　　三臂

图 1-15　凿岩台车

岩爆破工艺对炮孔布置和深度要求，以及巷道断面尺寸和运输方式等方面要求。经济指标主要包括：设备投资、能源消耗、设备维修和管理、设备折旧等方面的费用。通常是将所有费用换算成每钻 1m 炮孔时所需的费用。

常用凿岩台车技术参数见表 1-12（以江西鑫通 DW1-31 凿岩台车为例）。

表 1-12　凿岩台车主要技术参数（DW1-31）

整机外形尺寸（长×宽×高）/mm×mm×mm	12135×2050×2100/2800
适应断面（$b×h$）/mm×mm	6980×6730
凿孔直径/mm	$\phi45\sim102$
钻杆长度/mm	3700/4300
钻孔深度/mm	3405/4000
钻孔速度/m·min^{-1}	0.8~2
最小转弯半径/m	内 3.03、外 5.5
行走速度/km·h^{-1}	12
最小离地间隙/mm	290
总重/kg	13200

1.2.1.2　对凿岩工作的主要要求

凿岩质量的好坏直接影响着爆破效果和巷道施工质量；钻孔效率的高低直接关系到掘进速度的快慢。所以，必须严格按照爆破图表所要求的孔位、方向、深度和角度进行钻孔，并组织好凿岩机的分区、分工作业，以保证钻孔质量并提高钻孔速度。

测量工作

（1）测量工作。为了在工作面上正确布置炮孔的位置和正确掌握巷道掘进方向及坡度，钻孔前首先应将巷道的中线和腰线引到工作面上，用中线指示巷道的掘进方向，用腰线控制巷道的坡度。工作面上的炮孔布置应以巷道中线为基准，准确地定出周边孔、辅助孔和掏槽孔的位置，并做好标志，即可进行钻孔工作。

中线的测量多采用激光指向仪。根据中线来确定炮孔位置和巷道掘进方向，随着巷道前进，定期向前移动指向仪并重新安装和校正。腰线通常设在巷道无水沟侧的墙上，距轨面标高为 1.0m，腰线可用倾斜仪挂在腰线上来延长。

（2）凿岩机的选择。巷道掘进中，当采用气腿式凿岩机时，为提高掘进速度，缩短钻孔时间，常采用多台凿岩机同时作业。一般情况下，每台凿岩机所占的面积为 1.5～2.0m^2，在坚硬岩石中可减到 1.0～1.5m^2。气腿式凿岩机机动性强，辅助工时短，便于组织快速施工。凿岩台车具有效率高、机械化程度高、可打中深孔及钻孔质量高等优点，但采用凿岩台车虽提高了劳动效率，却增加了辅助工作，难以实现钻、装工序的平行作业。

（3）工作面供风、供水设备。掘进工作面同时使用风、水的设备较多，并且装卸、移动频繁。为了提高钻孔工作的效率并使各种工序互不影响，必须配备专用的供风、供水设备，并且予以恰当的布置，其主要特点是在工作面集中供风、供水，将分风、分水器设置在巷道两侧，这样既方便了钻孔工作，又不影响其他工作。

1.2.2 爆破工作

1.2.2.1 爆破参数确定

A 炮孔深度

炮孔深度是指孔底到工作面的平均垂直距离。它是一个很重要的参数，直接与成巷速度、掘进巷道成本等指标有关。炮孔深度的确定，主要依据巷道断面尺寸、岩石性质、凿岩机具类型、装药结构、劳动组织及作业循环等。

一般说来，炮孔加深可以使每个循环进尺增加，相对地减少了辅助作业时间，降低了爆破材料的单耗；但炮孔太深时，凿岩速度就会明显降低，而且爆破后岩石块度不均匀，装岩时间拖长，反而使掘进速度降低。

此外炮孔深度也可根据月进度计划和预定的循环时间进行估算。

（1）按任务要求确定炮孔深度，即：根据在一定时期内要求完成巷道掘进任务来计算炮孔深度：

$$l_b = \frac{L}{t n_M n_S n_C \eta}$$

式中　l_b——炮孔深度，m；

　　　L——巷道全长，m；

　　　t——规定完成巷道掘进任务的时间，月；

　　　n_M——每月工作日，考虑备用系数每月按 25 天计算；

　　　n_S——每天工作班数；

　　　n_C——每班循环数；

　　　η——炮孔利用率。

平巷掘进炮孔深度为 2~3.5m。

（2）按循环组织确定炮孔深度，即：根据完成一个掘进循环的时间和劳动工作组织，计算炮孔深度：

$$l_b = \frac{T - t}{\dfrac{K_p N}{K_d V_d} + \dfrac{\eta S}{\eta_m P_m}}$$

式中　T——每循环时间，h；

　　　t——其他工序（包括交接班、装药、连线等）非平行作业时间总和，h；

　　　K_d——同时工作的凿岩机台数；

　　　K_p——钻孔与装岩的非平行作业时间系数，$K_p \leq 1$；

N——炮孔数目；

P_{m}——装岩机生产率，$\mathrm{m^3/h}$；

η_{m}——装岩机的时间利用率；

V_{d}——每台凿岩机的钻孔速度，$\mathrm{m/h}$。

B　炮孔直径

炮孔直径应和药卷直径相匹配：炮孔直径小，装药困难；而过大的炮孔直径，将使药卷与炮孔内空隙过大，影响爆破效果。目前我国平巷掘进采用的药卷直径为 $\phi 32\mathrm{mm}$ 和 $\phi 35\mathrm{mm}$ 两种，而钎头直径一般为 $\phi 38 \sim 46\mathrm{mm}$。

C　炸药消耗量

由于岩层多变，单位炸药消耗量目前尚不能用理论公式精确计算，一般按《矿山井巷工程预算定额》和实际经验按表 1-13 选取。表中所列数据系指 2 号岩石硝铵炸药；若采用其他炸药时，则需根据其爆力大小加以适当修正。

表 1-13　岩巷掘进炸药消耗量　　　　　　　　（$\mathrm{kg/m^3}$）

断面面积 /m²	岩石普氏系数 f							
	<1.5	2~3	4~6	(7)	8~10	(11)	12~14	15~20
<4	1.14	1.99	2.74	2.84	2.94	3.49	4.04	4.85
<6	0.96	1.60	2.24	2.38	2.51	2.87	3.23	3.89
<8	0.91	1.44	2.02	2.13	2.24	2.61	2.98	2.54
<10	0.80	1.29	1.90	1.96	2.02	2.35	2.67	3.14
<12	0.72	1.21	1.68	1.77	1.86	2.14	2.41	2.95
<15	0.66	1.04	1.48	1.56	1.63	1.88	2.12	2.56
<20	0.59	0.96	1.35	1.40	1.45	1.69	1.92	2.32

注：表中所列炸药定额按 2 号岩石硝铵炸药制定。

巷道断面确定后，可根据岩石普氏系数查表 1-13 找出单位炸药消耗量 q，则一茬炮的总药量 $Q(\mathrm{kg})$ 可按式（1-9）计算：

$$Q = qSL\eta \qquad (1-9)$$

式中　q——单位炸药消耗量，$\mathrm{kg/m^3}$；

S——巷道掘进断面积，$\mathrm{m^2}$；

L——炮孔平均深度，m；

η——炮孔利用率。

炸药

式（1-9）中的 q 和 Q 值是平均值，至于各个不同炮孔的具体装药量，则应根据各炮孔所起的作用及条件不同而加以分配。掏槽孔最重要，而且爆破条件最差，应分配较多的炸药，辅助孔次之，周边孔药量分配最小。周边孔中，底孔分配药量最多，帮孔次之，顶孔最少。采用光面爆破时，周边孔数目相应增加，但每孔药量适当减少。

D　炮孔数目

炮孔数目直接决定每个循环的凿岩时间，在一定程度上又影响爆破效果。实践证明，在装药量一定的条件下，炮孔过多，每个炮孔的装药量减少，炸药过分集中于孔底，爆落岩块不均匀，将给装岩工作造成困难；炮孔过少，爆破出的巷道轮廓不规整。

炮孔数目的确定，一般根据岩石性质、巷道断面积、掏槽方式、爆破材料种类等因素作出炮孔布置图，经过实践最后确定合适的炮孔数目。也可根据将一个循环所需的总炸药量平均装入所有炮孔内的原则进行估算，作为实际排列炮孔时的参考。

一次爆破所需的总炸药量确定后，则炮孔数目可按式（1-10）计算：

$$Q = \frac{NLap}{m} \tag{1-10}$$

式中　N——炮孔数目，个；

　　　a——装药系数（一般为 0.5~0.7）；

　　　p——每个药卷质量，kg；

　　　m——每个药卷的长度，mm。

由式（1-9）和式（1-10）两式相等得孔数为：

$$N = \frac{qS\eta m}{ap} \tag{1-11}$$

炮孔数目也可用 $f = 2.7\sqrt{fS}$ 或 $f = 3.3\sqrt[3]{fS^2}$ 估算。

如前所述，上述公式只是一种估算方法，更切合实际的合理炮孔数目，只能从实际炮孔排列着手，经过实践不断调整完善。

1.2.2.2　爆破图表的编制

爆破图表是井巷施工组织设计中的一个重要组成部分，是指导、检查和总结凿岩爆破工作的技术文件，内容包括三部分：第一部分是爆破原始条件（表 1-14）；第二部分是炮孔布置图（图 1-16）并附有说明（表 1-15）；第三部分是预期爆破效果（表 1-16）。编制爆破图表首先应在实际中调查研究，确定一个初步的爆破图表，经过若干次试验后，不断调整和完善。

表 1-14　爆破原始条件

序　号	名　称	数　量
1	掘进断面/m²	
2	岩石普氏系数（f）	
3	工作面粉尘含量/%	
4	工作面涌水量/m³·h⁻¹	
⋮	⋮	⋮

爆破说明书的主要内容：（1）简单描述巷道的特征（名称、用途、位置、断面形状及其尺寸、坡度等），穿过岩层的名称、地质条件和岩石物理力学性质等；（2）凿岩设备选择；（3）爆破器材选择；（4）钻孔爆破参数计算；（5）爆破网路计算；（6）爆破采取的各项安全措施。

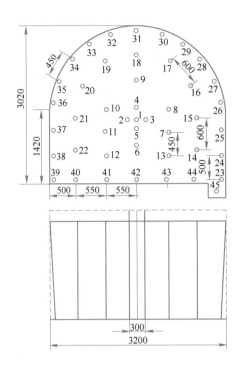

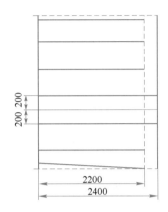

爆破

图 1-16   炮孔排列示意图

表 1-15   炮孔排列及装药量

孔号	炮孔名称	炮孔深度/m	炮孔长度/m	装药量		倾 角		爆破顺序	连线方式
				卷/孔	小计(卷)	水平	垂直		
1~5	掏槽孔								
6~22	辅助孔								
24~38	周边孔								
23,39~44	底 孔								
45	水沟孔								
合计									

表 1-16   预期爆破效果

名 称	数量	名 称	数量
炮孔利用率		每米巷道炸药消耗量/kg·m^{-1}	
每循环工作面进尺/m		每循环炮孔总长度/m	
每循环爆破实体岩石/m^3		每1m^{3}岩石雷管消耗/个·m^{-3}	
炸药消耗量/kg·m^{-3}		每1m巷道雷管消耗/个·m^{-1}	

根据说明书绘出爆破图表。在爆破图表中应有：（1）炮孔布置图，特殊形式的装药结构图；（2）炮孔布置参数和装药参数。

1.2.2.3   光面爆破

光面爆破是一种有效控制巷道轮廓的爆破方法，是国内外矿山广泛使用的一项爆破技术。主要优点：巷道爆破后巷道成形规整，超挖量小；对围岩扰动小，不产生或很少产生炮震裂缝，利于巷道稳定；出渣量少、衬砌材料减少，经济合理。因此，随着锚喷支护工艺的推广使用，光面爆破已成为一种配套技术。

A　光面爆破要求

光面爆破一般应达到如下三个标准：

（1）爆破后，周边留下的半眼痕数应不少于周边孔总数的 50%；

（2）超挖尺寸不得大于 150mm，欠挖不得超过质量标准规定；

（3）围岩上不应留有明显的炮震裂缝。

光面爆破

光面爆破的实质是控制炸药的爆炸能量，减弱其对围岩的破坏作用，合理利用相邻周边孔爆炸冲击波的动力作用和爆破气体的静力作用，在其相邻周边孔的连线上产生有效的裂缝，将岩石切割破坏。

从光面爆破作用原理可知，为达到良好的光面爆破效果，必须合理设计光面爆破有关参数，如周边孔距、最小抵抗线、药卷直径、装药结构和起爆时间等。

B　光面爆破参数

a　周边孔布置

周边孔的最小抵抗线和孔间距是光面爆破的两个主要参数，两者之间有一个合理的比例关系，并随岩石性质的不同而相应变动，同时还要考虑孔深和装药结构的影响。

根据试验，一般可依岩石情况不同，按式（1-12）选择：

$$K = \frac{E}{W} \tag{1-12}$$

式中　K——炮孔密集系数，一般取 0.8~1.0，硬岩中取大值，软岩中取小值；

　　　E——周边孔距，一般取 400~600mm，在拱顶两侧（靠近拱基处），岩石对爆破的夹制作用较大，孔距应适当减少，在裂缝节理发育或层理明显的岩层中，孔距也应适当减少，同时还要减少装药量；

　　　W——最小抵抗线，mm。

b　药卷直径

矿山爆破炸药多采用乳化炸药，药卷直径通常为 ϕ32mm、ϕ35mm，少数情况下采用 ϕ25~30mm 的小直径炸药，或 ϕ38~45mm 的大直径药卷。周边孔装药不耦合系数通常为 1.6。

c　装药结构的合理确定和周边孔的装药量

由于岩石性质各异，每米炮孔的装药量（装药密度），一般按经验数据选取：在软岩中为 100~150g，中硬岩层中为 150~200g，坚硬岩层中为 200~300g。

从理论上来说，光面爆破所要求的炸药应是猛度低爆力高、密度低感度高爆轰稳定。这些矛盾的要求是因为爆力高感度高爆轰稳定的炸药，一般猛度和密度也大。目前我国所用光爆炸药，一般以直径为 25mm 的药卷替代。这种炸药在炮孔中爆炸时，有较大的缓冲间隙，较好地减弱了炸药对围岩的破坏作用，同时又能使炮孔中装药较为均匀。根据我国经验，在无小药卷的情况下，当孔深小于 2m 时，也可采用一般直径的低威力炸药代替。

光面爆破的装药结构（表 1-17），合理的装药结构应使药卷能均匀地分布在炮孔中，并能有效地起到缓冲作用。

表 1-17 光面爆破周边孔装药结构

结构形式	示　意　图	说　明
小直径药卷连续反向装药		（1）用于炮孔深度在 1.8m 以下； （2）采用 ϕ25mm 小直径药卷，炮孔直径 40mm 为宜
单段空气式装药		（1）用于炮孔深度 1.7~2m 为宜； （2）采用普通直径药卷，用毫秒雷管起爆
单段空气柱式装药		（1）用于炮孔深度 1.7~2m 为宜； （2）采用普通直径药卷，用毫秒雷管或秒延期雷管起爆
空气间隔分节装药		（1）炮孔深度不限； （2）用 ϕ25mm 药卷为宜； （3）在有瓦斯巷道应采用安全导爆索

注：1—炮泥；2—脚线；3—药卷；4—雷管；5—导爆索。

d　各周边孔的起爆时差

采用毫秒非电导爆管同时起爆，可以保证周边孔趋近于同时起爆。实践证明如果周边孔各自间起爆时差超过 0.1s 时，就和逐孔爆破一样，难以达到预期光爆效果。

C　光面爆破的施工方法

为保证光面爆破取得良好效果，除了根据岩石性质、工程要求等条件正确选用光爆参数外，精确凿岩极为重要。实践表明，离开精确凿岩，达不到预期光面爆破效果。凿岩时，周边孔口开在设计轮廓线上，在凿岩过程中周边孔应稍微向上或向外偏斜 3°~5°，孔底落在设计轮廓线外 100mm 处，为下茬炮开孔创造条件。另外，炮孔间要互相平行，孔底要落在同一平面上。爆破后的实际轮廓线成缓接的阶梯状（图 1-17）。用光面爆破掘进巷道时，掏槽孔和辅助孔的参数按普通爆破设计，周边孔则按光面爆破设计。

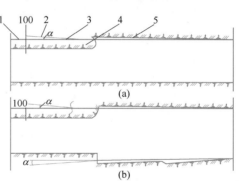

图 1-17 周边孔外甩角度及其轮廓连接
（a）拱部；（b）两帮
1—设计轮廓线；2—周边孔；3—外甩角；
4—光面层；5—实际开挖轮廓线

D　钻孔爆破安全技术

钻孔爆破工作必须严格按《安全规程》和《矿山井巷工程施工及验收规范》有关规定执行。

a　钻孔安全注意事项

（1）开孔时必须使钎头落在实岩上，如有浮石，应处理好后再开孔。

（2）不允许在残孔内继续钻孔。

检橇浮石

（3）开孔时给风阀门不要突然开大，待钻进一段后，再开大风门。

（4）为避免断钎伤人，推进凿岩机不要用力过猛，更不要横向用力，凿岩时钻工应站稳，随时提防突然断钎。

（5）胶皮风管要与风钻接牢，并在使用过程中随时注意检查，以防脱落伤人。

（6）缺水或停水时，应立即停止钻孔。

（7）工作面全部炮孔钻完后，要把凿岩机具清理好，并撤至规定的存放地点。

b　爆破安全注意事项

（1）装药前应检查顶板情况，撤出机具与设备，并切断除照明以外的一切设备的电源。照明灯及导线也应撤离工作面一定距离。

（2）使用电雷管爆破时，母线应妥善地挂在巷道的侧帮上，并且要和金属物体、电缆、电线离开一定距离；装药前要试一下母线是否导通。

（3）在规定的安全地点装配引药（起爆药卷）。

（4）装药时要细心地将药卷装到孔底，防止擦破药卷、装错雷管段号、拉断脚线。有水的炮孔，尤其是底孔，必须使用防水药卷或药卷加防水套，以免受潮拒爆。

（5）装药、连线后应由爆破员与班、组长进行技术检查，并做好爆破前的安全布置。

（6）爆破后要等工作面通风散烟后，安全员率先进入工作面检查认为安全后，其他人员方能进行工作。

（7）发现盲炮应及时处理，如盲炮是由连线不良或错连所造成，则可重新连线补爆；如不能补爆，则应在距原炮孔 0.3m 外钻一个平行的炮孔，重新装放炸药包，严禁手拉或掏挖盲炮。

（8）产生盲炮将意味着有潜在的危险，应在装药前严格检查爆破器材。装、连过程中严格操作和检查，尽量消除产生盲炮的可能。

1.3　通风与防尘工作

1.3.1　通风工作

井下通风

掘进巷道时通风的目的有两个：一是把爆破以后产生的有害气体在较短的时间内排出工作面；二是经常供给工作面新鲜空气，排除掘进时产生的粉尘，降低工作面温度，使工人有良好的工作条件。

在平巷掘进过程中，广泛采用局部扇风机进行工作面通风。平巷掘进通风方式主要有三种：压入式通风、抽出式通风和混合式通风。

1.3.1.1　压入式通风

压入式通风如图 1-18 所示。局部通风机把新鲜空气经风筒压入工作面，污浊空气沿巷道流出。在通风过程中炮烟逐渐随风流排出，当巷道出口处的炮烟浓度下降到安全允许浓度时，即认为排烟过程结束。

这种通风方式可采用胶质或塑料材质的柔性风筒，这种风筒比金属风筒吊挂方便，漏风也少，可用于长距离的独头巷道中。压入式通风的优点是有效射程大，冲淡和排出炮烟的作用比较强。缺点是长距离巷道掘进排出炮烟需要的风量大，所排出的炮烟在巷道中随风流而扩散，蔓延范围大，工人进入工作面往往要穿过这些蔓延的污浊空气。玲珑金矿采用螺式风机及刚性风筒实现独头掘进 1000m 巷道，通风效果良好。

1.3.1.2　抽出式通风

抽出式通风如图 1-19 所示。局部通风机把工作面的污浊空气经风筒抽出，新鲜风流沿巷道流入。风筒的排风口必须设立在主要巷道风流的下方，距掘进巷道口也不得小于 10m。

抽出式通风风流不经过巷道，故排烟时间和排烟所需风量与巷道长度无关，只与排烟抛掷区的体积有关。

抽出式通风的有效吸程很短，只有当风筒口离工作面很近时才获得较好的通风效果，而这一点对于非机组掘进工作面很难做到，故目前在平巷掘进中很少采用。抽出式通风的优点是在有效吸程内的排尘效果好，排除炮烟所需的风量小，回风流不污染巷道。抽出式通风只能采用刚性风筒或刚性骨架的柔性风筒。

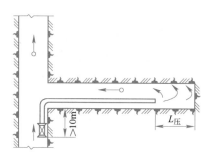

图 1-18　压入式通风　　　　　　　　　图 1-19　抽出式通风

1.3.1.3　混合式通风

混合式通风方式是压入式通风和抽出式通风的联合应用，如图 1-20 所示。掘进巷道时，单独使用压入式通风或抽出式通风都有一定的缺点，为了达到快速排除炮烟的目的，可利用一辅助局部通风机做压入式通风，使新鲜风流压入工作面冲洗工作面的有害气体和粉尘。为使冲洗后的污风不在巷道中蔓延而经风筒排出，可用另一台主要局部通风机进行抽出式通风，这样便构成了混合式通风。

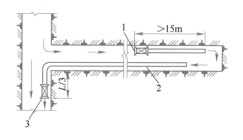

图 1-20　混合式通风示意图
1—压入式局部通风机；2—刚性风筒；
3—局部通风机

混合式通风时局部通风机和风筒的布置如图 1-20 所示。压入式局部通风机的吸风口与抽出风筒抽入口的距离应不小于 15m，以防止造成循环风流。当掘进巷道很长，一台局部通风机不能满足通风要求时，可在距局部通风机为 1/3 风筒长度处串联一台抽出式局部通风机，要求抽出式局部通风机的抽出风量比压入式局部通风机吸入风量大 20%~25%。吸出风筒口到工作面的距离要等于炮烟抛掷长度，压入新鲜空气的风筒口到工作面的距离要小于或等于压入风流的有效作用长度，只有这样才能取得预期的通风效果。

1.3.2　防尘工作

掘进巷道时，在凿岩、爆破、装岩及运输等工作中，不可避免地要产生大量的岩矿微粒，这些岩矿微粒统称为粉尘。作业场所空气中粉尘浓度见表 1-18。部分粉尘粒径小于 $10\mu m$，在空气中浮游，极易被人吸入体内。其中尤以粒径小于 $5\mu m$ 以下的粉尘危害性最强，吸入肺泡而生成硅（矽）酸，时间久了使工人就易患硅（矽）病，日久后呼吸功能便会减退，严重影响健康，甚至造成死亡。根据《安全规程》规定，应采用湿式凿岩作业；在缺水地区或湿式作业有困难的地点，采取干式捕尘等措施。爆破后和装卸矿（岩）时，应进行喷雾洒水。接尘作业人员需佩戴防尘口罩。

表 1-18　作业场所空气中粉尘浓度限值

游离 SiO_2 含量/%	时间加权平均浓度限值/mg·m⁻³	
	总粉尘	呼吸性粉尘
<10	4	1.5
10~50	1	0.7
50~80	0.7	0.3
≥80	0.5	0.2

注：时间加权平均浓度限值是 8h/d 工作时间内接触的平均浓度限值。

1.4　岩石的装载与转运

工作面爆破并经通风将炮烟排除后，即进行装运岩石的工作。

平巷掘进中的装岩和转载运输工作，是掘进循环中最繁重又耗工费时的工序。一般情况下，装岩工序时间占掘进循环总时间的 35%~50%。可见，实现装岩转载机械化，减少调车等辅助时间，以提高装岩机的实际生产能力，缩短装岩工序时间，是减轻掘进工人的劳动强度和提高掘进速度的重要措施。

1.4.1　装岩设备

1.4.1.1　装岩机

铲斗后卸式装岩机在我国矿山应用广泛（图 1-21）。

A　铲斗直接装岩的后卸式装岩机

在这类装岩机中，Z-20B 型在矿山中使用较多，它适用于 5~10m² 中等断面的平巷和倾角在 8°以下的斜井中装岩。自轨面算起的巷道高度不应小于 2.2m，岩石块度以不超过 200~250mm 为宜。

为克服铲斗直接装岩的后卸式装岩机缺点，国内外矿山做了许多研究。例如，改用四轮驱动，以增加机器的黏着重量；采用轮胎和履带行走方式，增加了装载宽度和灵活性，同时，也增大了摩擦系数和黏着系数，因而增加了铲取力；加装皮带运输机，使之降低卸载高度和适于与大容积矿车配合使用；加大功率，加快提升速度，使岩石能抛得更远等。

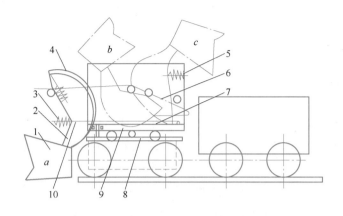

装岩机

图 1-21　Z-20B 型装岩机构造示意图

1—铲斗；2—斗柄；3—弹簧；4，10—稳绳；5—缓冲弹簧；
6—提升链条；7—导轨；8—回转底盘；9—回转台

B　铲斗装岩皮带转运后卸式装载机

铲斗装岩除上述后卸式，即铲斗装满岩石后，直接卸入挂在后面矿车的卸载方式外，另一种是铲斗铲装的岩石，先卸在装岩机本身附有的皮带运输机上，而后经皮带运输机再转运到矿车中，如 ZQ-25 型、YJ-30B 型装载机。

装岩时，通过操纵钮驱使装岩机沿轨道将铲斗插入岩堆，装满后后退，并同时提起铲斗把矸石往后翻卸入矿车，或通过胶带转载机再转入矿车，即完成一次装岩动作。随着装岩工作向前推进，必须延伸轨道。

爆破后，工作面总要离开轨道端部一定距离，但往往不够铺设一节标准轨的长度。为使铲斗装岩机尽量接近工作面装岩，可以使用短道和爬道，把轨道延伸到工作面附近。

临时短道（图 1-22）的长度应与循环进尺相适应，一般为 2m 左右。当几节短道的总长度够一节标准钢轨长度时，便可卸除临时短道，改铺标准钢轨。

爬道（图 1-23）由角钢和扁钢焊接而成。当装岩机接近工作面时，便可使短道前端扣上爬道，爬道后端用枕木垫起，使爬道尖端稍微向下扎，以便易于顶入岩堆，然后用装岩机的碰头冲顶爬道。爬道被顶入一段长度后，即可抽出所垫枕木，装岩机便可行驶在爬道上进行装岩。若再露出爬道尖端，还可再次顶入，以便继续装岩(图 1-24)。

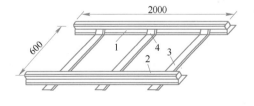

图 1-22　临时短道

1—活轨；2—固定轨；3—轨道连接板；4—压板

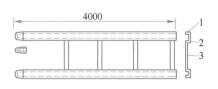

图 1-23　爬道

1—扁钢；2—角钢；3—连接板

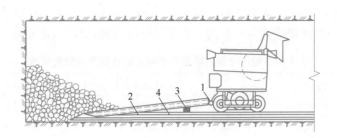

图 1-24 装岩机装岩示意图
1—装岩机碰头；2—爬道；3—垫木；4—临时短道

C 提高铲斗装岩机的生产率

为提高装岩生产率，必须对影响装岩生产率的各种因素作全面的了解和分析。

实践经验表明，影响装岩生产率的因素可以归纳为如下四个方面：

（1）调车运输工作组织。主要包括重车和空车的调度、列车的调度、矿车（或转载运输设备）容积、轨道质量、接轨方法、轨道宽度等。

装岩机的生产率主要取决于它的时间利用率，即空重车的调换时间。根据一些矿山单轨独头巷道掘进时的测定，调车时间为实际装岩时间的数倍。可见在单轨长巷道掘进中，空重车辆的调换时间对装岩机的实际效率影响极大。不很好地解决转载调车问题，装岩生产率的提高就会受到极大的限制。因此，必须因地制宜地采用调车设备，以及采用大容积矿车或转载设备，保证轨道质量，防止车辆掉道。

由于目前均采用轨轮式行走机构，巷道宽度对装岩生产率有影响，如改轨轮为履带或轮胎式的行走方式，则其调动灵活，宽度可不受限制。

（2）岩石性质。主要是指岩石块度、容重、湿度、硬度等。岩石块度尺寸和形状，对装岩生产率的影响很大，不但影响铲斗的装载程度，且当块度过大时，增大铲斗插入岩堆的阻力，这一阻力是岩堆对铲斗的反作用力，决定着铲斗的插入深度，影响装岩机效能，影响程度依岩石和装载机等条件不同而异。根据 H-600 型装岩机对不同直径的岩石块度进行的实验，岩块直径保持在 50~200mm 以内，其装岩生产率比较高（表 1-19）。

表 1-19 岩石块度对装岩生产率的影响

块岩平均直径/mm	装一车（0.65m³）所需的铲数	铲斗相对装满率	装一车所用的时间/s	相对的装车耗时系数
50~100	5	1	68	1
100~200	6	0.83	76	1.12
200~300	7	0.71	100	1.47
300~400	9	0.55	132	1.94
>400	10	0.50	176	2.56

影响铲斗插入阻力的因素有很多，如铲斗插入深度、铲斗形状和宽度、岩堆高度、岩石块度、松散度、岩石密度、研磨性、湿度等都有一定的影响。铲斗插入阻力值，随插入深度、铲斗宽度、岩石块度、密度和湿度的增大而增大，同时装岩生产率也相应降低。

上述诸因素及其他一些影响因素，引起铲斗插入阻力的变化，直接影响着铲斗的装满程度。有的国家在设计铲斗式装岩机时，参照表1-20选取铲斗装满系数。

表1-20 岩石密度、块度等因素与铲斗装满系数的关系

岩石密度 /t·m⁻³	最大块度 /mm	机器黏着质量与铲斗宽度之比/kg·cm⁻¹				
		30~50	50~70	70~90	90~110	>110
2.2~2.8	<350	0.55~0.62	0.62~0.74	0.74~0.88	0.88~1.05	1.05~1.22
	>350	0.38~0.46	0.46~0.58	0.58~0.72	0.72~0.92	0.92~1.08
2.8~3.6	<350	0.32~0.38	0.38~0.50	0.50~0.65	0.65~0.86	0.86~1.0
	>350	0.21~0.26	0.26~0.42	0.42~0.58	0.58~0.80	0.80~0.86

（3）装岩工作条件和工作组织。爆破效果、风压（或电压）的大小与稳定程度、作业方式和司机熟练程度等，都对装岩效率有很大的影响。如爆破效果不好，岩石抛掷不远，堆岩厚度不均匀、不集中，底板不平等，都会降低装岩机的效率。

采取装岩和凿岩等工序平行作业，可以相对提高装岩生产率，降低装岩工序占总循环时间的比重；特别是装岩司机的熟练程度和思想状态，直接关系到铲斗的装满系数；调度装岩机的快慢，避免不应有的事故，以及处理事故的快慢和效果，对装岩生产率的提高都有很大的直接影响。

（4）装岩机械的结构性能及生产率的计算。装岩机的结构性能是指机重、铲斗形状和铲取方式等因素。

铲斗式装岩机的纯理论小时生产率（松散体积）P_K 为：

$$P_K = 3600 V_K / t_K \tag{1-13}$$

式中　V_K——铲斗容积，m^3；

　　　t_K——理论上铲斗每铲取一次的循环时间，s。

式（1-13）表明，装岩机的纯理论生产率仅与斗容和完成一个铲斗循环的时间有关，这说明加大铲斗容和设计连续装岩结构，对提高装岩生产率有利。当然，装岩机的设计生产率，还与铲斗的装满系数和铲斗形状等因素有关。其设计生产率 P_t 值应为：

$$P_t = \frac{P_K}{K_q K_\psi} = 3600 \frac{V_K}{t_K K_q K_\psi} \tag{1-14}$$

式中　K_q——铲斗装满系数；

　　　K_ψ——铲斗形状系数（$K_\psi = 0.7 \sim 1.0$）。

铲斗的装满系数受很多条件的影响，如岩石块度、密度和机器重量、冲击力、铲斗形状等。

机体质量与其冲击力有很大的关系，而铲斗式装岩机的铲斗工作情况，主要取决于装岩时的冲击力。在其他条件相同的情况下，机重增大，铲取力亦随之增大，铲取力越大越能保证插入密度大的岩堆，且插得深、装得满，从而提高装岩生产率。经验认为：当岩石的密度为 1.5~2.0t/m³ 时，采用 2.5~3.0t 的机重为宜；大于 3t/m³ 时，采用 3.5~4.0t 的装岩机较为合适。

铲斗形状对于插入深度和装满系数影响很大。铲斗形状系数 K_ψ 值可在 $0.7\sim1.0$ 之间变动。

提高装岩实际生产率问题，归纳起来有两点：

（1）提高装岩效率，缩短装车时间，提高装岩效率的途径主要有：

1）结合施工条件合理选择高效装岩机。

2）改善爆破效果。装岩生产率与爆破的岩石块度、抛掷距离、堆积情况密切相关，所以必须不断提高爆破技术，合理制订爆破图表，做到爆出的巷道断面轮廓符合设计要求，底板平整，以利装岩；尽量采用光面爆破，减少超挖量；爆破的岩石块度及抛掷距离适中，岩堆集中。

3）减少装岩间歇时间。提高实际装岩生产率，积极推广并结合实际条件合理选择各种工作面调车和转载设施，减少装岩间歇时间，提高实际装岩生产率。

4）加强装岩调车的组织工作。

（2）提高调车效率，缩短调车时间。

铲运机

图 1-25　TORO-007 型铲运机

1.4.1.2　铲运机

铲运机（图 1-25）没有贮矿车厢，只有一个大铲斗，既铲又运，铲满就走，自行卸载，装运卸设备合一。其动力主要是柴油机或电动机驱动，这类设备发展很快，使用日益广泛。

轮胎式铲运机（图 1-26）组成系统如图 1-27 所示。

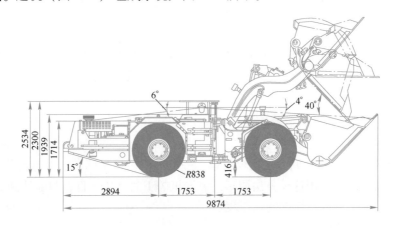

图 1-26　铲运机结构及尺寸

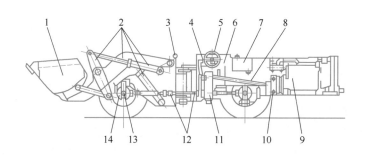

遥控铲运机

图 1-27　轮胎式铲运机组成系统

1—铲斗；2—工作机构（大臂、回转架、举升油缸、翻斗油缸）；3—电器系统（大灯）；
4—操作机构；5—回转机构；6—驾驶室；7—液压油箱；8—主传动轴；9—柴油机；
10—变矩器；11—变速器；12—前后机身；13—刹车机构；14—前桥

铲运机是由前端式装载机发展而来，为适应在井下巷道内的作业条件，其外形高度大大降低，一般不超过 2m。它的特点是铲斗容量大、稳定性好、且车身采取铰接式，全液压操纵，回转半径小，灵活可靠，铲斗容积为 0.76~9m³，使用较多的铲运机斗容为 3~4m³，适用于不同规格巷道。

一般说来，柴油轮胎式装运卸机均带有废气净化装置，适当加强通风设施，完全可以解决其所产生的有毒气体问题。有的铲运机的铲斗带有推板，可控制卸载时间和减小卸载高度，如同一类型普通铲斗的卸载高度为 4.2m，而用带推板铲斗时，只为 3.5m。同时不会使大块矿岩冲坏转载的运输设备。有的安置制动轮可减少胶轮磨损约 30%，节省维修费用，其结构是将两个连接的小轮子安置在同一轴上，可防止轮胎打滑。

铲运机的四个轮子，一般均为主动轮，转向方便，爬坡能力大，可在 20° 的坡道上行驶。其装运能力大，斗容 3.8m³ 的铲运机，在运距为 200m 时，装运量可达 140t/h。斗容为 0.76m³ 的铲运机，在运距为 45m 时，平均装运量为 48t/h。而前者适用于 4.2m×2.7m 的平巷，后者适用于 1.8m×1.8m 的平巷。

1.4.2　工作面调车与转运

在巷道装岩过程中，当一个矿车装满后，必须退出，另换一个空车继续装岩，这样就需调车工作。合理地选择工作面调车设施或转载设备，以减少调车次数，缩短调车时间，保证装岩机连续装岩，是提高装岩效率的重要途径，特别对组织快速掘进更有重要意义。

1.4.2.1　工作面调车

A　固定错车场调车法

固定错车场（图 1-28）调车法比较简单，一般可以用机车调车，人力辅助。但错车道不能紧跟工作面，因此采用这种方法调车，装岩机的工时利用率低，只能达到 20%~30%，适用于工程量不大，进度较慢的巷道工程。

B　活动式错车场调车法

为了提高错车场的效率，将固定道岔改为平移式调车器、浮放道岔等专用调车器具。

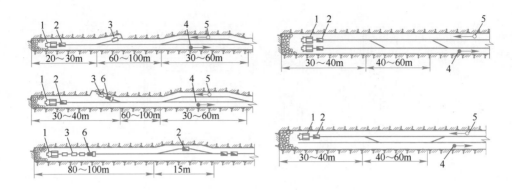

图 1-28　固定错车场

1—装岩机；2—矿车；3—空车；4—重车线；5—空车线；6—电机车

这些调车器具移动灵活，可以紧跟工作面前移，装岩机工时利用率可以达到 30% ~ 40%（图1-29）。

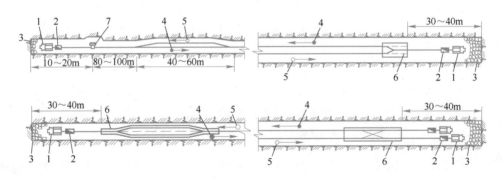

图 1-29　活动错车场

1—装岩机；2—矿车；3—矸堆；4—重车方向；5—空车方向；6—浮放道岔；7—平移调车器

（1）平移调车器。常用的平移调车器有翻框式调车器（图 1-30），可用于单线调车。翻框式调车器是由一个活动盘和一个固定盘组成，两盘之间用螺栓铰接，活动盘可以翻起、折叠。在活动盘上设一个四轮滑车板，滑车可在框架上横向移动。使用时，设于距工作面 15~20m 处，先将活动调车盘浮放在轨面上，调来的空车可以推到活动盘的滑车板上，再横向推到固定盘上，然后翻起活动盘，待工作面重车推出后，再放下活动盘，将空车推到工作面，完成调车工作。

（2）浮放道岔。常用的有单线和双线浮放道岔（图 1-31）。这类专用调车道岔的特点是将它浮放在固定轨道上，一般需要爬坡轨道，使矿车轮缘抬高到固定轨面以上 35~40mm 的浮放轨面上。这种道岔结构简单，加工容易，移动方便，可以紧跟工作面前进，现场根据需要可以自行设计加工。

1.4.2.2　梭式矿车转运

梭式矿车既是一种大容积矿车（容积有 $4m^3$、$6m^3$、$8m^3$），又是一种转载设备。根据工作面岩石量多少，可选一台或几台搭接使用，一次将工作面爆落的岩石全部装完。

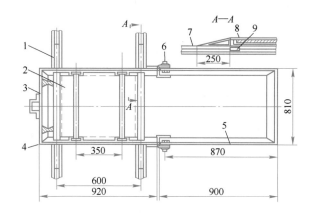

图 1-30　翻框式调车器

1—轨道；2—转车盘；3—活动盘；4—滚轮；5—固定盘；6—连接螺栓；
7—轨道平面；8—移车盘的轨面；9—角钢

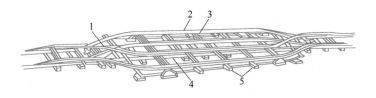

图 1-31　单线上浮放双线道岔

1—道岔；2—浮放双轨；3—枕木；4—单轨道钢轨；5—支承装置

梭式矿车结构如图 1-32 所示。车厢底部设有链板运输机。装岩时，开动链板运输机，将装岩机从梭车一端装入的岩石转运至整个车厢或转运至后面的车厢中，直至将一循环的岩石装完为止。然后电机车牵引至卸载点，开动链板运输机卸载，实现装岩、转载、运输、卸载全过程的机械化作业。

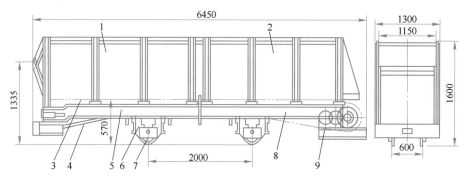

图 1-32　梭式矿车结构

1—前车帮；2—后车帮；3—运输链板；4—传动链；5—前底盘；6—车轮底架；
7—车轮；8—后底盘；9—减速装置

梭式矿车

梭式矿车是一种连续装载、转载、运输和卸载设备，性能可靠，但必须有井下卸载点。用于地面有直接出口的平硐掘进较为理想，尤其对单线长距离独头巷道掘进，梭式矿车的优越性更为显著。但因车身较长，井下转弯困难，多用于平直巷道和硐室工程。目前金属矿山使用梭式矿车较多。

1.4.2.3　地下矿用卡车

地下矿用卡车（图1-33）是指井下无轨运输矿岩设备，可将矿岩从工作面运送至溜井口或运送至地表，构成无轨采矿运输系统，提高采矿强度。适用于有斜坡道的矿山，运输线路坡度不大于20%，经济合理运输距离为500~4000m。载重量从12t发展到80t。

矿用卡车

图 1-33　地下矿用卡车

地下矿用卡车通常由发动机、底盘、车身、电器设备四个部分组成。

按照传动方式地下矿用卡车分为液力-机械式、液压-机械式、全液压式和电动轮式四类。

优点：机动灵活、应用范围广、生产能力大。可将采掘工作面的矿岩直接运送到各个卸载场地；能在大坡度，小弯道等条件下运输矿岩。在合理运距条件下，生产运输环节少，显著提高劳动效率。

缺点：柴油发动机排出的废气污染井下空气；轮胎消耗量大；维修工作量大、费用高；要求巷道断面尺寸大。

国内外常见井下矿用自卸卡车整机与系统结构见表1-21。

表 1-21　国内外常见井下矿用自卸卡车整机与系统结构

型号	载重/t	自重/t	容积/m³	功率/kW	最高车速 /km·h⁻¹	外形尺寸 （长×宽×高） /mm×mm×mm	驱动方式
TD-20	18	20	11.1	172	25	8840×2240×2340	二轴 4×4
Schopf-T193	20	16.5	8.5	135	18	8660×2300×2200	二轴 4×4
ME985T20	20	16	11.9	170	28.3	8665×2490×2950	三轴 6×4
Kirunak250	35	21.5	16	180	45	8870×2930×2625	二轴 4×4
ST-1604	16	14.5	9.4	102	24.6	7048×2300×2400	二轴 4×4
Eimco980-T27	24	22	12.5	206	28	8738×2742×2540	三轴 6×4
MK-A25.5	25	24	12.5	165	30.4	1000×3100×2350	二轴 4×4
MK-20.I	20	16.6	10	136	27.2	8885×2200×2305	二轴 4×4
MT-420	18	12	12	167	38.7	8687×2845×2184	二轴 4×4
UK-12	12	20	6.6	102	23	8400× 1800×1900	二轴 4×4
DQ-18	18	17.5	9	208	32	8992×2440×2602	二轴 4×4

1.4.3 平巷掘进机械化作业线的设备配套

1.4.3.1 平巷掘进机械化配套的意义和原则

（1）平巷掘进机械化配套是指掘进中各主要工序所使用的机械设备集中，使之能充分发挥每一施工机械的能力，达到高效、均衡生产。

（2）平巷掘进机械化配套的原则：

1）首先要考虑各工序都要采用机械化作业，凿岩、装岩、支护等各主要工序，应采用机械作业，以提高其作业效率。

2）各工序所使用的机械设备，在生产上应相互协调、能力均衡，不影响某些设备能力的发挥。

3）掘进主要工序应以顺序作业方式来考虑，配套的机械设备在能力和数量上都要有一定的备用量。

1.4.3.2 平巷掘进机械化配套方案

A 国内常用的配套方案

国内常用的配套方案如下：

铲装过程

（1）多台气腿凿岩机凿岩，架线式电机车牵引，梭式矿车转运。在掘进中用激光指向仪定向。

（2）多台气腿凿岩机凿岩，架线式电机车牵引，矿车运输，用激光指向仪定向。

（3）双机液压轨轮式凿岩台车，装备轻型凿岩机凿岩，架线式电机车牵引，普通矿车或梭式矿车运输。

（4）三机液压轨轮式凿岩台车，配三台高频凿岩机凿岩，架线式电机车牵引5m^{3}以上梭式矿车转运。

（5）三机液压轨轮式凿岩台车凿岩，电机车牵引，普通矿车运输。

我国部分平巷快速掘进使用配套方案见表1-22。

表1-22 部分平巷快速掘进机械化配套情况

工序名称	掘进单位				
	新城金矿	马万水工程队 1403.6m/月	某汞矿 1056.8m/月	湖南冶建公司二队浦市磷矿 903.9m/月	宁夏燃化局基建公司建井队
凿岩	采用 Sandvik 公司生产的 AXERA 5-140 凿岩台车凿岩	12 台 7655 型凿岩机钻孔	6~7 台 7655 型凿岩机钻孔（备用 7 台）	5~6 台 YT-25 型凿岩机钻孔（备用 5 台）	322D-W 型（日本）凿岩机 7 台，另加 03-11 型风镐 1 台
装岩	应用铲运机进行排岩	ZXZ-60 型蟹爪式装岩机 1 台	HG-120 型蟹爪-立爪组合式装岩机（生产率 120m^3/h）	H-600 型装岩机 1 台，另备用 1 台	DZ-东方红耙斗装岩机 1 台（斗容 0.18m^3）电耙 2 台

续表 1-22

工序名称	掘进单位			
	新城金矿	马万水工程队 1403.6m/月	某汞矿 1056.8m/月	湖南冶建公司二队浦市磷矿 903.9m/月	宁夏燃化局基建公司建井队
转载	用铲运机直接装入自卸卡车进行运输	梭式矿车 8m³ 2台,7m³ 2台,6.5m³ 2台	D-2型皮带转载机(生产率120m³/h)12~18台、GQ-1型过桥皮带转载机1台(生产率120m³/h)	使用4台自制的拨车器调车	临时简易道岔(存放1~2个矿车)
运输	卡车运输	ZK10-6/250型架线式电机车4台,牵引上述梭式矿车运输	2台7t架线式电机车,牵引容积为1.76m³ K-2型底卸式矿车	2.5t蓄电池机车2台,牵引 0.75m³矿车18个,备用6个矿车	0.75m³ U形翻斗式矿车20台,人力推车
通风	JFD60-30型局扇2台	JFD60-30型局扇4台	11kW轴流式风机6台,其中使用3~4台,备用2台	局扇:28kW 1台,11kW 8台(使用6台,备用2台),5.5kW 2台(使用1台,备用1台)	JBT62-2型和11kW局扇1台
其他	配备 Sandvik 锚杆台车	配有 JZY-型激光指向仪2台	配有0.6m³ U形翻斗清洁车1台,T-1型卸载桥2套,8座的人车7台,3t架线式机车1台,用激光仪按循环绘中、腰、帮、顶板线		

B 国外常用的配套方案

国外常用的配套方案如下:

(1) 2~3个自行式或轨轮式凿岩台车,配备高频高效重型凿岩机凿岩,装岩机装岩,有轨的配以梭式矿车,无轨的配以低车体自卸卡车运输。

(2) 2~3个回转臂柴油轮胎式凿岩台车,配以外回转重型凿岩机凿岩,同时采用铲运机装运,在距离较远时,采用一台或几台铲运机加自卸卡车运输。

(3) 自行式(轨轮式或履带式)多臂凿岩台车,配3~4台高频高效凿岩机凿岩,正装侧卸式装岩机装岩,悬挂式胶带转载机或可弯曲胶带转载机转载,电机车牵引,矿车运输。

习　　题

1-1　简述平巷设计依据。

1-2　简述平巷断面形状选择的主要依据。

1-3　简述平巷施工基本工艺流程。

1-4　简述凿岩工作的主要要求。

1-5　简述平巷施工爆破图标编制。

1-6　简述光面爆破定义及其应达到的标准。

1-7　平巷掘进有哪些通风方式，各自有什么特点？

1-8　工作面调车方式有哪些？

2 巷道交岔点设计与施工

本章课件

本章提要

  巷道交岔点是两相交平巷设计与施工的重点,其施工方法与支护方式对安全生产特别重要。本章主要介绍巷道交岔点的概念及其基本类型;分别采用几何计算法和作图法确定巷道交岔点断面尺寸,巷道交岔点中间尺寸确定;巷道交岔点工程量计算及施工图以及巷道交岔点施工方法。

  井下巷道相交或分岔部分,称为巷道交岔点(图 2-1)。井下两条水平巷道相交的地点称为平巷(面)交岔点,倾斜巷道(斜井、斜坡道等)与水平巷道相交的地点称为斜巷(面)交岔点,此外还有应用于斜井吊桥车场的立面交岔点;用于行人以及采区巷道的立体交岔点等。本书仅介绍平巷交岔点。

图 2-1 巷道分岔或交岔的类型

  交岔点按支护方式可分为用混凝土砌筑支护的砌碹交岔点,用锚杆、喷射混凝土支护的锚喷支护交岔点,以及采用棚式支护或料石墙配型钢梁支护的简易交岔点。简易交岔点多用于围岩条件好,服务年限短的采区巷道或小型矿井中。井下车场、主要运输巷道和石门的交岔点,多采用喷锚支护或混凝土支护。

2.1 巷道交岔点类型

  巷道交岔点按其结构分为穿尖交岔点和柱墙式交岔点(也称牛鼻子交岔点)(图 2-2)。

巷道交岔点

2.1.1 穿尖交岔点

  穿尖交岔点一般在围岩坚固稳定、跨度小的巷道中使用,其最大宽度不大于 5m,巷道转角大于 45°。在交岔点的长度内,两巷道为自然相交,其相交部分保持各自的巷道断面。拱高不是以两条巷道的最大跨度来决定的,而是以巷道自身的跨度来决定。因此,碹岔中间断面的高度不超过两条相交巷道中宽巷的高度。由于拱高低、长度短、断面尺寸不渐变,从而使工程量减少,施工时间缩短,通风阻力小,也使设计工作简

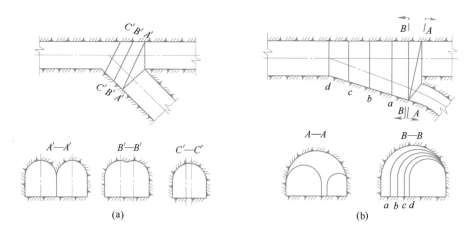

图 2-2　穿尖交岔点和柱墙式交岔点

（a）穿尖交岔点平、剖面图；（b）柱墙式交岔点平、剖面图

化。在相同条件下，它比柱墙式交岔点的拱部承载能力小，仅适用于围岩坚硬、稳定、跨度较小的巷道。

2.1.2　柱墙式交岔点

柱墙式交岔点应用广泛，适用于各类岩层和各种规模的巷道，特别是在井下车场和主要运输巷道中。柱墙式交岔点按照交岔点内线路数目、运输方向及选用道岔类型不同，可归纳为三类（图 2-3）。

（1）单开交岔点（图 2-3（a）），其中有单线单开和双线单开交岔点。

（2）对称交岔点（图 2-3（b）），有单线对称和双线对称两种交岔点。

（3）分支交岔点（图 2-3（c）），有单侧分支和双侧分支两种交岔点。

上述三种类型，其共同点是从分岔起，断面逐渐扩大，在最大断面（即两条分岔巷道的中间）常常要砌筑碹垛，

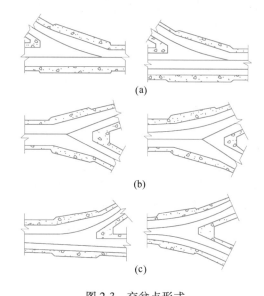

图 2-3　交岔点形式

（a）单开交岔点；（b）对称交岔点；（c）分支交岔点

以增强支护能力；不同点是单开交岔点和对称交岔点的轨道线路用道岔连接，但分支交岔点内侧没有道岔，故确定平面尺寸的方法也不相同。

2.2　巷道交岔点断面尺寸确定

巷道交岔点尺寸的确定包括平面尺寸和中间尺寸，其断面设计原则与平巷相同，区别之处在于交岔点中间断面尺寸是变化的。

2.2.1 平面尺寸确定

2.2.1.1 几何计算法

交岔点平面尺寸需根据运输设备的规格尺寸、轨道数量、线路连接系统道岔类型、曲线加宽要求、人行安全和通风要求，以及《安全规程》规定的有关安全间隙等条件来确定。常用的三类六种交岔点形式的计算方法，都是按照几何关系推导。下面以单线单开交岔点尺寸计算为例进行说明（图 2-4）。

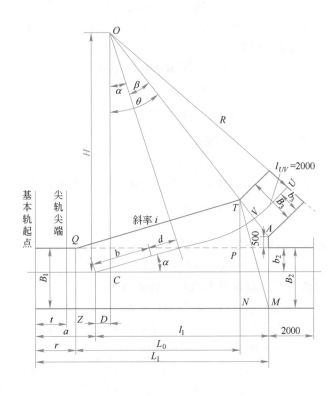

图 2-4　单线单开巷道交岔点

作图前先将交岔点处的轨道连线图绘出。已知数据有道岔参数，道岔分岔前的水平长度 a、道岔分岔后的斜长 b、道岔连接线的长度 d、道岔的辙岔角 α，巷道断面宽度 B_1、B_2、B_3，线路中心线距碹垛一侧边墙的距离 b_2、b_3，弯道曲率半径 R。交岔点的起点就是线路基本轨起点；交岔点的终点就是从碹垛尖端 A 作垂线垂直于线路中心线所得的交点，再沿线路中心线方向延长 2m 处。图 2-4 中 TN 为交岔点最大断面宽度，TM 为交岔点最大断面跨度（计算支护等）。图 2-4 中 QZ 断面为中间断面的起点，其尺寸大小就等于 B_1 断面。

下面按图来推算出其主要尺寸的计算式。

（1）确定弯道曲线半径中心 O 的位置。只有先决定 O 的位置，然后才能以 O 为圆心，以 R 为半径画出曲线线路。O 点的位置，距离道岔中心的横轴长度为 D，纵轴长度为 H：

$$
\left.\begin{array}{l}
D = (b + d)\cos\alpha - R\sin\alpha \\
H = R\cos\alpha + (b + d)\sin\alpha
\end{array}\right\}
\tag{2-1}
$$

若 D 为正值，则 O 点在道岔中心右侧；若 D 为负值，则位于左侧。

（2）求交岔点角 θ（OC 与 OA 的夹角）：

$$
\theta = \arccos\left(\frac{H - b_2 - 500}{R + b_3}\right)
\tag{2-2}
$$

（3）从碹垛面到岔心的距离 l_1：

$$
l_1 = (R + b_3)\sin\theta \pm D
\tag{2-3}
$$

（4）求交岔点最大断面处宽度。图中最大断面宽度 TN、长度 NM、跨度 TM 分别按式（2-4）、式（2-5）、式（2-6）计算：

$$
TN = B_2 + 500 + B_3\cos\theta
\tag{2-4}
$$

$$
NM = B_3\sin\theta
\tag{2-5}
$$

$$
TM = \sqrt{TN^2 + NM^2}
\tag{2-6}
$$

（5）从碹垛面至基本轨起点的跨度 L_1：

$$
L_1 = l_1 + a
\tag{2-7}
$$

（6）求交岔点断面变化部分长度 L_0。为了计算交岔点断面的变化，在 NT 线上截取 $NP = B_1$。作出 TPQ 三角形，得 TQ 线之斜率如下：

$$
i = TP/PQ
\tag{2-8}
$$

根据所选定的斜率，便可求得 L_0：

$$
L_0 = PQ = TP/i = (TN - B_1)/i
\tag{2-9}
$$

（7）交岔点扩大断面起点 Q 至基本轨起点的距离：

$$
r = L_1 - NM - L_0
\tag{2-10}
$$

上述计算的目的在于求得参数 L_1、L_0、r、TN 和 TM，以便按设计进行施工。至于参数 H、D、θ、l_1、MN，则是为求得上述参数服务的。

应当指出，式（2-9）中斜墙的斜率 i，在标准设计中常用固定斜率。当轨距为 600mm 时，斜率常取 0.25 或 0.30；当轨距为 900mm 时，常取 0.20 或 0.25。斜墙斜率一旦选定，斜墙起点位置也随之确定。采用固定斜率的优点，在于交岔点内每米长度递增宽度一定，有利于砌碹时碹骨的重复使用。但随着广泛使用喷锚支护交岔点，固定斜率较少。

除了采用固定斜率外，也可采用任意斜率，其方法有二：

（1）以基本轨为起点作为斜墙起点，斜墙的水平长度 L_0 为：

$$
L_0 = l_1 + a - NM
\tag{2-11}
$$

（2）以道岔尖轨尖端位置作为斜墙起点，即 $r = t$（t 为道岔悬距）。这时斜墙的水平长度最短，交岔点工程量最小，其值为：

$$
L_0 = l_1 + a - NM - t
\tag{2-12}
$$

2.2.1.2　作图法

设计时，除上述计算外，还可用作图法求交岔点平面尺寸；只要严格按比例作图，精度也能满足施工要求。作图法的步骤如下（图 2-5）。

（1）在图纸适当位置上画出主要巷道的轨道中心线，按所选择道岔型号的尺寸 a、b、辙岔角 α、道岔延长线 d 画出道岔，得 0、1、2、3 点。

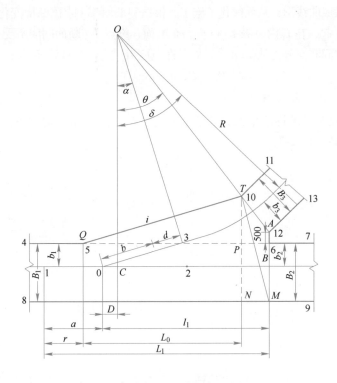

图 2-5　用作图法求解交岔点平面尺寸

（2）过道岔延长线终点 3，作 O3 的垂线，在其上截取一段长度，使其等于曲线半径 R，得 O 点，O 点即是圆心。

（3）过 O 点垂直于基本线路作 OC 线，以 O 为圆心，以 R 为半径，自 3 点开始画弧，使其与 OC 线的夹角等于巷道转角 δ，得到曲线终点。

（4）按照已确定的断面尺寸 B_1、b_1、B_2、b_2、B_3、b_3 做出巷道的轮廓线 4—5、6—7、8—9、10—11、12—13。

（5）从 6—7 量垂直距离 500mm，作 6—7 的平行线，使其与 12—13 相交得 A 点，从 A 点作 6—7 的垂线与其相交得 B 点，AB 即为"牛鼻子"面。

（6）连接 OA，与 10—11 线交于 T，则 T 即是断面扩大的终点。

（7）以 4—5 线为准，以 i 为斜率，过 T 点作直线交于 4—5 线的 Q 点，Q 点即是断面扩大的起点，QT 线即是斜墙。

（8）在图上量出所需要的各参数尺寸和角度，标注在图上。

2.2.2　中间尺寸确定

计算巷道交岔点中间断面尺寸，是为了求出各碹胎断面变化的宽度，拱高和墙高的数值，以满足施工时制造碹胎的需要（图 2-6）。

2.2.2.1　中间断面净宽度

在确定中间断面净宽度时，需作如下简化：将起点 A 断面至终点 T 断面在考虑了曲线巷的加宽要求后,连为直线 AT,使中间断面变成单侧或双侧逐渐扩大的喇叭状结构。这样可避免将弯道部分碹墙做成曲线形,从而简化了施工。根据斜墙斜率 i 求出断面变化的长度 L_0,然后从变化断面起点 A 起,在 L_0 内每隔 1.0m 作一个断面,终点 TN 断面间隔不受 1.0m 限制,剩多少算多少。若将中间断面分为从 1~n 个,则其净宽度 B_n 按式(2-13)确定:

$$B_n = B_1 + (n-1)i \tag{2-13}$$

2.2.2.2 中间断面拱高

随着中间断面宽度的逐渐增大,巷道断面宽度与拱高的相应比例关系不变,中间断面的拱高也逐渐增高(图2-7)。

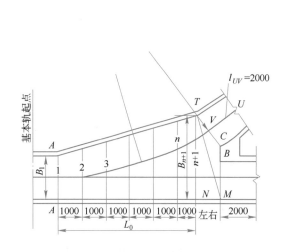

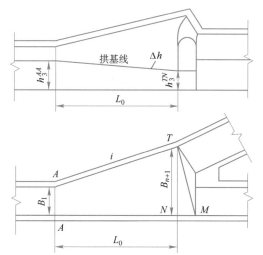

图 2-6   巷道交岔点中间断面平面图   图 2-7   巷道交岔点中间断面拱高、
                                                  墙高和宽度示意图

对于半圆拱巷道交岔点,1~n 中间各断面的拱高按式(2-14)计算;对于圆弧拱和三心拱巷道交岔点,1~n 中间各断面的拱高按式(2-15)计算:

$$f_0^n = \frac{B_n}{2} = \frac{B_1 + (n-1)i}{2} \tag{2-14}$$

$$f_0^n = \frac{B_n}{3} = \frac{B_1 + (n-1)i}{3} \tag{2-15}$$

2.2.2.3 中间断面墙高

设计巷道交岔点时,通常中间断面的墙高除满足生产要求外,要让墙高按一定斜率 i 降低,使中间断面不致因断面加宽导致拱高加高后形成过大的无用空间。这不仅可以减少开拓工程量,而且有利于安全施工。一般墙高的降低值,按每米巷道下降的平均值(即斜率)Δh 计算(图2-7):

$$\Delta h = (h_3^{AA} - h_3^{TN})/L_0 \tag{2-16}$$

式中　h_3^{AA}——AA 断面处墙高，mm；

　　　h_3^{TN}——TN 或 TM 断面处墙高，mm；一般 T、M、N 三点的墙高均相等；

　　　L_0——巷道交岔点断面变化段的巷道长度，mm。

实际设计时，h_3^{TN} 或 h_3^{TM} 与相邻两条巷道墙高差距取 200~500mm。若差距取得过大，对施工和安全均不利。按断面变化的斜率 Δh 来求算，1~n 中间各断面墙高值的通用式为：

$$h_3^n = h_3^{AA} - (n-1)\Delta h \tag{2-17}$$

在生产中，为了生产方便，也有不降低墙高的做法。

2.2.3　巷道交岔点主要尺寸的计算公式

巷道交岔点主要尺寸（见图 2-8）的计算公式见表 2-1。

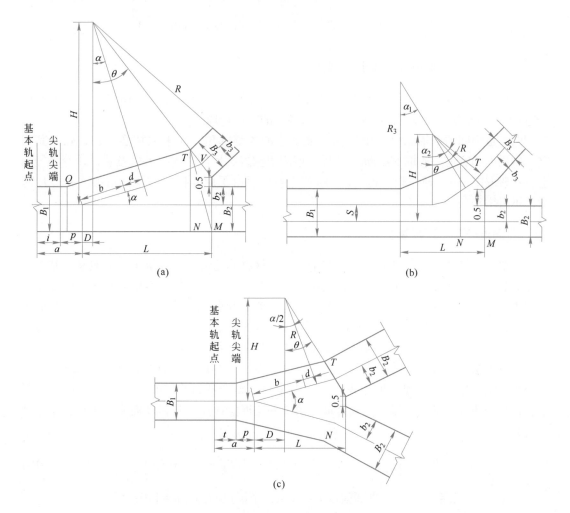

图 2-8　巷道交岔点主要尺寸计算图

表 2-1 主要尺寸计算公式

交岔点形式		单开巷道交岔点	分支巷道交岔点	对称巷道交岔点
简 图		图 2-8 (a)	图 2-8 (b)	图 2-8 (c)
计算公式	H	$R\cos\alpha+(b+d)\sin\alpha$	$(R_3+S)-(R_3-R)\cos\alpha_1$	$R\cos\dfrac{\alpha}{2}+(b+d)\sin\dfrac{\alpha}{2}$
	D	$(b+d)\cos\alpha-R\sin\alpha$	—	$(b+d)\cos\dfrac{\alpha}{2}-R\sin\dfrac{\alpha}{2}$
	θ	$\arccos\left(\dfrac{H-b_2-0.5}{R+b_3}\right)$	$\arccos\left(\dfrac{H-b_2-0.5}{R+b_3}\right)$	$\arccos\left(\dfrac{H-0.5/2}{R+b_2}\right)$
	L	$(R+b_3)\sin\theta+D$	$(R+b_3)\sin\theta+(R_3-R)\sin\alpha_1$	$(R+b_2)\sin\theta+D$
	TN	$B_3\cos\theta+B_2+0.5$	$B_3\cos\theta+B_2+0.5$	$2B_2\cos\theta+0.5$
	TM	$\sqrt{(B_3\sin\theta)^2+TN^2}$	$\sqrt{(B_3\sin\theta)^2+TN^2}$	—

2.3 巷道交岔点工程量计算及施工图

2.3.1 巷道交岔点支护厚度确定

巷道交岔点处巷道宽度是由小到大渐变的，为了便于施工和保证质量，按最大宽度 TM 选取支护厚度，拱墙同厚。分支巷道按各自的宽度选取。

两巷道中间的碹垛，是巷道交岔点支护中的关键部位，应采取加强支护，确保其稳定。碹垛面的宽度一般取 500mm，碹垛长度应根据岩石性质，支护方式及巷道转弯半径而定，一般取 1~3m，通常取 2m。光面爆破完整地保留了原岩体的碹垛，可按支护厚度考虑，不另增加长度。

2.3.2 巷道交岔点工程量及材料消耗量计算

主要是计算巷道交岔点的掘进工程量及支护材料消耗量。计算范围，一般是从基本轨起点算起，到碹垛面后的主、支巷各延长 2m 处计（图 2-9）。从基本轨起点至中间变化断面起点 S_1 止，为第 Ⅰ 部分；从 S_1 至 TN 断面为中间变化断面，为第 Ⅱ 部分；从 TN 断面至碹垛为止，为第 Ⅲ 部分；从 M 处沿边墙延长 2m 至 S_4 止，为第 Ⅳ 部分；从 T 处断面沿分岔巷道中心线延长 2m 至 S_5 止，为第 Ⅴ 部分；最后碹垛为第 Ⅵ 部分。

计算方法有两种，一种是将巷道交岔点分成便于计算的简单几何图形（图 2-10），而后分别算出其掘进体积和支护体积，最后汇总得出整个巷道交岔点的工程量及材料消耗量。这样分块计算虽然详尽，但太繁琐。第二种是近似计算，其精度能满足工程要求，计算公式如下：

$$V_{掘}\approx\left[\frac{1}{2}(L_0+L_2)(S_1+S_3)+2(S_4+S_5)+S_1y\right]K \tag{2-18}$$

式中 K——富余系数，三心拱断面取 $K=1.04$，半圆拱断面，$K=1.0$；

L_2——即 NM 长度；

$S_1\sim S_5$——相应各断面处的掘进面积；S_3 即 S_{TM}，其余符号见图 2-9。

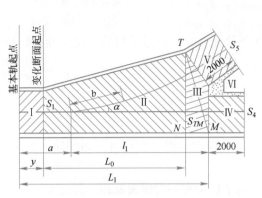

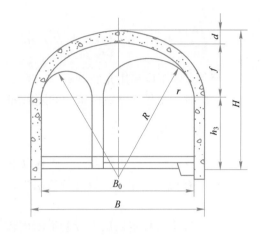

图 2-9 交岔点工程量及材料消耗量计算图 图 2-10 巷道交岔点 TM 断面

变换使用式（2-18）中一些符号意义，也可估算出材料消耗量。

按上述近似计算，碴垛可不再另行计算掘进工程量，碴垛材料消耗量加 $3m^3$ 即可，也有定为 $4m^3$。

巷道交岔点开凿量 V_1 及混凝土量 V_2 见表 2-2。

表 2-2 巷道交岔点开凿量 V_1 及混凝土量 V_2 （m^3）

矿车规格/m^3	巷道交岔点形式					
	单开巷道交岔点		对称巷道交岔点		分支巷道交岔点	
	V_1	V_2	V_1	V_2	V_1	V_2
0.55	85	25	75	22	65	20
0.75	100	27	80	24	70	21
0.55，0.75	170	40	180	43	112	26
0.55，0.75，1.2	175	41	185	43	120	27
1.2，2	210	43	200	45	155	34
4	220	44	210	47	170	37

注：1. 本表使用条件：岩石普氏系数 $f=4\sim6$，采用 C20 混凝土。

2. 巷道交岔点形式见图 2-3。

2.3.3 巷道交岔点施工图

巷道交岔点施工图应包括下列内容：

（1）平面图。平面图常用 1∶100 的比例绘制。图中应表示水沟位置、断面号及有关计算尺寸，开岔方向应与中段平面图交岔所处位置的开岔方向一致。

（2）断面图。按 1∶50 的比例绘出主巷、支巷及 TM 断面图。在 TM 断面图（图 2-10）上，大断面是实际尺寸，两个连接巷道断面和碴垛面的宽度是投影尺寸，但高度又是真实的。投影的拱弧按习惯画法。作图是所需尺寸可以直接在平面图上量取，无需计算。

（3）作出巷道交岔点断面变化特征表、工程量及主要材料消耗量表。

2.4　交岔点施工

交岔点施工应采用光面爆破、锚喷支护；在条件允许时，应尽量做到一次成巷；使用砌碹支护时，要尽量缩短掘砌的间隔时间，以防止围岩松动。

2.4.1　交岔点施工方法

交岔点的施工方法很多，主要有以下几种：

（1）在稳定和稳定性较好的岩层中，交岔点可采用全断面一次掘进，随掘随锚支护，一次完成。

（2）在中等稳定岩层中或巷道断面较大时，为了使顶板一次爆破面积不致过大，可先掘出一条巷道，并将边墙先行锚喷支护，余下围岩喷上一层厚 30~50mm 的混凝土（岩石条件差时，可加打锚杆）作临时支护，然后再刷帮挑顶，随即进行锚喷支护。采用砌碹支护的交岔点，开始以全断面由主巷向支巷方向掘砌；至断面较大处，改用以小断面向两支巷掘进，架设棚式临时支架维护顶板，掘过柱墩端面 2m，先将此 2m 支护好；然后再由小断面向柱墩进行刷砌，最后在岔口封顶并做好柱墩端面。

（3）在稳定性较差的岩层中，可采用先掘砌好柱墩再刷砌扩大断面部分的方法。图 2-11（a）所示为正向掘进时，先将主巷掘通过去，同时将交岔点一侧边墙砌好，接着以小断面横向掘出岔口，并将支巷掘出 2m，将柱墩及巷口 2m 处的墙和拱砌好，然后再刷砌扩大断面处，做好收尾工作。图 2-11（b）所示为反向掘进时的施工顺序，先由支巷掘至岔口，接以小断面横向与主巷贯通，并将主巷掘过岔口 2m，同时将柱墩及两巷口的 2m 墙和拱砌好，随后向主巷方向掘进，过斜墙起点 2m 后，将边墙及此 2m 巷道和拱砌好，然后反过来向柱墩方向刷砌，做好收尾工作。

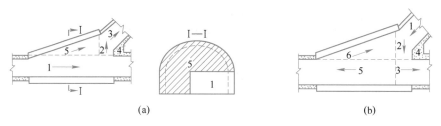

图 2-11　先掘砌柱墩再刷砌扩大端面的施工顺序

（a）正向掘进；（b）反向掘进

1~6—施工顺序

（4）在稳定性差的松软岩层中掘进交岔点时，不允许一次暴露的面积过大，可采用导硐施工法（图 2-12）。此法与上述方法基本相同，先以小断面导硐将交岔点各巷口、柱墩、边墙掘砌好后，从主巷向岔口方向挑顶砌拱。为了加快施工速度，缩短围岩暴露时间，中间岩柱暂时保留，待交岔点刷砌好后，最后用放小炮的方法将其拆除。

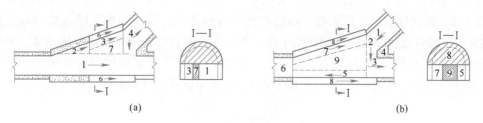

图 2-12 交岔点导硐法施工顺序

(a) 正向掘进;(b) 反向掘进

1~9—施工顺序

2.4.2 交岔点施工注意事项

(1)交岔点一般应从主巷向岔口方向进行掘砌,这样对砌拱与壁后充填来说比较容易,最后在岔口封顶。

(2)柱墩是交岔点受力最大的地方,柱墩及整个岔口的施工是整个工程的关键,必须尽力保证该处围岩的完整和稳定,抓好施工质量。当用锚喷支护交岔点时,常常在交岔点掘进到柱墩处时,先留一层 500~600mm 的光爆层,待其他部分掘出并锚喷完之后,再用打浅孔放小炮(孔距 300mm)的方法刷出柱墩,随即按设计尺寸放线、锚喷成形。若超挖过大,必须用混凝土进行补砌。在不稳定的岩层条件下,为了加强支护强度,可在锚杆上挂金属网喷射混凝土,必要时还可在岔口处增加几架金属骨架,然后再进行喷射混凝土,形成联合支护。

(3)用混凝土砌筑岔口时,应先将岔口两巷道口段的墙、拱砌筑完毕,在 TN 处设立一架大拱硐胎,在 TM 处也应架设一架大拱硐胎。将柱墩向上砌至与巷口拱顶齐平的位置,再从巷口的拱顶上向大拱 TM 硐胎搭模板,浇筑好混凝土后,再进行三角带 TMN 部分的砌硐和封顶。用这种方法施工的迎脸上半部呈斜面状(图 2-13(a)),通风阻力比垂直的迎脸要小得多。

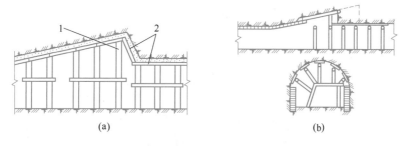

图 2-13 刷大时的过顶梁方法

1—硐胎;2—模板

交岔点要用料石砌筑时,大拱 TM 的硐胎更为重要。在两巷口的拱顶上还要特设一架爬箍(图 2-13(b)),即一架与大拱 TM 硐胎曲率相近的特制硐胎,使顺着 TN 与 TM 铺放的模板能顺势成形。先将拱部砌入迎脸内一块料石左右,然后填实壁后,砌起迎脸接上大拱。

（4）刷砌交岔点扩大部分时，若岩石条件不好，则必须采用过顶梁作临时支护（图 2-14）。挑顶以后，过顶梁的一端搭在已砌好的拱上，另一端事先插入在岩石上掏好的梁窝内，也可搭在支于原支架顶梁上的小短柱上，然后依次由中间向两边刷大，并逐步穿梁，梁用背板背紧，一直到墙为止。在过顶梁的保护下架立碹胎，边拆除护顶梁边砌碹。砌碹时两边对称同步进行，以免碹胎向一侧变形位移，直到碹体合拢为止。

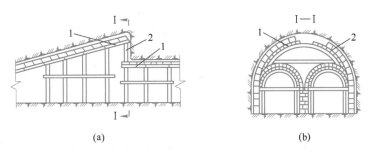

（a）   （b）

图 2-14   柱墩端面施工示意图

（a）混凝土碹；（b）料石碹

1—模板；2—爬箍

（5）交岔点扩大部分，拱高随宽度增大而增高，墙高要逐渐降低，因此，架设碹胎时，各碹胎基脚线必须精确量测，并应架设牢固，尤其是起始的两架，应准确测量作为以后各碹胎的标准。

习　　题

2-1　简述巷道交岔点定义及其类型。

2-2　柱墙式交岔点的类型有哪些？

2-3　简述单线单开交岔点几何计算法步骤。

2-4　巷道交岔点施工方法有哪些？

3 井下车场及硐室设计与施工

本章提要

　　井下车场是地表与井下相连的井下运输的枢纽站，由若干井下巷道及辅助硐室组成。本章主要介绍井下车场的基本概念、线路组成及其相关的硐室，详细介绍了井下车场形式及其选择、井下车场的主要参数、井下车场设计的一般要求及其关键参数的确定、井下车场平面闭合计算、车场通过能力计算、与井下车场相关硐室（马头门、中央水泵房、水仓、箕斗装载硐室和矿仓）的设计与施工方法。

3.1　井下车场的基本概念

3.1.1　井下车场

　　井下车场是井筒附近各种巷道、硐室的综合体，是地下运输的枢纽站，由若干连接和环绕井筒的巷道及辅助硐室组成。它的作用就是将井筒与主要运输巷道连接起来，把由运输巷道运来的矿石和废石经此进入主(副)井提至地表，并将地表送下来的材料和设备经由此处进入运输巷道，送至各个工作地点，它承担井下矿车卸矿、调车、编组等任务。井下车场结构示意图见图 3-1。

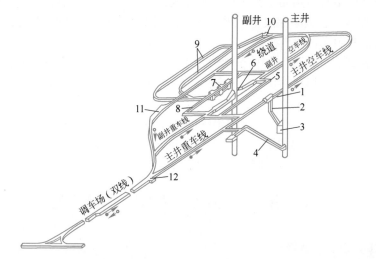

井下车场

图 3-1　井下车场结构示意图

1—翻笼硐室；2—矿石溜井；3—箕斗装载硐室；4—回收撒落碎矿的小斜井；5—候罐室；6—马头门；
7—水泵房；8—变电站；9—水仓；10—清淤绞车硐室；11—机车修理硐室；12—调度室

3.1.2　井下车场的路线组成和硐室

组成井下车场的路线和硐室如图 3-2 所示。主井一般为箕斗井,副井为罐笼井,两者共同构成一双环形的井下车场。

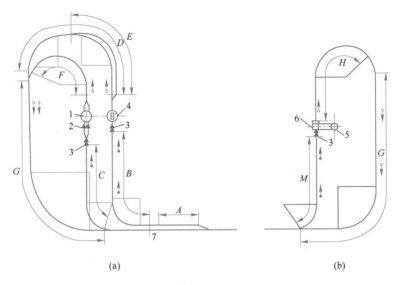

(a)　　　　　　　　　　　　　　　　　(b)

井下车场
组成

图 3-2　井下车场
(a) 混合井井下车场;(b) 箕斗井井下车场
A—调车线;B—副井重车线;C—主井重车线;D—副井空车线;E—材料车线;
F—主井空车线;G—绕道车线;H—箕斗空车线;M—箕斗重车线
1—主井;2—单车阻车器;3—复式阻车器;4—副井;5—箕斗井;6—翻笼;7—警冲标
➡️重车运行方向;⇢空车运行方向

井下车场线路主要包括储车路线和行车路线:

(1) 储车路线,在其中储放空、重车辆,包括主井的重车线与空车线、副井的重车线与空车线、停放材料车的材料支线。

(2) 行车路线,即调度空、重车辆的行车路线,如连接主副井的空车线的绕道、重车线的绕道、调车支线,还包括供矿车出进罐笼马头门的线路。此外,还有一些辅助线路,如通达各硐室的线路。

(3) 井下车场的硐室,与主井有关的硐室有:翻笼硐室、箕斗装载硐室、清理撒矿硐室和斜巷等。与副井有关的硐室有:马头门、水泵房、变电站、水仓及候罐室等。另外,还有调度室、电机车库机车修理硐室、火药库等。

3.2　井下车场的形式及其主要参数

3.2.1　井下车场形式及选择

3.2.1.1　井下车场的基本形式

按矿车运行方式,井下车场可分为尽头式、折返式和环形三种,如图 3-3 所示。按使用的提升设备分为罐笼井下车场、箕斗井下车场和罐笼-箕斗混合井井下车场三种。

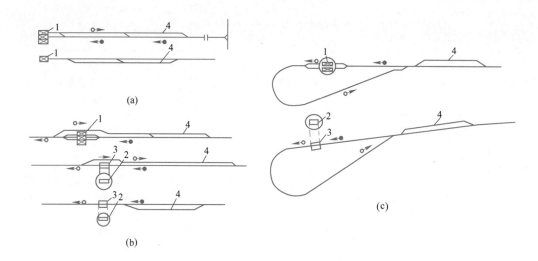

图 3-3 井下车场形式示意图

（a）尽头式；（b）折返式；（c）环形式

1—罐笼；2—箕斗；3—翻车机；4—调车线

（1）尽头式车场。用于罐笼提升，其特点是井筒单侧进、出车，空、重车的储车线和调车场均设在井筒的一侧，从罐笼拉出来空车后，再推进重车。通过能力小，故尽头式车场适用于小型矿井或副井。

（2）折返式车场。它是在井筒或卸车设备（如翻车机）的两侧均敷设线路。一侧进重车，另一侧出空车，空车经过另外敷设的平行线路或从原线路变头（改变矿车首尾方向）返回。当岩石稳固时，可在同一条巷道中敷设平行的折返线路，否则，需另行开设平行巷道。

（3）环形车场。它也是由一侧进重车，另一侧出空车，但由井筒或卸车设备出来的空车是经由出车线和绕道不变头（矿车车尾方向不变）返回。

井下车场形式设计一般按矿山生产能力大小选择。年生产量为 30 万吨以上的可采用环形或折返式车场；年产量为 10 万~30 万吨的可采用折返式车场；年产量为 10 万吨以下的可采用尽头式车场。

在选择井下车场形式时，在满足生产能力要求的条件下，尽量使结构简单，节省工作量，管理方便，生产操作安全可靠，并且易于施工与维护。车场通过能力要大于设计生产能力的 30%~50%。

竖井的井下车场实例见表 3-1。

3.2.1.2 井下车场形式选择

井下车场形式选择应力求做到：

（1）线路结构简单，巷道平直，弯道曲率半径大，调车方便安全，调车时间短。

（2）当用罐笼作主、副提升时，一般多采用环形车场。如围岩不稳固运输量较小，能直接在靠近竖井外侧铺设绕道时，可以考虑采用折返式车场。

表 3-1 竖井井下车场实例

井下车场形式	井下车场简图	提升方式	运输设备		调车方式	优缺点	使用矿山
			电机车	矿车			
尽头式		副井、单罐笼				提升量小时使用，工程量最小，结构最简单	河北铜矿
折返式		双罐笼	3t	0.7t	电机车顶车	结构最简单，工程量最小	
		箕斗			电机车	结构最简单，工程量最小	铜山铜矿
环形		双罐笼	10t	固定式 1.2m³	电机车	布置简单，矿车进出罐采用自溜坡，通过能力较大	黄沙坪铅锌矿
折返-尽头式		箕斗-罐笼混合井		固定式 2m³	电机车	布置简单，工程量小	河北铜矿
折返-环形式		主井箕斗井副井单罐笼		侧卸式 1.6m³	电机车		凡口铅锌矿
环形-折返式		箕斗-单罐笼混合井	7t 10t	侧卸式 1.6m³ 固定式 0.7m³	电机车	采用侧卸式矿车后，环形线路通过能力大大提高	红透山铜矿
双环形		箕斗-单罐笼混合井	10t	固定式 2m³	电机车	通过能力大，工程量大	杨家杖子矿
三个环形		主井箕斗-双罐笼，副井双罐笼	10t	固定式 2m³	电机车	工程量大，结构复杂，通过能力大	弓长岭铁矿

（3）当采用箕斗提升矿石，用侧卸式矿车运输，运量较小时，常用折返式车场；当运输量较大，为减少摘挂时间，可采用环形车场。当采用双卸式矿车双机牵引，而运量不大时，则多采用折返式车场。用固定式矿车运输并利用机车调头推、顶车组卸载时，可采用尽头式车场。

（4）辅助提升的罐笼井专用车场，如废石量不大，按提升休止时间考虑能满足提升要求时，可采用尽头式车场。

（5）罐笼-箕斗混合提升井的井下车场。如井旁卸载线采用环形，在开凿工程量增加不大时，可以考虑将罐笼的出车线与上述线路连成环形运输系统。

3.2.2 影响确定井下车场形式的主要参数

（1）矿井开拓方式对选择井下车场形式影响甚大。

（2）矿井生产能力的大小直接影响提升井筒的数目，提升容器类型以及井下车场的调车方式等。设计能力很小的矿井，一般只有一个提升井筒，并用罐笼作主、副提升，井下车场的调车可以用自溜或其他调车设备，因此可采用尽头式车场。大型矿井通常采用箕斗提升矿石，当用侧卸式矿车运输时，常采用折返式车场；当用双机牵引底卸式矿车运输时，也可采用折返式车场。大型矿井辅助提升用的罐笼井下车场，废石量不大时，可采用尽头式单面车场；运输量大时，可采用环形车场。

（3）主要运输平巷、井下车场的运输方式及调车方式。

（4）运输设备的类型和井口机械化、自动化程度。

（5）主要硐室的位置，防水闸门、自动风门的布置要求。

（6）井下车场所处位置的工程地质、水文地质及矿井涌水情况。

（7）矿井地面生产系统的布置方式。

（8）矿体赋存位置、通风系统及排水系统。

（9）巷道围岩的稳固性。

总之，影响井下车场形式的因素很多，选用时必须全面考虑，必要时应进行方案比较。

3.3　井下车场设计

3.3.1 井下车场设计的一般要求

（1）设计的井下车场要留有一定的富余通过能力，一般情况下应大于矿井或阶段生产能力的 20% ~ 30%，对于具有发展远景的矿山的矿井或阶段，应根据具体情况适当放大，以满足扩大生产的要求。

（2）车场的路线，应包括储车线、行车线及通往采场内各主要硐室的辅助线路。副井车场当采用人车向采区运送人员时，应设置人车专用停车线；同时在长度上还应考虑防水闸门和风门布置的要求。

（3）储车线长度。主井提升的罐笼前（或卸载站前）重车储车线，一般不小于 2.0 倍列车长；罐笼后（或卸载站后）的空车储车线可取 1.5 倍列车长。副井提升的空、重车线，可分别取 1.0 和 1.5 倍列车长。材料储车线长度：对中小型矿井，一般可容纳 5 ~ 10 辆材料车；对于大型矿井，应按实际需要考虑。

（4）当采用罐笼提升时，重车应走直线。

（5）车场内的调车方式，尽量少用顶车，优先采用拉车，避免过弯道时发生矿车掉道事故，且缩短运行时间。

（6）采用平硐竖井联合开拓时，平硐车场要考虑提升容器进出、吊装和检修的可能性。

（7）当罐笼井的空车线是采用自溜滑行时，线路的坡度既要使空车出马头门时获得的动能足以克服阻力，直接滑行到储车线，又要保证矿车滑行到储车线路终点时的速度趋于零，到达阻车器时的速度为 0.75～1.00m/s。

（8）设计井下车场纵断面坡度时，须注意排水沟的流向及低洼处排除积水的可能性。

（9）调车线长度通常为 1 列车长。

3.3.2　井下车场设计

3.3.2.1　储车线长度的确定

（1）箕斗井重车储车线长度。

$$L = mnl_1 + Nl_2 + l_3 \tag{3-1}$$

式中　L——重车储车线长度，一般 $L = 1.5～2.0$ 倍的列车长（包括车头在内），m；

m——列车数；

n——每列列车的矿车数；

l_1——矿车长度，m；

N——牵引电机车台数；

l_2——电机车长度，m；

l_3——制动距离，m，一般取 5～8m。

（2）箕斗井空车储车线长度。一般取空车储车线为 1.5～2.0 倍的列车长（包括车头在内）。

（3）采用曲轨卸载或矿车不摘钩的翻笼卸载时，箕斗井的空、重储车线，按 1.1～1.2 倍的列车长计算。

（4）当采用罐笼兼作主、副提升时，罐笼前储车线一般不应小于 1.5～2.0 倍列车长，罐笼后不小于 1.5 倍列车长。

（5）副井井下车场除考虑废石所需线路（1.0～1.5 倍列车长）外，还应考虑材料、设备等临时占用的线路，其长度约为 15～30m（5～10 辆材料车）。用人车运送人员时，应设专用线（约 15～20m）。

（6）副井提升车场的线路，还需满足主要硐室（如变电硐室、候罐室等）、防水闸门以及风门布置的要求。

3.3.2.2　井下车场线路坡度的确定

A　箕斗井重车线及空车线坡度

（1）箕斗井提升时，重车一般不摘钩通过翻车机（或卸载点），此时重车线取平坡。

（2）矿车摘钩，用推车器进翻笼时，推车器至翻笼区段可以取 2‰～3‰坡度。

（3）在翻车器口约一个矿车长度，取约 2‰的上坡，其余部分取 3‰～5‰的坡度（推车器顶列车进翻笼时）。

（4）箕斗井提升空车线坡度：

1）列车不摘钩通过翻车器（或卸载点）时，出翻笼后的坡度可以与重车储车线取相同的坡度。在翻车机硐室内，轨道是按水平铺设的。

2）矿车摘钩翻转时，空车除翻笼后 10~15m 一段，取 15‰~20‰坡度（矿车容积 1.2~2.0m³）。空车线其他部分坡度，应保证矿车自溜，一般可取 6‰~8‰。空车线末端应有一段平坡，以利于阻车。

3）两翼来车时，重车线和空车线均取平坡。

B 罐笼井空、重车坡度

（1）重车线坡度。采用电机车调车时，取 2‰~4‰的坡度；采用自溜车场时，启动坡度 $i \geq (2.5~3)W_J$（重车运行时的静阻力系数），其余坡度取 $i \geq (1.8~2.5)W_J$。

（2）空车线坡度。矿车自溜时，一般取 13‰~18‰的坡度（0.75m³ 的矿车），此时空车线其他部分坡度可以取 6‰~8‰，弯道处坡度应加大 1‰~2‰。空车线后端最好取一段平坡，既可以作调整坡度用，又对电机车启动有利。

C 绕道（回车线）坡度

（1）金属矿山采用 0.75m³ 矿车和 7t 电机车时，空车爬坡应控制在 10‰~13‰以内，否则应增加绕道的长度。

（2）10t 电机车牵引空列车时，绕道坡度可以略加大，但应控制在 15‰左右。

（3）拉或顶重车爬上坡时，坡度一般不要超过 6‰~7‰。回车线坡度一般为 7‰~9‰。

D 调车线坡度

调车线一般取 3‰的流水坡度。

3.3.2.3 井下车场纵断面闭合计算

当井下车场内各线路坡度确定后，应进行线路坡度闭合计算，否则应对线路坡度进行调整，或采取高度补偿器等方法来消除高差，使之达到整个线路纵断面各点闭合。

3.3.2.4 井下车场平面闭合计算

A 平面闭合计算的原始条件

（1）井筒中心的坐标。

（2）提升方式及提升容器在井筒中的位置。

（3）储车线的方位。

（4）车场与运输巷道之间的关系。

（5）机车、矿车等车辆吨位、外形尺寸及列车的长度。

（6）矿井日产量和小时产量。

B 基本参数的确定和选取

（1）钢轨种类、道岔型号、弯道半径的确定。

（2）主副井各段储车线长度的确定。

（3）车场形式的确定。

（4）井口机械布置方式的确定。

C 平面闭合计算步骤及方法

（1）计算井筒的相互位置及主副井储车线之间的垂直距离。

（2）利用投影法计算各段尺寸（即平面几何尺寸），最终进行平面尺寸闭合计算。

D　平面闭合计算实例

a　原始条件

（1）井筒坐标：主井 $x_1 = 279.795$，$y_1 = 740.524$；副井 $x_2 = 282.943$，$y_2 = 770.358$。

（2）提升方式。主井提升用 5 号双罐笼（4000mm×1450mm）；副井用 5 号单罐笼（4000mm×1450mm）。

（3）提升方位角。储车线与坐标线的夹角即提升方位角 $\alpha = \mathrm{N}42°10'\mathrm{E}$。

（4）井下车场为环形车场。

（5）运输设备。10t 电机车牵引 $2\mathrm{m}^3$ 固定式矿车和 $0.5\mathrm{m}^3$ 翻斗车。列车总长度均为 43.8m。$2\mathrm{m}^3$ 矿车的轴距 $S_{\mathrm{B.Max}} = 1100\mathrm{mm}$。

（6）矿石产量：2000t/d。

（7）运行车辆最大宽度 $B = 1200\mathrm{mm}$。

b　基本参数确定

（1）采用 18kg/m 钢轨。

（2）采用 618-1/4-11 单侧道岔、618-1/4-11.5 渡线道岔、618-1/3-11.65 自动分配对称道岔。其参数如图 3-4 所示。

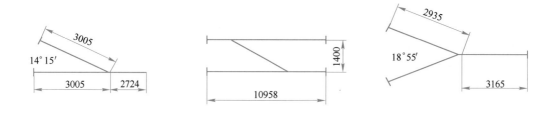

图 3-4　道岔参数

（3）弯道半径 $R = 15\mathrm{m}$，缓和直线段 $d = 2\mathrm{m}$。

弯道双轨线路中心距加宽值 $\Delta = \dfrac{S_{\mathrm{B.max}}^2}{8R} = \dfrac{1.1^2}{8×15} = 134\mathrm{mm}$，取 $\Delta = 200\mathrm{mm}$。

（4）储车线长度：

1）主井重、空车线长度 $L_z = 1.5×43.8 = 65.7\mathrm{m}$；

2）副井重车线长度 $L_{f_1} = 1.2×43.8 = 52.56\mathrm{m}$；

3）副井空车线长度 $L_{f_2} = 1.1×43.8 = 48.18\mathrm{m}$。

（5）车场形式见图 3-5。

（6）主井马头门线路布置方式如图 3-6（a）所示，其有关尺寸如下：

罐笼底板长度 $L_0 = 3.2\mathrm{m}$；摇台活动轨长度 $L_4 = 1.5\mathrm{m}$；摇台基本轨长度 $L_3 = 0.6\mathrm{m}$；罐笼中心线间距 $S = 1.968\mathrm{m}$；单式阻车器轮挡至摇台基本轨末端的长度 $L_2 = 1.4\mathrm{m}$；复式阻车器轮挡至对称道岔连接系统末端的长度 $b_4 = 1.5\mathrm{m}$；对称道岔连接系统长度 $b_3 = 10.342\mathrm{m}$；复式阻车器阻爪间距 $b_1 = 2.4\mathrm{m}$；插入段长度 $b_5 = 2\mathrm{m}$，$b_2 = 2.4\mathrm{m}$。

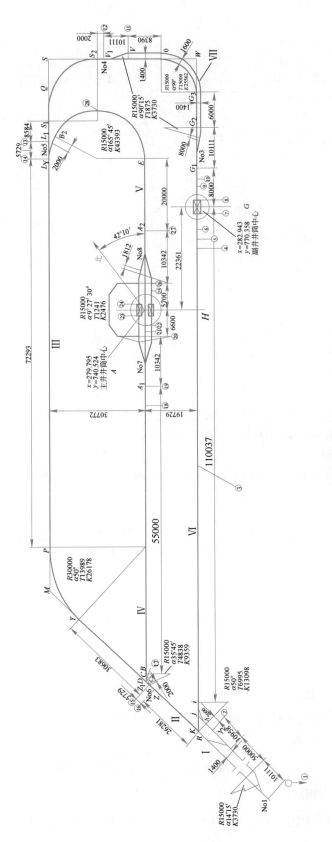

图 3-5 井下车场线路平面布置实例（单位：mm）

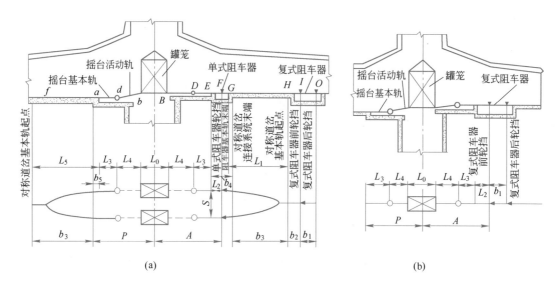

图 3-6　马头门线路平面布置示意图

（a）双罐时的线路布置；（b）单罐时的线路布置

（7）副井马头门线路布置见图 3-6（b），其有关尺寸如下：

罐笼底板长度 $L_0 = 3.2$m；摇台活动轨长度 $L_4 = 1.5$m；摇台基本轨长度 $L_3 = 0.6$m；复式阻车器阻爪间距 $b_1 = 2.4$m；插入段长度 $L_2 = 0.51$m。

c　平面闭合计算

（1）井筒相互位置和储车线的垂直距离。参照图 3-7 对以下参数进行计算：

1）井筒中心线与坐标间的夹角：

$$\beta = \arctan \frac{y_2 - y_1}{x_2 - x_1} = \arctan \frac{770.358 - 740.524}{282.943 - 279.795} = 83°58'36''$$

2）储车线与井筒中心线连线的夹角：

$$\theta = \beta - \alpha = 83°58'36'' - 41°10' = 41°48'36''$$

3）井筒中心线的长度：

$$O_1 O_2 = \sqrt{(x_2 - x_1)^2 + (y_2 - y_1)^2} = 30\text{m}$$

4）井筒中心间水平距离：

$$OO_2 = O_1 O_2 \cos\theta = 30 \times \cos 41°48'36'' = 22.361\text{m}$$

5）井筒中心垂直距离：

$$OO_1 = O_1 O_2 \sin\theta = 30 \times \sin 41°48'36'' = 20\text{m}$$

6）储车线间垂直距离：

$$CD = OO_2 - O_2 C + OD = 20 - 0.441 + 0.17 = 19.729\text{m}$$

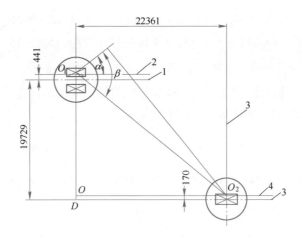

图 3-7　井筒相互位置
1—主井井筒中心线；2—主井储车线中心线；3—副井中心线；4—副井储车线

（2）求连接系统尺寸。

（3）利用投影法计算各段尺寸：

1）主井马头门线路尺寸。据图 3-5、图 3-8 及井口设备布置求得：

$$AA_1 = 10.342 + 6.7 = 16.942\text{m}$$

$$AA_2 = 10.342 + 6.6 = 16.042\text{m}$$

2）主井重车储车线尺寸。根据储车线长度的要求，$A_1C_1 > 65.7\text{m}$；同时为了保证有一列以上矿车在直线段上启动滑行，取 $A_1B = 55\text{m}$。

3）主井空车储车线尺寸。根据储车线长度的要求，$A_2B > 52.56\text{m}$；同时为了保证空车出罐后获得所必需的自溜能量以达到其弯道的坡度终点，自溜直线段长度 $A_2E = 20\text{m}$。

4）副井马头门线路尺寸。根据井口设备布置，$GG_1 = 8\text{m}$。副井储车线长度在平面闭合后再复核。

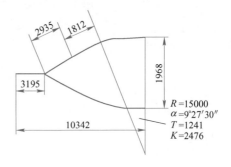

图 3-8　图 3-5 中⑲和⑳间对称道岔双分支计算参数

5）G_i 值据图 3-5、图 3-7 计算：

$$G_i = GH + AA_1 + A_1B + BD + AH\cot 50° - Kj - ji$$

$$= 22.361 + 16.942 + 55 + 8.001 + 19.729 \times \cot 50° - \frac{1.4}{\sin 50°} - 15\tan\frac{50°}{2}$$

$$= 110.037\text{m}$$

式中，角 50° 是由运输阶段的石门方向而定。

6）L_1S_1 值根据图 3-10 和图 3-11 计算：

$$L_1S_1 = (GH + GG_1 + G_1G_2 + G_2G_3 + G_3W) - (AA_2 + A_2E + EF) - SS_1 + (LQ - LL_1)$$

$$= (22.361 + 8 + 10.111 + 6 + 15) - (16.042 + 20 + 15) - 15 + (18.883 - 5.729)$$

$$= 8.584m$$

式中，$G_2G_3 = 6m$ 是根据交岔点支护和巷道间岩柱安全要求确定。

7）LP 值根据图 3-5、图 3-9、图 3-11 计算：

$$LP = (DB + BA_1 + A_1A + AA_2 + A_2E + EF) - LQ - MP - QF\cot 50°$$

$$= (8.001 + 55 + 16.942 + 16.042 + 20 + 15) - 18.883 - 30\tan\frac{50°}{2} - 30.772\cot 50°$$

$$= 72.293m$$

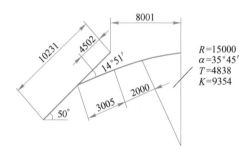

图 3-9　图 3-5 中⑯和⑰单向单开有转角
道岔计算参数

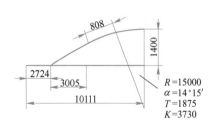

图 3-10　图 3-5 中①和②间单开有转角
道岔计算参数

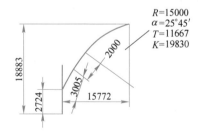

图 3-11　图 3-5 中㉘和⑭单向单开有转角
道岔计算参数

8）根据储车线及绕道的间距求 OV：

$$OV = HA + FQ - (SS_2 + OW + S_2V_1 + VV_1)$$

$$= 19.729 + 30.772 - (15 + 15 + 2 + 10.111) = 8.39m$$

式中，S_2V_1 为弯道缓和段长度，取 2m。

9）YZ_1 据图 3-5、图 3-9 计算：

$$YZ_1 = MD + DZ - (MY + ZZ_1)$$

$$= \frac{30.772}{\sin 50°} + 10.231 - \left(30\tan\frac{50°}{2} + 5.729\right)$$

$$= 30.683 \text{m}$$

10）ZR 值根据图 3-5、图 3-9 计算：

$$DK = \frac{19.729}{\sin 50°} = 30.692$$

$$ZR = DK + jj_1 + j_1j_2 - (10.231 + 1.4\cot 50°)$$

$$= 28.281 \text{m}$$

式中，$j_1j_2 = 2\text{m}$ 为弯道缓和段长度。

以上连接尺寸是用储车线的垂直距离计算所得，最后还需用水平距离和三角关系及坐标计算法进行复核。如计算结果相同，则证明上述计算正确，平面闭合计算可暂告结束；否则，须重新核算，直到相符为止。

3.3.2.5 井下车场通过能力计算

（1）要求车场具备的通过能力计算：

$$A'_B = C(A_K + A_F) \tag{3-2}$$

式中 A'_B——要求车场具备的通过能力，t/班；

C——不均衡系数，一般取 1.2~1.25；

A_K——每班通过车场的矿石量，t；

A_F——每班通过车场的废石量，t；

（2）车场可能达到的通过能力。按列车到达井下车场的时间间隔，求车场可能达到的通过能力：

$$A_B = \frac{3600TQ_L}{KCt_p} \tag{3-3}$$

$$t_p = \frac{t_{1-2} + t_{3-4} + \cdots + t_{n-1}}{n} \tag{3-4}$$

式中 A_B——车场可能达到的通过能力，t/班；

T——车场每班运矿工作小时数；

Q_L——列车平均载重量，t；

K——车场储备系数，取 $K = 1.2~1.3$；

C——不均衡系数，一般取 1.2~1.25；

t_p——各次列车进入车场的平均间隔时间，s；

t_{1-2}——1 号与 2 号列车进入车场的间隔时间，s；

t_{3-4}——3 号与 4 号列车进入车场的间隔时间，s；

n——每班进入车场的列车数，列。

为了保证井下车场有足够的能力，应满足：

$$A_B > A'_B$$

一般情况下，设计的车场通过能力应大于矿井或阶段生产能力的 20%~30%。

（3）井下车场通过能力计算图。根据式（3-3），绘制成图 3-12。图中半径表示列车进入井下车场的平均间隔时间 t_p；各同心圆线表示每一列车平均载重 Q_L，各半径线与同心圆线交点的数值表示井下车场最大可能的通过能力。

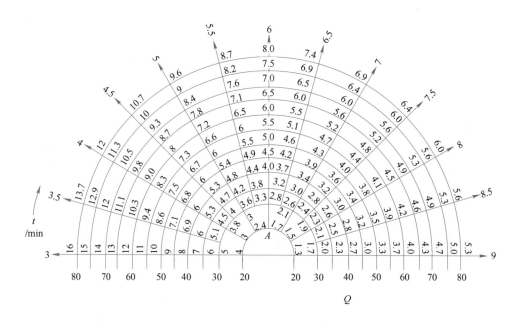

图 3-12　井下车场通过能力计算图

Q—列车有效载重量，t/列；A—百吨/h；$t=t_p$

3.4　马头门设计

井筒与井下（中段）车场连接处称为马头门，其形式主要根据选用罐笼的类型、进出车水平数目，以及是否设有候罐平台来确定。若仅在车场水平进出车和上下人时，采用图 3-13（a）的形式；若车场有两个出车水平或虽只有一个出车水平但没有上层候罐台时，采用图 3-13（b）的形式。

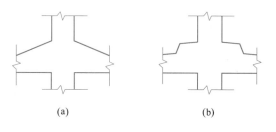

（a）　　　　　　　　　　　（b）

图 3-13　马头门形式

3.4.1 马头门高度

马头门高度主要取决于下放长材料及大型设备的要求，还需考虑马头门形式、罐笼结构和通风要求等条件，按最大者确定。通常井下用的最长材料是 12m 的钢轨或 10m 的钢管，罐笼内可下放 8m 以内的长材料，大于 8m 以上的长材料常吊于罐笼的底部下放。

马头门的高度自井筒起向外逐渐减小，到对称道岔基本轨起点止，此后即是正常高度。通常马头门高度的验算按下放最长材料的要求而定。由图 3-14 可得：

$$H = L\sin\alpha - W\tan\alpha \qquad (3-5)$$

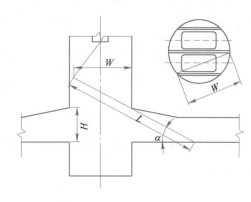

图 3-14　马头门高度示意图

式中　H——马头门拱顶高度；

L——下放材料的最大长度，$L = 12.5\text{m}$；

W——悬挂材料点的井筒径向有效全长，$W = 0.9D$，m；

D——井筒净直径，m；

α——下放的长材料与水平面夹角，(°)。

3.4.2 马头门长度

马头门长度是指井筒两侧对称道岔的基本轨起点之间的距离 L（图 3-6），主要依据车场线路和有无摇台、推车设备等条件确定，可用式（3-6）计算：

$$L = A + b_1 + b_2 + 2b_3 + b_4 + P \qquad (3-6)$$

式中　A——单式阻车器的轮挡至罐笼中心线的距离，$A = 0.5L_0 + L_2 + L_3 + L_4$；

L_0——罐笼底板长度，由所选罐笼的外形长度确定；

L_1——对称道岔基本轨起点至阻车器末端的长度；

L_2——单式阻车器轮挡至摇台基本轨的距离（依阻车器尺寸确定），一般取 $L_3 + L_2 = 2 \sim 3\text{m}$；

L_3——摇台基本轨长度；

L_4——摇台活动轨长度；

b_1——复式阻车器前轮挡与后轮挡距离，阻爪距离为 1~2 个矿车长；

b_2——复式阻车器前轮挡至对称道岔基本轨起点。一般取 $b_2 = 1.5 \sim 2.0\text{m}$。此距离要保证复式阻车器的基础与道岔在铺设时不相互碰撞；

b_3——对称道岔连接系统长度；

b_4——单式阻车器的轮挡至对称道岔连接系统末端的距离，一般取 $b_4 > 2\text{m}$；

b_5——出车侧摇台基本轨末端至对称道岔连接系统末端的距离，一般取 $b_5 = 1.5 \sim 2.0\text{m}$，$b_5$ 应保证摇台的基础与道岔不相碰，并使矿车保持在直线段上。

3.4.3　马头门宽度

马头门宽度 W 可按式（3-7）计算：

$$W = T + S + V \tag{3-7}$$

式中　T——梯子侧轨道中线至侧墙距离，$T \geqslant \dfrac{矿车宽}{2} + 1000$（马头门处），mm；

　　　　S——轨道中心线间距，等于井筒中罐笼中心线间距，mm；

　　　　V——非梯子侧轨道中线至侧墙距离，$V \geqslant \dfrac{矿车宽}{2} + 1000$，mm。

上述马头门的长与宽指一般情况而言，如果马头门车场路线和机械设备不同，其长与宽也要相应变化。

3.5　中央水泵房与水仓设计

中央水泵房通常布置在副井空车场侧附近，并与变电所同列布置，这样可使排水设备运输、排水管路引出及电缆引入均较方便，而且还创造了良好的硐室通风条件。

中央水泵房由主体硐室泵房、管子道、通道等组成，泵房内有配水井、配水巷和吸水井。中央水泵房与水仓组成中央排水系统。

井下最低中段的主水泵房出口不少于两个。

3.5.1　中央水泵房的形式

中央水泵房有两种形式：一是泵房底板标高位于井下车场水平以上0.5m，并高于水仓水平，使用非常广泛；二是泵房主体硐室标高位于水仓底板，即水泵轴线在水仓底板下，称为潜没式水泵房，应设有两个通往中段巷道的出口，优点是水仓水自动灌泵，无气蚀现象，无配水井、巷等工程，可提高水泵寿命和效率，缺点是水泵房通风条件差，工程量较大，且只有在水文地质条件和围岩条件较好时，才考虑采用。

变电硐室及
水泵房

3.5.2　中央水泵房主体硐室设计

3.5.2.1　主体硐室长度

主体硐室长度 L 主要按选定的排水设备类型、数量以及安装、检修和安全操作所需空间来确定（图3-15），其长度按式（3-8）计算。

$$L = nA_1 + A(n-1) + A_2 + A_3 = nA_1 + A(n-1) + (5 \sim 6) \tag{3-8}$$

式中　n——水泵台数，台；

　　　　A_1——每台泵及电机总长度，m；

　　　　A——水泵机组之间的净空距离，一般取 $A = 1.5 \sim 2.0\text{m}$；

　A_2，A_3——泵房两端所需办公、运输、检修及安全间隙等，取 $2.5 \sim 3\text{m}$。

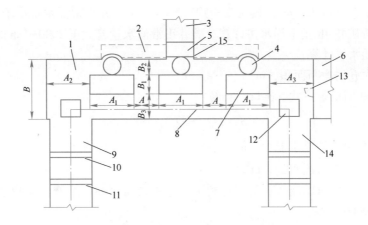

图 3-15　中央水泵房主体硐室尺寸设计

1—泵房；2—配水巷；3—水仓；4—吸水小井；5—配水井；6—变电所；7—泵及电机；8—轨道中心线；
9—通道；10—栅栏；11—密闭门；12—转盘；13—防火门；14—管子道；15—闸阀

3.5.2.2　主体硐室宽度

为了减少主体硐室宽度，排水设备一般沿硐室轴线方向布置，并靠近吸水井一侧，另一侧铺设轨道，并在通道、管子道转弯处设转盘，以利运输设备，硐室宽度可按式（3-9）计算：

$$B = B_1 + B_2 + B_3 \tag{3-9}$$

式中　B_1——水泵基础宽度，m；

　　　B_2——水泵基础至吸水井侧墙的距离，一般 $B_2 = 0.8 \sim 1.2m$；

　　　B_3——水泵基础至有轨道侧墙的距离，一般 $B_3 = 1.5 \sim 2.0m$。

3.5.2.3　主体硐室高度

主体硐室高度按水泵和基础高度、排水管线布置（逆止阀高）与悬吊高度、管径与排水管数量以及安装起重梁的要求来确定。通常主体硐室断面多为拱形，一般高度为 3.0~5.0m。

与中央水泵房相邻的中央变电所，其断面形状、尺寸是由围岩性质、各种变电设备型号、规格、数量及安全操作距离所决定的，它实际上也是一条大断面的拱形巷道。

3.5.3　水仓设计

依据《安全规程》规定：水仓应由两个独立的巷道系统组成。最低中段水仓的容积，应能容纳 4h 的井下正常涌水量。正常涌水量超过 2000m²/h 时，应能容纳 2h 正常涌水量，且不小于 8000m³。水仓进水口应有算子。采用水砂充填和水力采矿的矿井，水进入水仓之前，应先经过沉淀池。应及时清理水仓中的淤泥，水仓有效容积不小于总容积的 70%。

水仓通常有两条，一条为主仓（内仓），另一条为副仓（外仓）；当一条清理淤泥时，另一条可正常使用。每条水仓都单独与配水井相通。

3.5.3.1　水仓长度、宽度计算

水仓长度 L 按式（3-10）计算：

$$L = \frac{Q}{S} \tag{3-10}$$

式中　Q——水仓总体积，m³；按《安全规程》规定：矿井正常涌水量小于 2000m³/h 时，按矿井 4h 正常涌水量计算；矿井正常涌水量若大于 2000m³/h 时，按 2h 正常涌水量计算；

　　　　S——水仓的净断面积，m²。

水仓的净断面积 S 按式（3-11）计算：

$$S = (Q_b - Q_y)/3600v \tag{3-11}$$

式中　Q_b——泵房正常排水能力，m³/h；

　　　　Q_y——矿井正常涌水量，m³/h；

　　　　v——水仓内水的流速；为了有利于水仓中杂质沉淀，水仓内流速控制在 0.003~0.007m/s。

3.5.3.2　水仓纵断面计算

因清仓用矿车运输，故在水仓与车场巷道之间有一段斜巷相连（图 3-16 中 B、C 两点间距离），这段斜巷称为清仓斜道，它也能部分存水。当水仓平面布置确定后，按图 3-16 计算水仓纵断面。

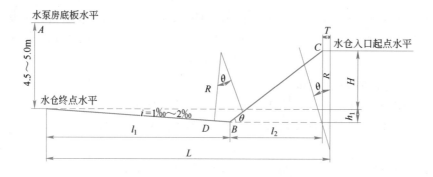

图 3-16　水仓纵断面计算

设计时，首先应确定以下参数：

（1）按车场坡度线路图推算出水仓起点 C 的标高 h_C，按水泵房底板标高推算出水仓终点标高 h_A，则可得 A、C 两点高差 H；

（2）通常水仓底板向水泵房方向有 1‰~2‰ 的上坡，以利清仓；

（3）水仓清理斜巷倾角 θ 取 18°~20°，斜向竖曲线半径 R 取 9~12m；

（4）为简化计算，取水仓最低点为竖曲线的切线交点 B，它与实际最低点 D 只有微小误差（误差等于 $iR\tan\dfrac{\theta}{2}$）。

水仓纵断面参数 h_1、l_1、l_2 分别按式（3-12）~式（3-14）计算：

$$h_1 = \left(L - R\tan\frac{\theta}{2} - H\cot\theta\right)\bigg/\left(\frac{1}{i} + \cot\theta\right) \tag{3-12}$$

$$l_1 = \left(L - R\tan\frac{\theta}{2} - H\cot\theta\right)(1 + i\cot\theta) \tag{3-13}$$

$$l_2 = (H + h_1)\cot\theta \tag{3-14}$$

3.5.3.3 水仓设计实例

归来庄金矿现场实际正常排水量 $Q = 2209\text{m}^3/\text{h}$，最大排水量 $Q_{\max} = 2810\text{m}^3/\text{h}$，其涌水量在 $1000\text{m}^3/\text{h}$ 以上。布置两条水仓，一条为工作水仓，一条为备用水仓（图3-17）。

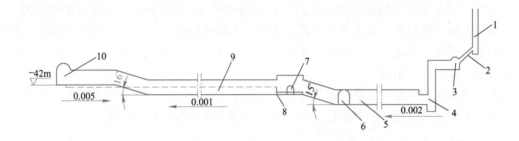

图 3-17　露天坑底泄水孔地下井巷排水系统示意图

1—防水工程；2—排水管巷；3—水泵房；4—深水井；5—水仓；6—副水仓入口；
7—联络水巷；8—挡水墙；9—沉淀池；10—进水平巷

水仓容积为：

（1）按《安全规程》规定，依据正常涌水量计算：

$$V_{\text{工作}} = (6\sim 8)Q = (6\sim 8)\times 2209 = 13254\sim 17672\text{m}^3$$

$$V_{\text{备用}} = (2\sim 4)Q = (2\sim 4)\times 2209 = 4418\sim 8836\text{m}^3$$

据此，根据归来庄金矿的实际情况，取其工作水仓的容积为 15000m^3、备用水仓的容积为 8000m^3。

（2）大水矿山或者露天转地下开采且有较厚垫层的矿山，水仓容积为：

$$V = 4Q/K = 4\times 2209/0.75 = 11781\text{m}^3$$

$$V \geqslant 2Q_{\max}/K = 2\times 2810/0.75 = 4215\text{m}^3$$

综上，水仓个数为2条，主水仓长度为722m，仓底坡度为2‰。副水仓长度为412m，仓底坡度为2‰。水仓断面为 18m^2。吸水坑深1.5m，吸水管浸入坑内深度为1.0m，吸水管口距坑底0.5m，吸水管中心至仓底6.2m，可满足水泵吸程要求。

水仓入口处设置铁算子，因矿岩泥量较大，在水仓入口通道内设置沉淀池，沉淀池的容积约为水仓容积的 $1/25\sim 1/20$。沉淀池的规格深3m、宽3m，沉淀池数量为两个，单个沉淀池长度为75m，沉淀池总长为150m，容积为 1200m^3；沉淀池内设置环形挂板，挂板宽1.2m，定期开启，强行排泥。

单面布置水仓。主副水仓间距为20m，矿井水从一侧流入。

3.6　箕斗装载硐室及矿仓设计

3.6.1　箕斗装载硐室与矿仓的形式

箕斗装载硐室的形式有非通过式和通过式两种，前者适用于提升最终水平或固定水平，后者适用于多水平提升的中间水平。

非通过式装载硐室采用的较多。当空箕斗下来时，箕斗将滑架压下，扇形闸门同时被钢丝绳打开，矿仓中的矿石沿溜槽经闸门溜槽装入箕斗。当箕斗上提时，扇形闸门由于重锤的重力作用而自动关闭，滑架也同时返回原来位置。这种装载设备，由信号工控制，容易过满外撒或装不满。据调查，撒矿量为提升量的 0.2% ~ 1.1%，因而目前多采用压磁式（定重）或矿位信号继电器式（定容）的定量储矿斗，以满足箕斗定量装矿的目的。

通过式箕斗装载方法与非通过式基本相同。不同的是通过式箕斗装载硐室的下室没有摇臂装置，因而下室较大。当其他水平装矿时，摇臂收入下室内，箕斗即可通过该水平。这种装载方式国内采用较少。

矿仓的形式与矿仓的容量有关。国内矿仓容量无统一标准，各地差别较大。矿仓一般有倾斜式和垂直式两种。前者容量较小，后者近年来应用有加大的趋势。

3.6.2 箕斗装载硐室与矿仓规格

当箕斗装载设备选定后，装载硐室的规格基本上确定（图 3-18），其中，l_1、l_2、l_3、l_4 是按已选定的箕斗装载设备的尺寸及其安装、检修和生产操作所需的安全间隙来确定，l_5、l_7 是根据已选定的翻车机设备或卸载曲轨设备的尺寸和安装要求确定，l_6、l_8 则按矿仓上下口结构尺寸的合理性来确定。A 值的大小，主要取决于翻笼硐室或卸载硐室与井筒之间应留的安全岩柱的尺寸，对倾斜矿仓还必须考虑矿仓倾角 α 值。一般 A 值为 13 ~ 16m，垂直矿仓的 A 值为 14 ~ 40m。

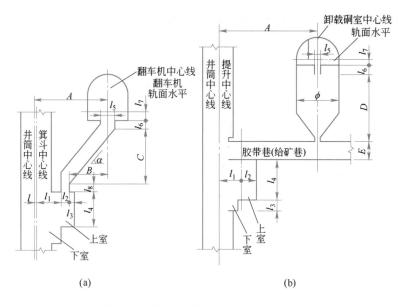

图 3-18　箕斗装载硐室主要尺寸的确定
（a）箕斗装载硐室与倾斜矿仓；（b）箕斗装载硐室与垂直矿仓

矿仓断面尺寸按矿仓容量和长度（或高度）来确定。倾斜矿仓断面积一般为 4.5 ~ 7.0m²，斜长为 9 ~ 16m，倾角为 50° ~ 55°；垂直矿仓断面积一般为 40 ~ 50m²、高度为 15 ~ 25m，矿仓下口倾斜度为 55° ~ 60°。

3.6.3 箕斗装载硐室及矿仓断面形状与支护结构

箕斗装载硐室常用断面是矩形，用不低于 C20 的混凝土支护，壁厚 400~500mm。给矿机硐室顶板因跨度大，围岩顶部压力较大，需要配置工字钢梁。若侧压力大时，侧帮也应适当配筋。装载硐室内根据安装、检修设备的需要，还要用一些型钢支护。

斜矿仓断面有矩形和半圆拱形两种，垂直矿仓断面形状为圆形。矿仓支护采用不低于 C20 的混凝土，壁厚 200~300mm。斜矿仓底板或垂直矿仓下部变断面处，要采用耐磨、耐冲击材料加固，常用加固材料有钢轨、（锰）钢板。

3.7 破碎硐室设计

3.7.1 破碎硐室的布置形式

金属矿山井下破碎硐室按给矿方式不同，大致可分为以下五种，如图 3-19 所示。

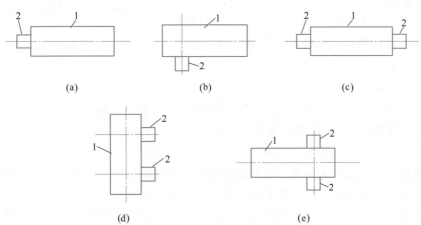

图 3-19 破碎机硐室平面布置形式

1—破碎硐室；2—矿仓溜口

（1）单机端部给矿。将上部矿仓溜口布置在硐室的一端，使给矿机、破碎机及检修场地均沿硐室长度方向布置（图 3-19（a））。优点是硐室布置紧凑，跨度小，吊车工作方便，有利于施工和生产。通常设计单机破碎硐室时，优先采用这种布置。

（2）单机侧向给矿。将上部矿仓溜口布置在硐室一侧，使给矿机、破碎机垂直于硐室长度方向布置（图 3-19（b））。与上一布置方式相比，缺点是硐室内的部分拱脚受到破坏，给矿机的电机及减速箱难于用硐室内吊车起吊。除破碎系统要求如此布置外，一般不宜采用此种布置方式。

（3）双机两端给矿。两个上部矿仓溜口分别布置在硐室的两端，两台给矿机、两台破碎机相应布置在硐室两端；检修场地位于硐室中部（图 3-19（c））。其优点与单机端部给矿相同，在设计双机破碎硐室时，应优先采用这种布置形式。

（4）双机侧向给矿。两个上部矿仓的溜口布置在硐室的同侧，两台给矿机、两台破碎机垂直于硐室长度方向布置，检修场地布置在硐室中部或某一端部（图3-19（d））。其缺点与单机侧向布置相同，除破碎系统要求双机侧向布置外一般不采用此种布置方式。

（5）单机双侧给矿。有两个上部矿仓溜口布置在硐室的两侧（图3-19（e）和图3-20）。通常仅在一台破碎机需要破碎两种以上品级矿石时，才采用此种布置形式。

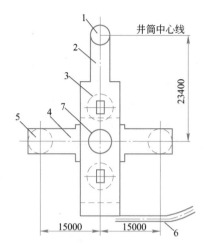

图3-20　单机双侧给矿布置
1—主井；2—大件道；3—破碎硐室；
4—板式给矿机；5—上部矿仓；
6—联络巷；7—破碎机

3.7.2　破碎硐室尺寸设计

3.7.2.1　破碎硐室宽度

破碎硐室宽度可按选用吊车跨度计算，因为选用的吊车必须满足安全起吊硐室内需要检修的设备大件（破碎机、电动机等）。吊车跨度通常由工艺设备专业人员提供，并与建井专业人员共同协商确定。可用式（3-15）来确定其宽度 B（m）：

$$B = B_1 + 2C \qquad (3-15)$$

式中　B_1——破碎硐室内吊车跨度，根据国内矿山部门矿山统计资料，$B_1 = 7 \sim 10\text{m}$，个别达14m；

　　　C——吊车轨道中心到硐室边墙的安全距离，当吊车起吊能力小于15t 时，$C = 0.5\text{m}$；大于15t 时，$C = 0.65\text{m}$。

3.7.2.2　破碎硐室高度

主要取决于吊车的轨面高度，而轨面高度应保证起吊设备时的安全间隙要求。根据国内部分矿山统计资料表明，吊车轨面高度为 $7 \sim 8.3\text{m}$，个别的达 $10 \sim 10.8\text{m}$。

破碎硐室的墙高一般比吊车轨面高出 $1.5 \sim 2.0\text{m}$，取决于吊车桁架高度。故硐室的净高 H 可由式（3-16）确定：

$$H = h + h_1 + f_0 \qquad (3-16)$$

式中　h——吊车轨面高度，m；

　　　h_1——吊车桁架高度，m；

　　　f_0——硐室拱高，m，一般 $f_0 = (1/4 \sim 1/3)B$，B 为破碎硐室净宽。

3.7.2.3　破碎硐室长度

主要取决于硐室布置方式、设备基础尺寸及检修场地面积。

A　端部给矿布置时的硐室长度

单机或双机端部给矿布置，硐室长度取决于硐室内设备基础的长度及检修场地面积（图3-21）。

单机硐室净长度：

$$L = b_1 + b_2 + \frac{S}{B} \qquad (3-17)$$

双机硐室净长度：

$$L = 2(b_1 + b_2) + \frac{S}{B} \tag{3-18}$$

式中 b_1——破碎机排矿口中心到端墙距离，据统计资料，$b_1 = 3.0 \sim 4.7\text{m}$；

b_2——破碎机排矿口中心到设备基础外缘距离，$b_2 = 3.6 \sim 9.4\text{m}$；

S——检修场地面积。根据破碎机型号规格数量的不同，一台破碎机时为 $24.7 \sim 44.8\text{m}^2$，个别达 80m^2；两台时为 $74.7 \sim 95\text{m}^2$，个别达 130m^2；

B——破碎硐室净宽度，m。

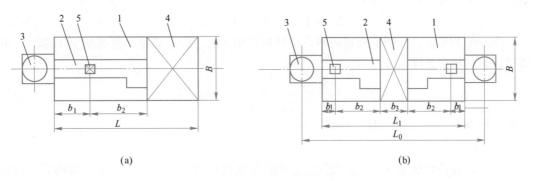

图 3-21 端部给矿布置长度计算图

（a）单机；（b）双机

1—破碎硐室；2—破碎机、电机基础；3—矿仓；4—检修场地；5—排矿口

B 单机侧向给矿布置时硐室长度 L（图 3-22）

$$L = a + b_4 + b_5 + \frac{S}{B} \tag{3-19}$$

式中 a——破碎机或给矿机基础厚度，取其大者，m；

b_4——破碎机基础外缘到电机最突出部分的距离，m；

b_5——破碎机基础外缘到端墙距离，一般 $b_5 = 2.5\text{m}$。

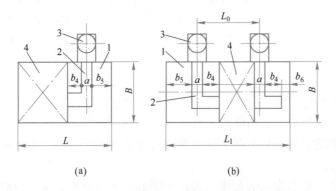

图 3-22 侧向给矿布置长度计算图

（a）单机；（b）双机

1—破碎硐室；2—破碎机、电机基础；3—上部矿仓；4—检修场地

C　双机侧向布置时硐室长度

当设两个上部矿仓，且检修场地布置在两台破碎机之间时，破碎硐室长度 L 按式（3-20）计算：

$$L = 2a + 2b_4 + b_5 + b_6 + \frac{S}{B} \qquad (3-20)$$

式中　b_6——电机最突出部分到端墙距离，一般取 $b_6 = 1.5\mathrm{m}$。

为了保证两台破碎机之间留有足够的检修场地，要求两个矿仓中心线间距 $L_1 \geqslant 15\mathrm{m}$，故式（3-20）可改写为式（3-21）：

$$L_1 \geqslant 15 + a + b_4 + b_5 + b_6 \qquad (3-21)$$

当一个上部矿仓分两个溜口向两台破碎机提供矿石，检修场地布置在硐室一端时，可得破碎硐室相应长度 L_2：

$$L_2 = \frac{S}{B} + (4 \sim 6) + a + b_4 + b_6 \qquad (3-22)$$

式中　$4\sim6$——两个溜口中心线间距，m。

D　设备检修场地面积

关于设备检修场地面积，就我国已投产使用的破碎机硐室的分类、统计资料看，检修面积差别很大。经分析后建议：一台 900mm×1200mm 颚式破碎机的检修面积不宜小于 $50\mathrm{m}^2$，两台 900mm×1200mm 颚式破碎机的检修面积不宜小于 $70\mathrm{m}^2$。其他型号破碎机目前用得较少，其检修面积可参考上述数据选定。

3.8　硐室施工

由于硐室的用途不同，其结构、形状和规格也相差很大。与平巷相比，围岩受力状况、施工条件，都比较复杂。硐室常与井筒和其他巷道相连接，跨度较大。有些硐室，如炸药库和其他一些机电设备硐室应具有隔水、防潮性能，故在支护质量方面有较高的要求。硐室围岩的稳定性既取决于自然因素（围岩应力、岩体结构、岩石强度、地下水等），也与人为因素（硐室选定的位置、断面形状、尺寸、施工方法、支护方式等）有密切关系，在施工时，应尽量采用光面爆破、喷锚支护等先进技术，特殊地质条件下要采用可靠的施工工艺。因此，在硐室施工中应统筹考虑，并根据工程特点合理选择施工方法。

3.8.1　硐室的施工方法

根据硐室围岩的稳定程度和断面尺寸，施工方法主要分为四种，即全断面施工法、台阶工作面施工法、导硐施工法和留矿法等。

（1）对围岩稳定及整体性好的岩层，硐室高度在 5m 以下时，如水泵房变电所等，可采用全断面施工法。

（2）在稳定和比较稳定的岩层中，当用全断面一次掘进围岩难以维护，或硐室高度很大，施工不方便时，可选择台阶工作面法。

（3）地质条件复杂，岩层软弱或断面过大的硐室，为了保证施工安全，或解决出渣问题往往采用导硐法（导坑法）。

（4）围岩整体性好，无较大裂隙和断层的大型硐室，选择留矿法。

3.8.1.1 全断面法

全断面施工法和普通巷道施工法基本相同。由于硐室的长度一般不大，进出口通道狭窄，不易采用大型设备，用巷道掘进常用的施工设备。如果硐室较高，钻上部炮孔就必须蹬渣作业，装药连线必须用工作平台，因此全断面一次掘进高度一般不超过 4~5m。优点是利于一次成硐，工序简单，效率高，施工速度快；缺点是顶板围岩暴露面积大、维护较难、浮石处理及装药不方便等。

3.8.1.2 台阶工作面法

由于硐室的高度较大不便于操作，可将硐室分成两个分层施工，形成台阶工作面。上分层工作面超前施工的，称为正台阶施工法；下分层工作面超前施工的，称为倒台阶施工法。

A 正台阶工作面施工法

一般可将整个断面分为两个分层，每个分层都是一个工作面，分层高度以 1.8~2.5m 为宜，最大不超过 3m，上分层的超前距离一般为 2~3m。

先掘上部工作面，使工作面超前而出现正台阶。爆破后先进行上分层工作面的出渣工作，然后上下分层同时钻孔（图 3-23）。

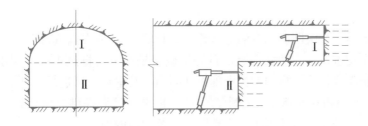

图 3-23　正台阶工作面开挖示意图

下分层开挖时，由于工作面具有两个自由面，因此炮孔布置成水平或垂直方向均可。拱部锚杆可随上分层的开挖及时安设，喷射混凝土可视具体情况，分段或一次按照先拱后墙的顺序完成。砌碹工作可以有两种方法：一种是在距下分层工作面 1.5~2.5m 处用先墙后拱法砌筑；另一种方法是先拱后墙，即随上分层掘进把拱帽先砌好。下分层随掘随砌墙，使墙紧跟迎头。

优点是断面呈台阶形布置，施工方便，有利于顶板维护，下台阶爆破效率高，且上下台阶工序配合要好，不然易产生干扰。缺点是使用铲斗装岩机时，上台阶要人工扒渣，劳动强度大。

B 倒台阶工作面施工法

采用这种方法时，下部工作面超前于上部工作面（图 3-24）。施工时先开挖下分层，上分层的凿岩、装药、连线工作借助于临时台架。为了减少搭设台架的问题，一般采取先拉底后挑顶的方法施工。

采用喷锚支护时，支护工作可以与上分层的开挖同时进行，随后再进行墙部的喷锚支

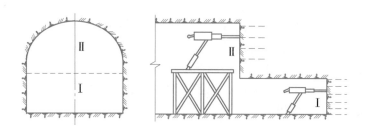

图 3-24　倒台阶工作面开挖示意图

护。采用砌筑混凝土支护时，下分层工作面超前 4~6m，高度为设计的墙高，随着下分层的掘进先砌墙，上分层随挑顶随砌筑拱顶。下分层掘后的临时支护，视岩石情况可用锚喷或金属棚式支架等。

优点是不必人工扒岩，爆破条件好，施工效率高，砌碹时拱和墙接茬质量好。缺点是挑顶工作较困难。

这两种方法应用广泛，其中先拱后墙的正台阶施工法在较松软的岩层中也能安全施工。

3.8.1.3　导坑施工法

借助辅助巷道开挖大断面硐室的方法称为导坑法（导硐法）。这是一种不受岩石条件限制的通用硐室掘进法。它的实质是，首先沿硐室轴线方向掘进 1~2 条小断面巷道，然后再行挑顶、扩帮或拉底，将硐室扩大到设计断面。其中首先掘进的小断面巷道，叫做导坑（导硐），其断面积为 4~8m^2。它除为挑顶、扩帮和拉底提供自由面外，还兼作通风、行人和运输之用。开挖导坑还可进一步查明硐室范围内的地质情况。

导坑施工法是在地质条件复杂时保持围岩稳定的有效措施。在大断面硐室施工时，为了保持围岩稳定，通常可采用两项措施：一是尽可能缩小围岩暴露面积；二是硐室暴露出的断面要及时进行支护。导坑施工法有利于保持硐室围岩的稳定。

采用导坑施工法，可以根据地质条件、硐室断面尺寸和支护形式变换导坑的布置方式和开挖顺序，灵活性大，适用性广。

导坑法施工的缺点是由于分步施工，故与全断面、台阶工作面施工法相比，施工效率低。

A　中央下导坑施工法

导坑位于硐室的中部并沿底板掘进。通常导坑沿硐室的全长一次掘出。导坑断面尺寸按单线巷道考虑并以满足机械装岩为准。当导坑掘至预定位置后，再行扩帮、挑顶，并完成永久支护工作。

当硐室采用喷锚支护时，可用中央下导坑先拱后墙的顺序施工（图 3-25）。挑顶的岩石可用人工或装岩机装出；挑顶后随即安装拱部锚杆和喷射混凝土，然后开帮喷墙部混凝土。为了获得平整的轮廓面，挑顶、扩帮刷大断面时，拱部和墙部均需预留光爆层。根据围岩情况，扩帮工作可以在拱顶支护全部完成后一次进行，也可错开一定距离平行进行。

衬砌混凝土支护的硐室，适用中央下导坑先墙后拱的顺序施工（图 3-26）。在扩帮的同时完成砌墙工作，挑顶后砌拱。

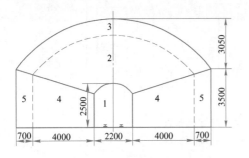

图 3-25　某矿提升机硐室采用下导坑
先拱后墙的开挖顺序图
1—下导硐；2—挑顶；3—拱部光面层；
4—扩帮；5—墙部光面层

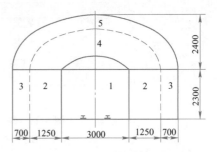

图 3-26　下导坑先墙后拱的开挖顺序图
1—下导坑；2—扩帮；3—墙部光面层；
4—拱部；5—拱部光面层

中央下导坑施工方法一般适用于跨度为 4~5m，围岩稳定性较差的硐室，但如果采用先拱后墙施工时，适用范围可以适当加大。优点是顶板易于维护，工作比较安全，易于保持围岩的稳定，但施工速度慢，效率低。

B　两侧导坑施工法

在松软、不稳定岩层中，当硐室跨度较大时，为了保证施工安全，采用两侧导坑施工法。在硐室两侧紧靠墙的位置沿底板开凿两条小导坑，一般宽为 1.8 ~ 2.0m，高为 2m。导坑随掘随砌墙，然后再掘上一层导坑并接墙，直至拱基线为止。第一次导坑将废石出净，第二次导坑的岩石崩落在下层导坑里代替脚手架。当墙全部砌完后就开始挑顶砌拱。挑顶由两侧向中央前进，拱部爆破时可将大部分岩石直接崩落到两侧导坑中，有利于采用机械出渣（图 3-27）。

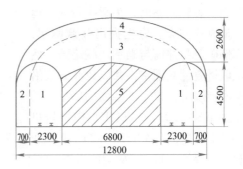

图 3-27　侧壁下导坑施工法
1—两侧下导坑；2—墙部光面层；3—挑顶；
4—拱部光面层；5—中心岩柱

拱部可用喷锚支护或砌混凝土，喷锚的顺序视顶板情况而定。拱部施工完后，再掘中间岩柱。这种施工方法在软岩中应用较广。

C　上下导坑施工法

上下导坑法原是开挖大断面隧道的施工方法，近年来随着光爆喷锚技术的应用，扩大了它的使用范围，在金属矿山高大硐室的施工中得到推广使用。

金山店铁矿地下粗破碎硐室掘进断面尺寸为 31.4m×14.15m×11.8m（长×宽×高），断面积为 154.9m²。该硐室在施工中采用了上下导坑施工法（图 3-28）。

这种施工方法适用于中等稳定和稳定性较差的岩层，围岩不允许暴露时间过长或暴露面积过大且开挖跨度大、墙很高的大硐室，如地下破碎机硐室、大型提升机硐室等。

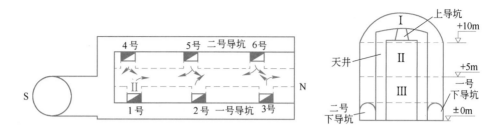

图 3-28　硐室开挖顺序及天井导坑布置

Ⅰ~Ⅲ—开挖顺序；1 号~6 号—天井编号

3.8.1.4　留矿法

留矿法是金属矿山采矿方法的一种。用留矿法采矿时，在采场中将矿石放出后剩下的矿房就相当于一个大硐室。因此，在金属矿山，当岩体稳定，硬度在中等以上（$f>8$），整体性好，无较大裂隙、断层的大断面硐室，可以采用浅孔留矿法施工（图 3-29）。采用留矿法施工破碎硐室时，为解决行人、运输、通风等问题，应先掘出装载硐室，下部储矿仓和井筒与硐室的联络道。然后从联络道进入硐室，并以拉底方式沿硐室底板按全宽拉开上掘用的底槽，其高度为 1.8~2.0m。以后用上向凿岩机

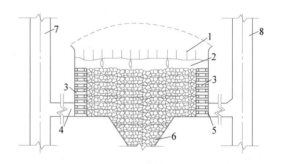

图 3-29　某铅锌矿粗碎硐室采用留矿法施工示意图

1—上向炮孔；2—作业空间；3—顺路天井；
4—主井联络道；5—副井联络道；6—下部储矿仓；
7—主井；8—副井

分层向上开凿，孔深 1.5~1.8m，炮孔间距为 0.8m×0.6m 或 1.0m×0.8m，掏槽以楔形长条状布置在每层的中间。爆破后的岩渣，经下部储矿仓通过漏斗放出一部分，但仍保持渣面与顶板间距为 1.8~2.0m，以利继续凿岩，爆破作业，直至掘至硐室顶板为止。为了避免漏斗的堵塞，应控制爆破块度，大块应及时处理。顺路天井与联络道用于上下人员、材料并用于通风。使用留矿法开挖硐室的掘进顺序是自下而上，但进行喷锚支护的顺序则是自上而下先拱后墙，凿岩和喷射工作均以渣堆为工作台。当硐室上掘到设计高度，符合设计规格后，用渣堆作工作台进行拱部的喷锚支护。在拱顶支护后，利用分层降低渣堆面的形式，自上而下逐层进行边墙的喷锚支护。随着边墙支护的完成，硐室中的岩渣也就通过漏斗放完。如果边墙不需要支护，硐室中的岩渣便可一次放出，但在放渣过程中需将四周边墙的松石处理干净，以保证安全。

留矿法开挖硐室的主要优点是工艺简单，辅助工程量小，作业面宽敞，可布置多台凿岩机同时作业，工效高。但该法受到地质条件的限制，岩层不稳定时不宜使用。

3.8.2　与井筒相连的主要硐室的施工

马头门和箕斗装载硐室是分别与副井和主井相连的两个主要硐室。施工方法与一般硐

室相同，但由于它们与立井井筒相连，必须考虑与井筒施工的关系和对凿井设备的利用。马头门施工一般安排在凿井阶段进行。箕斗装载硐室和主井的施工顺序有两种安排：一是与井筒同时施工；另一种是与井筒分别施工，即当井筒掘至箕斗装载硐室时，在硐室位置预留硐口，待以后再施工。

3.8.2.1 马头门施工

马头门因与副井井筒相连，断面较大，多采用自上而下分层施工法。马头门与井筒相连接处的井壁应砌筑成一个整体。马头门施工顺序如图3-30所示。

当井筒掘进到马头门上方5~10m处，井筒停止掘进，先将上段井壁砌好；井筒继续下掘，可以随井筒同时将马头门掘出，也可将井筒掘到底或掘至马头门下方的混凝土壁圈处，由下而上砌筑井壁至马头门的底板标高处，再逐段施工马头门。当岩层松软破碎时，两侧马头门应分别施工；在中等以上稳定岩层中，两侧马头门可以同时施工。当马头门处围岩比较坚硬稳定，掘进时可采用锚喷临时支护。为加快马头门施工的速度，可安排与井筒同时自上而下分层施工(图3-31)。

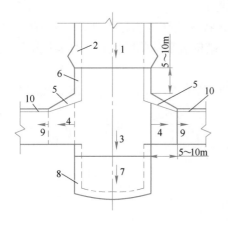

图 3-30　马头门的施工顺序
1~10—施工顺序

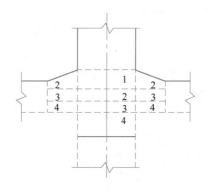

图 3-31　马头门与井筒下行分层施工法
1~4—施工顺序

3.8.2.2 箕斗装载硐室施工

根据箕斗装载硐室与井筒施工顺序的不同，分为以下三种施工方案：

（1）箕斗装载硐室与主井井筒同时施工。当围岩比较稳定，允许大面积暴露时，装载硐室可以和井筒错开一个步距（一茬炮），同时自上而下施工。在条件不允许时，硐室各分层可以和井筒交替施工。为了操作方便，井筒工作面始终超前硐室一个分层，并暂留部分矸石。当围岩松软，且硐室顶板设计为平顶，不允许暴露较大的面积时，上室第一分层可采用两侧导硐，沿硐室周边掘进贯通，并架设临时支护。导硐的墙和井筒同时立横板和浇筑混凝土。为了防止硐墙下沉，应在围岩内打入金属托钩，并将托钩浇筑在墙壁内。硐室的顶板为平顶工字钢与混凝土联合支护。顶板施工时要把矿仓下口按规格留出，而分矿器必须和顶板一起施工。上室第一分层墙和顶的混凝土浇灌工作应与井筒的砌壁工作同时进行，使装载硐室的墙、顶板和井壁形成一个整体。然后继续往下掘进井筒，同时掘进硐室和其他各分层，硐室可以用锚杆作临时支护，并在井筒砌筑的同时，完成硐室墙的浇筑工作。

（2）箕斗装载硐室在井筒掘砌全部结束后进行施工。井筒施工时，和硐室相连部分除预留硐口位置外，全部砌碹。预留硐口的临时支护，当井筒砌碹井壁时，可用混凝土衬砌；在井筒采用锚喷支护时，则可只喷一薄层砂浆，这样既便于维护又便于拆除。

（3）装载硐室和地面永久建筑平行施工。采用这种方案，一般是主井到底后，立即组织主、副井短路贯通，将主井改装为临时罐笼提升后，再掘砌装载硐室，并和主井地面建筑工程平行施工。当主井采用立式圆筒矿仓，且配胶带输送机巷与装载硐室相联系时，装载硐室可用从带式输送机巷方向进行施工。采用这种方法一般用下行分层的掘进方法，并用锚喷作临时支护，碎石抛落到井底，并在清理斜巷时提出。

3.8.3　光爆、喷锚技术在硐室施工中的应用

近年来，光爆、喷锚技术在硐室施工中得到了广泛的应用。采用光爆、喷锚作为硐室的永久支护时，应掌握周边孔，特别是孔距及光爆层（即周边孔的最小抵抗线）的厚度，应适应围岩的层理、裂隙条件。炸药类型、装药结构和起爆方式应根据实际情况合理选择，才能使硐室成形良好，提高支护结构的承载能力。

硐室施工中采用喷锚作为临时支护效果显著，特别是在围岩稳定性差、硐室断面大、工期长，以及相邻井硐密集的条件下，由于省去了结构复杂的临时支护，且喷锚临时支护可作为永久支护的组成部分，效果更为显著。

在一些要求整体性好，需大量预留梁窝和管缆沟槽的硐室以及具有防水、防潮要求的硐室，目前以喷锚网支护为主。

习　　题

3-1　简述井下车场的概念。

3-2　简述井下车场的基本形式及其特点。

3-3　请列出影响井下车场确定的主要参数。

3-4　简述井下车场设计的一般要求。

3-5　井下车场平面闭合计算的步骤是什么？

3-6　简述马头门定义及马头门高度、长度的确定步骤。

3-7　破碎硐室按给矿方式可分为几类，其各自特点分别是什么？

3-8　硐室施工有哪些基本方法，其各自的特点分别是什么？

3-9　马头门的施工方式有哪些？

4 斜井设计与施工

本章提要

在技术和经济层面上，斜井是开采缓倾斜矿体最有效的开拓方式，具有投资少、施工速度快的特点。本章主要介绍斜井的基本概念及其分类；斜井断面布置；与平巷相比，斜井施工的特点；斜井设计的基本步骤；斜井井口、井身施工方法以及在斜井中采用的安全管理措施等。

斜井是矿山的主要井巷之一。斜井与竖井一样，按用途分为：主斜井——专门提升矿石；副斜井——提升废石、升降人员和器材；混合井——兼主、副斜井功能；风井——通风和兼作安全出口。

斜井

斜井按提升容器又可分为带式输送机斜井、箕斗提升斜井和串车提升斜井。各种提升方式所能适应的斜井倾角按表4-1选取。

表 4-1 斜井井筒适用范围

提升方式	井 筒 倾 角
串　车	一般取 15°~20°，最大不超过 25°
箕　斗	一般取 20°~30°，个别情况可达到 35°
带式输送机	一般不大于 17°，个别情况可达到 18°

斜井倾角是斜井的一个重要参数，在斜井全长范围内应保持不变，否则会给提升或运输带来不利影响。不但设计时应如此，而且施工时更应力求做到保持坡度不变。

斜井上接地面工业广场，下连各开拓水平巷道，是矿井生产的咽喉。斜井可分为井口结构、井身结构和井底结构三部分。

斜井开挖是介于平巷和竖井之间的一种开挖方法，当斜井倾角小于 10°时，可视为水平巷道开挖；倾角大于 45°时，同于竖井开挖。

与平硐相比，斜井开挖的特点是：

（1）对围岩的扰动范围比同断面的平巷大，倾角不同，对围岩稳定性的影响也不同。一般情况下，围岩的稳定性随倾角增大而提高。

（2）钻孔作业条件较差，对钻孔方向要求高，保证坡度的准确。

（3）装岩条件差，目前适用于斜井装岩机械种类较少，装岩占用的劳动强度较大。

（4）通风、排水方面，因开挖方向不同也具有不同的特点。由下向上倾斜开挖时，通风较为困难；由上向下倾斜开挖时，排水困难。

（5）为保证斜井准确成形和贯通，对测量工作要求高。

（6）斜井掘进时凿岩爆破工作类似于平巷施工，但所需的孔数和药量比平巷多，特别是靠底板边的炮孔所需药量更多。

（7）底孔有时被水淹没，必须进行防水处理或使用抗水炸药。

（8）为防止斜井底板偏高，要求底孔的倾角较斜井底板坡度大 2°～5°，且底孔深度较其他孔深 10～20cm，一般底孔间距不大于 30～40cm。

（9）运岩一般使用提升机提升矿车或箕斗，为了防止提升时发生跑车事故，井口应设置防跑车安全设施。

4.1　斜井井筒断面布置

斜井井筒断面形状和支护形式的选择与平巷基本相同，但斜井是矿井的主要出口，服务年限长，因此斜井断面形状多采用拱形断面，用混凝土支护或锚喷支护。

斜井井筒断面布置，系指轨道（运输机）、人行道、水沟和管线等相对位置而言。井筒断面的布置原则，除与平巷相同之外，还应考虑以下几点：

（1）井筒内提升设备之间及设备与管路、电缆、侧帮之间的间隙，必须保证提升的安全，同时还应考虑升降最大设备的尺寸。

（2）有利于生产期间井筒的维护、检修、清扫及人员通行的安全与方便。

（3）在提升容器发生掉道或跑车时，对井内的各种管线或其他设备的破坏应降到最低程度。

（4）串车斜井一般为进风井（个别也作回风井），井筒断面要满足通风要求。

4.1.1　串车斜井井筒断面布置

串车斜井内通常有轨道、人行道、管路和水沟等，无论单线或双线，人行道、管路和水沟的相对位置分为以下四种方式：

（1）管路和水沟布置在人行道一侧。这种布置方式，管路距轨道稍远些，一旦发生跑车或掉道事故，管路不易被砸坏，而且管路架在水沟上，断面利用较好。缺点是出入躲避硐时，因管路妨碍，不够安全和方便（图 4-1（a））。

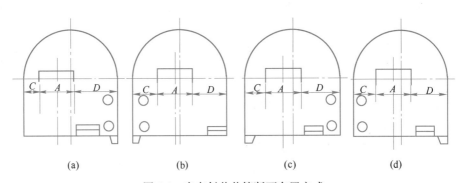

图 4-1　串车斜井井筒断面布置方式

A—矿车宽度；C—非人行道侧宽度；D—人行道侧宽度

（2）管路和水沟布置在非人行道一侧。这种情况下管路靠近轨道，容易被跑车或掉道车砸坏，但出入躲避硐，安全方便（图 4-1（b））。

（3）管路和水沟分开布置，管路设在人行道侧。它与（1）相似，需加大非人行道侧宽度用以布置水沟（图4-1（c））。

（4）管路与水沟分开布置，管路设在非人行道一侧。它与（2）相似，但人行道侧宽度应适当加宽（图4-1（d））。

考虑到可能需要扩大生产和运送大型设备，现场常采用后两种布置方式，缺点是工程量大。

串车斜井难免发生掉道或跑车事故，故设计时应尽量不将管路和电缆设在串车提升的井筒中，尤其是提升频繁的主井，更应避免。近年来，有些矿山利用钻孔将管路和电缆直接引到井下，可有效地避免对管路和电缆的破坏。

当斜井内不设管路时，断面布置与上述基本相似，水沟可布置在任何一侧，但多数设在非人行道侧。

4.1.2 箕斗斜井井筒断面布置

箕斗斜井为出矿通道，一般不设管路（洒水管除外）和电缆，因而断面布置很简单（图4-2），通常将人行道与水沟设于同侧。《安全规程》规定箕斗斜井井筒禁止进风，故其断面尺寸主要以箕斗的合理布置（尺寸）为主要依据。斜井箕斗规格见表4-2。

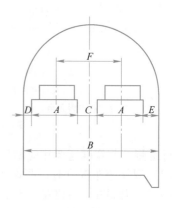

图 4-2 箕斗斜井井筒断面布置图
A—箕斗宽度；B—斜井断面宽度；
C—人行道宽度（两个箕斗之间的距离）；
D—非人行道侧宽度；E—人行道
侧宽度；F—两箕斗中心线距离

表 4-2 金属矿斜井箕斗主要尺寸

箕斗容积 /m³	最大载重 /kg	外形尺寸/mm			适用倾角 /(°)	最大牵引力 /kN	轨距 /mm	卸载方式	自重 /kg
		长	宽	高					
1.5	3190	4525	1714	1280	20		900	前卸	1840
2.5	3968	1406	1280	30~35	65.7		1100	后卸	2900
3.5	6000	3870	1040	1400	20~40	73.5	1200	后卸	4050
3.74	7050	6130	1550	1740			1200	前卸	3200

4.1.3 带式输送机斜井井筒断面布置

在带式输送机斜井中，为便于检修带式输送机及井内其他设施，井筒内除设带式输送机外，还设有人行道和检修道。按照带式输送机、人行道和检修道的相对位置，其断面布置有三种方式（图4-3）。我国当前多采用图4-3（a）的形式，它的优点是检修带式输送机和轨道、装卸设备以及清扫散落矿石都较方便。斜井内的带式输送机一侧应设检修道，检修道宽度不小于1m，输送机另一侧到斜井侧壁的宽度不小于0.6m，当检修运输道和人行道合并时，应设躲避硐室，其间距不大于50m。

4.1.4 斜井断面尺寸确定

斜井断面尺寸主要根据井筒提升设备、管路和水沟的布置，以及通风需求来确定。

（1）非人行道侧提升设备与支架之间的间隙应不小于300mm，如将水沟和管路设在

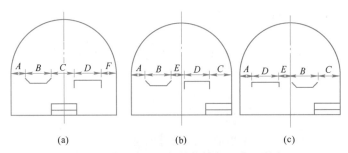

图 4-3　带式输送机斜井井筒断面布置形式

（a）人行道在中部；（b）检修道在中部；（c）带式输送机在中部

A，F—提升设备至井帮的距离；B—带式输送机宽度；C—人行道宽度；D—矿车宽度；

E—人行道在边侧时两提升设备的间距

非人行道侧，其宽度还要相应增加。

（2）双钩串车提升时，两设备之间的间隙不应小于 300mm。

（3）提升斜井人行道宽度不小于 1.0m，高度不小于 1.9m，同时应修筑躲避硐室，其间距不大于 50m，深度和宽度均不小于 1.0m。如果管路设在人行道侧，要相应增大其宽度。

（4）无轨运输的斜井兼作主要人行道时，人行道的有效宽度不小于 1.2m，人行道的有效高度不小于 1.9m，车道与人行道之间应设置坚固的隔离设施；未设隔离设施的，提升时不应有人员通行。

（5）人车的斜井井筒中，在上下人车停车处应设置站台。站台宽度不小于 1.0m，长度不小于一组人车总长的 1.5~2.5 倍。

（6）提升设备的宽度，应按设备最大宽度考虑，故设人车的井筒，应按人车宽度确定。

在斜井井筒断面布置形式及上述尺寸确定后，可以按平巷断面尺寸确定的方法来确定斜井断面尺寸。

4.1.5　斜井井下车场

斜井环形车场分卧式和立式两类，其结构特点及优缺点与竖井环形式车场大致相同。

斜井折返式车场分为折返式和甩车式两类。折返式车场的主井储车线多设于运输平巷内；甩车式车场的主井储车线设于井筒的一侧。

金属矿山一般采用折返式车场。

斜井井下车场实例见表 4-3。

斜井井下
车场

表 4-3　斜井井下车场实例

井下车场形式及简图	矿井名称	运输设备		提升方式	调车方式	支架形式	巷道工程量		车场优缺点
		电机车	矿车	列车矿车数				长度/m	体积/m³	
甩车场	广东梅田余家寮矿	8t	1t铁矿车	35	主井双钩串车（6个）	电机车顶车	三心拱	528	4600	硐室全布置在主、副井之间，布置紧凑，因此要求岩石条件好，副井双轨线路加长时，还可提高工作能力

续表 4-3

井下车场形式及简图		矿井名称	运输设备			提升方式	调车方式	支架形式	巷道工程量		车场优缺点
			电机车	矿车	列车矿车数				长度/m	体积/m³	
甩车场		吉林通化八宝矿井	7t	1t铁矿车	27	单钩串车	电机车顶车	混凝土支架	—	4862	井筒与运输巷道的相关位置影响不大，通过能力较大
		江西新华煤矿徐府岭一矿	人推车	1t铁矿车	—	双钩串车（6个）	人推车	三心拱	—	—	形式简单，工程量小，施工容易。车道转角过大(40°)，钢丝绳磨损严重，车场宜改成自溜坡
平车场		四川矿物局轮院矿井	7t	1t铁矿车	20~25	主井双钩串车（6个）	电机车顶车	三心拱	216	2267	电机车顶车调车时间长，可改用甩车调车。井筒内和轨道岔应改用对称道岔
		福建漳平矿大坑四号井	人推车	1t铁矿车	—	单钩串车	人推车	梯形木支架	74	760	形式简单，工程量小，布置紧凑，适于人推车。应增大坡度，改为自溜坡

注：A—甩车道；B—调车线；1—道岔；2—储车线；3—绕道车线；4—空车线。

4.1.6　斜井断面设计实例

某金属矿山设计能力为 30 万吨/年，拟选用斜井开拓，其斜井倾角为 25°，采用固定侧卸式矿车提升矿石。斜井围岩为片麻岩，普氏系数 $f=5\sim7$，中等稳固。斜井中需通过的风量为 $60m^3/s$，涌水量为 $20\sim30m^3/h$。斜井内架设 $\phi80mm$ 高压风管和 $\phi150mm$ 供水管各一条，试设计该斜井。

（1）斜井断面选择。斜井断面形状的选取可参照巷道的设计，考虑到生产能力为 30 万吨/年的有色矿山，斜井服务年限应在 15 年以上，且穿过的岩层较软，$f=5\sim7$，故选用半圆拱形断面。

（2）确定斜井净断面尺寸：

1）斜井净宽度。矿山生产能力为 30 万吨/年，可选用 YGC1.2 固定侧卸式矿车，外形尺寸为宽 $A=1050mm$，高 $h=1200mm$。水沟和管路设在人行道一侧，取 $D=1400mm$，运输设备与支架之间的间隙取 $C=300mm$，则净宽度 B 为：

$$B = C + A + D = 300 + 1050 + 1400 = 2750mm$$

2）确定半圆拱参数。拱高 $f_0 = B/2 = 1375mm$，取 $f_0 = 1380mm$，则半圆拱半径 $R = f_0 = 1380mm$。

3）道床参数选择。根据采用的运输设备，选用 18kg/m 的钢轨，采用钢筋混凝土轨枕，轨面水平至底板水平 $h_6 = 350$mm，道砟水平至底板水平 $h_5 = 200$mm。

4）确定墙高 h_3。按行人要求确定巷道墙高：

$$h_3 = 1900 + h_5 - [R^2 - (B_0/2 - 100)^2]^{1/2} = 1900 + 200 - 530 = 1570\text{mm}$$

按管路要求确定墙高，根据现场实际情况布置管路，只要满足《安全规程》即可。

5）确定巷道净断面积 S_0：

$$S_0 = B_0(h_2 + 0.39B_0)$$

$$h_2 = h_3 - h_5 = 1370\text{mm}$$

$$S_0 = 2750 \times (1370 + 0.39 \times 2750) = 6.7\text{m}^2$$

6）确定巷道净周长 p：

$$p = 2.57B_0 + 2h_2 = 2.57 \times 2750 + 2 \times 1370 = 9807.5\text{mm}$$

（3）水沟设计。根据涌水量为 $2 \sim 3\text{m}^3/\text{h}$，设计水沟上宽 200mm，下宽 150mm，深 200mm，净断面积 0.035m^2，布置在人行道的一侧，混凝土浇注。

（4）巷道管线布置。管道布置在人行道一侧，排水管下端距道砟面 400mm，采用托架架设，供水管和风管位于排水管的上方。

动力电缆布置在非人行道的一侧，照明、通信电缆布置在人行道一侧，距道砟面 1800mm，电缆采用电缆架架设。

（5）支护方式选择。采用的支护方式为喷锚网联合支护。喷射混凝土厚度 $T = 100$mm，拱与墙同厚，采用 C20 混凝土。金属网选用丝距 $40 \sim 100$mm 的铰接菱形孔网。

锚杆支护采用树脂端锚，锚杆材料为普通螺纹钢。通过工程类比法确定支护参数，锚杆长度 $l = 2000$mm，锚杆直径 $d = 20$mm，锚杆间距 a_1、排距 a_2，$a_1 = a_2 = 1000$mm，锚杆材料密度 $\rho = 7850\text{kg/m}^3$。

（6）工程量计算：

1）掘进宽度 B：

$$B = B_0 + 2T = 2750 + 100 \times 2 = 2950\text{mm}$$

2）掘进面积 S：

$$S = B(0.39B + h_3) = 2950 \times (0.39 \times 2950 + 1570) = 8.0\text{m}^2$$

3）每米巷道喷射混凝土消耗量 V：

$$V = 1.57(B - T)T + 2h_3T = 1.57 \times (2950 - 100) \times 100 + 2 \times 1570 \times 100 = 0.76\text{m}^3$$

4）每米巷道锚杆消耗量 N：

$$N = (p_c - 0.5a_1)/a_1a_2 = 7.8 - 0.5 = 7.3，取 7 根。$$

5）每米巷道树脂药卷消耗量 M。每根锚杆孔放置两个药卷，则：

$$M = 2N = 2 \times 7 = 14 \text{ 个}$$

（7）人行道设计。在人行道一侧设钢管扶手，扶手距井帮 80mm，距道砟面 900mm。人行道台阶踏步高度 160mm，宽度 340mm，台阶横向长度 1000mm。

（8）绘制斜井断面图：根据上述计算结果，按规定的比例尺（1∶50）绘制斜井断面图（见图4-4）。

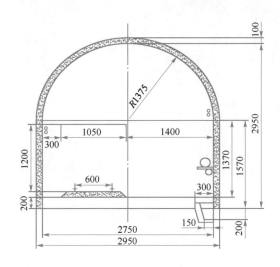

图 4-4　斜井断面图

4.2　斜井井筒内设施

4.2.1　斜井中段吊桥

斜井中段吊桥是指斜井提升中，斜井中轨道与中间中段轨道的连接设施，沟通斜井与各中段之间的运输联系，具有如下的优点：

（1）矿车在中段吊桥上运行安全可靠，杜绝了甩车时矿车掉道事故。

（2）结构简单，操作维修方便。

（3）开凿工程量小。

（4）克服了钢丝绳磨损现象。

（5）斜井延深时，提升工作不受影响，有利于矿山正常生产。

（6）施工方便。

4.2.1.1　斜井中段吊桥结构

图4-5为目前使用较多的重锤启动式斜井中段吊桥。

（1）吊桥正轨：与中段平巷轨道类型相同。

（2）吊桥尖轨：是保证矿车通过吊桥时安全平稳运行的重要部分，要有一定的曲率半径。

吊桥正轨和吊桥尖轨一般就是一条钢轨加工制作而成，也可以为了加工方便而分开制作后再用焊接或螺栓连接固定在一起。

（3）吊桥正轨与中段平巷轨道的支点连接处由连接板和螺栓螺母组成。

（4）吊桥枕木：与吊桥正轨用螺栓螺母加垫板连接，吊桥枕木也可用型钢（如槽钢）代替，但使用枕木具有一定弹性，也可以避免噪声。

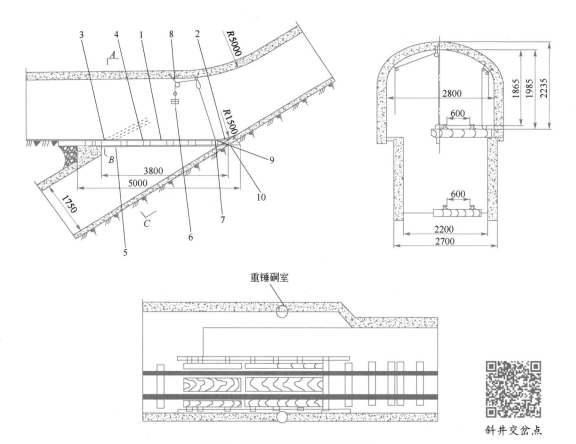

图 4-5　重锤启动式斜井中段吊桥

1—吊桥正轨；2—吊桥尖轨；3—吊桥正轨与中段平巷轨道的支点连接处；4—吊桥枕木；5—吊桥大梁；
6—重锤；7—钢丝绳；8—钢丝绳的定滑轮和固定吊环；9—起吊吊环；10—定位卡

（5）吊桥大梁：是吊桥放下后的承载部分，通用工字钢制作，若一边或两边不用吊桥大梁则吊桥放下后可直接落置在巷道一帮或两帮的承载台上，这样吊桥枕木必须适当加长。

（6）重锤：其重量必须考虑到增减的可能性。除重锤起吊外，还可用手摇、电动、气动等形式，重锤起吊在矿山使用较多，安全可靠。

（7）钢丝绳。

（8）钢丝绳的定滑轮和固定吊环。

（9）起吊吊环。

（10）定位卡。

4.2.1.2　吊桥主要参数确定

（1）吊桥开启高度 $H_k(\mathrm{mm})$：

$$H_k = H_c + H_a$$

式中　H_c——通过斜井的各种车辆和设备的最大高度，mm；

　　　H_a——安全高度，mm，一般取 $H_a = 300 \sim 500\mathrm{mm}$。

（2）吊桥支（转动）点与吊桥计算长度的确定。选择支点 O' 的原则是：在满足开启高度的情况下使吊桥越短越好，以减轻吊桥重量，保证安装和使用的合理性，即吊桥的长度最短原则。

支点 O' 到吊桥正轨底面与斜井轨面的交点 E（轨道起坡点）之水平距离称为吊桥理论长度，以 L_j 表示（见图 4-6）：

$$L_j = \frac{H_k + h_1 + h_2}{\sin\beta} - \frac{h_1}{\tan\beta}$$

式中　h_1——支点 O' 到吊桥正轨底面高度，mm；

　　　　h_2——吊桥枕木高度，mm；

　　　　β——斜井倾角。

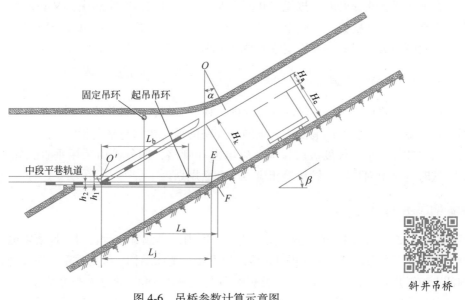

图 4-6　吊桥参数计算示意图

斜井吊桥

4.2.2　水沟

斜井水沟坡度与斜井倾角相同，断面尺寸参照平巷水沟断面尺寸选取。它比平巷水沟断面小，但水沟内水流速度大，因此斜井水沟一般都用混凝土浇灌。若服务年限很短，围岩稳固性较好，井筒基本无涌水时，也可不设水沟。

斜井水沟除有纵向水沟外，在含水层下方、带式输送机斜井的接头硐室下方以及井下车场与井筒连接处附近，应设横向水沟。但斜井整个底板不允许作为矿井排水的通道，相反，斜井中的水应逐段截住，引至矿井排水系统内。

4.2.3　人行道

行人的提升斜井应设人行道。一般在坡度为 10°~15° 时，设人行踏步，人行踏步尺寸按表 4-4 选取；15°~35° 时，设踏步及扶手；大于 35° 时，设梯子和扶手。扶手常用钢管制作，位置应选在人行道一侧。提升容器运行通道与人行道之间未设有坚固的隔离设施的，提升时不应用于人员通行。

表 4-4　斜井台阶尺寸　　　　　　　　　　（mm）

台 阶 尺 寸	斜 井 坡 度			
	16°	20°	25°	30°
台阶高度（R）	120	140	160	180
台阶宽度（T）	420	385	340	310
台阶横向长度	600	600	600	600

4.2.4　躲避硐室

在串车或箕斗提升时，按规定井内不准行人。但在生产实践中，又必须有检修人员检查、维修。为保证检修人员安全，又不影响生产，在斜井井筒内每隔一段距离设置躲避硐室，其间距不大于 50m。躲避硐室的高度不小于 1.9m，深度和宽度均不小于 1.0m。

4.2.5　管路和电缆铺设

电缆和管路通常设计在副斜井井筒内，检修方便；副斜井比主斜井提升频率低，安全因素相对要大，对生产影响要小。电缆和管路的铺设要求与平巷相同。

当斜井倾角小、长度大时，为节省电缆和管路，部分矿山采用垂直钻孔直接送至井下。这时应对地面厂房、管线等相应做出全面规划。

4.2.6　轨道铺设

斜井轨道倾角大于 10°，应有防滑措施。因为矿车或箕斗运行时，迫使轨道沿倾斜方向产生很大的下滑力，其大小与提升速度、提升量、道床结构、线路质量、底板岩石性质、井内涌水和斜井倾角等密切相关，主要影响因素是斜井倾角。通常当倾角大于 10°时，轨道必须采取防滑措施，将钢轨固定在斜井底板上。每隔 30~50m 在井筒底板上设一混凝土防滑底梁，或用其他方式的固定装置将轨道固定，以达到防滑目的（图 4-7）。

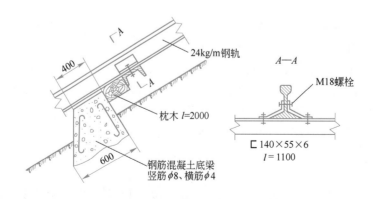

图 4-7　底梁固定枕木法

4.3 斜井掘砌施工

斜井井筒是倾斜巷道，其施工方法，当倾角较小时与平巷掘砌基本相同，45°以上时又与竖井掘砌相类似。本节重点叙述斜井井筒的施工特点。

4.3.1 斜井井颈施工

斜井井颈是指地面出口处井壁需加厚的一段井筒，由加厚井壁与壁座组成如图 4-8 所示。

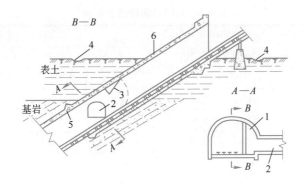

图 4-8　斜井井颈结构
1—人行间；2—安全通道；3—防火门；4—排水沟；5—壁座；6—井壁

在表土（冲积层）中的斜井井颈，从井口至基岩层内 3~5m 应采用耐火材料支护并露出地面，井口标高应高出当地最高洪水位 1.0m 以上，井颈内应设坚固的金属防火门或防爆门以及人员的安全出口通道。通常安全出口通道也兼作管路、电缆、通风道或暖风道。

在井口周围应修筑排水沟，防止地表水流入井筒。为了使工作人员、机械设备不受气候影响，在井颈上可建井棚、走廊和井楼。井口建（构）筑物与构筑物的基础不能与井颈相连。

井颈的施工方法根据斜井井筒的倾角、地形和岩层的赋存情况而定。

4.3.1.1 在山岳地带施工

当斜井井口位于山岳地带的坚硬岩层中，有天然的山冈及崖头可以利用时，此时只需进行一些简单的场地整理后即可进行井颈的掘进。在这种情况下，井颈施工比较简单，井口前的露天工程最小。在山岳地带开凿斜井（图 4-9）时，斜井的门脸必须用混凝土或坚硬石材砌筑，并需在门脸顶部修筑排水沟，以防雨季和汛期洪水涌入井筒内，影响施工，危及安全。

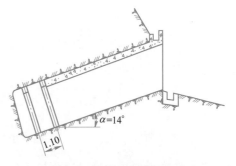

图 4-9　山岳地带斜井井颈

4.3.1.2 在平坦地带施工

当斜井井口位于较平坦地带时，表土层较厚，稳定性较差，顶板不易维护，为了安全施工和保证掘砌质量，井颈施工时需要挖井口坑，待永久支护砌筑完成后再将表土回填夯实；若表土中含有薄层流砂，且距地表深度小于 10m 时，为了确保施工安全，需将井口坑的范围扩大。井口坑形状和尺寸的选择合理与否，对保证施工安全及减少土方工程量有着直接的影响。

井口坑几何形状及尺寸主要取决于表土的稳定程度及斜井倾角。斜井倾角越小，井筒穿过表土段距离越大，则所需挖掘的土方量越多，反之越小。同时还要根据表土层的涌水量和地下水位及施工速度等因素综合确定。应使其既能保证安全施工，又力求土方挖掘量最小为原则来确定井口坑的几何尺寸和边坡角。不同性质表土井口坑边坡的最大坡度可按表 4-5 选取。

表 4-5 井口坑边坡最大坡度

表 土 名 称	人工挖土 （将土抛于槽的上边）	机 械 挖 土	
		在槽底挖土	在槽上边挖土
砂 土	45°（1：1）	53°08′（1：0.75）	45°（1：1）
亚砂土	56°10′（1：0.67）	63°26′（1：0.50）	53°08′（1：0.75）
亚黏土	63°26′（1：0.50）	71°44′（1：0.33）	53°08′（1：0.75）
黏 土	71°44′（1：0.33）	75°58′（1：0.25）	56°58′（1：0.65）
含砾石、卵石土	56°10′（1：0.67）	63°26′（1：0.50）	53°08′（1：0.75）
泥炭岩、白垩土	71°44′（1：0.33）	75°58′（1：0.25）	56°10′（1：0.67）
干黄土	75°58′（1：0.25）	84°17′（1：0.10）	71°44′（1：0.33）

直壁井口坑（图 4-10）用于表土层薄或表土层虽厚但土层（如黄土）稳定的情况，斜壁井口坑（图 4-11）用于表土厚而不稳定的情况。

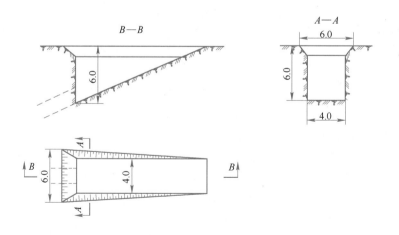

图 4-10 直壁井口坑开挖法

井口坑的挖掘及维护时间应尽力短，以保证井口坑周围土层的稳定。为加快施工速度，在一定条件下可以增加井口坑壁的坡度，从而减少土方挖掘工程量。根据表土条件的不同，可以选择不同的施工方法。

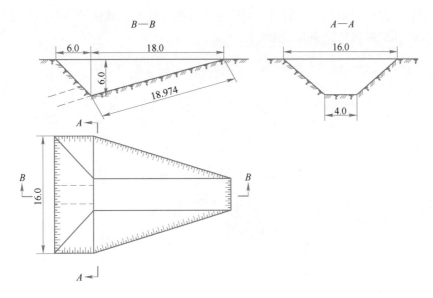

图 4-11　斜壁井口坑开挖法

4.3.1.3　不稳定表土的施工方法

不稳定表土是指由含水的砾石、砂、粉沙组成的松散性表土、流沙或淤泥层。当表土为不稳定土层时，必须采用特殊施工法。

以往在不稳定表土中我国多采用板桩法。当涌水量较大时，需配合工作面超前小井降低水位或井点降低水位的综合施工法；当流沙埋藏深度不大于 20m 时，可采用简易沉井法施工（如山东井亭煤矿斜井）；当涌水量大，流沙层厚，地质条件复杂（有卵石、粉沙、淤泥），一般流沙埋深在 30~50m 时，可采用混凝土帷幕法。

在不稳定表土中也可以采用注浆法，注浆法除用于含水层封堵水外，对固定流沙、松散卵石、通过断层、加固井巷等均有成效。

4.3.2　斜井基岩掘砌

斜井基岩施工方式、方法及施工工艺流程与平巷基本相同，但由于斜井具有一定的倾角，具有以下特点：如选择装岩机时，必须适应斜井的倾角；采用轨道运输，必须设有提升设备，以及提升设备运行过程中的防止跑车安全设施；因向下掘进，工作面常常积水，必须设有排水设备。

4.3.2.1　凿岩工作

由于斜井本身的特点，使得在斜井施工中凿岩台车调车困难，使用钻装机又不能使钻孔和装岩两大主要工序平行作业，液压气腿式凿岩机钻孔速度虽快，但其后部配备的工作车影响装岩工作。同时使用多台风动气腿式凿岩机（如 YT-28 型）作业能够实现快速施工，一般每 0.5~0.7m 放置 1 台为宜，同时工作的凿岩机台数根据井筒断面尺寸、支护形式、岩性、炮孔数量以及工作人员技术水平和管理方式等确定。

4.3.2.2　装岩工作

斜井施工中装岩工序占掘进循环时间约 60%~70%。如要提高斜井掘进速度，装载机械化势在必行。推广使用耙斗装岩机，是迅速实现斜井施工机械化的有效途径之一。耙斗装岩机在工作面的布置如图4-12所示。

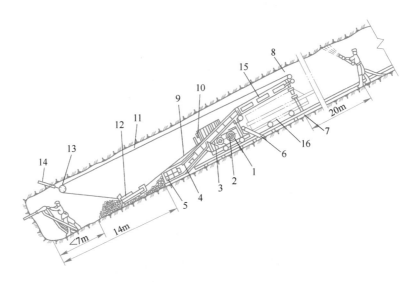

图4-12　耙斗机在斜井工作面布置示意图

1—绞车绳筒；2—大轴轴承；3—操纵连杆；4—升降丝杆；5—进矸导向门；6—大卡道器；
7—托梁支撑；8—后导绳轮；9—主绳（重载）；10—照明灯；11—副绳（轻载）；
12—耙斗；13—导向轮；14—铁楔；15—溜槽；16—簸斗

我国斜井施工，通常只布置一台耙斗机。当井筒断面很大，掘进宽度超过4m时，可采用两台耙斗机，其簸箕口应前后错开布置。为提高装岩效率，耙斗装岩机距工作面不要超过15m，耙斗刃口的插角以65°左右为宜；还可以在耙斗后背焊上一块斜高200mm的铁板，增加耙装容量。耙斗装岩机具有装岩效率高，结构简单，加工制造容易，便于维修等优点。

4.3.2.3　提升工作

斜井掘进提升对斜井掘进速度有重要影响。根据井筒的斜长、断面和倾角选择提升容器。我国一般采用矿车或簸斗提升方式。

当井筒断面小于12m²、长度小于200m、倾角不大于15°时，可采用矿车提升，以简化井口的临时设施。斜井掘进时的矿车提升，常为单钩或双钩提升。

斜井提升及
斜井人车

簸斗与矿车比较，具有装载高度低，提升连接装置安全可靠，卸载迅速方便等优点。尤其是使用大容量（如4t）簸斗，可有效地增加提升量，配合机械装岩，更能提高出岩效率。

我国在斜井施工中常把挖斗式装岩机与簸斗提升配套使用。簸斗有三种类型：前卸式、无卸载轮前卸式、后卸式等。

A　前卸式簸斗及卸载方式

前卸式簸斗（图4-13）由无上盖的斗厢1、位于斗厢两侧的长方形牵引框2、卸载轮3、行走轮4、活动门5、转轴6、斗厢底盘7组成。牵引框2通过转轴与斗厢相连，活动门5与牵引框铆接成一个整体。

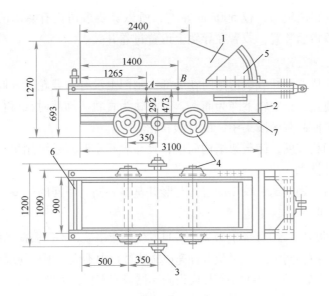

图 4-13 2m³ 前卸式箕斗构造

1—斗厢；2—牵引框；3—卸载轮；4—行走轮；5—活动门；6—转轴；7—斗厢底盘

A—空箕斗重心；B—重箕斗重心

卸载时，箕斗前轮沿标准轨 1 行走（图 4-14），而卸载轮进入向上翘起的宽轨 2，箕斗后轮被抬起脱离原运行轨面，使箕斗厢前倾而卸载。

前卸式箕斗构造简单，卸载距离短，箕斗容积大，并可提升泥水。但标准箕斗的牵引框较大，斗厢易变形，卸载时不稳定，容易卡住。

B 无卸载轮前卸式箕斗及卸载方式

它是在前卸式箕斗的基础上制成的新型箕斗，其特点是将前卸式箕斗两侧突出的卸载轮去掉，在卸载口处配置了箕斗翻转架，其卸载方式如图 4-15 所示。当箕斗提至翻转架时，箕斗与翻转架一起绕回转轴旋转，向前倾斜约 51°卸载。箕斗卸载后，与翻转架一起靠自重复位，然后箕斗离开翻转架，退入正常运行轨道。

两者相比，由于去掉了卸载轮，可以避免运行中发生碰撞管线、设备与人员事故，扩大了箕斗的有效装载宽度，提高了断面利用率，提高了卸载速度（每次仅 7~11s）。缺点

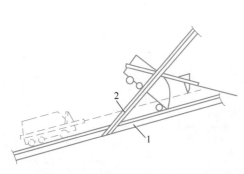

图 4-14 前卸式箕斗卸载示意图

1—标准轨；2—宽轨

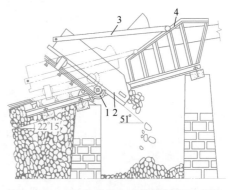

图 4-15 无卸载轮前卸式箕斗卸载示意图

1—翻转架；2—箕斗；3—牵引框架；4—导向架

是，箕斗提升过卷距离较短，仅 500mm 左右，所以除要求司机有熟练的操作技术外，绞车要有可靠的行程指示装置，或者在导轨上设置过卷开关。

C　后卸式箕斗及卸载方式

后卸式箕斗的特点是卸载扇形闸门在后部，闸门上没有卸载轮，其卸载轨距略大于正常轨距。在卸载地点，正常轨下降为曲轨，卸载轨为直轨。卸载时，后行走轮下降，使闸门相对打开，为了使卸载区段集中，设有倾斜轮。

后卸式箕斗卸载方便，卸载架结构简单，箕斗容积小时，还可用串车提升。其主要缺点是不能兼作提升排水。

斜井提升容器、钢丝绳、绞车的选择与竖井基本相同，不同的是多一个提升倾角。

4.3.2.4　斜井中安全设施

斜井施工时，提升容器上下运行频繁，一旦发生跑车事故，不仅会损坏设备，影响正常施工，而且会造成人身安全事故。斜井提升加速或减速过程中不应出现松绳现象。斜井串车提升系统应设常闭式防跑车装置。各水平车场应设阻车器或阻车栏；下部车场还应设躲避硐室。为此必须针对跑车事故，采取行之有效的措施，以确保安全施工。

A　井口预防跑车安全措施

（1）由于提升钢丝绳不断磨损、锈蚀，使钢丝绳断面减少，在长期变荷载作用下，会产生疲劳破坏；由于操作或急刹车造成冲击荷载，可能造成断绳跑车事故，为此要严格按规定使用钢丝绳，经常上油防锈，地滚安设齐全，建立定期检查制度。

（2）钢丝绳连接卡滑脱或轨道铺设质量差，串车之间插销不合格，运行中因车辆颠簸等都可能造成脱钩跑车事故。为此，应该使用符合要求的插销，提高铺轨质量，采用绳套连接。

（3）由于井口挂钩工疏忽，忘记挂钩或挂钩不合格而发生跑车事故，为此，斜井井口应设逆止阻车器或安全挡车帘等装置。

逆止阻车器加工简单，使用可靠，但需人工操作。逆止阻车器工作如图 4-16 所示。

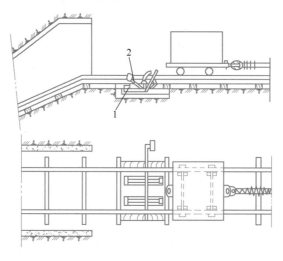

图 4-16　井口逆止阻车器
1—阻车位置；2—通车位置

这种阻车器设于井口，矿车只能单方向上提，只有用脚踩下踏板后才可向下行驶。

B 井内阻挡已跑车的安全措施

井口应设与卷扬机联动的阻车器；井颈及掘进工作面上方应分别设保险杠，并有专人（信号工）看管，工作面上方的保险杠应随工作面的推进而经常移动。

（1）钢丝绳挡车帘。在斜井工作面上方 20~40m 处设可移动式挡车器，它是以两根 150mm 的钢管为立柱，用钢丝绳与直径为 25mm 的圆钢编成帘形，手拉悬吊钢丝绳将帘上提，矿车可以通过；放松悬吊绳，帘子下落起挡车作用（图 4-17）。

（2）悬吊式自动挡车器。常设置在斜井井筒中部（图 4-18）。它是在斜井断面上部安装一根横梁 7，其上固定一个小框架 3，框架上设有摆杆 1。摆杆平时下垂到轨道中心位置上，距巷道底板约 900mm，提升容器通过时能与摆杆相碰，碰撞长度约 100~200mm。当提升容器正常运行时，碰撞摆杆 1 后，摆动幅度不大，

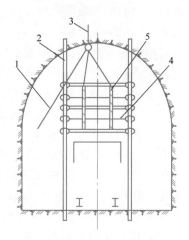

图 4-17 钢丝绳挡车帘
1—悬吊绳；2—立柱；3—锚杆式吊环；
4—钢丝绳编网；5—圆钢

触不到框架上横杆 2；一旦发生跑车事故，脱钩的提升容器碰撞摆杆后，可将通过牵引绳 4 和挡车钢轨 6 相连的横杆 2 打开，铁丝失去拉力，挡车钢轨一端迅速落下，起到防止跑车的作用。

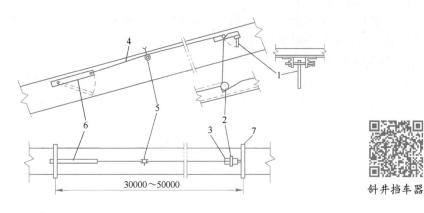

图 4-18 悬吊式自动挡车器
1—摆杆；2—横杆；3—固定小框架；4—牵引绳；5—导向滑轮；6—挡车钢轨；7—横梁

斜井挡车器

无论哪种安全挡车器，平时都要经常检修、维护，定期试验是否有效。只有这样，一旦发生跑车才能确实发挥它们的安保作用，但更主要的是应该确保矿车或箕斗不发生跑车事故。

4.3.2.5 斜井排水

斜井施工中，如果含水层淋水，工作面积水，作业条件恶化，影响工程进度和质量，增加工程成本，尤其是突然大量涌水可能造成淹井事故。因此，在斜井、竖井施工中如何治水便成为非常重要的问题。

为了综合治水，施工前应详细了解含水层、破碎带、溶洞的位置、水压、渗透系数、

涌水量，以及地表河流、湖泊和古河道与井筒的相关位置和影响。必要时应打检查钻孔，以获得必要的水文地质资料。

A　综合治水措施

根据现场实践经验，针对水的来源和流量，采取不同的治理措施，堵截水源，使工作面无积水或积水少，改善作业条件，有利于工作面排水。

（1）避。井筒位置的选择要尽可能避开含水层。

（2）防。为了防止地表水流入或渗入井筒，设计时必须使井口标高高于最大洪水水位2m，并在井口周围挖排水沟，及时排水。井筒在靠近含水层（溶洞）时，或发现某些涌水预兆时，应先打探水钻孔探水或泄水。

（3）泄。预先在斜井周围钻出若干个大钻孔，然后用深井泵或气升泵排水，降低水位，井筒处被疏干后再向下掘进；或在井筒掘进过程中采取超前钻孔或超前小井进行辅助排水疏干；或在斜井的下部有平巷时，打钻孔将井筒涌水泄于下部平巷，将井筒疏干后掘进。

（4）堵。采用地面预注浆、工作面预注浆或壁后注浆，封堵涌水。

（5）截。为消除淋帮水对工程质量和施工条件的影响，采用截水和导水的方法，如斜井在底板每隔 10~15m 挖一道横向水沟将水截住，引入纵向水沟汇集后排出。

（6）排。工作面积水需要根据水量采取不同的排水方式。采用混凝土砌壁支护时，在涌水量集中或水压较大的井壁处要预留放水管，安装阀门，可经放水管向井壁后裂隙和含水层注浆。

B　排水方法

a　潜水泵排水

潜水泵有气动和电动两类，其优点是体积小，便于搬移，工作可靠；缺点是效率低，扬程不高。所以常配合提升容器排水，或与卧泵配合排水。

b　喷射泵排水

喷射泵由喷嘴、混合室、喉管、扩散器、吸水管、供水管、排水管等部分组成（图4-19）。工作动力由另外一个水泵供给高压水，当高压水经喷嘴以高速射入混合室时，

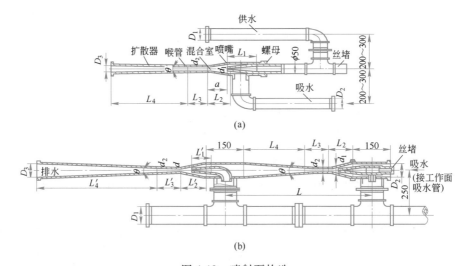

图 4-19　喷射泵构造

（a）单嘴喷射泵；（b）双嘴喷射泵

在喷嘴的后面造成负压，工作面的积水借助压力差沿吸水管流入混合室，在混合室中吸入水与高速水流混合获得动能，经过喉管进入扩散器，速度变慢，部分动能变为静压，获得一定扬程（图4-20）。

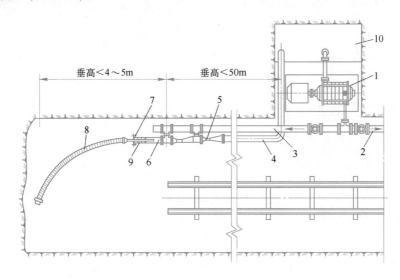

图4-20　喷射泵排水工作面布置图

1—原动泵兼水仓排水泵；2—主排水管；3—高压排水管；4—喷射泵排水管；5—双喷嘴喷射泵；
6—伸缩管；7—伸缩管法兰盘；8—吸水软管；9—填料；10—水仓

c　卧泵排水

当涌水量超过 $20 \sim 30m^3/h$，则需在工作面设离心水泵排水。随工作面不断向下延深，离心泵受吸水高度限制，也要不断向下移动，井深时，高差超过一台水泵的扬程，必须分段排水。工作面附近的水泵把水排到一定高度的临时水仓内，经另一台水泵排到地表。排水设备布置如图4-21和图4-22所示。

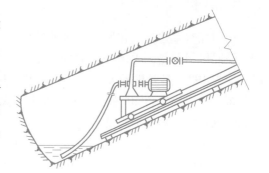

d　矿车（箕斗）排水

当涌水量不大（小于 $5 \sim 7m^3/h$ ）时，可

图4-21　水泵台车工作情况示意图

用气动或电动潜水泵将水排入矿车或箕斗、吊桶中，随同渣石一起提至地面排出。

4.3.3　斜井支护

斜井支护施工在井筒倾角大于45°时，与竖井基本相同；当倾角小于45°时与平巷基本相同。但因斜井有一定的倾角，要注意支护结构的稳定性。目前我国斜井支护以锚喷支护为主，但是料石砌碹和现浇混凝土支护仍有使用。

喷浆机械化作业线主要由砂石筛洗机、输送机、储料（砂、石、水泥）罐、计量器、搅拌机、喷射机及机械手等组成，砂石筛洗机、输送机、储料罐和计量器设在地面，搅拌机设在井口附近或临近硐室内，喷射机设在斜井地面井口附近或临近硐室内，实行远距离管路输送喷射混凝土。

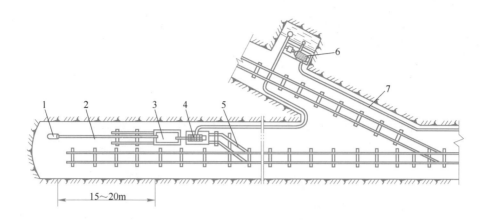

图 4-22　田湖铁矿排水示意图

1—JBQ-2-10 潜水泵；2—排水管；3—矿车代用水箱；4—80D12×9 卧泵及台车；

5—浮放道岔；6—中段固定泵站；7—排水管

由于斜井维护时间长，锚杆支护以树脂药卷锚固的高强度螺纹钢锚杆为主。而采用料石砌碹或现浇混凝土支护，由于未形成机械化作业线，支护材料运输占用提升时间，而且架设碹胎、模板、材料装卸及支护等劳动强度大、工作效率低。现浇混凝土支护具有整体性强、防水性好等优点，其发展方向是泵送混凝土配合滑动模板。

4.3.4　斜井快速施工实例

铜川煤炭基建公司在掘进某回风斜井中，曾创最高月进 705.3m 的纪录。

该回风斜井是二采区的主要回风井，设计全长 1100m，坡度 14°47′，井口以下 430m 以后变为 19°，掘进断面 9.32m²。该斜井穿过的岩层为三叠纪延长群砂岩、砂泥岩和侏罗纪花斑岩，岩层倾角 20°左右，基岩涌水不大，永久支护采用 150mm 厚的喷射混凝土。所采取的机械化配套和措施是：

（1）多台凿岩机钻孔，自行改制 ZYPD-1/30 型平巷斜井两用耙斗机装岩（斗容 0.6~0.7m³，实际生产能力达 100~140m³/h），自行设计制造 4m³ 前卸式无卸载轮箕斗运输岩石，10m³ 双闸门滑坡废石仓。地表设环形排岩道，用 0.8m³ V 形矿车排岩。

（2）双机多管路喷射混凝土与掘进平行作业，喷射混凝土紧跟工作面，配合锚杆作临时支护，喷射混凝土远距离输料。

（3）两台激光指示仪。

（4）小三角柱状楔形混合掏槽，全断面一次深孔抛渣爆破。

（5）组织综合工作队，实现多工序平行交叉正规循环作业。

习　　题

4-1　与平硐相比，斜井开挖有哪些特点？

4-2　依据提升方式的不同，斜井可分为哪三种类型？

4-3　斜井断面尺寸确定的步骤有哪些?

4-4　斜井井筒内设施包括哪几部分?

4-5　斜井中有哪几种防跑车措施? 请简述。

4-6　斜井施工排水的主要措施有哪些?

5 斜坡道设计与施工

本章提要

随着大型无轨设备的发展，斜坡道逐渐成为国内外大型金属矿床开拓的主要形式。本章主要介绍了斜坡道定义；斜坡道应用条件及特点；斜坡道的线路形式；斜坡道断面尺寸计算；斜坡道路面参数及路面结构。

随着地下矿山大型无轨采掘设备（铲运机、凿岩台车、锚杆台车等）的迅速发展和广泛应用，用于通行无轨设备、运输矿（废）石、材料等和无轨设备出入井下的倾斜通道，称为斜坡道。与其他开拓方式相比，斜坡道开拓工艺简单，效率高，机械化程度高，提高矿山开采过程的安全性、稳定性与连续性。

斜坡道按使用用途不同，可分为：

（1）主斜坡道：从井下运送矿石至地表的斜坡道；

（2）辅助斜坡道：主要为无轨采掘设备出入井下通道，及通往分散布置的设施（变电站、维修硐室等）之间的路段，并可运送人员、材料和设备等；

（3）分支斜坡道：由主斜坡道与一个开采中段相连接的斜坡道，或由一个开采中段不经过主斜坡道而与作业点直接相连的斜坡道；

斜坡道

（4）联络斜坡道：系各类型斜坡道间相联系的路段。

按照与矿体位置关系，斜坡道开拓可分为：下盘斜坡道、上盘斜坡道、端部斜坡道、脉内斜坡道。

5.1 无轨斜坡道开拓特点及其线路设计原则

斜坡道既可以用来转移铲运机、凿岩台车、锚杆台车等无轨设备，同时也是凿岩、支护、爆破、检修和加油等无轨车辆运行的通道；还可作为矿岩运搬、深部探矿、开拓之用。辅助斜坡道能充分发挥无轨设备的机动性、灵活性及设备的效能。

无轨斜坡道开拓的主要优点是：

（1）无轨斜坡道开拓，受地形、地表工业场地和岩层条件影响较小，地表无提升设施，地表附属构筑物极其简单，井口布置大为简化。

（2）在斜坡道内既可用卡车直接从采场将矿石运输到地表，也可以从地表将人员、材料设备运送至采场各工作面；同时需要检修的无轨设备能够方便地从井下运行至地表。

（3）应用无轨斜坡道开拓的矿山，在斜坡道施工期间，所使用的各类无轨设备，可较方便地在生产期间使用。

（4）在矿山建设期间，能较方便地使用斜坡道进一步探明矿体，以减少大规模基建前的探矿时间和费用，随着斜坡道掘进到一定深度并揭露矿体之后，其掘进可与阶段水平的采矿准备工作同时进行，提早出矿，加速资金周转，缩短矿山建设时间。

（5）开采深部矿体或边缘的零散矿体时，盲斜坡道可与原有井巷进行联合开拓，使上部主井不必延深，坑内破碎站不必迁移，并可延长原有运矿系统的服务年限。

（6）无轨斜坡道开拓，其自行无轨设备运输线路选择比较灵活，运距大，所需溜井数量少，能减少矿石运输的中转环节，便于实现集中运输，降低运输成本。

无轨斜坡道开拓的缺点是：

（1）斜坡道开拓基建工程量大，与竖井相比在同样深度下，斜坡道开拓量比竖井开拓掘进量多 3~6 倍。

（2）由于无轨自行设备的坡度一般在 10%~15%，采用无轨斜坡道运矿的矿山，其开拓深度将受到一定的限制。

（3）由于无轨开拓施工生产机械化程度高，设备需要量大，设备较昂贵，因此，一次性投资较大。

（4）设备维修量大，维修技术要求较高，加之设备效率发挥不够，故生产成本较高。

（5）使用柴油为动力的无轨设备，由于井下空气受到污染，需要增加进风量，相应地增加一些工程，其通风费用也相对增加。

根据斜坡道的用途及服务年限的不同，斜坡道设计时须遵循以下原则：

（1）斜坡道用途。主斜坡道或矿石运输量大时宜设计成折返式；运输量较小或中段间联络道可设计为螺旋式。

（2）开拓工程量。开拓工程量除斜坡道自身的工程量外，还要考虑掘进时井巷工程（如通风天井、钻孔等）和各中段的水平联络道的工程量。因此，应考虑尽量减少开拓工程量。

（3）服务年限。斜坡道服务年限长的选择折返式，服务年限短的选择螺旋式。

（4）岩层地质条件。根据岩层的稳定性，或层理和节理方向的有利性，合理选择折返式或螺旋式。

（5）通风条件。斜坡道具有通风功能，螺旋式通风阻力大，折返式阻力较小。

5.2　斜坡道线路形式

斜坡道的线路形式可分为三种：直线式、螺旋式和折返式。折返式线路的倾斜提高部分为直线段，转弯部分一般为水平或缓坡，而螺旋式线路没有直线段，二者相比较，折返式线路的优点多，应用广。

5.2.1　直线式斜坡道

直线式斜坡道的线路呈直线，除倾角较缓和和不敷设轨道外，与斜井相同。

优点：（1）无轨车辆运行速度快，司机能见距离大；（2）工程量省，施工简单。

缺点：（1）斜坡道布置不灵活；（2）线路工程地质条件要求严格。

5.2.2　螺旋式斜坡道

螺旋式斜坡道如图 5-1 所示。它的几何形式一般是圆柱螺旋线或圆锥螺旋线，根据设计的具体需要可设计成规则螺旋或不规则螺旋线状。不规则螺旋线斜坡道的曲率半径和坡度在整个线路中是变化的。螺旋式斜坡道每隔一定距离应设置缓坡段。

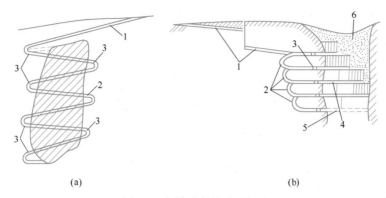

图 5-1   螺旋式斜坡道开拓法

（a）环绕柱状矿体螺旋道开拓；（b）下盘螺旋道

1—斜坡道直线段；2—螺旋斜坡道；3—阶段石门；4—回采巷道；5—掘进中巷道；6—崩落覆岩

螺旋式斜坡道的优点是：

（1）线路较短，工程量省：通常在相同高度条件下，较折返式斜坡道省掘进量 20%~25%。

（2）与垂直平巷配合施工时，通风、出渣较方便。

（3）分段水平上的开口位置一般较集中。

（4）较其他形式的斜坡道布置灵活。

螺旋式斜坡道的缺点是：

（1）掘进施工要求高，如：测量定向、外侧路面超高等，相对增加了施工的难度。

（2）司机视距小，且经常在弯道上运行，行车安全性差。

（3）无轨车辆内外侧轮胎多处在差速运行，致使轮胎的磨损增加。

（4）道路维护工作量大，路面维护要求高。

5.2.3   折返式斜坡道

折返式斜坡道如图 5-2 所示。它是由直线与曲线段组成。直线段变高程，曲线段变方向，便于无轨设备转弯，其坡度变缓或近似水平。

优点：（1）施工较容易；（2）司机能见距离大；（3）行车速度较螺旋式斜坡道大；

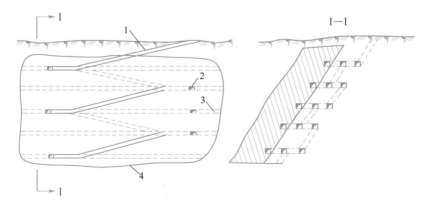

图 5-2   折返式斜坡道开拓法

1—斜坡道；2—石门；3—阶段运输巷道；4—矿体沿走向投影

（4）线路便于与矿体保持固定距离；（5）线路便于维护。

缺点：（1）较螺旋式斜坡道工程量大；（2）掘进时需要有通风和出渣的垂直井巷相配合；（3）斜坡道布置的灵活性较螺旋式斜坡道差。

5.3 斜坡道断面尺寸确定

斜坡道断面尺寸决定因素主要有：无轨自行设备的外形尺寸，单线或双线行车，风筒、风管等布置方式，安全间隙，巷道支护形式、路面条件、通风量等。单线斜坡道的安全间隙为 1.0~1.5m。在斜坡道的转弯处，断面加宽值为 0.6~1.0m。确定高度应考虑行车速度、路面质量以及设备行走时的垂直波动，对于直通地面的主斜坡道，除了考虑行车要求外，还需要考虑运入井下的大型设备（如破碎机等）最大的外形尺寸，高度的安全间隙为 0.6~1.0m。另外，灯具安装要避免出现使司机炫目的亮光，在转弯处与连接处、交岔点及风门处应设置各种标志。

斜坡道开拓设计一般注意事项：

（1）斜坡道的位置和出口，通常取决于地面选厂位置、工业场地的总体布置，矿体上下盘岩石的工程地质条件，矿体开采后围岩移动范围以及矿体倾角、走向长度等因素来综合考虑，并须作多方案技术经济比较，择优而定。

（2）主斜坡道（或辅助斜坡道）通过石门直接与采场（或盘区）的分段或分层巷道联系时，因与采场回采有关，必须考虑回采工作的方便。

（3）根据矿体的走向长度和储量情况，还需设计一些辅助斜坡道，要确保与主斜坡道联系方便，掘进工程量小。

（4）折返式主斜坡道沿矿体走向布置时，设计时应将连通矿体的阶段石门位置，布置在靠近矿体中央部位，以减少运距。

（5）用盲斜坡道开拓深部或边缘零星矿体时，其盲斜坡道入口位置应尽量靠近坑内破碎站卸矿溜井，以缩短运距，减少矿石中转运输。

（6）直线或主斜坡道通常沿矿体走向在脉外布置，若矿体倾角变缓时，也可沿矿体倾斜方向采取脉内布置。

（7）折返式斜坡道很少布置在矿体的侧翼，一般沿矿体走向布置。

（8）螺旋式主斜坡道的线路布置比较灵活，对通向矿体的阶段或分段石门，可把斜坡道设计与阶段或分段石门大致位于同一垂直面上。

（9）单线行车的斜坡道内，为保证行车安全，每隔 150~200m 设一错车道，并设有信号装置。

确定斜坡道断面尺寸的方法主要有工程类比法和计算法。

5.3.1 工程类比法

斜坡道的断面可根据所使用设备的外形尺寸及《安全规程》的有关规定确定。《安全规程》规定设备每侧加宽不得小于 1.0m，设备的最大高度距斜坡道顶部的距离不得小于 0.6m。据国内已投产使用斜坡道的资料，不同类型无轨设备所需要的断面尺寸见表 5-1。

表 5-1　主要无轨运输设备所需要巷道高、宽尺寸

巷 道 种 类	主要无轨设备	巷道宽度/m	巷道高度/m
主巷道	10t 以下汽车	3.6~4.2	3.2~3.6
运输矿石	10~20t 汽车	4.2~4.6	3.6~4
单　线	20~50t 汽车	4.6~5.4	4~4.3
（主巷道）运输人员	0.76~1m³ 铲运机和 5~8t 汽车	3~3.4	2.7
材料设备	1.5m³ 铲运机和 10t 汽车	4~4.3	2.7~3
巷道（副井）	3~3.8m³ 铲运机和 16~20t 汽车 5m³ 以上铲运机和 20~50t 大型汽车	4.3~4.8 4.8~5.4	3 3.2~3.6
生产支线	0.76~1m³ 铲运机	2.7~3	2.5~2.7
运输平巷	3~3.8m³ 铲运机 10~20t 推卸式装载机	4~4.3 4~5.5	2.7~3 3~3.2
装矿横巷	Cat950、960 型前端式装载机 3~3.8m³ 铲运机 5~10m³ 铲运机	4.2 4~4.3 4.3~5	4.2 2.7~3 3~3.2
凿岩巷道	各种中深孔凿岩台车	3.6~4	3~3.6

5.3.2　计算法

5.3.2.1　斜坡道净宽度计算

按无轨设备运行的行车速度、设备外形尺寸及路面宽度等条件计算，以求出巷道宽度。如图 5-3 所示，巷道宽度 B 由三个部分组成，即行车部分路面宽度 A、人行道宽度 a、行车部分路边缘至巷道帮的最小距离 b，则：

（1）无轨设备和人员经常通行的斜坡道，应设人行道，宽度不应小于 1.0m。斜坡道内行车密度不大，可不设人行道而设避车硐室。

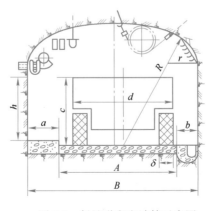

图 5-3　斜坡道宽度计算示意图

（2）有人行道时的净宽度：

$$B = A + a + b \qquad (5\text{-}1)$$

式中　A——行车路面宽度，m，一般情况下，$A = d + (800 \sim 1000)$，推荐 $A = d + 1.5\delta + 12v$；

d——无轨设备外缘最大宽度，m；

δ——无轨设备轮胎宽度；

v——设备运行速度，km/h；

a——人行道宽度，取 1000mm；

b——路边至斜坡道帮的最小距离，取 600mm。

（3）无人行道的净宽度：

$$B = A + 2b \qquad (5\text{-}2)$$

在无专门的人行道时，道路要加宽 1000～1200mm；对很少有人行走的分段巷道，可不设专门的人行道。

行车部分路面边缘至斜坡道帮的最小距离 b，一般为 200～350mm；在行车部分与巷道帮间设有水沟时，b 为 500～600mm。

5.3.2.2　斜坡道净高度计算

斜坡道的高度，应按下式计算：

$$H = c + e \qquad (5\text{-}3)$$

式中　H——斜坡道断面的净高，m；

c——无轨设备的总高度，m；

e——运输设备外形与拱部或悬挂物的最小间距，取 0.6m。

人行道的有效净高应不小于 1.9m，有效净宽度不小于 1.2m。

根据有效高度及拱形、悬吊物、悬吊高度等推算出由斜坡道底板至拱顶的最大净高度 H。

5.4　斜坡道的道路参数及路面

5.4.1　坡度

无轨斜坡道的坡度，主要取决于运输设备类型、运输量、运距、斜坡道的工程量和掘进费用、斜坡道的用途和服务年限等。斜坡道坡度大，长度短，工程量小，可节省基建费用，但由于坡度大，车速减小，运输效率降低，运行时的设备功率、油耗、轮胎费用、设备维修、通风等费用却相应增加，国内外各矿山由于设备价格及管理水平方面的差异，对于无轨斜坡道的规定也不尽相同（表 5-2）。

表 5-2　国外几个无轨矿山坡度概况表

国家和地区	长时期运输矿岩最大坡度/%	短时期运输矿岩最大坡度/%	长时间作设备出入通道的最大坡度/%	短时间作设备出入通道的最大坡度/%
前苏联	10	20	15～17	30
瑞　典	10	12～15	15	17.6～21
芬　兰	10	20	15	30

我国《安全规程》规定：螺旋（或折返）式斜坡道用于运输矿石的，其坡度应不大于10%；用于材料设备的，其坡度应不大于15%；服务年限短的，在确保安全的条件下，可适当加大。我国金属矿山已施工的一些无轨斜坡道的坡度参数参见表5-6。

目前，矿山实际采用9%~15%的坡度，极少数矿山达20%。从运输和通风成本考虑，合理的坡度为8%~10%；对运输量大、运距长、服务年限在10~15年的矿山，斜坡道坡度一般不应大于10%，反之，可适当加大坡度。

5.4.2 转弯半径

无轨运输巷道的转弯半径，与无轨设备类型及技术规格、道路条件、行车速度及路面结构等有密切关系。

转弯曲线半径计算：

$$R = \frac{v^2}{127(\mu + i)} \tag{5-4}$$

式中 R ——转弯曲线半径，m；

       v ——计算行车速度，km/h，无轨设备行驶速度一般不超过15~20km/h；

       μ ——横向推力系数，为保证弯道上行车车辆的平稳、舒适，地表公路运输 μ = 0.15；露天矿汽车运输，μ = 0.2~0.22；地下矿山由于坑内潮湿行车条件差，$\mu \leqslant 0.15$；

       i ——道路横向坡度，一般取2%~6%（与行车速度、半径、路面潮湿状态等因素有关）。

根据国内外实践，大型无轨设备通行的斜坡道转弯半径大于20m，大型无轨设备通行的中段间联络道或盘区斜坡道的转弯半径不小于15m，采用中小型无轨设备通行的斜坡道转弯半径应大于10m。

对于大中型无轨设备通行的平巷，转弯半径不小于8~10m。

为提高行车的稳定性，确保行车安全，在斜坡道弯道处应采用单坡横断面加宽及超高等措施。

5.4.3 曲线超高

地下无轨设备运输线路的设计，其平曲线半径较小，应设置曲线超高段，超高横向坡度考虑计算行车速度，弯道半径小、路面条件较潮湿则取大值，个别国外矿山的螺旋或斜坡道的横向坡度可达10%~20%。

5.4.4 曲线加宽

曲线段无轨巷道加宽值一般取0.4~0.7m（推荐加宽值为1m），见表5-3，并按下式计算：

$$\Delta B = (R_0 - R_i) - B_i \tag{5-5}$$

当车速高时：

$$\Delta B' = \Delta B + 0.3 \tag{5-6}$$

式中　ΔB——弯道加宽值，m；

　　　R_0——设备转弯外半径，m；

　　　R_i——设备转弯内半径，m；

　　　B_i——设备宽度，m。

表 5-3　使用各类型无轨铲运机时巷道加宽值

序号	铲运机型号	设备转弯外半径/mm	设备转弯内半径/mm	设备宽度/mm	巷道加宽/mm
1	CT6000 型	6170	3020	2500	650
2	LF-4.1 型	4880	2650	1685	545
3	LK-1 型	6140	3210	2200	730
4	Toro100DH	4500	2250	1800	450

弯道超高及加宽部分与行车线路之间应设超高缓和段（图 5-4），一般可取 4~6m，或按式（5-7）计算：

$$L_s = \frac{B_r i_3}{i_2} \qquad (5-7)$$

式中　L_s——超高缓和切线长，m；

　　　B_r——道路宽度，m；

　　　i_3——超高横向坡度，2%~6%；

　　　i_2——路面外缘超高缓和长度的纵坡度和线路设计纵坡度差，取 2%。

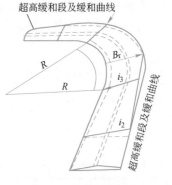

图 5-4　弯道曲线路线

5.4.5　斜坡道竖曲线

斜坡道较短而变坡点多行车速度较快时，由于离心力作用，车辆在转坡点产生颠簸，但在凸形转坡点时，司机视距受到影响，故采用平滑竖曲线作为变坡点的连接曲线。

由于无轨自行设备在井下行车速度较地面低，且制动能力强，制动距离短，斜坡道竖曲线一般可参考建议山区公路标准。竖曲线弧长不小于 20m。表 5-4 为车速与竖曲线弧长表。

表 5-4　无轨巷道行车速度与竖曲线弧长

设计行车速度/km·h⁻¹	60	40	30	20	20 以下
竖曲线弧长/m	50	35	25	20	15

5.4.6　路面结构

铺设路面是为了加固路基，使斜坡道路面在行车及各种自然因素的作用下能够保持足够的强度和稳定性，要求路面平整、密实且粗糙度适当。

5.4.6.1　路面一般要求

地下无轨巷道的路面结构质量，直接影响无轨车辆运行的速度和对车辆、设备的损坏，因对无轨巷道的路面质量及维护都较重视，故对路面铺设提出了如下要求：

（1）铺设路面尽可能采用冷铺方式。

（2）路面须有抗腐蚀水的涌出及抗岩石膨胀的能力。

（3）路面须满足使用上的要求，对服务年限长的巷道和服务年限短的斜坡道应有所不同。

（4）路面铺设要力求简便、快速。

（5）铺路用机械不宜太复杂，须适合井下有限空间条件。

（6）路面铺好后，1~2天就应允许车辆通行。

（7）路面损坏后，能用简便的方法进行修补。

5.4.6.2 按服务年限各种路面的适用条件

（1）冷沥青碎石路面：适用于服务年限短和中等服务年限的斜坡道。

（2）冷沥青混凝土路面：对服务时间长、短都适合，尤其适用于有腐蚀水涌出的斜坡道。

（3）混凝土路面：只适用于掘进完的斜坡道，使用时间长，为保证质量须一次进行浇灌混凝土。

目前，国外矿山常用的路面材料和路面结构形式，多取决于运输设备的载重量、车辆运行速度和行车密度，其路面结构参照表5-5。

表 5-5　行车密度、路基与路面结构

路面类型	小时行车密度	路 基	路 面	沥青水泥路面层厚/mm
Ⅰ	10 辆以下	块度 20~70mm 碎石，厚度 200mm	块度 10~20mm 碎石，厚度 100mm	3
Ⅱ	10~40 辆	块度 20~70mm 碎石，厚度 200mm	块度 10~20mm 碎石，厚度 100mm	6
Ⅲ	>80 辆	块度 20~70mm 碎石，厚度 200mm	块度 10~20mm 碎石，厚度 100mm	10

5.4.7　躲避硐室

无轨运输的斜坡道，应设人行道或躲避硐室。行人的无轨运输水平巷道应设人行道。

躲避硐室的间距在曲线段不超过15m，在直线段不超过50m。躲避硐室的高度不小于1.9m，深度和宽度均不小于1.0m。躲避硐室应有明显的标志，并保持干净、无障碍物。

5.4.8　错车道及水沟

5.4.8.1 错车道及其断面

在长距离斜坡道施工或运输时，斜坡道每400m应设置一段坡度不大于3%，长度不小于20m缓地段，错车道应设置在缓坡段，缓坡段的坡度不大于3%，长度不小于20m。

错车道按正常斜坡道断面加宽1~2m，具体应视无轨设备外形尺寸及无轨设备在井下错车时的最小间隙确定。

5.4.8.2 斜坡道水沟

为了保持道路的良好条件，斜坡道要设置排水沟进行排水。水沟一般采用开敞式的，并要定期进行清理，以利水流畅通。

5.5　国内外部分矿山斜坡道设计参数

国内外部分矿山斜坡道设计参数见表5-6和表5-7。

表 5-6　国内金属矿山斜坡道线路参数统计

序号	矿山名称	建设时间	斜坡道形式	斜坡道用途	坡度/%	曲线坡度/%	平曲线半径/m	竖曲线半径/m	曲线段加宽/m	曲线段超高/m	超高段缓坡长/m	斜坡道最大坡长/m	路面	断面/m²	使用铲运机等设备型号
1	寿王坟铜矿	1980年	折返	设备运行	14	3	15~20	未考虑	1	0.35	未考虑	126	自然基石	5×4.3	LK-1型及普吉车
2	凡口铅锌矿 -160盘区	1980年	直线	联络道	25	0	12	未考虑	未考虑	未考虑	40	32	混凝土	3.4×3	LF-4.1
	-200盘区	1982年	直线	联络道	25	3~5	6~12	15	未考虑	未考虑	9	30	混凝土	3.4×3	LF-4.1
	上部斜坡道		折返	通地表设备	15	0	15	未考虑	未考虑	未考虑	10~20	580	混凝土	5.5×4	LF-4.1
3	大厂锡矿(铜坑)	1982年	折返	通地表设备运行采区斜坡道	17.5	2	15	100	未考虑	未考虑	10~20	587	混凝土	5×5.87	CT6000LF-4.1及辅助车辆
4	柿竹园钨钼矿	1980年	螺旋	通地表设备运行	15.8	未考虑	10	未考虑	未考虑	未考虑	10~20	100	混凝土	4×3.3	CT6000
5	三山岛金矿	1986年	折返	通地表设备	17	5	15~20	50	0.5	0.4	10	300	混凝土	4.5×4	S7-5及辅助车辆
6	红透山铜矿	1979年	折返	联络道	20~25	未考虑			未考虑	未考虑	未考虑	40	自然基石	3×2.8	Toro-100DH
7	中条山篦子沟矿	1980年	折返	联络道	20~25	未考虑		未考虑					混凝土	4×3	LK-1
8	金川二矿区主斜坡道	1985年	螺旋	通地表设备	10~14		30					870	沥青混凝土	19.8~23	全部无轨设备
9	尖林山铁矿	1982年	螺旋	通地表设备	7~14		10~20					141.9	200mm混凝土	4×3	LK-1、2LD-40
10	符山铁矿			通地表设备	10		10						水泥路面	4.2×3.2	LK-1

表 5-7　国外部分斜坡道开拓矿山统计

编号	国家和地区	矿山名称	年生产规模/万吨	矿体产状					主斜坡道			卡车		开拓深度/m
				长度/m	宽度/m	厚度/m	倾角/(°)	埋深/m	长度/m	坡度/(°)	断面/m²	型号	吨位/t	
1	美国	Bowers-Campbell 锌矿	20	210	30	40	90	120	1418	10%	4.2×4.8		10.5	142
2	美国	Black plore 铜矿	7.2	1000		0.6~1.2	10~30		750			Eimco 980T	10	
3	美国	Brooker Hill 铅锌矿	64.5	160	240	1~6	40~50		4000	15	2.4×2.5	Eimco 911	9	
4	加拿大	New found land 锌矿	52.5	1800		4.5	3~4			3%~17%	5.7×4.8			
5	加拿大	Crighton 铜锌矿	10				35~90		1200	17%	5.5×3		20	201
6	加拿大	Pinchi 汞矿	27			12~36	65		369	9%	4.6×4.2		13	33
7	加拿大	加拿大钨矿	17.5	844		12	20	浅		22%			35	
8	芬兰	Hamaslakli 铜矿	42	1000	100~200	25~50	急	浅	2800	1：8.5	5×4.1	Kockams 420	13.5	
9	芬兰	Virtasalmi 铜矿	27.8	500	2~3		急		2300	1：7	4×4.5	Kockams 420		327~396
10	扎伊尔	Kamoto 铜矿	360	1500	3~20	12	25~90	<350		6	5×6.4	MTE	28	
11	法国	Peygnoc 铝矿	430	3000	1000	8~15				10	4.5×4.2		12	
12	西南非	O'okiep 铜公司	30						6800	25%	4.9×2.7	ST-5B 铲运机		
13	澳大利亚	Gunpowder 铜矿	55						3000	1：9	4.25×4.25		18	3.31
14	澳大利亚	Agnew 镍铜矿	45			3.75	70			11%		CAT 769	30	185
15	澳大利亚	Renisonbell 铜矿	80						2115	1：9	4.25×4.25			234

5.6　斜坡道设计实例

新城金矿确定斜坡道从地表直通改扩建工程最低点的-380m中段，全长2979.7m。该斜坡道既是采准斜坡道，作为井下各中段、分段、采场间无轨设备的联络通道；同时又起副井作用，作为无轨设备出入地表及井下部分人员、设备、材料的运输通道（见图5-5）。设计选用了包括凿岩、出矿及辅助车辆在内的24台套国外进口无轨采掘运输设备，详见表5-8。采用机械化充填采矿法，并采用主竖井和辅助斜坡道联合开拓系统。

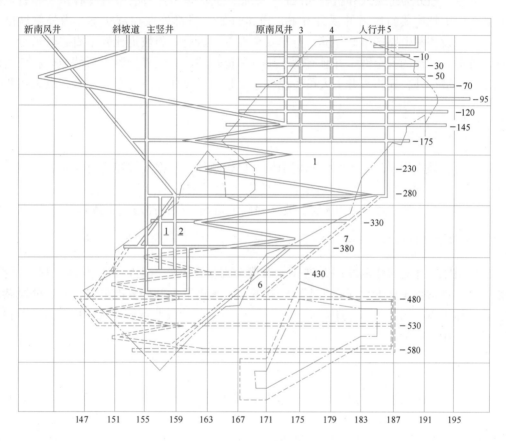

图 5-5　开拓系统纵投影图

1—矿石溜井；2—岩石溜井；3—原主斜井；4—原副斜井；5—北风井；6—主斜井；7—入风井

表 5-8　无轨采掘运输设备

设备名称	设备型号	容积 /m³	功率 /kW	外形尺寸/mm			最小半径 /mm	最大速度 /km·h⁻¹
				长	宽	高		
铲运机	HST-IA	0.76	40	5283	1219	1854	1753	12
铲运机	TORO T250BD	2.40	102	7750	2100	2200	2595	21
液压凿岩台车	Mercury-14		28	9600	1400	1920	3300	10
锚杆台车	Pluton-17		60	11235	1900	2250	2550	7
撬毛台车	PT-50		42	6500	1640	2300	2600	12
坑内卡车	MT-413-30	5.70	102	6960	1905	2083	3175	27
人车材料车	Multimover 500		85	6020	1800	2000	3450	25

斜坡道的总体布置应首先满足采矿工艺的要求,同时需要考虑矿体赋存条件、岩体的稳固程度、工业厂区的总体布局、生产运行的安全及方便、施工方法等。

新城金矿属于破碎带蚀变岩型矿床,上盘为黄铁绢英岩质碎裂岩,稳固性较差,不宜布置井巷工程。下盘为黑云母化或似斑状花岗闪长岩,$f = 8 \sim 10$,稳固性较好,巷道一般不需支护。根据矿床地质特点及开拓工艺要求,斜坡道布置在矿体下盘。试设计该斜坡道。

5.6.1　斜坡道形式选择

斜坡道一般分为螺旋式和折返式两种。螺旋式斜坡道虽然具有节省工程量、布置灵活等特点,但因螺旋式斜坡道的视野有限,道路自始至终都处在拐弯状态,内外侧坡度不同,不利于设备和道路的维修保养,行车安全性差。折返式斜坡道比较平直、弯道少、视野好,可提高运行的安全性,并且有利于设备和道路的维修保养。鉴于新城金矿斜坡道除作为采准斜坡道外,还担负井下人员、设备、材料的运输任务,行车较频繁,故采用折返式斜坡道。

5.6.2　斜坡道硐口选择

新城金矿地表为平地,不具备利用山坡开口的条件。根据斜坡道的总体布置,兼顾地面工业厂区的总图布局,将斜坡道硐口布置在工业厂区的东南侧。为防止地表水流入井下,斜坡道口有一段坡度为1.8%的上坡(与斜坡道硐口外道路坡度一致)。

5.6.3　斜坡道与矿体的合理距离

斜坡道距矿体远,中间联络道增长,浪费工程量;反之,则容易与其他工程相干扰,特别是在矿体边界发生变化时尤为不利。新城金矿采用下盘脉外采准形式,中、分段巷道布置在矿体下盘,与矿体水平距离20m,斜坡道与中、分段巷道间距为10~15m,即斜坡道与矿体间距30~35m。

5.6.4　斜坡道错车道设置

单线行车的斜坡道内,为保证行车安全,需设置错车道。错车道形式通常有三种(见图5-6):(1)平行双车道式。特点是错车方便,但巷道断面较大,对围岩要求严,车辆不能调头。(2)斜交式错车道。工程量小,跨度小,但只能单向错车,车辆调头困难。(3)直交式错车道。该形式的错车道既能满足车辆运行时的错车、调头要求,又可作为施工中的转载短巷,可节省部分技措工程。根据设计规范要求,兼顾施工中装车方便,错车道间距为150~200m。

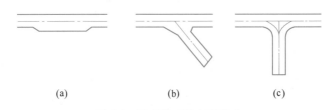

(a)　　　　　　　　(b)　　　　　　　　(c)

图5-6　错车道三种布置形式

(a)平行双车道式;(b)斜交式;(c)直交式

5.6.5 斜坡道断面尺寸设计

5.6.5.1 斜坡道断面

斜坡道设计断面尺寸直接影响斜坡道的开凿量和工程造价，也涉及运行车辆和行人的安全，同时还应满足管线架设、通风、排水等要求。目前国内尚无统一的计算公式，各矿斜坡道的规格也相差较大。新城金矿斜坡道断面设计是根据《安全规程》的有关规定，参照国内外有关矿山斜坡道经验设计。在确定斜坡道断面时，以经常在斜坡道内运行的坑内卡车、人车、材料车和铲运机为主要依据，其他设备因运行频率低，以其能够安全通过为标准对断面进行校核，见图5-7。

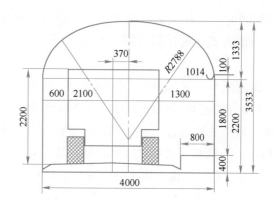

图5-7　斜坡道断面图

5.6.5.2 斜坡道坡度

新城金矿为辅助斜坡道，根据无轨设备的性能及规格要求，确定斜坡道直线段坡度为17%，错车段、弯道及斜坡道与中段交叉处为5%，斜坡道的平均坡度为14.1%。

5.6.5.3 斜坡道弯道

斜坡道弯道设计需根据无轨设备的技术规格、运行频率、行车速度及路面结构质量确定。

弯道半径：

$$R = \frac{v^2}{127(\mu + i)} = 13.6\mathrm{m}，\text{选取} R = 15\mathrm{m}$$

式中　　v ——行车速度，km/h；

　　　　i ——道路横向坡度；

　　　　μ ——横向推力系数。

设计选取弯道超高横坡为5%，弯道加宽值为400mm，直线段与弯道间设缓和段4m。

5.6.5.4 斜坡道路面

新城金矿斜坡道路面原设计采用混凝土路面。但由于混凝土用量较大，造价高、施工期长，路面施工与生产相互矛盾，故将混凝土路面改为级配碎石路面（见图5-8）。通过使用来看，只要加强路面的管理与维护，使用效果良好。

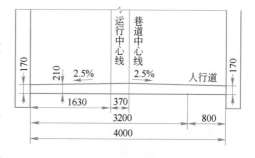

图5-8　碎石路面图

（技术要求：1—面层厚30~70mm，粒度20~40mm；
2—基层厚140mm，粒度40~60mm和60~80mm）

5.7　斜坡道施工

某矿采用斜坡道开拓，斜坡道净断面尺寸为 4.1m×4.2m（宽×高），净断面面积 S 为 16.05m²，采用凿岩台车凿岩，全断面一次开挖光面爆破成巷，铲运机配地下自卸汽车的出渣方式。利用斜坡道错车硐室或各分层联络道口、中段穿脉口作为会车及装车硐室。

凿岩机具：采用 Atlas Boomer 282 掘进凿岩台车为凿岩机具。所配凿岩机型号为 cop1838，推进梁为 BMH2843，钻孔深度 3700~3900mm，循环进尺 3.5m，周边孔光面爆破。钎头主要采用"一"字形，但在裂隙较为发育地段改用"十"字形或者"Y"字形钎头，钻杆规格 R32-H35-R38，最小孔径 45mm。

测量工作：在凿岩作业前检查巷道中腰线，准确绘出开挖断面的中线和轮廓线，标出炮孔位置，误差不得超过 5cm。在直线段，可用激光准直仪控制开挖方向和开挖轮廓线，并检查上一炮爆破效果，如果上一炮有超欠挖，根据实际情况适当调整炮孔位置、增减炮孔数量和调整部分炮孔角度，在欠挖处标定出补孔位置，处理欠挖。光爆孔和底孔布置在巷道轮廓线上。

炮孔布置：采用 105mm 大直径空孔角柱形掏槽，掏槽孔间距：掏槽孔排距与间距为 700mm，掏槽空孔排距与间距均为 225mm，掏槽孔数 9 个，其中 105mm 空孔 4 个；掏槽孔孔深 3.9m。

辅助孔 18 个，周边孔 21 个，底孔 7 个，角孔 2 个，辅助孔间距：孔距 600~800mm；排距 600~800mm；周边孔间距控制在 400~600mm 范围内，距前排辅助孔距离 500~800mm；掏槽孔较其他孔深 200mm，具体见炮孔布置图 5-9。

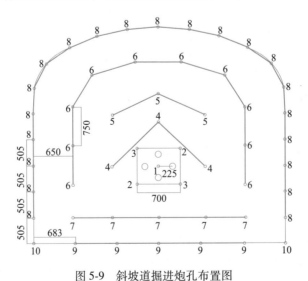

图 5-9　斜坡道掘进炮孔布置图

凿岩工作：采用掘进台车凿岩时，台车与斜坡道轴线要保持平行。台车就位后按炮孔布置图正确钻孔，特别是钻凿周边孔，台车下面有专人指挥，以确保周边孔有准确的外插角（眼深小于 3m 时，外插角小于 3°；眼深小于 5m 时，外插角小于 2°），使两茬炮交界处台阶小于 15cm，同时，应根据孔口位置岩石的凹凸程度调整炮孔深度，以保证炮孔底在同一平面上。

凿岩顺序一般为：底孔→掏槽孔→辅助孔→光爆孔。底孔打好后，空口插入胶管，以防止碎石进入。

光爆孔爆破参数的确定：

根据 $E = (10 \sim 20) d$，$E/W = 0.8 \sim 1$，取光爆孔间距 $E = 505$mm，光爆孔与内圈孔间距 $W = 650$mm。

光爆孔采用分段不耦合装药，药卷直径 $\phi32$mm。

根据工程类比法，初步确定光面爆破参数见表 5-9。

表 5-9　光面爆破参数

岩性	孔径 D /mm	间距 E /cm	抵抗线 W /cm	密集系数 E/W	药卷直径 /mm	不耦合系数 (D/d)	线性装药量 /g
软岩	$\phi45$	40~55	50~65	0.8~0.85	$\phi32$	1.4	150
硬岩	$\phi45$	45~65	60~80	0.75~0.8	$\phi32$	1.4	250

炮孔装药量：掏槽孔 3.4kg；辅助孔 2.6kg；周边孔 0.8kg。

爆破说明表见表 5-10~表 5-12。

表 5-10　爆破原始条件

序号	名称	单位	数量
1	掘进断面	m²	16.05
2	岩石坚固性系数		$f = 3 \sim 8$
3	炮孔深度	m	3.7~3.9
4	炮孔数目	个	58
5	工作面涌水量	m³/h	<5

表 5-11　炮孔排列及装药量

炮孔名称	序号	数量/个	炮孔长度/m		倾角		装药量		雷管数 /个	爆破顺序	连线方式
			米/孔	小计/米	水平	垂直	卷/孔	小计/卷			
空心孔	0	4	3.9	15.6							
掏槽孔	1	1	3.9	3.9	0	0	17	17	2	1	
掏槽孔	2	2	3.9	7.8	0	0	17	34	2	2	并串联
掏槽孔	3	2	3.9	7.8	0	0	17	34	2	3	
辅助掏槽孔	4	3	3.7	11.1	0	0	15	45	3	4	

炮孔排列及装药量											
炮孔名称	序号	数量/个	炮孔长度/m		倾角		装药量		雷管数/个	爆破顺序	连线方式
			米/孔	小计/米	水平	垂直	卷/孔	小计/卷			
辅助孔	5	3	3.7	9.3	0	0	13	39	3	5	并串联
	6	10	3.7	37			13	130	10	6	
	7	5	3.7	18.5			13	65	5	7	
周边孔	8	21	3.7	77.7	0	0	4	84	21	8	
底孔	9	5	3.7	18.5			15	75	5	9	
角孔	10	2	3.9	7.8	0		17	34	2	10	
合计		58		216.8				557	55		

表 5-12 预期爆破效果

序号	名称	单位	数量	序号	名称	单位	数量
1	炮孔利用率	%	95	7	每循环炮孔总长度	m	216.8
2	每循环工作进尺	m	3.5	8	单位原岩炮孔消耗量	m/m³	3.86
3	循环爆破实体岩石量	m³	56.18	9	每米巷道炮孔消耗量	m/m	61.94
4	每循环炸药消耗量	kg	111.4	10	每循环雷管消耗量	个	60
5	单位原岩炸药消耗量	kg/m³	1.98	11	单位原岩雷管消耗量	个/m³	1.07
6	每米巷道炸药消耗量	kg/m	31.83	12	每米巷道雷管消耗量	个/m	17.14

装药结构：掏槽孔、辅助孔采用连续不耦合装药，光爆孔采用分段间隔不耦合装药，孔口用炮泥堵塞，具体见图 5-10。

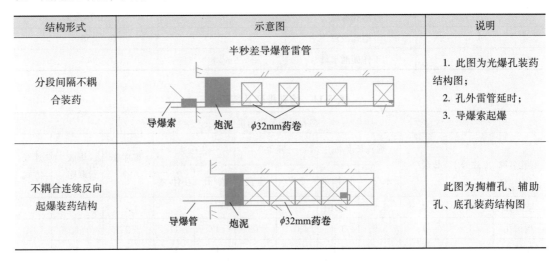

结构形式	示意图	说明
分段间隔不耦合装药	半秒差导爆管雷管 导爆索 炮泥 φ32mm药卷	1. 此图为光爆孔装药结构图； 2. 孔外雷管延时； 3. 导爆索起爆
不耦合连续反向起爆装药结构	导爆管 炮泥 φ32mm药卷	此图为掏槽孔、辅助孔、底孔装药结构图

图 5-10 装药结构图

起爆器材选用导爆管电起爆器，非电塑料导爆管起爆系统，掌子面雷管采用束状绑接的连接方式。起爆顺序：先掏槽孔，后辅助孔，再周边孔，最后起爆底板孔。

起爆网路为复式网路，以保证起爆的可靠性和准确性。

斜坡道掘支循环图表见图 5-11。

序号	工序名称	时间/h	工时/h											
			1	2	3	4	5	6	7	8	9	10	11	12
1	施工准备	0.5												
2	台车凿岩	2.5												
3	装药连线	2.0												
4	爆破通风	0.5												
5	安全检查	0.5												
6	排矸	2.5												
7	撬毛	0.5												
8	锚网支护	2.5												
9	清底	0.5												
10	合计	12												

图 5-11 斜坡道掘支循环图表

通风系统：采用压入式供风系统。按同时工作的人数计算，排尘最小平均风速在工作面不得低于 0.15m/min，沿巷道不得低于 0.25~0.6m/min。按冲淡有害气体的需要计算，使其达到规定以下的浓度（CO 的允许浓度应控制在 0.2% 以下）。炮烟吹净后要将风筒及时接到工作面，使风筒末端与工作面距离不超过 10m。

排矸：掘进出碴选用 3m³ 柴油铲运机铲装碴，采用 20t 地下自卸汽车承运。每次载 3~4 铲斗。20t 井下自卸汽车斗容为 8.8m³，随着掘进的距离增加，出碴时间越来越长，但是出碴平均时间约为 3.5h。根据工程结构特点和现场条件以及铲运机的行车速度和铲装时间，合理安排。结合各分段及中段联络道位置，考虑在斜坡道内间隔 100m 左右巷道西侧布置一调车装载硐室，作为调车空间和转载空间。排渣场配 Z50CN 装载机配合铲推。

支护工作：喷混凝土支护的混凝土强度为 C25，配合比根据提供的砂、石料、水泥取样送检试验确定施工配合比；水泥采用 42.5R 级普通硅酸盐水泥，砂子采用中粗砂，石子采用粒径为 5~15mm 碎石。要求其一次喷混凝土厚度不小于 50mm，下一层的喷射作业应在前一层混凝土达到终凝后进行，若间隔时间较长，原混凝土面干燥或有尘土，应先喷水湿润、清洗混凝土表面，以保证混凝土层间良好黏结。混凝土喷完后 2~4h 内，即应喷水养护，使混凝土表面湿润状态，养护时间不小于 14 昼夜。

　　锚网支护：锚网支护时，锚杆采用直径 47mm 镀锌管缝锚杆，长度 2.0m，锚杆采取梅花形布置，网度为 1.2m×1.2m，托盘规格 250m×250mm；金属杆网片采用镀锌金属网片，网片钢筋直径 6mm，网度 100mm×100mm；网片搭接时，搭接宽度为 200mm，每两个掘进循环交接处使用直径 40mm、长 0.9m 镀锌管缝锚杆打入搭接处 2.0m 长锚杆内，安装托盘，托盘规格 200mm×200mm。注意事项：钻孔应垂直于节理面，锚杆轴线应与主结构面或滑移面成较大角度相交。

　　锚杆施工选用 Atlas Boltec 235 锚杆台车钻孔及锚杆和挂网。锚杆台车施工工艺：施工准备→测量布孔→网片安装→钻孔清孔及检查→锚杆锚固→锚固力检查。

习　　题

5-1　斜坡道定义是什么，其按使用性质可分为哪几类？

5-2　斜坡道应用条件及特点分别是什么？

5-3　斜坡道线路形式及特点分别是什么？

5-4　简述斜坡道断面尺寸计算步骤。

5-5　斜坡道坡度如何选择？

6 天井设计与施工

本章课件

本章提要

天井是金属矿床基建、采准、生产探矿和放矿的重要工程。本章介绍了天井的基本概念、天井断面形状与尺寸确定、溜井概念及其基本类型、溜井适用条件和天井掘进方法及其特点。

天井是矿山井下联系上下两个中段的垂直或倾斜巷道，主要用于下放矿石或废石及人行、切割、通风、充填、探矿、运送材料、工具和设备等，按其用途分别称为通风天井、人行天井、充填天井、切割天井、溜井（溜放矿石天井的简称）等。有时同一个天井可兼作几种用途。

天（溜）井工程是金属矿山基建、采准、生产探矿和放矿的重要工程之一。天井工程量约占矿山井巷工程总量的 10%~15%，占采准、切割工程量的 40%~50%。通常许多矿山每年都要掘进几百米至上万米的天井。因此，加快天井施工速度，对保证新建矿山早日投产和生产矿山三级矿量平衡，实现持续稳产、高产具有十分重要的意义。

6.1 天井断面形状与尺寸确定

6.1.1 天井断面形状选择

垂直天井的断面形状有圆形和矩形。由于圆形断面利用率高、受力情况好、矿石对溜井磨损比较均匀等特点，应用比较广泛。斜天井的断面有拱形、矩形、方形、梯形和圆形。由于拱形和矩形断面施工比较方便，一般多采用这两种形式。由于采区回采时间都较短，所以一般天井的服务年限比较短（主要通风天井及主溜井除外），又因多数金属矿山围岩稳固性较好，一般不用支护或仅局部采取支护，或采用喷射混凝土支护。

6.1.2 天井断面尺寸确定

6.1.2.1 人行天井

人行天井需设置人员通行的梯子及平台，并常兼设风水管路、电缆等，梯子间设置按《安全规程》规定，与竖井梯子间要求一样。通常梯子间断面尺寸不小于 700mm×600mm，其他参数详见《安全规程》。

6.1.2.2 通风天井

通风天井是用于进风或回风的天井，其断面尺寸可按采区生产中提出的风量要求及该井允许的风速来确定：

$$S_{\min} \geqslant \frac{Q}{Kv_{允}} \tag{6-1}$$

式中　$S_{\min}$——天井的最小断面尺寸，m^2；

　　　Q——通过天井的风量，m^3/s；

　　　K——增加装备后天井净断面的折减系数，$K=0.6\sim1$；

　　　$v_{允}$——《安全规程》规定允许的最大风速为 $6m/s$；但最小风速不得低于 $0.15m/s$。

6.1.2.3　溜井

A　溜井分类

溜放矿石天井简称溜井，是集中出矿的天井，一般用于平硐开拓及用箕斗提升矿岩的矿山。当采用平硐溜井开拓时，它是向主平硐溜放矿石的主要通道；当采用竖井开拓时，它是向主井箕斗溜放矿石的主要通道。溜井放矿，具有节省转运设备、不用提升、生产管理方便、生产能力大、动力和材料消耗少等优点。尤其在高山地区采矿，采用溜井下放矿石更为理想。然而，采用溜井放矿，要求溜井能在它所规定的服务期内，保证正常、连续生产。从设计开始就要选好溜井的合理位置，特别是大、中型矿山主溜井位置。否则会带来许多问题，甚至造成溜井报废。

按溜井的外形特征与溜矿设施，国内矿山常用的溜井分为以下几类：

（1）垂直溜井（图6-1）。这种溜井具有结构简单，不易堵塞，使用方便，开掘比较容易等优点，一般多用于单阶段出矿的大型矿山。但这种溜井，放矿冲击力大，矿石易粉碎，对井壁冲击磨损较大。因此，使用这种溜井时，要求岩石坚硬、稳固、整体性好，矿石坚硬不易粉碎。

（2）倾斜溜井（图6-2）。这种溜井长度较大，从上到下呈倾斜状，可缓和矿石滚动速度，减小对溜井底部的冲击力。要求矿石坚硬不结块，也不易发生堵塞现象。但是倾斜溜井中的矿石对溜井底板、两帮和溜井贮矿段顶板、两帮冲击磨损较严重，为了有利于放矿，溜井倾角应大于60°。

（3）垂直分枝溜井（图6-3）。它可以多阶段放矿，但分枝处不稳固，分枝对侧磨损严重；当分枝较多时，控制各阶段的出矿量困难，易造成某一阶段出矿过多，使贮矿段矿满，造成另一个阶段无法出矿；当下阶段放矿时，矿尘对各有关阶段均有影响。

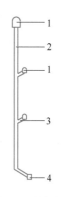 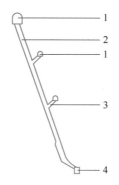 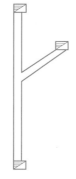

溜井格筛
及破碎锤

图 6-1　垂直溜井　　　　图 6-2　倾斜溜井　　　　图 6-3　垂直
　　　　　　　　　　　　　　　　　　　　　　　　　　　分枝溜井
1—卸矿硐室；2—主溜井；　　1—卸矿硐室；2—主溜井；
3—斜溜道；4—放矿闸门硐室　3—斜溜道；4—放矿闸门硐室

（4）分段控制式溜井（图 6-4）。这种溜井上口处易磨损，堵塞情况比垂直溜井多，闸门较多，工程量较大，管理复杂。但由于分段控制，可以减少落差，可减轻溜井中、下部磨损，易于控制各阶段出矿。

（5）阶梯式直溜井（图 6-5）。由于这种溜井上口多，磨损次数多，堵塞次数亦多，矿石需要中间转运，故使用较少。仅用于地质情况较复杂的矿山（用以避开不稳定岩石）或用于缓倾斜矿床中，如我国凡口铅锌矿为避开岩溶地段而采用这种溜井。

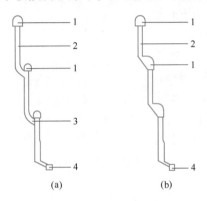

图 6-4 分段控制式溜井

（a）瀑布式溜井；（b）接力式溜井
1—卸矿硐室；2—主溜井；3—斜溜道；
4—放矿闸门硐室

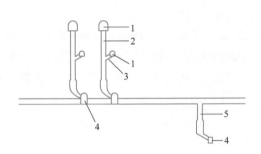

图 6-5 阶梯式直溜井

1—卸矿硐室；2—第一段溜井；3—斜溜道；
4—放矿闸门硐室；5—转运溜井

B 溜井设计

a 溜井生产能力

溜井生产能力是设计和生产时的一个主要指标，它决定溜井条数及其布置形式。溜井生产能力取决于溜井井口卸矿能力、溜井通过能力、溜口放矿能力和溜井底部给（运）矿设备的给（运）矿能力。上述各种能力的最小值，就是溜井的生产能力。通常卸矿能力取决于上部水平运输能力。设计时要求卸矿能力大于放矿能力。通常溜井生产能力很大，正常情况下溜井生产能力可达 3000~5000t/d。

b 溜井位置选择

当采用箕斗提升时，溜井放在箕斗井的一侧。

当采用平硐溜井开拓方案需选择溜井位置时应注意以下问题：

（1）从地质条件来看，溜井应布置在岩层坚硬、稳固，无断层、无破碎带的位置。

（2）从运输条件来看，上、下阶段是运输距离最短，且无反向运输。井下开拓工程量小，施工方便，安全可靠。

（3）溜井一般应布置在矿体下盘围岩中，以免留保安矿柱对生产造成影响。围岩破碎而矿体稳固时，则可布置在矿体内，有时可利用采区天井放矿。

（4）从通风角度来看，溜井应尽量避免设计在主要运输巷道内。一则对主要运输巷道干扰少，二则可保证主运输巷道的卫生条件。

c 溜井结构参数

合理的溜井结构参数是保证溜井正常生产的关键，它应是在溜井贮矿条件下不堵塞、不片帮、不塌方，而且能够控制井壁磨损，保证在服务年限内正常放矿。

图 6-6 所示为溜井的结构，包括卸矿硐室、卸矿口、溜井井筒、贮矿仓、溜口（放矿闸门）、中间阶段卸矿硐室、斜溜道、检查天井和检查平巷等。溜井断面有多种，垂直溜井的断面有圆形、方形及矩形等，斜溜井断面有拱形、梯形、矩形、圆形等。溜井断面尺寸主要取决于溜放矿石的最大块度、矿石的黏结性、湿度及含粉矿量等因素。溜井断面尺寸（或最小边长）D=通过系数 n×最大块度 d，一般取 n=5~8 为宜。溜井长度根据地质条件、矿床赋存条件、矿岩物理力学性质、开掘方法和开拓运输系统等确定。目前，国内斜溜井长一般在 100~250m，个别矿山达 350m。国外直溜井最大深度超过 600m。倾斜式溜井的溜矿段倾角应大于矿石自然安息角，一般应大于 55°，贮矿段应不小于 65°~75°。溜井的分枝斜溜井，溜井底板倾角大于矿石的自然安息角。溜井上口为卸矿口，在卸矿口装

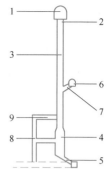

图 6-6　溜井的结构
1—卸矿硐室；2—卸矿口；
3—溜井井筒；4—贮矿仓；5—溜口；
6—中间阶段卸矿硐室；7—斜溜道；
8—检查天井；9—检查平巷

设格筛，格筛网格大小按允许落入溜井的最大块度而定。格筛安装倾角一般为 15°~20°。

d　适用条件

能满足下述几方面的要求，即可选用溜井：

（1）溜井所穿过岩层的工程地质和水文地质条件都比较简单，中等坚固以上，同时应尽量避开断层、破碎带、节理发育地带、溶洞及含水岩层。但上述条件要同时都能满足比较困难。实践证明，只要开凿溜井时，井壁稳定，不片帮掉块，能保证安全施工，生产过程中采用贮矿措施，能维持溜井正常生产。

（2）溜放矿石的黏结性要小。若溜放的矿石易于黏结，溜井（槽）应采取降黏措施。溜井中的矿石一般含泥、含粉矿率高，在水的作用下再加矿石自重的压实，随时间的延续，溜井中的矿石之间产生很大的黏着力，从而对放矿造成很大的困难。按我国的实践经验，将矿石黏着力与放矿的关系分为 5 类（表 6-1）。黏着力大小与矿石性质、块度、湿度、粉矿含量及生产管理条件等有关，设计时要综合考虑这些因素。

表 6-1　矿石黏着力与放矿情况的关系

类　型	黏结性	黏着力 C /t·m^{-2}	放矿情况	
			在溜井中	在溜井出口
I	很　黏	>2.0	很不好	很不好
II	黏	1.0~2.0	不　好	很不好
III	比较黏	0.6~1.0	较　好	不　好
IV	黏性较小	0.2~0.6	较　好	较　好
V	不　黏	<0.2	好	好

（3）溜放矿石时，对矿石有块度要求，不能将溜井放空而必须贮存一段矿石，以减少粉矿产生。

（4）硅石矿不宜采用溜井放矿。

6.2　天井掘进方法

天井掘进方法有：普通法、吊罐法、爬罐法、深孔爆破法和钻进法。每种掘进方法都有一定的适用条件和优缺点（表 6-2），施工时应根据具体情况选择。

表 6-2　天井掘进方法及其适用范围

方　法	适　用　条　件						特　点
	断面规格	形状	倾斜	高度	岩性	其他	
吊罐法	1.5m×1.5m ~2m×2m	圆形 矩形	>80°	30~100 m，取决于绳孔的精确度	必要时可支护，中硬以上岩石均可，个别软岩中也可以应用	天井上下中段都要有通道	(1) 天井中心孔有助于提高爆破效率，有利于通风； (2) 速度快，工效高
爬罐法	1.2m×1.5m ~2.3m×2.3m 或更大	圆形 矩形	45°~90° 及各种弯度	50~200 m，电动爬罐和柴油爬罐可用于小于1000m的天井	中硬以上的岩石，能使导轨可靠地固定于顶板边	可开凿盲天井及其他类型的天井	(1) 适用于掘进高天井； (2) 可开凿盲天井； (3) 速度快； (4) 掘进前的准备工程量大； (5) 投资大
深孔爆破法	一般不受限制，最小断面为0.6m²	各种形状	60°以上为宜	一般以30m以内的天井为宜	各种岩石均可应用，裂隙水不宜大，岩石最好为均质的	天井上下部分都有通道	(1) 所需设备少； (2) 作业安全，成本低； (3) 要求深孔的精度高； (4) 人员一般不进入工作面作业
钻进法	直径一般0.9~2.4m，最大为3.6m	圆形	0°~90°	30~50m	各种岩石均可	天井上下中段都要有通道	(1) 井壁不超挖，光滑，井壁的通风阻力小； (2) 井壁较稳定； (3) 作业安全，劳动强度小； (4) 掘进速度快，工效高； (5) 投资和成本较高

天井一般是自下而上（除钻进法、深孔爆破法外）掘进。天井施工特点为：井内作业时，施工断面狭小、操作不便；高空作业时，受炮烟、落石、淋水和粉尘威胁，安全性较差，通风困难。针对这些特点，天井施工必须详细计划，采取必要措施，确保安全施工。

6.2.1　普通法掘进

普通法掘进天井是传统的掘进天井方法。为了免除繁重的装岩工作和排水工作，采用普通法掘进天井时，都是自下而上进行掘进。它不受岩石条件和天井倾角的限制，只要天井的高度不太大都可使用。天井划分为两个格间，其中一间供人员上下的梯子间，另一间专供积存爆下的岩石用的废石间，其下部装有漏斗闸门，以便装车（图6-7）。

6.2.1.1　普通法掘进天井的工艺

A　漏斗口的掘进

掘进天井时，首先根据所给的漏斗口底板标高和天井中心线，以50°左右的倾角向上掘 1~2

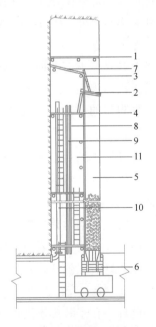

图 6-7　普通法掘进天井示意图
1—工作台；2—临时平台；
3—短梯；4—工具台；5—岩石间；
6—漏斗口；7—安全棚（与水平面的夹角约为30°）；8—水管；9—风管；
10—风筒；11—梯子间

茬炮，形成架设漏斗口所需的坡度，然后按设计的倾角继续向上掘进，直至掘进到架设漏斗后能容纳一茬炮的岩渣高度为止。在此期间爆下的岩石，直接落入平巷，用装岩机装岩。之后，架设漏斗口、岩石间和梯子间。

B　凿岩工作台的架设

当漏斗口掘进完毕并安装好漏斗与梯子间、安全棚等之后，在继续向上掘进之前，必须首先在安全棚之上距工作面 2.0~2.2m 处搭设凿岩工作台。凿岩、装药、连线都在此台上进行。

凿岩工作台一般由三根直径在 12~13cm 的圆木横撑撑在天井顶底板之间，并在其上铺以厚度4~5cm 的木板所构成。

架设横撑时应先在井壁上凿好梁窝，并以木楔楔紧横撑的一端，以防横撑移动。

凿岩工作台在垂直或倾角不小于 80°的天井中呈水平位置。当天井倾角小于 80°时，为便于钻孔，工作台与水平面成 3°~7°的倾角。

放炮时，必须将工作台上的木板拆除，以便放炮后岩石落入岩石间，并保证木板不致损坏，以便重复使用。

C　凿岩爆破工作

凿岩工作台架设好之后，即可开始凿岩工作。凿岩设备选用 YSP-45 上向式凿岩机。

由于天井横断面不大，为便于凿岩和加深炮孔，广泛采用直孔掏槽。掏槽孔与空孔之间距离视岩石硬度、空孔数目与起爆顺序等而定。掏槽孔的位置以布置在岩石间上方为宜，这样可减弱对安全棚及梯子间的冲击。其他炮孔布置原则基本上与平巷相同。炮孔深度一般在 1.4~1.8m。常用非电起爆系统起爆。

D　通风工作

由于天井是自下而上掘进，爆破后产生的有害气体比空气轻，一般积聚在上部工作面附近不易排出。为加速工作面的有害气体的排放，通常采用压入式通风。通风机大多安装在天井下部附近的平巷内。风筒应随着安全棚往上移动，及时地接上去。

E　支护工作

当有害气体排除后，即可进行支护工作。首先检查工作面的安全情况，清理浮石，修理被打坏的横撑等，然后开始支护工作。在不架设安全棚的情况下，支护主要任务是在距离工作面 2m 左右的位置，架设凿岩工作台。当工作面向上推进 6~8m 时，则安全棚需要向上移动一次。移动时首先拆除旧安全棚，然后在上面架设新安全棚。安全棚由圆木横撑上铺木板而成，并使其向岩石间倾斜。安全棚的宽度以能遮盖梯子间为准。

安全棚架好后，就开始自下而上安装梯子平台和梯子。梯子平台间距根据实际情况确定，一般为 3~4m。安全棚下第一个梯子平台往往兼作放置凿岩机、风水管等之用，称为工具台。此外，在安装梯子间的同时，需将岩石间的隔板钉好。

F　出渣工作

出渣是利用漏斗装车。为了安全起见，应严禁人员正对漏斗闸门操作，避免岩流冲下飞出矿车后发生事故。同时为保护岩石间隔板和横撑不被打坏，岩石间中应经常贮有岩石，严禁放空。一般要求每次放出的岩石所腾出的空间以能容纳一次爆下的岩渣为准。

G　工作组织

普通法掘进天井，由于支护与通风所占的时间较长，一般两班一循环或三班一循环。为加快天井掘进速度，缩短采准工作时间，有些矿山采用了多工作面作业法，即凿岩爆破和支护工作同时在不同的两条相距不远的天井中作业。

6.2.1.2　普通法掘进天井的适用条件

采用普通法掘进天井，每个循环都要搭、拆工作台，都要搬运设备和器材，每隔几个循环又要搭、拆安全棚，延长管线，装备梯子间和岩石间，因此速度慢、工效低、通风差、木材消耗大、工人劳动强度大、安全事故多，所以正逐步被其他方法取代。就目前施工现状而言，在下述条件下，普通法仍占有一定地位：

（1）不适宜用吊罐法、爬罐法掘进的短天井、盲天井。

（2）在软岩和节理裂隙发育的岩层中，需要随掘随支的天井。

（3）倾角常变的沿脉探矿天井。

（4）掘进天井时，其下部有一段特殊形状的井筒，不宜采用其他方法施工时，仍可采用普通法掘进。

6.2.2　吊罐法掘进

吊罐法掘进天井的实质就是在天井全高沿天井中心线先钻一个直径为 100~150mm 的大孔，在天井上水平安装绞车，绞车的钢绳沿中心孔下放，钢绳的下端吊挂一个吊罐，它的上下用绞车来升降。人员、机具的上下以及工作面上的凿岩、装药、堵塞、连线都在吊罐上完成。只有在人员、吊罐下到天井并进入安全地段，钢绳提到中心孔上部，才能使工作面上的炮孔起爆，崩下的岩块都集中到天井下水平底部，待通风将炮烟排出后，再将崩落到下水平底部岩渣运出，此后再进行下一个循环作业。

吊罐法掘进天井如图6-8所示。它的特点是：用一个可以升降的吊罐代替普通法的凿岩平台，兼作提升人员、设备、工具和爆破器材的容器，简化了施工工序，操作方便，效率较高。

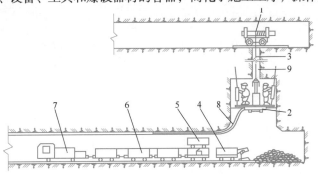

图 6-8　吊罐法掘进天井

1—游动绞车；2—吊罐；3—钢丝绳；4—装岩机；5—斗式转载车；

6—矿车；7—电机车；8—风水管；9—中心孔

6.2.2.1　吊罐法掘进天井所用的设备

吊罐法掘进天井的主要设备有吊罐（直式或斜式）、提升绞车、深孔钻机、凿岩机、信号联系装置、局部扇风机、装岩机和电机车等。为了缩短出渣时间，也可使用转载设备。

A 吊罐

吊罐是吊罐法掘进天井的主要设备。按控制方式有普通吊罐和自控吊罐，按适用的天井倾角有直吊罐和斜吊罐，按结构分有笼式吊罐和折叠式吊罐，按吊罐层数分有单层吊罐和双层吊罐，按下部行走机构分有轨轮式吊罐和雪橇式吊罐。下面介绍几种常用的吊罐。

a 华-1 型直吊罐

华-1 型直吊罐的结构如图 6-9 所示。它由折叠平台、伸缩支架、保护盖板、风动横撑、稳定钢绳、行走车轮、吊架和风水系统（本图未示出）等组成。它的主要技术参数如下：

吊罐自重	400kg
行走车轮轴距	320mm
轨距	600mm
风动横撑数量	4 件
压力	1820N/件
风压	0.45~0.55MPa
外形尺寸	
展开时最大外形尺寸	1700mm×1400mm×2100mm
折叠时最小外形尺寸	900mm×900mm×1250mm

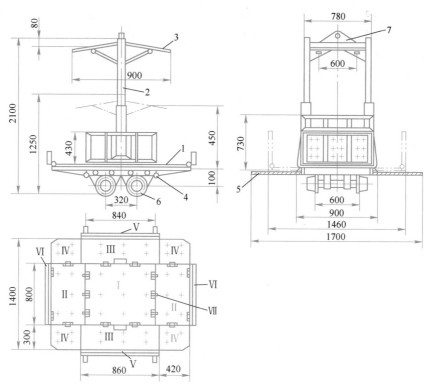

图 6-9 华-1 型直吊罐结构示意图

1—折叠平台；2—伸缩支架；3—保护盖板；4—风动横撑；5—稳定钢绳；6—行走车轮；7—吊架

（1）折叠平台。它由角钢和铁皮焊接而成，有底座Ⅰ，折页Ⅱ、Ⅲ、Ⅳ及挡架Ⅴ、Ⅵ等共计 13 块通过折页Ⅶ连接而成。由于折页和挡架均能折叠，所以称为折叠平台。吊罐在升降之前必须将全部折页收回，形成 900mm×900mm×730mm 的升降容器（不包括保护盖板），以便人员、材料、工具、设备的升降。当吊罐提到工作面后，可把折页铺开，形成 1400mm×1700mm 的工作平台，工人可站在平面上进行钻孔、装药等工作。为了提升爆破器材，吊罐内还专门设有炸药箱。

（2）伸缩支架。伸缩支架是用两条可以伸缩的立柱与吊架焊接而成。立柱采用 100mm×50mm×4.8mm 和 120mm×60mm×5mm 两种槽钢套接，两个立柱上分别设有定位孔和销钉，销钉直径为 18mm，以便调整伸缩架的高度。当吊罐升降和作业时，必须将立柱伸到合适位置，插上销钉，便于人员站立和作业，当吊罐需要搬运时，将立柱高度降到最低，便于吊罐在巷道中运行。

（3）保护盖板。它是用来防止工作面上浮石下落的安全保护装置，是用两块 770mm×400mm×5mm 的钢板通过铰链与吊架联结，盖板靠两个长 185mm、直径 27mm 内装缓冲弹簧的支撑支于吊架两侧。吊罐升降过程中，支起盖板防避落石，以保护罐内人员。当吊罐到达工作面，经处理浮石后，再放下盖板，以便进行作业。

（4）风动横撑。风动横撑是吊罐作业时为防止其摆动而设置的稳定装置，每个罐设有 4 个，方向对置，平行安装在平台底座下。工作时，打开进气阀门，4 个横撑将分别支在井壁上，这样不仅可以使平台稳定，而且可以减轻提升钢丝绳的负荷。当吊罐运行时，必须将横撑缩回。

（5）稳定钢丝绳。在吊罐底座的四个角上对称地安装四条各长 600mm，直径 28mm 的钢丝绳。吊罐升降时，这些钢丝绳分别接触岩壁并沿井壁滑行，这样可以防止吊罐的扭转或摆动。

（6）行走车轮。吊罐底座上装有两对直径 150mm、轨距 600mm、轴距 320mm 的车轮，以保证吊罐在轨道上运行。

华-1 型直吊罐结构简单，容易制造，体积小，重量轻，坚固耐用，搬运方便。但乘罐人员不能在吊罐上操纵吊罐的升降和停留。它适用于断面为 1.5m×1.8m~2.0m×2.0m，倾角大于 85°的天井。

b 华-2 型斜吊罐

这种吊罐是掘进斜天井的（图 6-10）。

罐体是主体，它与华-1 型直吊罐大体相同。罐体的伸缩支架，通过插入吊架上定位销孔 a（或 b）内的销轴与吊罐铰接，使工作台在任意倾角的天井内保持水平，以便人员工作。吊架下部有两对车轮，当绞车牵引钢丝绳往上提升时，可以沿天井底板滚动，这样可以减少吊罐与岩帮的碰撞、摩擦，便于吊罐上下稳定运行。

B 提升绞车

提升绞车是吊罐法掘进天井中的配套主要设备之一。在吊罐法掘进中，我国使用的提升绞车有两种：一种是固定式绞车，一种是游动绞车。前一种实际上就是一般通用的慢速电动绞车，它的提升能力大，但与游动绞车比较，安装复杂，搬运不方便，要求绞车硐室大，故除与大吊罐配套外，一般矿山多使用游动绞车。

游动绞车的特点是，绞车本身装有两对行走车轮。吊罐升降时，绞车是不固定的，它

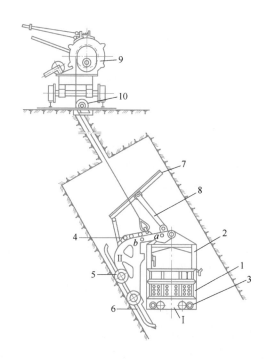

图 6-10　华-2 型斜吊罐结构示意图

Ⅰ—罐体；Ⅱ—吊架

1—折叠平台；2—伸缩支架；3—风动横撑；4—悬吊耳环；5—行走车轮；
6—滑动橇板；7—保护盖板；8—支撑；9—游动绞车；10—导向地轮

靠钢丝绳缠绕卷筒时产生的横向推力使绞车在轨道上来回游动，钢丝绳始终对准提升钻孔，并使钢丝绳在卷筒上依次均匀缠绕而不紊乱。此外，这种绞车的重量轻，体积小，搬运方便，便于安装，适用于高度小于 60~85m 的天井，要求的硐室体积小，但提升能力及容绳量小，不适用于高天井及重型吊罐。

　　JYD-3B 型游动绞车是我国金属矿山使用较好的一种悬吊设备，其技术性能见表 6-3。游动绞车由电动机、减速箱、卷筒、制动器和行走机构组成。该绞车停放在绳孔上口的轻便轨道上。

表 6-3　JYD-3B 型游动绞车技术性能

卷　筒			钢丝绳		平均速度 /m·min⁻¹	电动机		外形尺寸 （长×宽×高） /mm×mm×mm	整机重量 /kg
直径 /mm	宽度 /mm	容绳量 /mm	最大静张力 /kN	最大直径 /mm		型号	功率 /kW		
400	450	100	15	17.5	6.67	Y132 M-8	3	1406×1162×1180	1328

　　绞车的提升能力应取提升重量的 1~2 倍。经验证明，如果提升能力不足，吊罐卡帮时经常停罐，频繁启动，容易烧坏电机；如果提升能力过大，一旦过卷，信号失灵，会拉断钢丝绳而出事故，而且提升能力选取过大，也不经济。

　　提升吊罐用的钢丝绳，由于运行中经常与孔壁（岩壁）摩擦及承受动荷载的作用，因此要求钢丝绳耐磨，其安全系数不小于 13。

钢丝绳与吊罐的连接最好采用编织绳套的方法，即将钢丝绳端破股，将它插在主绳内，形成绳套。编织部分的长度不得小于800mm。工作时，将吊罐上吊环中的销轴穿过绳套，用螺栓紧固好，这样既牢靠安全，又易于通过中心孔，已被很多矿山使用。

6.2.2.2　吊罐法掘进天井工艺

A　吊罐法掘进天井前的准备工作

a　开凿上下硐室

吊罐法掘进天井之前，为了安装设备、准备作业地点和放炮时便于吊罐避炮，上中段应开凿提升绞车硐室，下中段应开凿吊罐躲避硐室。

上部硐室尺寸是根据中心孔钻凿的方向，提升绞车的规格尺寸及操作方便而确定的最小尺寸。采用华-1型绞车，同时中心孔又是由上而下钻凿时，应首先满足钻机钻孔的需要，因此硐室规格较大，一般为3.0m×1.5m×4.5m（长×宽×高）；如果采用自下而上钻进中心孔时，上部硐室的规格只要满足绞车工作所需要的空间即可，一般约为3.0m×2.2m×2.0m。如果上中段联络天井上部的巷道可以满足绞车工作要求，那就不必开凿绞车硐室。

下部硐室的尺寸主要以便于吊罐的出入和装岩机械的操作方便为原则。如果采用潜孔钻机由下而上钻中心孔，则在天井下部应开凿钻机硐室，其尺寸视选用的钻机和天井倾角而定。

当打倾斜中心孔或垂直中心孔时，硐室尺寸分别为3.0m×2.5m×3.0m和2.5m×2.5m×3.0m。

如果底部采用漏斗装岩，除进行上述准备工作外，还应在下中段开凿人行道、联络道和出渣井，其布置如图6-11所示。

如果是掘进大型主溜井，必须在下中段开凿放矿闸门硐室，以便在硐室内安装装岩用的临时漏斗，以及在硐室内安设板台，作为放炮时吊罐避炮的地方，其布置如图6-12所示。如果中心孔自下向上钻凿，此板台还可用来进行钻孔。

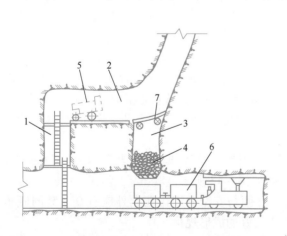

图6-11　吊罐法掘进天井时采用漏斗装岩的底部结构
1—人行井；2—联络道；3—出渣井；4—漏斗；5—吊罐；
6—矿车与电机车；7—钢轨（上下罐用）

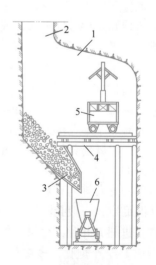

图6-12　吊罐法掘进大型
主溜井的底部结构
1—放矿闸门硐室；2—溜井；3—临时漏斗；
4—板台；5—吊罐；6—矿车

　　b　钻凿天井中心孔

（1）钻孔设备。吊罐中心孔直径一般为 100～130mm，常用的钻孔设备有地质钻机和潜孔钻机。

地质钻机适用于自上而下钻进。其特点是破岩时只有回转而无冲击，因此，钻孔偏斜不大，作业条件好。但钻孔速度慢、工效低［进尺 2～8m/（台·班）］，并需要开凿大硐室。当掘进高天井时，可以采用地质钻机。

潜孔钻机是吊罐法常用的钻孔设备。其特点是钻孔速度快、工效高［中硬岩中，钻速为20～30m/（台·班）］。自下而上钻进时，钻机硐室是天井的一部分，辅助工程量小，节省开凿费用；其缺点是钻孔偏斜较大，因此不适合 60m 以上的高天井使用。

（2）中心孔钻进的偏斜问题。中心孔的质量是吊罐法掘进天井的关键，中心孔偏斜不仅使吊罐升降时容易卡帮碰壁，拖长升降时间，影响安全，而且如果偏斜过大，吊罐无法上下，中心孔就无法使用，因此如何防止钻孔偏斜或将偏斜控制在允许范围内非常重要。为此，除了研制一种效率高、偏斜小的深孔钻机外，还应在生产实践中观察分析中心孔偏斜的原因，找出有效措施，做到及时纠偏，确保钻孔的偏斜率（即偏离中心孔的水平距离与天井长度之比）不超过 0.5%。

　　c　安装绞车和电气信号装置

绞车安装前应将中心孔周围浮石清理干净，并安上保护套管，以防落石堵塞中心孔或水流入工作面。安装时，要求轨道铺平，以利绞车游动。为了防止杂散电流引起早爆事故，绞车硐室内的轨道应与外部轨道断开。

信号联系是保证吊罐法安全施工的重要措施之一，必须做到信号明确、畅通、联系可靠。目前我国普遍采用电铃、电话、灯光等几套设施相结合的信号联系方法。有的矿山还在吊罐上安设电控信号箱，采用电控、电铃、电话相结合的方法，使罐上人员不仅可以直接与上、下中段联系，而且当信号失灵，吊罐发生卡帮或过卷时，还可以直接通知吊罐上、下或停车。

信号线路是通过邻近天井或钻孔进行敷设的。电铃、电话应分别设专线。安装后要进行检查。

　　B　掘进工作

　　a　凿岩工作

一台吊罐一般配两台 YSP-45 型凿岩机同时凿岩，有利于吊罐受力平衡，保持稳定。中心孔还有利于炮孔排列和提高爆破效果，但处理不好会造成中心孔堵塞，影响掘进的正常进行。所以既要获得好的爆破效果，又要防止中心孔堵塞，是天井工作面炮孔排列时要充分注意的事项。

常用的炮孔排列有对称直线掏槽、三角柱掏槽、不规则桶形掏槽等，具体尺寸要求视岩石情况而定，一般孔深约 1.7m。炮孔排列如图 6-13 所示。

在掘进斜天井时，为保证吊罐上下运行方便与安全，周边孔向外应有 0°～5°的倾角，底板增加 1～2 个炮孔，多钻孔少装药以获得较好的成形规格。

　　b　起爆方法

我国金属矿山采用的起爆方法为非电导爆管起爆法。

　　c　通风防尘

天井掘进时，通风比较困难。吊罐法的中心孔为解决通风问题创造了一定的条件。各

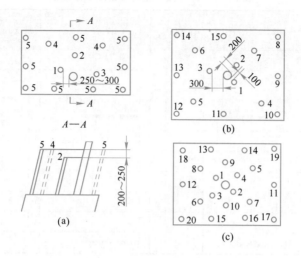

图 6-13　炮孔排列

（a）斜天井螺旋形掏槽；（b）螺旋形掏槽；（c）对称直线掏槽

1~20—起爆顺序

地习惯于采用混合式通风方式，即上中段通过中心孔向下放风、水管，并以高压风、水自上而下吹洗炮烟，同时，在下中段天井附近安设局部通风机，将炮烟抽出。这种方法效果好，大约 10~15min 便可将炮烟全部从天井内排出。

为了减少工作面粉尘，吊罐提至工作面后，可用高压水或喷雾洒水装置将井壁上的粉尘冲洗干净。

d　装岩

装岩一般多与凿岩平行作业。我国金属矿山采用吊罐法掘进天井时，用装岩机装入矿车或转载斗车。有的矿山采用漏斗装车（图 6-11），效率虽高，但只适用于天井下部结构可以作为生产中的人行井和联络道或者在缺乏装岩机的情况。

C　劳动组织与作业方式

根据我国各矿山组织快速施工的经验，用吊罐法掘进天井时，最好成立专门的吊罐掘进队，下设准备小组和掘进小组，统一指挥。每班配备凿岩工 2 人、绞车工 1 人、装岩工 2 人，既分工又合作，并有专人负责信号系统。每一圆班配一名机修工，保证设备正常运转。这样的劳动组织能充分利用工时和设备，大大促进掘进速度的提高。

根据多数矿山的经验，单工作面作业时，每班可完成 2~3 个循环，其循环图表见表 6-4。

6.2.2.3　对吊罐法掘进天井的评价

与普通法掘进天井相比，吊罐法的优点如下：

（1）与普通法相比，吊罐法掘进不搭设工作台、安全棚、梯子平台，不用梯子，材料、设备的上下都不用人工去完成，既节约材料，又减轻劳动强度，改善作业条件。

（2）由于可以利用中心孔进行混合式通风，大大改善通风效果，减少通风所需的时间，杜绝炮烟中毒事故的发生，改善工人的作业环境。

表 6-4 单工作面作业时每班三循环图表

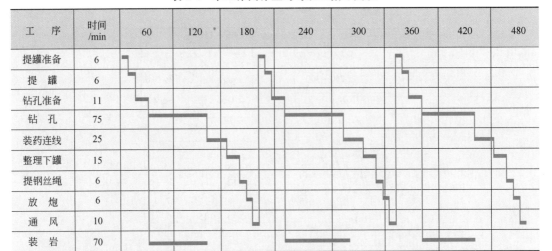

工 序	时间/min	60	120	180	240	300	360	420	480
提罐准备	6								
提 罐	6								
钻孔准备	11								
钻 孔	75								
装药连线	25								
整理下罐	15								
提钢丝绳	6								
放 炮	6								
通 风	10								
装 岩	70								

（3）工序较简单，辅助作业时间短。由于可以利用中心孔进行爆破，故爆破效率高，可有效提高天井的掘进速度，提高工效。采用普通法掘进时，每月进尺只有 20~30m 左右，采用吊罐法掘进天井之后，掘进速度提高 5~10 倍，工效可提高 2.5 倍。

（4）吊罐法所需设备轻便灵活，使用方便，结构简单，制作、维修容易，因而有利于各矿山推广。

（5）这种方法既节约原材料，又提高掘进速度和工效，故使掘进每米天井的成本显著降低。据统计，吊罐法较之普通法可降低成本 10%~15%。

与普通法掘进天井相比，吊罐法的缺点如下：

（1）吊罐法只适用于中硬以上（$f > 8$）的岩石，在松软、破碎的岩层中不宜使用。

（2）天井过高时，钻孔偏斜的值也大，在现有设备条件下不宜掘进太高的天井，一般以 30~60m 为宜。

（3）不适于打盲天井和倾角小于 65° 的斜天井。

（4）在薄矿脉中掘进沿脉天井时，由于中心孔的偏斜，不能确保沿脉掘进，不仅不利于探矿，还可能给采矿带来贫化和损失。

（5）虽然通风条件比普通法有较大改善，但凿岩时同样无法减少工作面的粉尘和泥浆，工人的工作条件仍然不够好。

6.2.3 爬罐法掘进

用爬罐法掘进天井，它的工作台不像吊罐法那样用绞车悬吊，而是和一个驱动机械联结在一起，随驱动机械沿导轨上运行。爬罐法掘进天井如图 6-14 所示。

6.2.3.1 爬罐法掘进天井工艺

掘进前，先在下部掘出设备安装硐室（避炮硐室）。开始先用普通法将天井掘出 3~5m 高度，然后在硐室顶板和天井壁上打锚杆，安装特制的导轨。此导轨可作为爬罐运行的轨道，同时利用它装设风水管向工作面供应高压风和高压水。在导轨上安装爬罐，在硐室内安装软管绞车、电动绞车以及风水分配器和信号联系装置等。上述设备安装调试后，将主爬罐升至工作面，工人即可站在主爬罐的工作台上进行钻孔、装药连线等工作。放炮之前，将主爬罐驱往避炮硐室避炮，放炮后，打开风水阀门，借工作面导轨顶端保护盖板上的喷孔所形成的风水混合物对工作面进行通风。爆下来的岩渣用装岩机装入矿车运走。装岩和钻孔可根据具体情况顺序或平行进行。

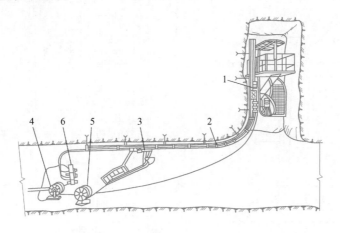

图 6-14　爬罐法掘进天井示意图
1—主爬罐；2—导轨；3—副爬罐；4—主爬罐软管绞车；
5—副爬罐软管绞车；6—风水分配器

爬罐法

导轨随着工作面的推进而不断接长。只有当天井掘完后，才能拆除导轨，拆除导轨的方向是自上而下进行的。利用辅助爬罐可以使天井工作面与井下取得联系，以便缩短掘进过程中的辅助作业时间。

6.2.3.2　爬罐法掘进天井的适用条件

爬罐法能够掘进高天井、盲天井，也能掘进倾角较小的天井和沿矿体倾斜方向弯曲的天井，又可用于掘进需要支护的天井，因此，它的适应性强。不仅如此，采用此法作业较吊罐法安全，机械化程度高，工人的劳动强度不大。但是这种方法的设备投资大，设备的维护检修也较复杂，掘进前的准备工程量大，工作面的通风不及吊罐法好，粉尘大。尽管如此，此方法由于它的适应性强，在国外应用较多，在国内酒泉钢铁公司镜铁山铁矿也有较好应用。

6.2.4　深孔爆破法掘进

深孔爆破法掘进天井，就是先在天井下部掘出 3~4m 高的补偿空间，然后在天井上部硐室内用深孔钻机按照天井设计断面尺寸，沿天井全高自上而下或自下而上钻凿一组平行深孔，然后分段装药、分段爆破，形成所需断面尺寸的天井（图 6-15）。爆下的岩石在下中段装车外运。这种方法施工的最大特点是：工人不进入天井内作业，作业条件得到显著改善。

采用此方法的关键是：钻孔垂直度要好，孔的布置要适宜，爆破参数要合理，起爆顺序要得当。

深孔爆破法掘进天井的掏槽方式可分为以空孔为自由面的掏槽和以工作面为自由面的漏斗掏槽（图 6-16），前一种掏槽方式用得较多。

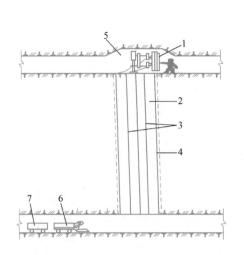

图 6-15　深孔爆破法掘进天井示意图
1—深孔钻机；2—天井；3—掏槽孔；4—周边孔；
5—钻机硐室；6—装岩机；7—矿车

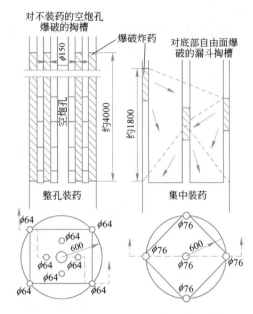

图 6-16　连续装药空孔掏槽与集中装药
漏斗掏槽作用原理

6.2.4.1　深孔爆破法掘进天井工艺

A　深孔钻凿

深孔质量好坏是深孔分段爆破法掘进天井的关键。深孔的偏斜会造成孔口和孔底的最小抵抗线不一致，影响爆破效果。深孔的偏斜包括起始偏斜和钻进偏斜。钻机性能、立钻精确度和开孔误差是引起初始偏斜的主要因素，岩层变化、钻杆刚度和操作技术是引起钻进偏斜的基本因素。孔的偏斜率随孔深增加而增大，这是目前使用深孔爆破法掘进天井在高度上受到限制的主要原因。

a　深孔钻机

深孔爆破法掘进天井的关键程序之一是钻凿高质量的深孔，高质量的深孔是爆破法掘进天井的前提，因此，国内外采用此法都很重视深孔的钻凿质量。目前，用于深孔爆破层的深孔钻机类型：潜孔钻机、外回转冲击式钻机、牙轮钻机、地质钻机。深孔爆破法对钻机的要求，一是钻孔偏斜小，二是钻速快。

b　钻孔工艺

开钻前根据设计要求检查硐室，测定好天井方位和倾角，给出中心点和孔位，然后安装钻机并调好钻机的方位和倾角，使之符合设计要求。

开孔时首先使用 $\phi170mm$ 开门钻头将孔口磨平，然后选用 $\phi130mm$ 或 $\phi150mm$ 的开孔钻头开孔。当孔钻入原岩 $0.1\sim0.2m$ 深时，停止钻进，校核钻机的方位和倾角，使之符合设计要求，并清除孔内积渣，埋设套管，换 $\phi90mm$ 钻头进行钻孔，并在冲击器后安接导正钻杆以控制钻孔偏斜。

钻孔是否偏斜是深孔爆破法成败的关键之一，要求偏斜率不大于 0.5%。每钻进 10m 应测斜一次，钻偏的孔应堵塞后再重新补孔。每钻完一孔，即应进行钻孔测斜，绘制实测图。

B 爆破工作

a 爆破参数及深孔布置

（1）孔径。根据所使用的钻机、钻具而定。采用 YQ-80 型潜孔钻机时，装药孔直径定为 80mm，使用 KY-120 型地下牙轮钻机时，装药孔直径定为 120mm。

国内外经验表明，作自由面使用的空孔以采用较大直径为宜。可采用普通钻头钻孔，然后用扩孔钻头扩孔的办法，其目的是保证 1 号掏槽孔爆破时有足够的破碎角和补偿空间，以利于岩石的破碎和膨胀。

（2）孔距。1 号掏槽孔到空孔的距离是爆破参数中最关键的参数。如果 1 号掏槽孔爆破发生"挤死"现象，则后续掏槽孔的爆破无效，甚至发生冲炮。1 号掏槽孔是以空孔壁作自由面，其条件劣于后续掏槽孔，故 1 号掏槽孔至空孔的距离应较小，后续掏槽孔因有前响掏槽孔爆出的槽腔可供利用，故孔距可以增大。

初始补偿系数 n 可按式（6-2）计算：

$$n = \frac{S_{空}}{S_{实}} \tag{6-2}$$

式中　$S_{空}$——空孔横截面积；

　　　$S_{实}$——1 号掏槽孔爆破岩石实体的横截面积。

从理论上讲，如果岩石碎胀系数为 1.5，当补偿系数为 0.5 时，则空孔的面积即可容纳 1 号掏槽孔爆下的碎岩石。但考虑到由于深孔偏斜造成的孔距误差等因素，应将 n 值取为 0.7 以上为合适。

空孔直径对确定 1 号掏槽孔至空孔的中心距离有很大影响。孔间距 L（图 6-17）的计算方法如下：

$$\left(\frac{D+d}{2}L - \frac{\pi D^2}{8} - \frac{\pi d^2}{8} \right) K = \frac{d+D}{2}L + \frac{\pi D^2}{8} + \frac{\pi d^2}{8} \tag{6-3}$$

式中　D——空孔直径，mm；

　　　d——1 号掏槽孔直径，mm；

　　　K——岩石碎胀系数；

　　　L——1 号掏槽孔到空孔的中心距离，mm。

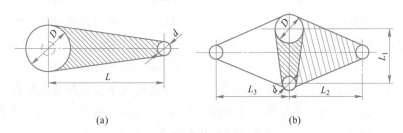

图 6-17　掏槽孔布置参数计算

（a）1 号掏槽孔同空孔距离关系图；（b）其余掏槽孔至空孔间的距离

当 D、d、K 等值均为定值时，则 L 值可求：

$$L = \frac{\pi}{4} \frac{(D^2 + d^2)(K + 1)}{(D + d)(K - 1)} \tag{6-4}$$

其余掏槽孔应在确保补偿空间前提下，尽量增大槽腔面积，要考虑孔偏影响。

在使用双空孔和三空孔掏槽，装药孔直径为 $\phi90mm$ 时，取 $L_1 = 350mm$，$L_2 = 400 \sim 450mm$，$L_3 = 500 \sim 550mm$。按不同断面的天井规格，要求最终形成槽腔面积达到 $0.2 \sim 0.3m^2$ 以上。深孔布置如图6-18所示。

（3）装药集中度。合理的装药集中度取决于矿岩性质、炸药性能、深孔直径、掏槽孔至空孔的距离等因素。该矿采用含5%TNT的硝铵炸药。掏槽孔直径 $\phi90mm$，药包直径 $\phi70mm$；按孔距远近和空孔直径，掏槽孔的装药集中度分别为 $1.65kg/m$、$2.05kg/m$ 和 $2.67kg/m$；周边孔采用 $3.6 \sim 3.74kg/m$。

（4）孔数。孔数与掏槽方式、补偿空间、矿岩性质、天井断面及钻孔直径等因素有关。

采用装药孔直径 $\phi90mm$ 时，在天井断面为 $2.25 \sim$

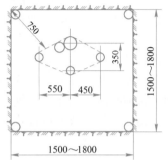

图 6-18 深孔布置

$4.0m^2$ 时，布置 $10 \sim 12$ 个（包括双空孔或三空孔）；掏槽孔直径 $\phi300mm$，装药孔直径 $\phi120mm$，天井断面为 $1.8m \times 1.8m \sim 2.0m \times 2.0m$ 时，布置1个空孔和6个装药孔。实践证明，这样是合理的，如果再减少孔，不仅布孔困难，而且爆破后天井断面不规整。对于 $1.8m \times 1.8m \sim 2.0m \times 2.0m$ 的天井，无需再布置辅助孔，直接布置周边孔或角孔即可。

（5）一次爆破分段高度。深孔一次钻成，分段爆破。分段高度大，能节约材料，节省辅助时间，提高效率，但分段高度受到许多条件限制，特别是与补偿空间大小有关。在天井断面为 $4m^2$、补偿系数为 $0.55 \sim 0.7$ 时，分段高度可达 $5 \sim 7m$；当补偿系数小于0.5时，则分段高度取 $2 \sim 4m$ 为宜。此外，分段高度的选取还应与岩层情况有关，不同岩层的界面、破碎带等应作为分段间的界面。

b 装药及起爆方法

（1）装药方法与装药结构。除第一分段从下向上装药外，其余分段均由上往下装药。由上往下装药时，先将孔下口填塞好后，用绳钩将药包放入孔内，上部填以炮泥和碎岩渣。下端堵塞高度以不超过最小抵抗线为宜，上部堵塞高度在0.5m以上。

由于掏槽孔的抵抗线小，为了避免槽孔爆破时过大的横向冲击动压将空孔或槽腔堵死，可采用间隔装药的方法来减少每米槽孔的装药量。根据最小抵抗线和自由面大小，每个长160mm、240mm或480mm的药包同一个长200mm的竹筒相间，并在装药全长敷设导爆索（图6-19）。其余孔均采用连续装药结构，并在装药段全长上敷设导爆索。

（2）起爆方法。采用非电导爆管和导爆索起爆。微差间隔时间，考虑深孔爆破后有充足的排渣时间，掏槽孔取100ms以上，周边孔取200ms以上。

起爆顺序是：第一分段先爆掏槽孔，第二分段掏槽孔与第一分段周边孔同时爆破，一般掏槽孔超前周边孔一个分段。

c 深孔堵塞的原因及处理

（1）深孔堵塞的原因。

1）空孔补偿空间不够和装药量过大，可造成槽腔和邻近孔挤死。这是因为装药量过多，造成岩石过分粉碎，并以更高的速度射向空孔壁上，以更大的压力压实，在掏槽空间有限的情况下排渣困难，形成再生岩，造成槽腔和邻近孔挤死。

2）装药高度不合理，装药较高的孔会将装药低的孔挤死。

3）装药段内有两种不同岩层时，先爆孔易把邻近软岩处的炮孔挤死。

4）下孔口堵塞高、起爆顺序不当等。

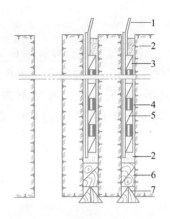

图 6-19 掏槽孔装药结构
1—导爆管；2—炮泥；3—药筒；
4—竹筒；5—导爆索；6—木楔；
7—木塞

（2）处理方法。

1）当堵孔高度在 0.6~0.8m 时，可在该孔内装少量炸药爆破，贯通该孔。

2）当堵塞较高时，用相邻未堵孔少量装药逐段爆破，逐步削低堵塞高度。

d 球状药包漏斗爆破方案

平行空孔自由面的爆破方案要求钻机有较高的精确度。如果钻孔的精确度不够高，则可改用球状药包漏斗爆破的方案。这种方法不需要空孔，而是让1号掏槽孔的药包朝向底部自由面爆破。1号掏槽孔药包爆出一个倒置的漏斗形缺口，然后后续的掏槽孔药包则依次以漏斗侧表面及扩大的漏斗侧表面作为自由面进行爆破。

根据利文斯顿漏斗爆破理论，集中药包长度应不大于直径的6倍。因此，漏斗爆破掘进天井的方法虽然有使用孔数较少和对钻孔精确度要求低等优点，但它一次爆破所能爆落的分段高度相对较低。

6.2.4.2 对深孔爆破法掘进天井的评价

深孔爆破法掘进天井的突出优点是工人不进入天井井筒内作业，工作安全，作业条件改善，在这方面普通法、吊罐法和爬罐法都远不及深孔爆破法。深孔爆破法比普通法节约木材。与爬罐法、钻进法比较，它的设备投资较低，且能在不稳定的岩层中施工，这是吊罐法、爬罐法所不能做到的。

深孔爆破法的主要问题是掘进高度的限制，打高天井时成本提高，钻孔偏斜大，难于控制。目前，国内外矿山已逐步将此法用于高度在50m以内、倾角45°~90°的天井。

推广深孔爆破法掘进天井的关键在于对钻孔设备和爆破工艺的研究。

加强爆破工艺研究的重点在于确定合理的爆破分段高度和减少炸药消耗量。加大爆破分段高度有许多优点，但分段高度过大，往往造成深孔的堵塞和挤死，使处理工作困难，而且浪费材料和工时。

随着以上问题的合理解决，深孔爆破法无疑将是天井掘进的一种既安全、又经济、速度又快的方法。

6.2.5　钻进法

钻进法掘进天井（图6-20），是用天井钻机在预掘的天井断面内沿全深钻一个直径200～300mm的导向孔（图6-21（a）），然后用扩孔刀具（图6-21（b））分次或一次扩大到所需断面尺寸，人员不进入工作面，实现全面机械化。国外天井钻机掘进深度达1000m，扩孔直径超过6m；我国天井钻机掘进深度已达150m，扩孔直径达3m。

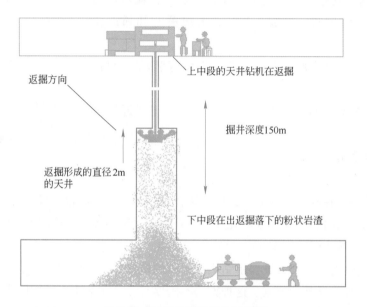

钻进法

图6-20　钻进法掘进天井工作图

(a)   (b)

图6-21　天井钻机钻具

（a）天井钻机钻凿导向孔；（b）扩孔刀具

6.2.5.1　钻进法掘进天井工艺

A　钻进方式

天井钻机的钻进方式主要有两种：一种是上扩法，其钻进程序是，将天井钻机安在上部中段，用牙轮钻头向下钻导向孔，与下部中段贯通后，换上扩孔刀头，由下而上扩孔至所需要的断面（图6-22（a））；另一种是将钻机安在天井底部，先向上打导向孔，再向下扩孔，即下扩法（图6-22（b））。

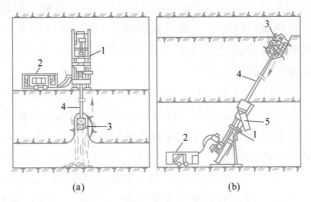

图6-22　天井钻进法的两种钻进方式

（a）上扩法；（b）下扩法

1—天井钻机；2—动力组件；3—扩孔钻头；4—导向孔；5—漏斗

目前我国天井钻进方式均属上扩式。

B　天井钻机的基本结构

天井钻机一般由五部分组成，即钻机、回转系统、推进系统、操作台及行走机构，如图6-23所示。

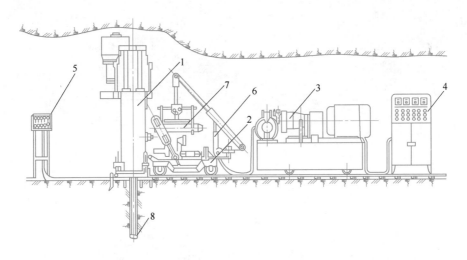

图6-23　天井钻机结构示意图

1—主机；2—行走机构；3—泵站；4—操作台；5—移动操作台；6—给杆机构；7—钻杆；8—钻头

（1）钻机：由回转系统、推进系统、机架和底座等组成。其工作原理是由钻机马达通过变速箱驱动主轴，主轴带动机头回转，机头通过钻杆旋转钻头或扩孔刀头（刀具）并转变扭矩，同时钻机的推进系统通过转杆向钻头或扩孔刀头给出推、挖力，从而破碎岩石，达到钻、扩天井的目的。

（2）回转系统：国内生产的天井钻机一般采用顶部传动系统，也有马达直接带动机头回转的。天井钻机采用双马达驱动，钻导孔时可用单马达驱动，扩孔时用双马达驱动，除节省动力外，还可减少大型钻机的外形尺寸。

（3）推进系统：由油缸组成。有单缸式、双缸式、三缸式和六缸串联式几种，串联油缸可使钻机在推进行程相同的情况下，降低钻机高度，使钻机小型化。

（4）机架：它的作用除导向之外还要求承受钻进反力。一般采用双柱式或板式用地角螺栓或锚杆固定，这样可以钻进斜天井。

（5）机头：是天井钻进的主要部件，其结构有卡块式、锥套式和齿形卡块双球面式三种，它能上下浮动一定距离，以调节上钻杆时的拧合速度和推进速度之间的不协调，同时还应具有调心作用，以免将沿杆传递瞬间弯矩传递到主轴上去，钻进时它不仅要传递扭矩和拉力，还要起卡紧钻杆的功能。

（6）卡盘：有上下之分，上卡盘和下卡盘分别放在机头和底板上，均用来卡住钻机。

（7）辅助装置：由钻机行走起落机构及给杆机构组成，行走起落机构用于搬运钻机、安装及拆除。给杆机构由吊车和机械组成。

（8）钻机的动力：天井钻机的驱动方式有交流电、直流电、液压和变频。变频驱动是后期发展起来的，目前主要用于盲井钻机。由于液压马达重量轻、体积小、有利于降低钻机高度，运转比较平稳，故液压驱动应用较多。

（9）扩孔刀头与刀具：扩孔刀头由刀盘、拉杆和刀具组成。几种典型扩孔刀头的形状如图 6-24 所示。

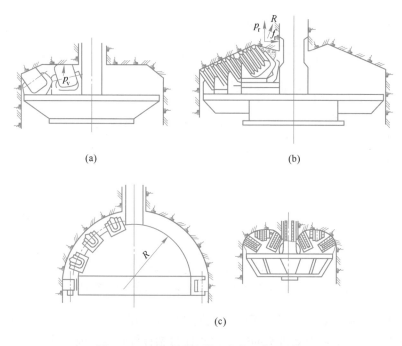

图 6-24　几种典型扩孔刀头的工作面形状

（a）平面布置；（b）双锥面布置；（c）球面布置

C 天井钻机、钻头及其结构特点

按天井钻机的外形尺寸可分为低矮型和普通型。我国的 AT 型钻机属于普通型,TYZ 型属于低矮型。但是不管哪类钻机都具有向下钻导孔和向上扩孔的基本性能。表 6-5 列举了现有天井钻机的主要技术性能。

表 6-5 部分天井钻机的主要技术性能

项 目	型 号				
	TYZ-500	TYZ-1000	TYZ-1500	AT-1500	AT-2000
导孔直径/mm	216	216	250	250	250
扩孔直径/m	0.5、0.8	1.0、1.2	1.5、1.8	1.2、1.5、2.0	1.8、2.0、2.5
钻进深度/m	120	120	120	120	120
钻进角度/(°)	70~90	60~90	60~90	45~90	42~90
总功率/kW	72	92	92	125	149
工作时外形尺寸 /mm×mm×mm	2580×1340×2650	2940×1320×2830	3010×1630×3280	3050×1380×3730	4450×1380×4030
主机重量/t	3.5	4	5.5	9	10

扩孔刀头与刀具是天井钻进的关键设备,它的性能直接影响钻井费用和天井钻进法的发展规模。近年来,在研究天井钻机的同时,把发展扩孔刀头与刀具的技术作为发展天井钻进技术的重点,先后研制了直径为 500mm、1000mm、1500mm、2000mm 不同形式的刀头及适应于不同岩石中的三种不同形式的破岩刀具。

扩孔刀头由刀盘、刀具和拉杆组成(图 6-25)。刀盘是用于安装刀具的,刀具是破岩装置,而拉杆的作用是把拉力及扭矩通过刀盘传给刀具而用于破岩。刀头形式有整体式结构和组合式结构,直径在 1.5m 以下者为整体式结构,1.5m 以上者为组合式结构。刀具分密齿形滚刀、合金钢盘形滚刀、镶齿形盘形滚刀。这三种滚刀已成为天井刀具的基本刀型,具有各自的破岩性能,基本上适应了我国矿山不同性质岩石的需要,成为我国刀具系列的基础。

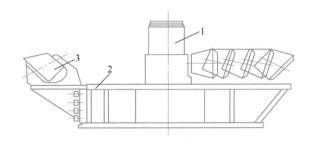

图 6-25 单层组合式刀头
1—拉杆;2—刀盘;3—刀具

D 天井钻进工艺

在钻井之前,先在上水平开凿钻机硐室,在底板上铺一层混凝土垫层,待其凝结硬化后,用地脚螺丝将钻机固定在此基础上,用斜撑油缸和定位螺杆把钻机调节到所需的钻进角度，接上电源，便可开始自上而下钻进导向孔。导向孔的直径视钻机不同而不同，目前使用两种型号的三牙轮钻头，即 9 号（ϕ216mm）和 10 号（ϕ250mm）。在钻进过程中选用适当形式和数量的钻杆稳定器，并根据岩石性质控制转速与钻压，使钻孔偏斜率保持在 1%以内，有的仅 0.2%~0.3%。钻进中的岩屑，用高压风或高压水排出孔外。

当导向孔钻通下水平后，卸下钻头，换上扩孔刀头，然后开始自下而上开始扩孔。扩孔刀具的选用视岩石条件而定。在硬岩中采用密齿形滚刀，在中硬以下岩石中采用镶齿盘形滚刀，软岩中采用合金钢盘形滚刀。孔中的岩屑借自重与高压水排离工作面。

当扩孔刀头钻通钻机底下的混凝土垫层后，用钢丝绳暂时将扩孔刀头吊在井口，待撤除钻机之后再取出扩孔刀头；或是在钻机撤除之前将扩孔刀头放到天井的底部，但是这需要重新接长钻杆，比较费事。

6.2.5.2　钻进法掘进天井的适用条件

实践证明，在中硬和中硬以下的岩石，钻井直径小于 2m，钻井深度在 60m 左右的天井钻进中，在工效、成本和月成井速度等技术指标方面满足要求。但钻进法的设备投资大，维修费用高，辅助工程量大，刀具费用高，设备运转率不高，因此使用范围受到了一定限制。

习　　题

6-1　简述天井的概念及其类型。

6-2　简述溜井类型及其特点。

6-3　溜井位置选择的依据是什么？

6-4　分别简述普通法、吊罐法、爬罐法、深孔爆破法和钻进法适用条件及其优缺点。

6-5　详述深孔爆破法掘进天井的工艺特点。

本章课件

7　支护工程

本章提要

井下巷道开挖过程中，为有效控制岩体稳定，确保人员和设备的安全，需采取支护等安全技术措施。本章主要介绍：岩体稳定性分级方法；混凝土基本特性及其配合比计算；混凝土支护设计方法；喷射混凝土定义及其施工工艺流程；锚杆种类及各种锚杆的特点；锚杆支护作用机理；锚杆支护参数的确定方法；锚杆支护类型及其适用条件。

为了保持巷道的稳定性，在巷道服务年限内，保证其有效的使用空间，首先需防止围岩发生变形或垮落，通常掘进后一般都要进行支护。在巷道施工中，支护工作量占有较大的比重，它是与凿岩、装岩并列的主要工序，其工作进度在一定程度上决定着成巷速度，支护成本常占巷道工程总成本的 1/3~1/2。因此，选择合理支护形式，做好支护工作，对提高成巷进度、降低成本、加速矿山建设具有十分重要的意义。

7.1　巷道围岩稳定性分级方法

7.1.1　RQD 岩体质量分级

按岩石质量指标分类由笛尔（Deer）于 1964 年提出，是根据钻探时的岩芯完好程度来判断岩体的质量，对岩体进行分类，即将长度在 10cm（含 10cm）以上的岩芯累计长度占钻孔总长的百分比，称为岩石质量指标 RQD（Rock Quality Designation）。根据岩芯质量指标，将岩体分为 5 类（表 7-1）。

$$RQD = \frac{10cm\ 以上（含\ 10cm）岩芯累计长度}{钻孔长度} \times 100\% \tag{7-1}$$

表 7-1　RQD 岩石质量指标

分　类	很　差	差	一　般	好	很　好
RQD/%	<25	25~50	50~75	75~90	>90

这种分类方法简单易行，是一种快速、经济而实用的岩体质量评价方法，在一些国家得到广泛应用，但它没有反映出节理的方位、填充物的影响等。因此，在更完善的岩体稳定性分级中，仅把 RQD 作为一个参数加以使用。

7.1.2　按岩体结构类型分类

按岩体结构类型分类是中国科学院地质研究所谷德振教授等人提出的，将岩体结构分为四类，即整块状结构、层状结构、碎裂结构和散体结构，在前三类中每类又分 2~3 亚类（表 7-2）。其特点是考虑到各类结构的地质成因，突出了岩体的工程地质特性。

表 7-2 中国科学院地质研究所岩体分类

岩体结构类型				岩体完整性		主要结构面及其抗剪特性			岩块湿抗压强度/kPa
类		亚类		结构面间距/cm	完整性系数 I	级别	类 型	主要结构面摩擦系数 f	
代号	名称	代号	名称						
I	整体块状结构	I₁	整体结构	>100	>0.75	存在Ⅳ、Ⅴ级	刚性结构面	>0.60	>6
		I₂	块状结构	100~50	0.75~0.35	以Ⅳ、Ⅴ级为主	刚性结构面局部为破碎结构面	0.4~0.6	>3，一般大于6
Ⅱ	层状结构	Ⅱ₁	层状结构	50~30	0.6~0.3	以Ⅲ、Ⅳ级为主	刚性结构面、柔性结构面	0.3~0.5	>3
		Ⅱ₂	薄层状结构	<30	<0.40	以Ⅲ、Ⅳ级显著	柔软结构面	0.30~0.40	1~3
Ⅲ	碎裂结构	Ⅲ₁	镶嵌结构	<50	<0.36	Ⅳ、Ⅴ级密集	刚性结构面破碎结构面	0.40~0.60	>6
		Ⅲ₂	层状碎裂结构	<50（骨架岩层中较大）	<0.40	Ⅱ、Ⅲ、Ⅳ级均发育	泥化结构面	0.20~0.40	<3，骨架岩层约为3
		Ⅲ₃	碎裂结构	<50	<0.30		破碎结构面	0.16~0.40	<3
Ⅳ	散体结构				<0.20		节理密集呈无序状分布，表现为泥包块或块夹泥	<0.20	无实际意义

注：I 为岩体完整系数，$I = \left(\dfrac{v_{ml}}{v_{cl}} \right)^2$；$v_{ml}$ 为岩体纵波速度；v_{cl} 为岩石纵波速度；f 为岩体中起控制作用的结构面的摩擦系数，$f = \tan\phi_w$。

7.1.3 BQ 工程岩体分级

国标《工程岩体分级标准》（GB 50218—1994）提出两步分级法：第一步，按岩体的基本质量指标 BQ 进行初步分级；第二步，针对各类工程岩体的特点，考虑其他影响因素如地应力、地下水和结构面方位等对 BQ 进行修正，再按修正后的 BQ 进行详细分级。

7.1.3.1 岩体基本质量分级

《工程岩体分级标准》认为岩石的坚硬程度和岩体完整程度所决定的岩体基本质量，是岩体所固有的属性，是有别于工程因素的共性。岩体基本质量好，则稳定性也好；反之，稳定性差。岩石坚硬程度划分见表 7-3。岩体完整程度划分见表 7-4。

表 7-3 岩石坚硬程度划分

岩石饱和单轴抗压强度 σ_{cw}/MPa	>60	60~30	30~15	15~5	<5
坚硬程度	坚硬岩	较坚硬岩	较软岩	软 岩	极软岩

表 7-4 岩体完整程度划分

岩体完整性系数 K_v	>0.75	0.75~0.55	0.55~0.35	0.35~0.15	<0.15
完整程度	完 整	较完整	较破碎	破 碎	极破碎

表 7-4 中岩体完整性系数 K_v 可用声波试验资料按下式确定：

$$K_v = \left(\frac{v_{ml}}{v_{cl}}\right)^2 \tag{7-2}$$

式中，v_{ml} 为岩体纵波速度；v_{cl} 为岩块纵波速度。当无声测资料时，K_v 也可由岩体单位体积内结构面系数 J_v（查表 7-5）求得。

表 7-5 J_v 与 K_v 对照表

J_v/条·m^{-3}	<3	3~10	10~20	20~35	>35
K_v	>0.75	0.75~0.55	0.55~0.35	0.35~0.15	<0.15

岩体基本质量指标 BQ 值以 103 个典型工程为抽样总体，采用多元逐步回归和判别分析法建立了岩体基本质量指标表达式：

$$BQ = 90 + 3\sigma_{cw} + 250K_v \tag{7-3}$$

在使用式（7-3）时，必须遵守下列条件：

当 $\sigma_{cw} > 90K_v + 30$ 时，取 $\sigma_{cw} = 90K_v + 30$ 代入该式，求 BQ 值；

当 $K_v > 0.04\sigma_{cw} + 0.4$ 时，以 $K_v = 0.04\sigma_{cw} + 0.4$ 代入该式，求 BQ 值。

按 BQ 值和岩体质量的定性特征将岩体划分为 5 级（表 7-6）。

表 7-6 BQ 岩体质量分级

基本质量级别	岩体质量的定性特征	岩体基本质量指标（BQ）
I	坚硬岩，岩体完整	>550
II	坚硬岩，岩体较完整； 较坚硬岩，岩体完整	550~451
III	坚硬岩，岩体较破碎； 较坚硬岩或软、硬岩互层，岩体较完整； 较软岩，岩体完整	450~351
IV	坚硬岩，岩体破碎； 较坚硬岩，岩体较破碎或破碎； 较软岩或较硬岩互层，且以软岩为主，岩体较完整或较破碎； 软岩，岩体完整或较完整	350~251
V	较软岩，岩体破碎； 软岩，岩体较破碎或破碎； 全部极软岩及全部极破碎岩	<250

注：表中岩石坚硬程度按表 7-3 划分，岩体破碎程度按表 7-4 划分。

7.1.3.2 岩体稳定性分级

工程岩体（围岩）的稳定性，除与岩体基本质量的好坏有关外，还受地下水、主要软弱结构面、地应力的影响。应结合工程特点，考虑各影响因素来修正岩体基本质量指标，作为不同工程岩体分级的定量依据。主要软弱结构面产状影响修正系数 K_2 按表 7-7 确定。地下水影响修正系数 K_1 按表 7-8 确定。地应力影响修正系数 K_3 按表 7-9 确定。

表 7-7　主要软弱结构面产状影响修正系数（K_2）

结构面产状及其与 硐轴线的组合关系	结构面走向与硐轴线夹角 $\alpha \leqslant 30°$，倾角 $\beta = 30° \sim 75°$	结构面走向与硐轴线夹角 $\alpha > 60°$，倾角 $\beta > 75°$	其他组合
K_2	0.4~0.6	0~0.2	0.2~0.4

表 7-8　地下水影响修正系数（K_1）

	BQ	>450	450~350	350~250	<250
地下水 状态	潮湿或点滴状出水	0	0.1	0.2~0.3	0.4~0.6
	淋雨状或涌流状出水，水压 ≤ 0.1MPa 或单位水量 10L/min	0.1	0.2~0.3	0.4~0.6	0.7~0.9
	淋雨状或涌流状出水，水压>0.1MPa 或单位水量 10L/min	0.2	0.4~0.6	0.7~0.9	1.0

表 7-9　地应力影响修正系数（K_3）

	BQ	>550	550~450	450~350	350~250	<250
天然应力 状态	极高应力区	1.0	1	1.0~1.5	1.0~1.5	1.0
	高应力区	0.5	0.5	0.5	0.5~1.0	0.5~1.0

注：极高应力指 $\sigma_{cw}/\sigma_{max} < 4$，高应力指 $\sigma_{cw}/\sigma_{max} = 4 \sim 7$。$\sigma_{max}$ 为垂直硐轴线方向平面内的最大天然压力。

对地下工程修正值［BQ］按式（7-4）计算：

$$［BQ］= BQ - 100(K_3 + K_1 + K_2) \tag{7-4}$$

根据修正值［BQ］的工程岩体分级仍按表 7-6 进行。各级岩体的物理力学参数和围岩自稳能力可按表 7-10 确定。

表 7-10　［BQ］各级岩体物理力学参数和围岩自稳能力表

级别	密度 ρ /g·cm^{-3}	抗剪强度 $\phi/(°)$	抗剪强度 C/MPa	变形模量	泊松比	围岩自稳能力
I	>2.65	>60	>2.1	>33	0.2	跨度≤20m，可长期稳定，偶有掉块，无塌方
II	>2.65	60~50	2.1~1.5	33~20	0.2~0.25	跨度 10~20m，可基本稳定，局部可掉块或小塌方； 跨度<10m，可长期稳定，偶有掉块
III	2.65~2.45	50~39	1.5~0.7	20~6	0.25~0.3	跨度 10~20m，可稳定数日至 1 个月，可发生小至中塌方； 跨度 5~10m，可稳定数月，可发生局部块体移动及小至中塌方； 跨度<5m，可基本稳定

续表 7-10

级别	密度 ρ /g·cm⁻³	抗剪强度		变形模量	泊松比	围岩自稳能力
		ϕ/(°)	C/MPa			
Ⅳ	2.45~2.25	39~27	0.7~0.2	6~1.3	0.3~0.35	跨度>5m，一般无自稳能力，数日至数月内可发生松动、小塌方，进而发展为中至大塌方，埋深小时，以拱部松动为主，埋深大时，有明显塑性流动和挤压破坏；跨度≤5m，可稳定数日至1月
Ⅴ	<2.25	<27	<0.2	<1.3	<0.35	无自稳能力

注：小塌方：塌方高<3m，或塌方体积<30m³；中塌方：塌方高度 3~6m，或塌方体积 30~100m³；大塌方：塌方高度>6m，或塌方体积>100m³。

对于边坡岩体和地基岩体的分级，目前研究较少，如何修正，标准未作严格规定。

7.1.4　RMR 岩体地质力学分类

由南非科学和工业研究委员会（CSIR）提出的岩体分级 RMR（Rock Mass Rating）由岩块强度、RQD 值、节理间距、节理条件及地下水 5 种指标组成。分类时，按各种指标的数值按表7-11 A 的标准评分，求和得总分 RMR 值，然后按表 7-11 B 和表 7-12 的规定作适当的修正。最后用修正值对照表 7-11 C 求得所研究岩体的类别及相应的无支护工程岩体的自稳时间和岩体强度指标（c，ϕ）值。

表 7-11　岩体地质力学（RMR）分类表

A　分类参数及其评分值							
分类参数		数值范围					
1	完整岩石强度/MPa	点荷载强度指标	>10	4~10	2~4	1~2	对强度较低的岩石宜用单轴抗压强度	
		单轴抗压强度	>250	100~250	50~100	25~50	5~25	1~5	<1
	评分值		15	12	7	4	2	1	0
2	岩芯质量指标 RQD/%		90~100	75~90	50~75	25~60	<25	
	评分值		20	17	13	8	3	
3	节理间距/cm		>200	60~200	20~60	6~20	<6	
	评分值		20	15	10	8	5	
4	节理条件		节理面很粗糙，节理不连续，节理宽度为零，节理面岩石坚硬	节理面稍粗糙，宽度<1mm，节理面岩石坚硬	节理面稍粗糙，宽度<1mm，节理面岩石较弱	节理面光滑或含厚度<5mm 的软弱夹层，张开度 1~5mm。节理连续	含厚度>5mm 的软弱夹层，张开度>5mm，节理连续	
	评分值		30	25	20	10	0	

A　分类参数及其评分值					
分 类 参 数		数 值 范 围				
5	地下水条件	每10m长的隧道涌水量/L·min⁻¹	0	<10	10~25	25~125	>125
		节理水压力/最大主应力	0	0.1	0.1~0.2	0.2~0.5	>0.5
		一般条件	完全干燥	潮湿	只有湿气（有裂隙水）	中等水压	水的问题严重
	评 分 值		15	10	7	4	0

表格说明：

A　分类参数及其评分值					
分 类 参 数	数 值 范 围				
地下水条件 每10m长的隧道涌水量/$L \cdot min^{-1}$	0	<10	10~25	25~125	>125
节理水压力/最大主应力	0	0.1	0.1~0.2	0.2~0.5	>0.5
一般条件	完全干燥	潮湿	只有湿气（有裂隙水）	中等水压	水的问题严重
评 分 值	15	10	7	4	0

B　节理方向修正评分值					
节理走向或倾向	非常有利	有利	一般	不利	非常不利
评分值	隧道	0	-2	-5	-10	-12
	地基	0	-2	-7	-15	-25
	边坡	0	-5	-25	-50	-60

C　按总评分值确定的岩体级别及岩体质量评价					
评分值	100~81	80~61	60~41	40~21	<20
分 级	I	II	III	IV	V
质量描述	非常好的岩体	好岩体	一般岩体	差岩体	非常差岩体
平均稳定时间	（15m 跨度）20a	（10m 跨度）1a	（5m 跨度）7d	（2.5m 跨度）10h	（1m 跨度）30min
岩体内聚力/kPa	>400	300~400	200~300	100~200	<100
岩体内摩擦角/(°)	>45	35~45	25~35	15~25	<15

表7-12　节理走向和倾角对隧道开挖的影响

走向与隧道轴垂直				走向与隧道轴平行		与走向无关
沿倾向掘进		反倾向掘进		倾角 20°~45°	倾角 45°~90°	倾角 0°~20°
倾角 45°~90°	倾角 20°~45°	倾角 45°~90°	倾角 20°~45°			
非常有利	有利	一般	不利	一般	非常不利	不利

从现场应用看，使用较简便，大多数场合岩体评分值（RMR）都有用，但在处理那些造成挤压、膨胀和涌水的极其软弱的岩体问题时，此分类法不适用。

7.1.5　Q 岩体质量分类

挪威岩土工程研究所（Norwegian Geotechnical Institute）巴顿（Barton）等人于1974年提出 NGI 隧道开挖岩体质量分类法，其分类指标值 Q 由式（7-5）确定：

$$Q = \frac{RQD}{J_n} \cdot \frac{J_r}{J_a} \cdot \frac{J_w}{SRF} \tag{7-5}$$

式中　RQD——岩石质量指标；

J_n——节理组数；

J_r——节理粗糙系数；

J_a——节理蚀变系数；

J_w——节理水折减系数；

SRF——应力折减系数。

式（7-5）中 6 个参数的组合，反映了岩体质量的三个方面，即 $\dfrac{RQD}{J_n}$ 为岩体的完整性；$\dfrac{J_r}{J_a}$ 表示结构面（节理）的形态、填充物特征及其次生变化程度；$\dfrac{J_w}{SRF}$ 表示水与其他应力存在时对岩体质量的影响。分类时，根据这 6 个参数的实测资料，查表确定各自的数值，然后代入式（7-5）求得岩体质量的 Q 值，以 Q 值为依据将岩体分为 9 类，各类岩体与地下开挖当量尺寸（D_e）间的关系，如图 7-1 所示。

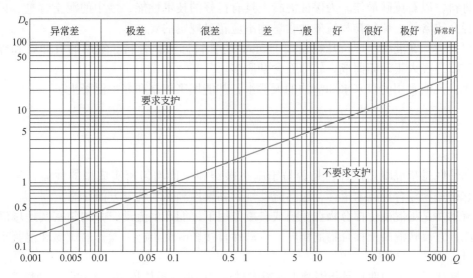

图 7-1　无支护地下硐室最大当量尺寸 D_e 与质量指标 Q 间的关系

（资料来源 Barton 等，1974）

注：当量直径 $D_e = \dfrac{跨度、直径或高度}{巷道支护比\ ESR}$

Q 分类法综合考虑地质因素，而且把定性分析和定量评价结合起来，是目前比较好的岩体分类方法。

Bieniawski（1976）在大量实测统计的基础上，发现 Q 值与 RMR 值间具有如下统计关系：

$$RMR = 9\ln Q + 44$$

除上述几种分类法外，国标《锚杆喷射混凝土支护技术规范》（GB 50086—2001）及铁道、建设等部门制定的围岩分类，在国内应用也很广泛，可根据岩体条件和工程类型选用。

7.2　混　凝　土

混凝土是井巷工程中竖井井筒、井下车场及其巷道、各种硐室普遍使用的服务年限长、不受采动影响的巷道支护材料。混凝土在未凝固前具有良好的塑性，可以在现场直接浇灌成各种拱形、圆形整体支架，也可浇灌成各种混凝土预制块后再砌筑成巷道支架。

混凝土由水泥、砂、石和水组成，其中砂、石子起骨架作用，称为骨料。水泥是胶凝材料，和水掺在一起成水泥浆，将砂、石子胶凝并逐渐硬化而形成一个坚硬的整体。混凝土抗压强度较高，而且根据需要可设计成不同强度等级的混凝土。

水泥：水泥属于水硬性胶凝材料，即与水混合后不但能在空气中硬化，而且能在潮湿环境及水中硬化，保持并增长强度。常用水泥的品种有硅酸盐水泥、普通硅酸盐水泥、矿渣硅酸盐水泥、火山灰质硅酸盐水泥和粉煤灰硅酸盐水泥等，应根据工程性质、施工工艺和条件选择水泥品种。

细骨料：在混凝土中，凡粒径在 0.15~5mm 之间的骨料称为细骨料，一般多以天然砂为细骨料，以石英砂最佳。为保证混凝土具有良好的技术性能，砂中的泥土含量、云母含量、轻介质含量、硫化物和硫酸盐含量均不应超过规定的要求。

粗骨料：在混凝土中，凡粒径大于 5mm 的骨料称为粗骨料。常用的有卵石和碎石两种。碎石是经人工轧碎而成，较卵石含杂质多。

水：凡能食用的自来水和清洁的天然水，都能用来拌制和养护混凝土。

7.2.1 混凝土特性

7.2.1.1 和易性及评价

和易性是指混凝土拌合物是否易于施工操作和保证均匀密实成型的性能，又称工作性。它是一项综合性技术指标，包括流动性、黏聚性和保水性三方面性能。

流动性是指混凝土拌合物在振捣或自重作用下，能产生流动，并均匀密实地填满模板的性能，它反映混凝土拌合物的稠度。流动性直接影响浇筑施工操作的难易和混凝土的成型质量。

黏聚性（或可塑性）是指混凝土各组成材料之间保持整体均匀一致和稳定的性能。黏聚性好，可保证混凝土拌合物在运输和浇筑过程中不会产生分层或离析现象，使混凝土硬化后内部结构均匀。黏聚性差将会影响混凝土的成型、浇筑质量，造成强度和耐久性下降。

保水性（或称稳定性）是指混凝土拌合物在施工中具有一定的保持内部水分的能力。保水性对混凝土的强度和耐久性有较大的影响。

用坍落度试验来评定混凝土的和易性。混凝土按坍落度（图 7-2）分级见表 7-13。

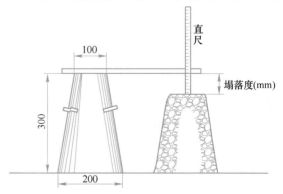

图 7-2　混凝土坍落度

表 7-13　混凝土按坍落度分级

级　别	名　称	坍落度/mm	级　别	名　称	坍落度/mm
T_1	低塑性混凝土	10~40	T_3	流动性混凝土	100~150
T_2	塑性混凝土	50~90	T_4	大流动性混凝土	≥160

7.2.1.2　混凝土强度等级

混凝土的强度等级是指混凝土的单轴抗压强度。

混凝土强度等级是以立方体（150mm×150mm×150mm）作为混凝土抗压强度标准尺寸试件。在（20±2）℃的温度和相对湿度在 95% 以上的潮湿空气中养护 28 天，依照标准实体方法测得的具有 95% 保证率的抗压强度，作为混凝土强度等级。

影响混凝土强度等级的因素很多，其中水泥强度等级与水灰比是影响混凝土强度等级的主要因素，同时混凝土强度还与水泥品种和骨料特性有关。当其他条件相同时，水泥强度等级越高，混凝土强度等级越高，当用同一种水泥（类型及强度等级相同）时，混凝土的强度等级主要取决于水灰比。混凝土强度等级与水灰比、水泥强度等级以及水泥类型与集料种类之间的关系，可用经验公式（7-6）表示：

$$R_{28} = AR_C\left(\frac{C}{W} - B\right) \tag{7-6}$$

式中　R_{28}——混凝土 28 天龄期的抗压强度；

$\quad\quad R_C$——水泥强度等级；

$\quad\ C/W$——灰水比；

$\quad A，B$——试验系数。

影响混凝土强度等级的其他因素有：混凝土所处环境的温度和湿度、养护龄期等。

7.2.1.3　混凝土的耐久性

混凝土的强度，除能安全承受设计荷载外，还应根据其周围的自然环境以及在使用上的特殊要求而具有各种特殊性能。例如，承受压力水作用下的混凝土，需要具有一定的抗渗性能；遭受环境水侵蚀的混凝土，需要具有与之相适应的抗侵蚀性能等。这些性能决定着混凝土经久耐用的程度，统称为耐久性。

混凝土的耐久性取决于组成材料的品质与混凝土的密实度。提高混凝土耐久性的主要措施有：控制混凝土的最大水灰比，合理选择水泥品种，保证足够的水泥用量，选用较好的砂、石骨料，合理地调整骨料级配；改善混凝土的施工操作方法，搅拌均匀，浇灌和振捣密实，加强养护，以保证混凝土的施工质量。

7.2.2　混凝土的配合比

混凝土各组成材料用量比例，即混凝土中水泥、砂、石用量比例（质量比或体积比，均以水泥为 1）和水灰比（加水量与水泥用量之比），称为混凝土配合比。

7.2.2.1　混凝土配合比计算

（1）计算水灰比。先根据支架要求的混凝土强度 R_{28} 确定水泥标号 R_C。在一般情况下，它们之间有如下关系：

$$R_{C} = (1.5 \sim 2.0)R_{28}$$

已知 R_C 及 R_{28}，再根据式（7-6）求出水灰比：

$$\frac{W}{C} = \frac{AR_{C}}{R_{28} + ABR_{C}} \tag{7-7}$$

（2）确定用水量和水泥用量。根据施工要求提出的坍落度、采用的石子种类及最大粒径，由《混凝土配合比计算表》查出 $1m^3$ 混凝土用水量，最后按水灰比求 $1m^3$ 混凝土的水泥用量。

（3）计算骨料（砂、石）的绝对体积。$1m^3$ 混凝土中骨料的绝对体积 $V_骨$（cm^3）是指不包括骨料中空隙的体积：

$$V_骨 = 1 - （水泥绝对体积 + 水的体积）$$

或

$$V_骨 = 1000 - \left(\frac{M_{水泥}}{\rho_{水泥}} + V_水\right)$$

式中　$M_{水泥}$——水泥用量，kg；

　　　$\rho_{水泥}$——水泥密度，kg/cm^3；

　　　$V_水$——水用量，cm^3。

（4）砂率的确定。砂率即砂质量占砂、石总量的百分率。

（5）求砂石用量：

1）砂子的绝对体积：$V_砂 = V_骨 \times 砂率$，cm^3；

2）砂子质量：$M_砂 = V_砂 \rho_砂$，kg；

3）石子的绝对体积：$V_石 = V_骨 - V_砂$，cm^3；

4）石子的质量：$M_石 = V_石 \rho_石$，kg。

（6）计算混凝土配合比（质量比）：

$M_{水泥} : M_砂 : M_石 = 1 : M_砂/M_{水泥} : M_石/M_{水泥}$（即 $1m^3$ 混凝土中各成分的数量比例）

施工中要经过试验验证，即做强度和坍落度试验。如果不符合要求，应进行调整。

7.2.2.2　混凝土配合比实例

某矿井下水泵房需要采用 C20 混凝土砌碹，要求混凝土坍落度为 4cm。采用 32.5 矿渣硅酸盐水泥，水泥密度为 $3.0t/m^3$；采用河沙，密度为 $2.54t/m^3$；石子粒径为 40mm，密度为 $2.73t/m^3$。试求 C20 混凝土的配合比。

（1）求水灰比，由式（7-7）知：

$$\frac{W}{C} = \frac{AR_{C}}{R_{28} + ABR_{C}} = \frac{0.55 \times 400}{200 + 0.55 \times 0.5 \times 400} = 0.71$$

式中，A、B 值分别取 0.55、0.5。

（2）确定用水量和水泥用量。根据坍落度为 4cm，碎石粒径为 40mm，查《混凝土配合比计算表》，知 $1m^3$ 用水量为 175kg。砂石含水量极少，忽略不计。

水泥质量为：$M_{水泥} = 175 \div 0.71 = 246.5kg$。

（3）骨料绝对体积。

$$V_骨 = 1000 - V_{水泥} - V_水 = 1000 - \frac{246.5}{3.0} - 175 = 743cm^3$$

（4）求砂石用量。查表配制 C20 混凝土的砂率为 37%，则砂子的绝对体积：

砂子绝对体积　　　　　　$V_砂 = 742×37\% = 275cm^3$

砂子质量　　　　　　　　$M_砂 = 275×2.54 = 699kg$

石子绝对体积　　　　　　$V_石 = 742-275 = 467cm^3$

石子质量　　　　　　　　$M_石 = 467×2.73 = 1275kg$

（5）混凝土配合比（质量比）。

$$M_{水泥}：M_砂：M_石 = 250：699：1275 = 1：2.8：5.1$$

7.2.3　混凝土支护

7.2.3.1　混凝土支护的结构特点

混凝土（或称为现浇混凝土）支护是连续整体的支护体，对围岩起封闭和防止风化作用。这种支护的主要形式为直墙拱形，由拱、墙和墙基构成（图 7-3）。

拱的作用是承受顶压，并将它传给侧墙和两帮。在拱的各断面中主要产生压应力及部分弯曲应力，但在顶压不均匀和不对称的情况下，断面内也会出现剪应力。内力主要是压力，可以充分发挥混凝土抗压强度高而抗拉强度低的特性。

拱的厚度决定于巷道跨度和拱高、岩石性质以及混凝土强度，可用经验公式计算。

墙的作用是支承拱和抵抗侧压。一般为直墙，如侧压较大时，也可改直墙为曲墙。在拱基处，拱传给墙的荷载是斜向的，由此产生横推力，如果混凝土在拱基处没有和围岩充填密实，则拱和墙在横推力作用下很容易变形而失去稳定性。墙厚大于或等于拱厚，通常等于拱厚。

墙基的作用是将墙传来的荷载与自重均匀地传给底板。底板岩石坚硬时，它可以是直墙的延深部分；底板岩石松软时，必须加宽；有底鼓时，

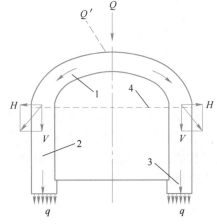

图 7-3　混凝土支护的组成及
顶压受力传递示意图

1—拱；2—墙；3—墙基；4—拱基线；
Q—顶压；Q′—斜向顶压；H—横推力；
V—竖压力；q—传给底板的压力

还必须砌底拱。墙基的深度不小于墙的厚度。靠水沟一侧的墙基深度，一般和水沟底板同深，但在底板岩石松软破碎时，墙基要超深水沟底板 150~200mm。

采用底拱时，一般底拱的矢高为顶拱矢高的 1/8~1/6；底拱厚度为顶拱厚度的 50%~80%。混凝土支架承受压力大，整体性好，防火阻水，通风阻力小。但施工工序多，工期长，成本高。

7.2.3.2　混凝土支护的适用条件

（1）围岩十分破碎，用喷锚支护优越性已不显著。

（2）围岩十分不稳定，顶板活石极易塌落，喷射混凝土喷不上、粘不牢，也不容易钻孔装设锚杆。

（3）大面积淋水或部分涌水处理无效的地区。

（4）服务年限长的巷道。

7.2.3.3 碹胎和模板

平巷混凝土支架，施工时需要碹胎和模板。为了节省木材，提高复用率，常采用金属碹胎、模板，但对于一些特殊硐室及交岔点仍然部分采用木碹胎和模板。

在施工中，碹胎承受混凝土的重量、工作台荷载、施工中的冲击荷载等，因此要求有一定的强度和刚度。在实际工作中，碹胎的结构形式和构件尺寸大小，一般按经验选取。木碹胎一般用方木或 2~3 层板材，分 2~3 段拼接而成（图 7-4）。金属碹胎，一般用 14~18 号槽钢或 15~24kg/m 钢轨制成（图 7-5）。

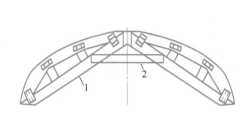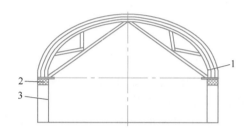

图 7-4　木碹胎　　　　　　　　　　　　　图 7-5　金属碹胎
1—碹胎；2—固定板　　　　　　　1—碹胎拱顶；2—托梁；3—碹胎柱腿

模板一般用 8~10 号槽钢或厚 30~40mm 木板制成。金属模板具有强度高、不易变形、容易修复、复用率高等优点，施工时应优先选用。矿用塑料模板质量轻，脱模容易，拆装迅速，抗腐蚀，使用寿命长，重复使用次数可达 30~40 次，可在巷道或井筒中推广使用。

7.3　喷射混凝土

7.3.1　喷射混凝土定义及其作用机理

喷射混凝土是将按一定比例配合的水泥、砂、石子和速凝剂等混合均匀搅拌后，装入喷射机，以压缩空气为动力，使拌合料沿输料管吹送至喷头处与水混合，并以较高的速度喷射在岩面上，凝结硬化后而成的高强度、与岩面紧密黏结的混凝土层。

喷射混凝土作用机理主要有以下几个方面：

（1）自撑能力。喷射混凝土支护加强了开挖后的岩层，使岩层和喷射混凝土共同形成承载结构，提高了围岩自身稳定性和自撑能力。

（2）黏结作用。喷射混凝土充填了张开的节理、裂隙、岩缝及岩面的凹陷处，其作用相当于砌体中砂浆的黏结作用。

（3）防风化作用。喷射混凝土能阻止岩石节理发育和裂缝渗水，从而防止节理形成通道，可避免水和空气对围岩的风化破坏。

（4）抗剪强度。喷射混凝土与岩石黏结在一起，能阻止松散岩块从顶板上垮落下来，提高了岩体的抗剪切能力。

（5）支撑作用。有一定厚度的喷射混凝土层还可以看作为密闭的拱形构件，具有支撑作用。

喷射混凝土的适用条件：除了大面积渗漏水、岩层错动、岩层与混凝土起不良反应等情况外，一般说来，喷射混凝土适用于中等稳定的块状结构围岩及部分稳定性稍差的碎裂结构围岩。

7.3.2 原材料及配比

喷射混凝土由水泥、砂、石子、水和速凝剂等材料组成。由于喷射混凝土工艺的特殊性，对原材料的性能规格要求与普通混凝土有所不同。

7.3.2.1 水泥

喷射混凝土要求凝结硬化快，早期强度高，应优先选用普通硅酸盐水泥，而且与速凝剂有较好的相容性，水泥强度等级一般不应低于 32.5。为保证混凝土的强度，应尽可能使用新鲜水泥，禁用储存期过长或受潮水泥。

当岩石、地下水或配置用水含有可溶性硫酸盐时，应使用抗硫酸盐类水泥。当结构物要求喷射混凝土具有较高早期强度时，可以使用硫铝酸盐水泥或其他早强水泥。

7.3.2.2 砂

以中粗砂为宜，尽量不用细砂，细度模数大于 2.5，其中直径小于 0.075mm 的颗粒应少于 20%。用细砂拌制混凝土水泥用量大，易产生较大的收缩变形，而且过细的粉砂中含有较多的游离二氧化硅，危害工人的健康；而砂子过粗，则会增大回弹量。砂的含水率在 5% 左右为宜，过大易堵管，过小会使粉尘量增加。

7.3.2.3 石子

可用卵石或碎石。用碎石制成的混凝土密实性好，强度较高，回弹率较低，但对施工设备和管路磨损严重；卵石则相反，它表面光滑，对设备及输料管的磨损小，有利于远距离输料和减少堵管事故。

石子的最大粒径取决于喷射机的性能，双罐式和转体式喷射机，粒径不大于 25mm，并应有良好的颗粒级配。根据经验，表 7-14 所列出的颗粒级配比较合理。

表 7-14　喷射混凝土所用石子的合理颗粒级配

粒径/mm	5~7	7~15	15~25
百分率/%	25~35	45~55	<20

将大于 15mm 的石子控制在 20% 以下，不仅可以减少回弹，也有利于减少混合料在管路内的堵塞现象。

7.3.2.4 水

喷射混凝土要求使用与普通混凝土要求相同的非污水，不得使用 pH 值小于 4 的酸性水、含硫酸盐量按 SO_4^{2-} 超过水重 1% 的水及海水等。

7.3.2.5 速凝剂

速凝剂是促使水泥早凝的一种催化剂。对速凝剂的要求是：加入后混凝土的凝结速度快（初凝 3~5min，终凝不大于 10min），早期强度高，后期强度损失小，干缩变化不大，对金属腐蚀小等。速凝剂存在严重缺点，主要对施工人员腐蚀性大，混凝土后期强度降低，一般要降低30%~40%，而且对水泥品种的适应性差。

速凝剂的作用：增加混凝土的塑性和黏性，减少回弹量；对水泥的水化反应起催化作用，缩短初凝时间，加速混凝土的凝固。这样可增加一次喷射厚度，缩短喷层间的喷射时间间隔，提高混凝土早期强度，及早发挥喷层的支护作用。但速凝剂的掺入量必须严格控制，试验表明，掺入速凝剂后混凝土的后期强度有明显下降，而且掺入量越多，强度损失越大。速凝剂的适宜掺入量一般为水泥重量的2.5%~4%，其掺入量与混凝土的凝结时间见表7-15。

表7-15　速凝剂掺入量与混凝土凝结时间的关系

掺入量/%	单 位	SNA-103A 型		8880 型	
		初 凝	终 凝	初 凝	终 凝
0	h	6	8	6	8
1	h	1	>2	>1	>2
2	min	2	7.5	1.5	>1
3	min	1.25	2.5	1.5	11
4	min	1.5	3	1.5	2.67
5	min	2.5	2.5	2	3.25
6	min	4.5	7		

7.3.2.6　配合比

喷射混凝土配合比的选择，应满足强度及喷射工艺要求，一般配合比（重量比）为1：2：2（水泥：砂：石子）或1：2.5：2。

7.3.2.7　喷层厚度的确定

喷层厚度一般为50~150mm。为了得到均质的混凝土，喷层的最小厚度不小于石子粒径的两倍，喷层过薄，容易使喷层产生贯通裂缝和局部剥落，所以最小厚度不宜小于50mm。

7.3.3　喷射工艺

喷射混凝土工艺流程如图7-6所示。湿喷混凝土是将拌好的混凝土通过压浆泵送至喷嘴，再用压缩空气进行喷灌的方法。施工时宜用随拌随喷的办法，以减少稠度变化。此法的喷射速度较低，易堵管，且由于水灰比增大，混凝土的初期强度也较低，但湿式喷射回弹和粉尘都较少，材料配合易于控制，工作效率较干喷混凝土高。

喷射混凝土具有较高的强度、黏结力和耐久性，但它会产生一定的收缩变形。喷射混凝土广泛用于井巷工程中，具有机械化程度高，施工速度快，材料省，成本低，质量好的优点，是一种较好的临时支护形式。

7.3.4　施工机具

喷射混凝土的施工机具，主要包括喷射机、干料搅拌机、上料设备和机械手等。

7.3.4.1　混凝土喷射机

目前国内常使用的湿式喷射机HLF-5型等，它们的技术特征见表7-16。

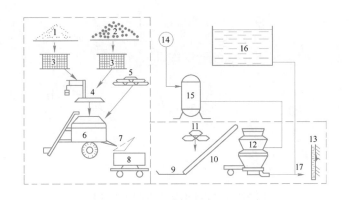

喷射混凝土

图 7-6　喷射混凝土工艺流程

1—砂子；2—石子；3，7—筛子；4—计量器；5—水泥；6—搅拌机；8—料车；9—料盘；10—上料机；

11—速凝剂；12—喷射机；13—受喷面；14—压风管；15—风包；16—水箱；17—喷头

表 7-16　常用混凝土喷射机主要技术性能

项　目	单　位	干式喷射机			湿式喷射机
		ZHP-2 型	WG-25 型	LHP-701 型	HLF-5
生产能力（拌合料）	m³/h	4~5	4	3~5	5~6
骨料最大粒径	mm	25	25	30	20
输料管内径	mm	50	50	75	50
压气工作压力	MPa	0.3~0.5	0.1~0.6	0.15~0.3	3~6
压气消耗量	m³/min	5~10	7~8	5~8	10
电动机型号	—	—	JO51-6	BJO₂-41-4	—
电动机功率	kW	4.0	2.5	4.0	4
电动机转速	r/min	960	960	1400	—
喷料盘或主轴转速	r/min	9.6	10.3	10.3	—
最大输送距离（向上）	m	60	40	5	40
（水平）	m	200	200	8~12	80
自　重	kg	650	850	360	600
外形尺寸（长×宽×高）	mm	1425×750×1250	1650×850×1630	1330×730×750	1800×850×1300

HLF-5 型罐式混凝土湿喷机（图7-7）并列的双罐4上方有一个共用的料斗5，下方各有一个输料螺旋10，两个罐体交替入料，并经各自的输料螺旋交替输料。在两个输料螺旋的前端各装一个进风环，压气经进风环进入，使混凝土湿料稀释，并将其吹入出料管。双罐的出料管在气动交换器1处汇合，经常保持一个出料管与输料管连通。工作时，料斗5中的拨料片，由电动机2经减速器3驱动，不停旋转，拨动加入的混凝土湿料。当操纵阀6扳到一侧时，球阀气缸9使一个球面阀7打开，另一个球面阀关闭，拨料片向打开的罐体供料。装满后，将操纵阀扳到另一侧，重罐关闭，空罐打开，同时离合器11使重罐的输料螺旋10运行，气动交换器1使其出料管与输料管接通，重罐风环进风，空罐排气，罐内混凝土湿料经输料管达到喷头向外射出。如此交换入料和出料，连续喷射。

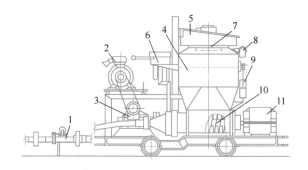

图 7-7　HLF-5 型罐式混凝土湿喷机

1—气动交换器；2—电动机；3—减速器；4—罐体；5—料斗；6—操纵阀；

7—球面阀；8—排气阀；9—球阀气缸；10—输料螺旋；11—离合器

A　湿式混凝土喷射机主要优点

（1）大大降低了机旁和喷嘴外的粉尘浓度，消除了对工人健康的危害。

（2）生产率高。干式混凝土喷射机一般不超过 $5m^3/h$。而使用湿式混凝土喷射机，人工作业时可达 $10m^3/h$；采用机械手作业时，则可达 $20m^3/h$。

（3）回弹度低。干喷时，混凝土回弹度可达 15%～50%。采用湿喷技术，回弹率可降低到 10%以下。

（4）湿喷时，由于水灰比易于控制，故可大大改善喷射混凝土的质量，提高混凝土的匀质性。而干喷时，混凝土的水灰比是由喷射手根据经验及肉眼观察来进行调节的，混凝土的品质在很大程度上取决于喷射手操作正确与否。

B　湿式喷射混凝土推广需解决的一些问题

湿式喷射机主要存在以下几方面问题：

（1）湿式混凝土喷射机多采用液体速凝剂，具有一定腐蚀性；

（2）劳动力素质及人们的环保意识尚待提高；

（3）湿式混凝土喷射机作业时，设备较为复杂，操作及维修困难；

（4）使用湿式混凝土喷射机作业时，设备投资较高。

随着环保意识的加强，以及人们对喷射混凝土施工质量更高的要求，湿式混凝土喷射机必将越来越多地取代干式混凝土喷射机而成为喷射混凝土作业的主要机具。

7.3.4.2　喷射混凝土配套机械化

为了提高效率，改善工作条件，采用配套机械化喷射混凝土工艺（图 7-8）。其主要包括：石子筛选机、混凝土罐车（图 7-9）、混凝土喷射台车（图 7-10）等。

喷射混凝土机械化配套原则：

（1）根据设计工程量和工期进度要求，确定选用主要喷射混凝土机械的作业能力和工作范围。

（2）采用湿喷混凝土工艺和喷射机械。

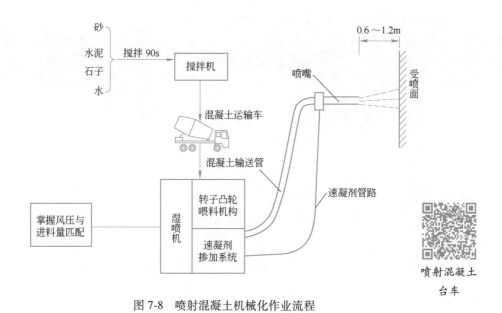

图 7-8 喷射混凝土机械化作业流程

图 7-9 喷射混凝土搅拌、运输罐车

图 7-10 喷射混凝土台车

（3）使用喷射混凝土台车保证喷射质量，按机械化喷射混凝土的工艺流程（图 7-11）进行喷射，降低工作人员的劳动强度。

（4）因湿喷混凝土坍落度较大，为不损失混凝土的浆液及减轻工人的劳动强度，采用混凝土罐车搅拌、运输混凝土，并满足长距离运输需求。

（5）研发喷射混凝土自动化技术。

7.3.5 喷射混凝土施工

7.3.5.1 喷射操作要求

操作前应按施工措施认真检查机器是否运转正常，发现问题及时处理。

（1）喷射机操作必须严格按操作规程进行。作业开始时，应先给风再开电机，接着供水，最后送料。作业结束时，应先停止加料，待罐内喷料用完后停止电机运转，切断水、风，并将喷射机料斗加盖保护好。

（2）喷射作业前，先用高压风水清洗岩面，以保证喷射混凝土与岩面牢固黏结。开始

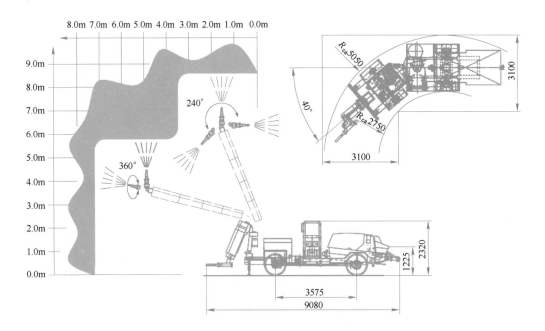

图 7-11　喷射混凝土台车喷射技术要求

喷射时，喷头可先向受喷面上下或左右移动喷一薄层砂浆，然后在此层上以螺旋状，一圈压半圈，沿横向作缓慢的划圈运动方式喷射混凝土。一般划圈直径以 100～150mm 为宜（图 7-12）。喷射顺序应先墙后拱，自下而上，注意墙基脚要扫清浮矸，喷严喷实。

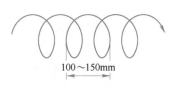

图 7-12　喷射轨迹

7.3.5.2　主要工艺参数

下面一些施工工艺参数，对喷射混凝土的质量和回弹有很大影响，在施工中应选其最优值。

A　工作风压

工作风压是指保证喷射机能正常工作的压气压力，故又称工作压力。工作风压与输料管长度和弯曲程度、骨料含水率、混凝土含砂率及其配比等有关。

工作风压过大，回弹率增加；风压过小，粗骨料尚未射入混凝土层内即中途坠落，回弹率同样增加。回弹率加大后，不仅混凝土的抗压强度降低，而且成本增高，故工作压力过大过小，对喷射混凝土质量均不利。从图 7-13 可以看出最佳风压在 110～130kPa 之间。

B　水压

水压一般比风压高 0.1MPa 左右，以利于喷头内水环喷出的水能充分湿润瞬间通过的拌合料。

C　喷头与受喷面的距离和喷射方向

喷头与受喷面的距离，与工作风压大小有关。在一定风压下，距离过小，则回弹率大；距离过大，粗骨料会过早坠落，也会使回弹率增加。由图 7-14 中可以看出，最佳间距在 0.8～1.0m，喷射方向垂直于工作面时，喷层质量最好，回弹量最小。

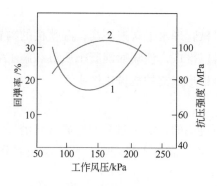

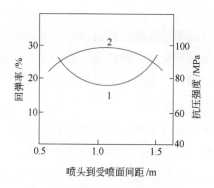

图 7-13　风压与回弹率（1）及　　　　图 7-14　喷头到受喷面的间距与回弹率（1）及
　　　　　抗压强度（2）的关系　　　　　　　　　　　抗压强度（2）的关系

　　喷嘴与喷射工作面的角度，在喷射两帮时，由下而上喷射，喷射混凝土将喷嘴向下 10°~15°，喷浆时喷嘴向下 5°~10°，使喷射出的混凝土或砂浆料速射在较厚的、刚喷上还没凝固、塑性大的混凝土或砂浆上面，这样可使粗骨料嵌入这层混凝土或砂浆塑性层中，大大减少了回弹。同时喷射溅起的灰浆黏附在上部岩石上，使岩石上形成一层未凝固的塑性大的灰浆层。喷射的混凝土或砂浆喷在这层没凝固的灰浆上，而不是直接喷在坚硬的岩壁上，也减少了大量的回弹。

　　D　一次喷层厚度和两次喷射之间的间歇时间

　　为了不使混凝土从受喷面上发生重力坠落，一般喷射顺序为从墙脚向上分段喷射，并且自下而上的一次喷层厚度逐渐减薄，其部位和厚度可按图 7-15 所示进行。掺速凝剂时，一次喷射厚度可适当增加。

　　一次喷射厚度一般不应小于骨料最大粒径的两倍，以减少回弹。如果一次喷射达不到设计厚度，需要进行复喷时，其间隔时间因水泥品种、工作温度、速凝剂掺量等因素变化而异。一般情况下，对于掺有速凝剂的普通水泥，温度在 15~20℃ 时，其间隔时间为 15~20min，不掺速凝剂时为 2~4h，若间隔时间超过 2h，复喷前应先喷水湿润。

　　E　水灰比

　　当水量不足时，喷层表面出现干斑，颜色较浅，回弹量增大，粉尘飞扬；若水量过大，则喷面会产生滑移、下坠或流淌。合适的水灰比会使刚喷过的混凝土表面具有一层暗弱光泽，黏性好，一次喷层厚度较大，回弹损失也小。从图 7-16 中可看出最佳水灰比为 0.4~0.45。

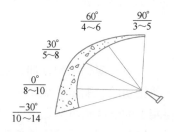

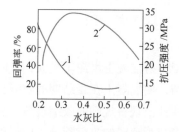

图 7-15　一次喷射厚度与喷头夹角之间的关系　　图 7-16　水灰比与回弹率（1）和
分子—喷头与水平面的夹角；分母——一次喷射厚度(mm)　　　　　　抗压强度（2）的关系

7.3.5.3 喷射施工中存在的几个问题

我国喷射混凝土普遍存在的问题有：施工及机械管理水平普遍不高；湿喷机的购置费用和液体速凝剂价格偏高，湿喷工艺和湿喷机具难以推广，使喷射混凝土质量和施工安全得不到保证；湿喷机具品种单一，配套性不强，难以形成支护机械化作业线。

A 回弹

喷射混凝土施工中，部分材料回弹落地是不可避免的，回弹过多，造成材料消耗量过大，喷射效率低，经济效果差，还在一定程度上改变了混凝土的配比，使喷层强度降低。因此，应采取措施减少回弹，并重视回弹物的利用。

回弹的多少，常以回弹率（回弹量占喷射量的百分比）来表示。在正常情况下，回弹率应控制在：喷侧墙时不超过 10%，拱顶不超过 15%。降低回弹率的措施是多方面的，可以采用合理的喷射风压、适当的喷射距离（喷头与受喷面之间）和合适的水灰比，以及合理的骨料级配予以解决。

B 粉尘

目前，国内湿式喷射工艺，速凝剂是在喷头处加入的，速凝剂与喷料的混合时间非常短促，不易拌和，易产生粉尘。装干料时或设备密封不良时，也会产生粉尘，使作业条件恶化，影响喷射质量，有害工人健康。

C 围岩涌水的处理

围岩有涌水，将使喷层与岩层的黏结力降低而造成喷层脱落或离层。在这些地区喷射时，先要对水进行处理，处理的原则是：以排为主，排堵结合，先排后喷，喷注结合。若岩帮仅有少量渗水、滴水，可用压风清扫，边吹边喷即可；遇有小裂隙水，可用快凝水泥砂浆封堵，然后再喷；在漏水集中且有裂隙压力水的地点，则单纯封堵是不行的，必须将水导出（图7-17）。首先找到水源点，在该处凿一个深约10cm 的喇叭口，用快凝水泥砂浆将导水管埋入，使水沿着导水管集中流出，再向管子周围喷混凝土，待混凝土达到相

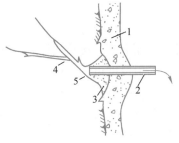

图 7-17　导水管法排水
1—喷射混凝土；2—排水管；3—快凝
水泥；4—水源；5—空隙

当强度后，再向导水管内注入水泥浆将孔封闭。若围岩出水量或水压较大，导水管一般不再封闭，而用胶管直接将水引入水沟。在上述各种方法都不能奏效的大量承压涌水地点，可先注浆堵水，然后喷射混凝土。

D 喷层收缩裂缝的控制

由于喷射混凝土水泥用量大，含砂量较高，喷层又是大面积薄层结构，加入速凝剂后迅速凝结，使混凝土在凝结期的收缩量大为减少，而在硬化期的收缩量明显增大，结果混凝土层往往出现有规则的收缩裂缝，从而降低了喷射混凝土的强度和质量。

为了减少喷层的收缩裂缝，应尽可能选用优质水泥，控制水泥用量，不用细砂，掌握适宜的喷射厚度，喷射后必须按养护制度规定进行养护，在混凝土终凝后开始进行洒水养护。必要时可挂金属网来提高喷层的抗裂性。

7.3.5.4 施工平面布置与施工组织

A 施工平面布置

喷射混凝土施工时的平面布置，主要指混凝土搅拌站和喷射机的布置方式，应根据施工设备、巷道断面和掘进作业方式等综合考虑确定。搅拌站分布置在地面和布置在喷射作业地点两种方式。

喷射机布置有两种布置方式：一种是布置在作业地点（图7-18），便于喷射手与喷射机司机联系，能及时发现堵管事故，但占用巷道空间大，设备移动频繁，使掘进工作面设备布置复杂化，对掘进工作有干扰，适用于巷道断面大的巷道或双轨巷道；另一种布置方式是喷射机远离喷射地点，且不随工作面的推进而移动，用延接输料管路的办法进行喷射作业（图7-19），可以少占用巷道空间，简化工作面设备布置，对掘进工作干扰小，便于掘喷平行作业，但管路磨损量大，易产生堵管事故，适用于有相邻巷道、硐室可用作喷射站时。

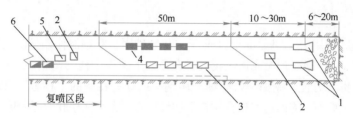

图7-18 喷射机布置在喷射作业地点示意图

1—耙斗装岩机；2—喷射机；3—空矿车；4—重矿车；5—小胶带上料机；6—混凝土材料车

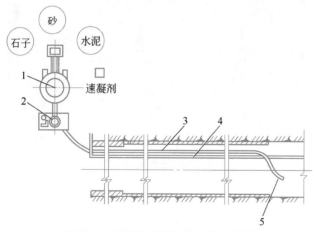

图7-19 喷射机布置在硐口外示意图

1—搅拌机；2—喷射机；3—输料管；4—供水管；5—喷头

B 作业方式

掘喷平行作业分为两种，一种是掘进和喷射基本上有各自的系统和路线，互不干扰；另一种是以掘进为主，在不影响掘进正常进行的条件下，进行喷射作业。

掘喷单行作业，根据工作面岩石破碎程度、风化潮解情况和掘进喷射的工作量大小，可区分为一掘一喷或二掘以至三掘一喷等。前者即一班掘进，下一班喷射；后者即连续二个或三个班掘进，第三或第四班进行喷射，但不能间隔时间过长。

C　劳动组织

喷射混凝土的劳动组织分专业队和综合队两种形式。专业化喷射队有利于各工种熟练操作技术，保障工程质量，加快施工速度。

喷射作业的劳动力配备与机械化程度、施工平面布置以及掘进作业方式等因素有关。

7.4　金属支架

金属支架是用金属材料做成的杆件式支架，可分为刚性结构和可缩性结构。金属支架常用矿用工字钢、U型钢和钢轨等制作。

金属支架强度大、坚固、耐久、防火，是一种优良的巷道支架，投资大，在有酸性腐蚀的情况下应避免使用。

7.4.1　梯形刚性支架

梯形刚性支架常用18~24kg/m钢轨或16~20号矿用工字钢制作，是由两腿一梁构成金属棚子（图7-20（a）），断面较大或顶压较大时在顶梁下架设中柱（图7-20（b））。梁腿连接要求牢固、简单，拆装方便。棚腿下端应焊一块钢板或穿有特制的"柱鞋"，以增加承压面积，防止棚腿陷入巷道底板。有时还可以在棚腿下加设垫木，尤其在松软地层中更应如此。

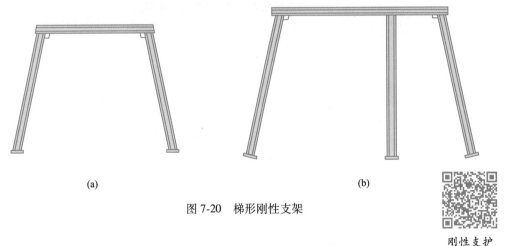

（a）　　　　　　　　　　　　　　　　（b）

图7-20　梯形刚性支架

刚性支护

7.4.2　拱形刚性支架

拱形刚性金属支架（图7-21）一般由矿用工字钢或槽钢制成。与梯形刚性支架相比其结构复杂，但承载能力较大。

有些锚喷、砌碹巷道或局部地段，由于围岩松软或受采动影响而发生破坏变形时，可用这种支架予以加固。这种支架实际只是一个拱顶，用短截支护型钢（矿用工字钢或U型钢均可）打入巷道两帮作为支撑座支撑拱顶，并用背板背实，使巷道破坏变形地段得到加强。

7.4.3　U型钢支架

U型钢也是一种矿用特殊型钢，适宜制作可缩性金属拱形支架（图7-22）。

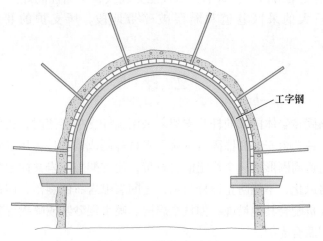

图 7-21　拱形刚性支架

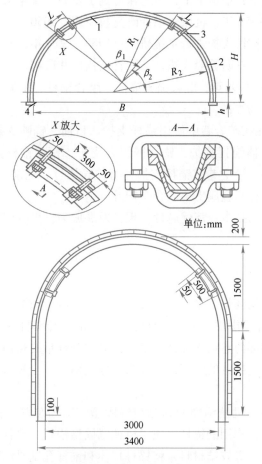

图 7-22　可缩性 U 型钢支架

1—拱梁；2—柱腿；3—卡箍；4—垫板

可缩性 U 型钢支架结构比较简单，承载能力较大，可缩性能好。适用于地压大、围岩不稳定、变形较大的采区巷道和断层破碎带地段，所支护的巷道断面一般不大于 $12m^2$。

7.5 锚 杆 支 护

锚杆支护

锚杆是一种锚固在岩体内部的杆状支架。采用锚杆支护巷道时，先向巷道围岩钻孔，然后在孔内安装和锚固由金属、木材等制成的杆件，用它将围岩加固起来，在巷道周围形成一个稳定的岩石带，使支架与围岩共同起到支护作用。但是锚杆不能防止围岩风化，不能防止锚杆与锚杆之间裂隙岩石的剥落，因此，在围岩不稳定情况下，往往锚杆再配合其他措施，如挂金属网、喷水泥砂浆或喷射混凝土等联合使用而称为喷锚或喷锚网联合支护。

早在 20 世纪 40 年代，美国、苏联就已在井下巷道使用了锚杆支护，以后在煤矿、金属矿山、水利、隧道以及其他地下工程中迅速得到了发展。多年来，世界锚杆支护经历了如下发展历程：1945~1950 年，机械式锚杆研究与应用；1950~1960 年，采矿业广泛采用机械式锚杆，并开始对锚杆支护进行系统研究；1960~1970 年，树脂锚杆推出并在矿山得到应用；1970~1980 年，发明管缝式锚杆、胀管式锚杆并应用，研究新的锚杆支护设计方法，长锚索产生；1980~1990年，混合锚头锚杆、组合锚杆、桁架锚杆、特种锚杆等得到应用，树脂锚固材料得到改进。

我国从 1956 年起在煤矿岩巷中使用锚杆支护。目前，锚喷支护已经成为岩巷支护的主要形式，主要有：单体锚杆支护，锚梁网组合支护，桁架锚杆支护，软岩巷道锚杆支护，深井巷道锚杆支护，沿空巷道锚杆支护，可伸长锚杆，电动、风动、液压锚杆钻机，锚杆支护监测仪器，锚杆与金属支架联合支护等。

由于锚杆支护显著的技术经济优越性，现已发展成为世界各国井巷及其他地下工程支护的一种主要形式。

7.5.1 锚杆的种类

锚杆种类很多，根据其锚固的长度可划分为端头锚固类锚杆和全长锚固类锚杆（表7-17）。端头锚固类锚杆是指锚杆装置和杆体只有一部分与锚杆孔底接触的锚杆，可分为端头锚固、点锚固、局部药卷锚固锚杆。全长锚固类锚杆指的是锚固装置或锚杆杆体在全长范围内全部与锚杆孔壁接触的锚杆，可分为摩擦式锚杆、全长砂浆锚杆、树脂锚杆、水泥锚杆等。

锚杆锚固方式可分为机械锚固型和黏结锚固型。锚固装置或锚杆杆体和锚杆孔壁接触，依靠摩擦阻力起锚固作用的锚杆，属于机械锚固型锚杆。锚杆杆体部分或锚杆杆体全长利用树脂、砂浆、水泥等胶结材料，将锚杆杆体和锚杆孔壁黏结在一起，靠黏结力起到锚固作用，属于黏结锚固型锚杆。

锚杆根据材质不同可分为钢丝绳、钢筋、螺纹钢、玻璃钢、木材、竹子等。

表 7-17　锚杆分类

端头锚固方式	机械锚固型	胀壳锚杆
		倒楔锚杆
	黏结锚固型	树脂锚杆
		水泥锚杆
全长锚固方式	机械锚固型	管缝式锚杆
		水力膨胀锚杆
	黏结锚固型	全长树脂锚杆
		全长水泥锚杆
		砂浆锚杆

7.5.1.1　机械式锚杆

机械式锚杆一般属于端头锚固式。常见锚头类型包括胀壳式、楔缝式和倒楔式等，常用金属杆体直径 14~22mm，也有 30~32mm 的，杆体长度 1.5~2m。

A　胀壳式锚杆

常见的胀壳式锚杆由胀壳、锥形螺母、杆体及螺母等组成（图 7-23）。标准的胀壳式锚头为沿纵向分割为两瓣或四瓣的一段短管，另一段为未分割的刚性部分。胀壳外表面加工成锯齿状，胀壳内插入一个有内丝扣的锥形空心螺母。组装好的锚杆送入孔底后，旋转杆体，使锥形螺母向下滑动，迫使胀壳张开，嵌入孔壁，使锚杆锚固在岩体中。

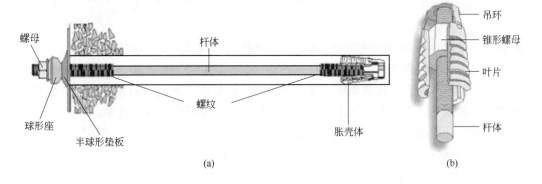

(a)　　　　　　　　　　　　　　　　(b)

图 7-23　胀壳式锚杆（a）及胀壳（b）

胀壳式锚杆的锚固力主要取决于胀壳与孔壁的接触情况。由于锚头与孔壁接触情况较楔缝式或倒楔式锚杆好，锚固可靠。所以，锚固力较大，设计锚固力一般取 50kN，实测锚固力可达 40~130kN。但当岩体质量较差时，锚固点附近岩石局部破碎将引起锚杆滑移。这种锚杆机械加工量大，成本较高。

B　楔缝式锚杆

楔缝式锚杆由杆体、楔子、垫板和螺母组成（图 7-24），其中楔子和杆头组成锚固部分，垫板、螺母和杆体下部组成承载部分。杆体一般用普通低碳钢制成，直径为 16~25mm，长度 1.5~2m，杆体内锚头上有长 150~200mm、宽 2~5mm 的纵向楔缝，外锚头带有 100~150mm 的标准螺纹。楔子一般用软钢或铸铁制成，比楔缝短 10~20mm，其宽度等于杆体直径或略小 2~3mm。楔子尖端厚度取 1.5~2mm。楔尾厚 20~25mm，垫板常用厚为 6~10mm 钢板作成方形，其边长为 140~200mm，也可以用铸铁制成各种形状的垫板，以适应凹凸不平的岩面。

安装时，先把楔子插入楔缝中送入孔底，然后在杆体外露端加保护套，锤击使楔子挤入楔缝，从而使杆体端部张开与孔壁围岩挤压固紧。最后在锚杆的外露端套上托板，将螺母拧紧。

金属楔缝式锚杆结构简单，加工容易，使用可靠，锚固力大，孔深要求比较严格，在软岩中不宜使用。

C　倒楔式锚杆

倒楔式锚杆由杆体、固定楔、活动倒楔、垫板、螺母组成（图 7-25）。

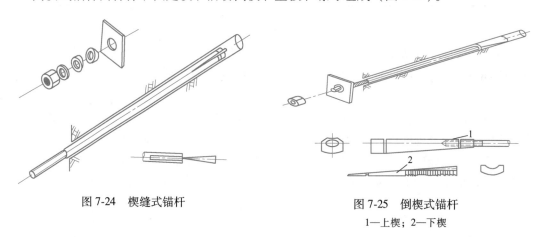

图 7-24　楔缝式锚杆

图 7-25　倒楔式锚杆
1—上楔；2—下楔

杆体用 ϕ12~16mm 的圆钢制作，固定楔、倒楔、垫板都可用铸铁制作。

安装时，先将倒楔楔头的下部与杆体绑在一起，轻轻插入钻孔中，然后采用扁形长冲头沿杆体一侧送入孔内顶住活动楔，并用锤撞击使活动楔沿固定楔斜面滑动，造成楔体横截面增大，并嵌入孔壁，然后装上托板，拧紧螺帽，使锚杆固定在岩体中。

这种锚杆比楔缝式可靠，对钻孔要求不严，结构简单，易于加工，安装后可立即发挥支护作用。金属倒楔式锚杆的锚固力一般可达 30~50kN。在围岩松软、破碎时，锚固效果差，不宜采用。

7.5.1.2　黏结式锚杆

A　树脂锚固锚杆

树脂锚固锚杆由树脂药卷、杆体、托板和螺母组成，树脂锚杆及锚固剂如图 7-26 所示。杆体内锚头压扁拧成反麻花状，杆体由圆断面到压扁处形状应渐渐改变。内锚头应设置挡圈，防止孔内树脂外流。杆体外锚头的螺纹应由滚丝机滚制而成，以便提高螺纹段强度。目前，国内已轧制出无纵筋螺纹钢筋（又称螺旋钢筋），用这种钢筋制作杆体可以不需加工，直接安装螺母，可以作为端头锚固锚杆，也可作为全长锚固锚杆。这种杆体不但可以提高锚杆黏结度，而且，便于安装和进行锚固长度调节。

树脂锚固剂通常将树脂、固化剂和促凝剂严密包装在胶囊中，制成一定长度和直径的锚固剂胶囊。由于促凝剂可促进树脂与固化剂的反应，加快凝固速度，为了防止这些成分

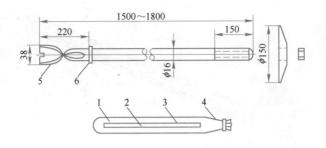

图 7-26 树脂锚杆及锚固剂
1—树脂胶泥；2—固化剂；3—固化剂胶袋；4—聚酯薄膜；5—锚杆的麻花部分；6—挡圈

在使用前接触，树脂和促凝剂装在一起，固化剂要与其隔离。我国生产的树脂锚固剂将固化剂与促凝剂两室密封，共同包装在塑料薄膜袋中。中速锚固剂固化时间按 4～6min，快速锚固剂固化时间为 0.5～1min。

树脂锚固锚杆的锚固力受多种因素影响，岩体种类及质量对锚固力将产生很大的影响；钻孔直径与杆体直径的配合关系对锚固力也有重要的影响。实验表明，最佳直径差为 6mm，一般取 4～6mm，此间隙可以保证树脂胶囊被充分搅碎和很好拌和，保证达到最大锚固力。

树脂锚杆
安装

这种锚杆具有使用方便、节省工时、锚固力大、安全可靠、防震性能好、防腐防锈、使用范围广等优点。可以施加预应力。特别是全长黏结式锚杆可以在质量很差的岩石中形成高强度锚固。这种锚杆的缺点是锚固剂储存期短（6 个月）。

B 水泥卷锚固锚杆

水泥卷锚固锚杆是以快硬水泥卷代替树脂药卷，其黏结方式也有端头锚固和全长锚固两种。水泥卷内包装的胶凝材料由国产早强水泥和双快水泥按一定的比例混合而成。如果在水泥中添加外加剂，还可制成快硬膨胀水泥卷，它具有速凝、早强、减水、膨胀等作用，特别是膨胀水泥的膨胀率 1h 可达 0.4%～0.6%，8h 可达 0.7%～0.8%，1 天可达 1.1%～1.3%，从而有助于杆体与孔壁的黏结，提高锚固力。

各类水泥卷锚固锚杆都是通过锚杆将水泥挤入锚杆孔裂隙，并快速黏结杆体，产生较大锚固力的目的。直径 16mm 的杆体采用快硬水泥卷做端头锚固，0.5h 后锚固力可达到 50kN 以上，具有较好的锚固性能。

水泥卷锚固锚杆具有适应性较好、锚固迅速可靠、可以施加预应力、抗震动和冲击等特点，且施工简便。但是，它的锚固力及其他的技术指标不如树脂锚杆，因此在永久支护中，尤其是在淋水或渗水的巷道中应用受到限制。

C 水泥砂浆锚杆

水泥砂浆锚杆由水泥砂浆、杆体、托板和螺母组成（图 7-27），是一种全长黏固式锚杆。

水泥砂浆锚杆杆体一般采用 Q235 钢，直径 $\phi 16～25$mm。为增加锚固力，也可以与机械式锚头配合使用。水泥砂浆一般用 P.Ⅰ 42.5、52.5 号以上硅酸盐水泥，砂子粒径不大于 2.5mm。砂浆配合比（重量比）一般为：水泥：砂＝1:1；水灰比约为 0.38～0.45。

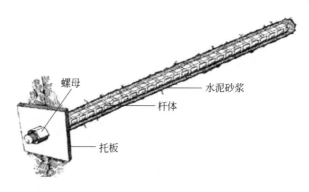

图 7-27   水泥砂浆锚杆

这种锚杆的水泥砂浆依靠压力注眼器注入钻孔内，水泥砂浆凝固后，将锚杆与钻孔壁黏结在一起，在岩体发生变形之前安装。其优点是结构简单、锚固力较高、抗冲击和振动性能好。但是，由于安装锚杆时水灰比难以控制，以及锚杆孔注不满等原因，使锚杆安装质量难以保证。

7.5.1.3   摩擦式锚杆

摩擦式锚杆按锚固原理是一种机械式锚杆。通过钢管与孔壁之间的摩擦作用达到锚固目的，为全长锚固式。主要包括管缝锚杆、水力膨胀管锚杆等。

A   管缝式锚杆

管缝式锚杆杆体是一根全长纵向开缝的长钢管（图 7-28），外锚头焊有一个直径 6~8mm 的圆钢弯成的挡环，杆体直径 30~45mm，开缝宽度 10~15mm，壁厚 2.2~3mm。当开缝管打入比管径小 1~3mm 的钻孔后，钢管的弹性使其外壁与钻孔岩壁挤压并产生沿管全长的径向应力和轴向摩擦力，阻止围岩变形，并在围岩中产生一个压应力场，使围岩加固。开缝管一般用冲击法装入钻孔，为了便于安装，锚头部分制成圆锥形。在开缝管外锚头处安装托板。

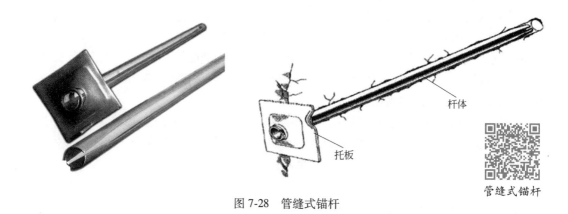

管缝式锚杆

图 7-28   管缝式锚杆

管缝式锚杆具有全长锚固的特点，安装后立即承载，锚固力随围岩变形而增大，随时间推移而增长，适应性好，在软弱破碎岩体中均能使用，锚固可靠。锚杆结构简单，安装方便、快速，易于实现机械化。但这种锚杆抗腐蚀性能差，在永久性巷道中使用时，必须加以注浆密封。

我国管缝式锚杆技术指标如下：

初锚力	25kN/m
长期锚固力	40~60kN/m
杆体拉断力	≥90kN
钢环抗脱力	≥70kN
托板抗压力	≥60kN

在应用中，主要应控制管缝式锚杆直径与钻孔直径差，这个值越大锚固力越大。但径差越大，相应的打入锚杆所需外力也越大，施工难度越大。通常，根据钻孔机具和岩石软硬程度，径差区为 0.5~2mm，岩石越硬径差越小。

B　水力膨胀式锚杆

水力膨胀式锚杆是一种厚 2mm、直径 41mm 的钢管被折叠成直径 $\phi 25$~28mm 的异型钢管（图7-29），装入直径 33~39mm 的钻孔中，通过高压水泵将高压水注入管内，使钢管沿锚杆全长膨胀并压紧孔壁，依靠管壁与孔壁之间的摩擦力和挤压力实现支护目的。同时，管体的膨胀伴随着纵向收缩，使托板紧贴岩面产生预紧力。在异型钢管前端上装有短接套管，外锚头为带小孔的短接管，与异型钢管严密焊接，在短接管与杆体相连处是金属托板。

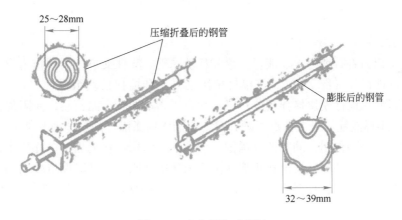

图 7-29　水力膨胀式锚杆

水力膨胀式锚杆结构简单，安装迅速，作业安全，抗震动性能好，锚固力大，锚固可靠。

7.5.1.4　释能锚杆

A　锥体（Cone）释能锚杆

图 7-30 为南非 Jager 研发出的一种在动力冲击作用下可沿锚杆孔滑移的锥体锚杆，称为锥体释能锚杆，主要由光滑杆体和锥形端组成。锚杆工作原理：在动力冲击作用下，当锥形端和托盘之间锚固的围岩发生膨胀变形后，产生变形动能传递到锚杆杆体上，当拉力超过设计支护滑移阻力，锥体端开始沿着注浆体发生滑移，从而实现了对变形能的有效释放。

图 7-30　锥体（Cone）释能锚杆结构图

B　D-释能锚杆

图 7-31 为挪威的 Charlie Chunlin Li 发明的一种新型释能支护装置 D-释能锚杆。D-释能锚杆主要由光滑金属杆体和许多相互作用的锚固单元组成，用水泥锚固剂或树脂锚固剂锚固。其中，锚固单元的材料强度要高于光滑杆体的材料强度。这样的设计在动力冲击作用下，既能保证 D-释能锚杆具有很大的锚固支护强度，又能使其随围岩的膨胀具有可伸缩形变功能，有效释放积聚在锚固岩体内的动能。

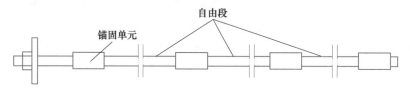

图 7-31　D-释能锚杆结构图

C　J-释能锚杆

东北大学依据岩石动力学、能量积累和耗散原理、锚杆支护作用等作为设计基础，研发了一种 J-释能锚杆（图 7-32），该锚杆由阻尼模块和搅拌模块组成。在安装过程中，J-释能锚杆通过使用搅拌模块搅拌安放在锚杆孔中树脂药卷或水泥药卷，使阻尼模块与锚杆孔黏结牢固；J-释能锚杆最大特点：既具有南非锥体释能锚杆的整体滑移能力，又具有 D-释能锚杆的多点锚固作用，同时两点锚固间产生滑移作用。在动力冲击作用下，使得 J-释能锚杆既可以与围岩共同移动消耗积聚在围岩内部的动能，又可以保持较高的锚固力，保持围岩与支护体的稳定，使其在高应力、岩爆（冲击地压）以及脆-延性大变形作用下，保持巷道围岩稳定。

图 7-32　J-释能锚杆结构图

7.5.1.5　锚索支护

锚索是由锚索、锁具及托板等组成（图 7-33），并在锚索孔内注水泥浆液或水泥砂浆而成。

传统的锚索支护一般适合于金属矿山井下大断面硐室和巷道的补强和加固。锚索钻孔和锚固吨位一般较大，而且采用注浆锚固，不适用于回采巷道的施工。

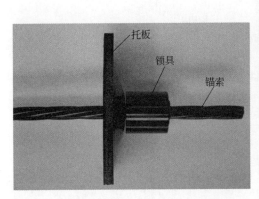

图 7-33 锚索结构示意图

预应力锚索加固围岩的实质，就是通过锚索对被加固的岩体施加预应力，限制岩体有害变形的发展，从而保持岩体的稳定。在顶板上打注锚索后，由于锚索的锚固点在深部稳定岩层中，根据悬吊理论，使下部不稳定岩层通过锚索悬吊在上部稳定岩层中，起到了悬吊顶板的作用，同时由于锚索预应力作用，对已有锚杆支护的下部岩层进行组合、加固。锚索能有效地控制顶板下沉，减少支架，使支护达到良好的效果。

锚索支护设计包括选择合适的锚索类型、锚索方向、锚索长度、锚索间排距和合理的安装程序，并确定进行超前或者滞后加固以及是否加预应力。在采矿生产实践中，锚索支护方案的选取取决于钻孔设备、注浆机具；对于锚索安装程序，则取决于锚索支护工人的技术培训水平。

锚索的安装工艺能够反映其支护的力学性能。锚索的长度和横向易弯曲性给锚索安装质量增加了难度。锚索的安装受多种因素影响，如钻孔质量、锚索形状、注浆和锚索施加的预应力等。图 7-34 为上向孔注浆安装锚索工艺流程，此两种锚索安装方法分别以浆液重力为阻力和以注浆浆液重力为动力注塞锚索孔。在注浆方式上，注浆管可以在锚索孔内边退边注，便于锚索支护的安装，该锚索支护工艺流程在国内外矿山得以广泛应用。

近年来，通过应用长锚索与系统锚杆联合支护，能够有效提高空场法应用范围，为破碎或不稳固矿体的矿体开采提供足够的再造空间，为破碎或不稳固矿床安全高效开采提供了保障。

7.5.1.6 组合锚杆支护的辅助构件

组合锚杆支护常用的辅助构件有各种钢梁、钢带和金属网。

作为联系各个锚杆的托梁主要采用钢梁。钢梁的选材范围较宽，可以采用槽钢、角钢和 U 型钢。

近年来，国内外广泛采用钢带作为锚杆的联系构件。钢带由扁钢或薄钢板制成，为了便于锚杆安装，在钢带上预先钻好孔，钻孔形状为椭圆形，钻孔直径由相应锚杆直径确定。

我国生产的钢带，共有 12 种规格，其长度为 1.6~4m，宽为 180~280mm，每条质量为 5~29kg。也可采用钢筋梯代替钢带，钢筋梯的钢筋直径一般为 10mm，钢筋间距约 80~100mm。其主要优点是省钢材，且有较大的刚度。但是，必须保证钢筋梯整体焊接质量，并在使用中确保锚杆托板能切实压紧钢筋梯。

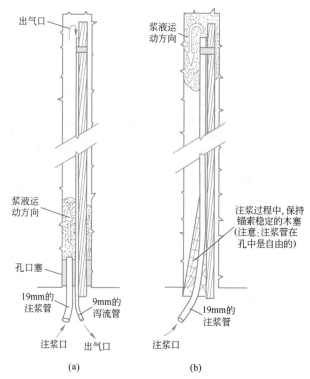

图 7-34　上向孔注浆安装锚索工艺示意图

（a）排气管的方式；（b）注浆管的方式

　　金属网是组合锚杆支护中常用的构件，它用来维护锚杆间围岩，防止小块松石掉落，也可用作喷射混凝土的配筋。被锚杆拉紧的金属网还能起到联系各锚杆组成支护整体的作用。金属网负担的松石荷载取决于锚杆间距的大小。

　　常见的金属网采用直径 3~4mm 的铁丝编织而成，一般采用镀锌铁丝。以往采用 60mm×60mm 的矩形孔网，即经纬网（图 7-35（a））。目前，经纬网已被丝距 40~100mm 的铰接菱形孔网取代（图 7-35（b））。

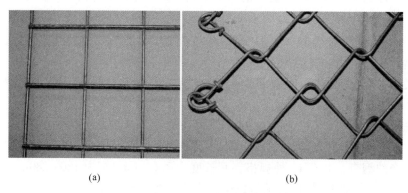

图 7-35　金属网形式

（a）经纬网；（b）菱形网

7.5.2 锚杆支护作用机理

正确地设计和应用锚杆支护，必须对锚杆支护机理有正确的认识，并以完善的锚杆支护理论作指导。

传统的锚杆支护理论有：悬吊理论、组合梁理论、组合拱（压缩拱）理论以及减跨理论等。它们都以一定的假说为基础，从不同的角度、不同的条件阐述锚杆支护的作用机理，而且力学模型简单，计算方法简明易懂，适用于不同的围岩条件，得到了国内外的承认和应用。

7.5.2.1 悬吊作用

悬吊理论认为：锚杆支护的作用就是将巷道顶板较软弱岩层悬吊在上部稳定岩层上，以增强较软弱岩层的稳定性。

在块状结构或裂隙岩体的巷道及采场顶板中，围岩松软破碎，或者巷道或采场开挖后应力重新分布，顶板出现松软破裂区，这时采用锚杆支护，可将软弱或不稳定岩层吊挂在上面较坚固的岩层上，从而防止离层脱落（图 7-36（a））；也可把节理弱面切割形成的岩块联结在一起，阻止其沿弱面转动或滑移塌落（图 7-36（b））。

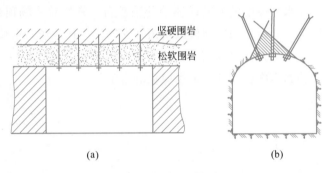

图 7-36 锚杆的悬吊作用

根据悬吊岩体的重量就可以进行锚杆支护设计。

悬吊理论只适用于巷道或者采场顶板危岩体冒落，不适用于巷道的帮、底。如果顶板中没有坚硬稳定岩层或顶板软弱岩层较厚，围岩破碎区范围较大，无法将锚杆锚固到上面坚硬岩层或者未松动岩层上，悬吊理论就不适用。

7.5.2.2 组合梁作用

组合梁理论认为：在层状岩体中开挖巷道，当顶板在一定范围内不存在坚硬稳定岩层时，锚杆的悬吊作用居次要地位。在层状结构的岩层中，如果存在若干分层，顶板锚杆的作用，一方面是依靠锚杆的锚固力增加各岩层间的摩擦力，防止岩石沿层面滑动，避免各岩层出现离层现象；另一方面，锚杆杆体可增加岩层之间的抗剪刚度，阻止岩层间的水平错动，从而将巷道顶板锚固范围内的几个薄岩层锁紧成一个较厚的岩层（组合梁）（图7-37）。由于锚杆的锚固使各层岩石相互挤压，致使岩层在荷载作用下，其最大弯曲应变和应力都将大大减小，组

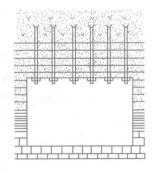

图 7-37 锚杆的组合作用

合梁的挠度也减小，而且组合梁越厚，梁内的最大应力、应变和梁的挠度也就越小。

根据组合梁的强度大小，可以确定锚杆支护参数。

组合梁理论只适用于层状顶板锚杆支护的设计，对于巷道的帮、底不适用。

7.5.2.3 组合拱理论

组合拱理论认为：在拱形巷道围岩的破碎区中安装预应力锚杆时，在杆体两端将形成圆锥形分布的压应力，如果沿巷道周围布置锚杆群，只要锚杆间距足够小，各个锚杆形成的压应力圆锥体将相互交错，就能在岩体中形成一个均匀的压缩带，即组合拱（又称承压拱和压缩拱）（图7-38），这个组合拱可以承受其上部破碎岩石施加的径向荷载。在组合拱内的岩石径向和切向均受压，处于三向应力状态，因而增加了自身强度，有利于围岩的稳定和支撑能力的提高。另外，锚杆还可以增加岩层弱面的剪切阻力，使围岩稳定性提高，起到了补强作用。

根据组合拱理论可以有效维护拱形巷道围岩的稳定，进而确定锚杆支护参数。

组合梁理论只适用于全断面破碎岩体拱形巷道围岩锚杆支护的设计。

7.5.2.4 减跨作用

减跨理论认为：在水平厚度较大的矿体中开采矿石，常导致采场顶板暴露面积极大，不利于采场顶板的稳定。通过在采场顶板采用锚杆支护，并在采场合适位置安设立桩，相当于使巷道或者顶板岩石悬露的跨度缩小，称为锚杆支护的减跨作用（图7-39）。减跨作用可以减小采场顶板的暴露面积，利于采场顶板的稳定。

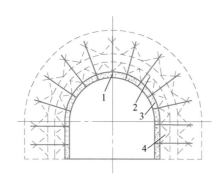

图7-38　锚杆加固拱
1—锚杆；2—岩体组合拱；3—喷混
凝土层；4—岩体破碎区

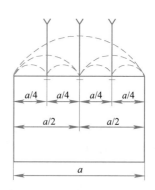

图7-39　锚杆缩小悬顶跨度
a—未打锚杆的巷道悬顶跨度

根据减跨理论可以有效维护厚大采场顶板围岩的稳定，进而确定锚杆支护参数。

减跨理论适用于厚大矿体空场或者充填采场顶板的稳定。

以上列举了锚杆的四种作用，实际上各种作用都不是单独存在的，而是综合在一起共同起作用。

7.5.3 锚杆支护参数确定

锚杆支护设计关系到巷道锚杆支护工程的质量优劣、是否安全可靠以及是否经济合理等重要问题，因而广泛被国内外学者所重视。目前的巷道锚杆支护设计方法基本上可归纳为四类：第一类是工程类比法，包含简单的经验公式进行设计；第二类是理论计算法；第三类是以计算机数值模拟为基础的设计方法；第四类是监测法。工程类比法在巷道锚杆支护设计中应用相当广泛，主要以巷道围岩稳定性分类为基础的锚杆支护设计方法和巷道围岩松动圈分类与支护设计建议等。理论计算方法主要有悬吊理论法、冒落拱理论法、组合梁理论法和组合拱理论法等。由于各种理论计算方法所依据的理论基础不同，加以计算支护参数，并在工程实践中不断优化支护参数设计，更有利于支护结构参数的优化。

7.5.3.1 采用工程类比法进行巷道组合支护设计

工程类比法是建立在已有工程设计和大量工程实践成功经验的基础上，在围岩条件、施工条件及各种影响因素基本一致的情况下，根据类似条件的已有经验，进行待建工程锚杆支护类型和参数设计。这种设计方法不是简单照搬，而是首先应搞清楚待建巷道的地质条件与围岩物理力学参数，科学地进行围岩分类的情况下，然后再针对不同的围岩类别，根据巷道生产地质条件确定锚杆支护参数。

巷道围岩的稳定性可分为非常稳定（Ⅰ类）、稳定（Ⅱ类）、中等稳定（Ⅲ类）、不稳定（Ⅳ类）和极不稳定（Ⅴ类）5个类别。

在采准巷道围岩稳定性分类的基础上，制定了巷道锚杆支护技术规范。该规范的要点如下：

（1）顶板必须采用金属杆体锚杆。全长锚固或加长锚固锚杆应选用螺纹钢杆制作，采用端部锚固锚杆时，设计锚固力不应低于 64kN；采用全长锚固锚杆时，杆体破断力不应小于 130kN。

（2）一般情况下，巷道帮应支护。巷道帮锚杆的设计锚固力应不低于 40kN。根据巷道断面、节理裂隙发育程度、埋藏深度、锚杆是否经受切割等因素确定巷道帮锚杆的形式与参数。

（3）锚杆孔径与锚杆杆体锚固段直径之差，保持在 6~10mm 范围之内。

（4）顶板靠巷道两帮的锚杆，一般应向巷道帮倾斜 15°~30°（与铅垂线夹角）。

（5）金属杆体锚杆支护参数见表 7-18。

（6）推荐的巷道锚杆基本支护形式与主要参数见表 7-19。

表 7-18 金属杆体锚杆支护参数

项　目	系　列						
锚杆长度/m	1.4	1.6	1.8	2.0	2.2	2.4	2.6
锚杆杆体直径/mm		16	18	20	22	24	
锚杆孔径/mm		26	28	31	33		
锚杆排距/m	0.6	0.7	0.8	0.9	1.0	1.1	1.2	1.4
锚杆间距/m	0.6	0.7	0.8	0.9	1.0	1.1	1.2	1.4

注：1. 帮锚杆杆体直径可选用 14mm。

　　2. 锚杆孔径优先选用 28mm。

表 7-19　巷道锚杆基本支护形式与主要参数

巷道类别	巷道围岩稳定状况	基本支护形式	主要支护参数
I	非常稳定	整体砂岩，石灰岩岩层：不支护 其他岩层：单体锚杆	端锚：杆体直径：>16mm 杆体长度：1.6~1.8m 间排距：0.8~1.2m 设计锚固力：>64~80kN
II	稳定	顶板较完整：单体锚杆 顶板较破碎：锚杆+网	端锚：杆体直径：16~18mm 杆体长度：1.6~2.0m 间排距：0.8~1.0m 设计锚固力：64~80kN
III	中等稳定	顶板较完整：锚杆+钢筋梁 顶板破碎：锚杆+W 钢带（或钢筋网）+网，或增加锚索桁架，或增加锚索	端锚：杆体直径：16~18mm 杆体长度：1.6~2.0m 间排距：0.8~1.0m 设计锚固力：64~80kN
IV	不稳定	锚杆+W 钢带+网，或增加锚索桁架+网，或增加锚索	全长锚固：杆体直径：18~22mm 杆体长度：1.8~2.4m 间排距：0.6~1.0m
V	极不稳定	顶板较完整：锚杆+金属可缩支架，或增加锚索 顶板较破碎：锚杆+网+金属可缩支架，或增加锚索 底鼓严重：锚杆+环形可缩支架	全长锚固：杆体直径：18~24mm 杆体长度：2.0~2.6m 间排距：0.6~1.0m

注：1. 巷道帮锚杆支护形式与主要参数根据地应力大小、围岩强度、节理状况、巷道断面与是否切割等，参照顶板钻杆确定。

2. 对于复合顶板，破碎围岩，易风化、潮解、遇水膨胀围岩，可考虑在基本支护形式基础上增加锚索加固或注浆加固、封闭围岩等措施。

3. 锚杆各构件强度应与相应锚固力匹配。

4. 顶板较完整指节理、层理分级的 I、II、III 级，顶板较破碎指 IV、V 级（表 7-20）。

表 7-20　节理、层理发育程度分级

节理层理分级	I	II	III	IV	V
节理层理发育程度	极不发育	不发育	中等发育	发育	很发育
节理间距 D_1/m	>3	1~3	0.4~1	0.1~0.4	<0.1
分层厚度 D_2/m	>2	1~2	0.3~1	0.1~0.3	<0.1

实践证明，在工程条件相近时，采用工程类比法进行锚杆支护设计十分成功。

7.5.3.2　理论计算法

锚杆支护理论计算法主要是利用悬吊理论、组合梁理论、冒落拱理论以及其他各种力学方法等，分析巷道围岩的应力与变形，进行锚杆支护设计，给出锚杆支护参数的解析解。这种设计方法的重要性在于不仅与工程类比法相辅相成，并且为研究锚杆支护机理提供了理论工具。随着岩石力学发展水平的提高，终将使锚杆支护设计达到科学化、定量化。

在层状岩层中开挖的巷道，顶板岩层的滑移与分离可能导致顶板的破碎直至冒落；在节理裂隙发育的巷道中，松脱岩块的冒落可能造成对生产的威胁；在软弱岩层中开挖的巷道，围岩破碎带内不稳定岩块在自重作用下也可能发生冒落。如果锚杆加固系统能够提供足够的支护阻力将松脱顶板或围岩悬吊在稳定岩层中，就能保证巷道围岩的稳定。

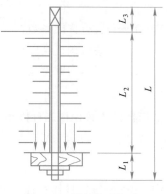

A 锚杆长度

锚杆长度通常按式（7-8）计算（图7-40）：

$$L = L_1 + L_2 + L_3 \qquad (7-8)$$

图7-40 锚杆长度组成

式中 L_1——锚杆外露长度，其值主要取决于锚杆类型及锚固方式，一般 $L_1 = 0.15\text{m}$；对于端锚锚杆，$L_1 =$ 垫板厚度+螺母厚度+（$0.03 \sim 0.05\text{m}$），对于全长锚固锚杆，还要加上穹形球体的厚度；

L_2——锚杆的有效长度；对于全长锚固锚杆，锚杆的有效长度则为 $L_2 + L_3$；

L_3——锚杆锚固段长度，一般端锚时 $L_3 = 0.3 \sim 0.4\text{m}$，由拉拔试验确定；当围岩松软时，$L_3$ 还应加大。

显然，锚杆外露长度（L_1）与锚杆锚固长度（L_3）易于确定，关键是如何确定锚杆的有效长度（L_2）。通常按下述方法确定 L_2：

（1）当直接顶需要悬吊而它们的范围易于划定时，L_2 应大于或等于它们的厚度。

（2）当巷道围岩存在松动破碎带时，L_2 应大于巷道围岩松动破碎区高度 h_i。h_i 可由下面几种方法确定：

1）经验确定。围岩为层状岩石时，应使锚杆尽量锚固在较坚固的老顶岩石中，这样才能保证直接顶与老顶共同作用。

非层状岩石中，锚杆长度可按下述经验公式选取：

$$L \geqslant (1/4 \sim 1/3)B \qquad (7-9)$$

式中 B——巷道的跨度，m。

2）声测法确定。

3）解析法估计：

$$h_i = \frac{(100 - RMR)B}{100} \qquad (7-10)$$

式中 RMR——CSIR 地质力学分级岩体总评分。

4）在松散介质及中硬以下岩石，以及小跨度地下空间（跨度一般小于6m），可以利用 M.M. 普罗托奇雅可诺夫的抛物形压力拱理论估计冒落带高度。

当 $f \geqslant 3$ 时：

$$h_i = B/(2f) \tag{7-11}$$

当 $f \leqslant 2$ 时：

$$h_i = [B/2 + H\cot(45° + \varphi/2)]/f \tag{7-12}$$

式中　f——岩石普氏系数；

　　　H——巷道掘进高度；

　　　φ——岩体内摩擦角。

B　锚杆杆体直径

锚杆杆体直径根据杆体承载力与锚固力等强度原则确定：

$$d = 35.52\sqrt{\frac{Q}{\sigma_t}} \tag{7-13}$$

式中　d——锚杆杆体直径，mm；

　　　Q——锚固力，由拉拔试验确定，kN；

　　　σ_t——杆体材料抗拉强度，MPa。

C　锚杆间、排距

根据每根锚杆悬吊的岩石重量确定，即锚杆悬吊的岩石重量等于锚杆的锚固力。

通常锚杆按等距排列：

$$a = S_c = S_1 = \frac{Q}{2K\gamma L_2} \tag{7-14}$$

式中　S_c，S_1——锚杆间、排距；

　　　K——锚杆安全系数，一般取 $K = 1.5 \sim 2$；

　　　γ——岩石体积力。

锚杆的长度一般为 1.5~3.0m，锚杆间距不宜大于锚杆长度的二分之一。

D　锚杆的布置

锚杆在岩石巷道中的布置方式一般有三种：

（1）在均质整体性的岩石中，锚杆应基本上垂直于巷道轮廓面，沿巷道断面的周围均匀地布置（图7-41（a））。

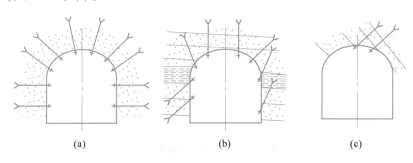

(a)　　　　　　　　　(b)　　　　　　　　　(c)

图 7-41　锚杆在巷道中的布置

（2）在岩层层理明显发达的岩层中，锚杆应穿层布置，把几层岩石用锚杆固结在一起，决不能平行于岩层布置（图7-41（b））。

（3）巷道岩石较好，可以不支护，如果局部地方不安全，可以用锚杆做局部支护（图7-41（c））。

锚杆的布置主要依据围岩的性质而定，可排列成方形或梅花形（图7-42），前者适用于较稳定的岩层，后者适用于稳定性较差的岩层。

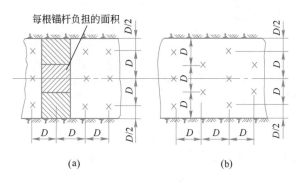

图 7-42　锚杆在岩面的布置

（a）方形布置；（b）梅花形布置

表 7-21 为国内几个冶金矿山使用锚杆支护的实例。

表 7-21　国内几个冶金矿山使用锚杆支护的实例

单位	工程名称	跨度/m	地质条件	支护类型	锚杆长度 L/m	锚杆间距 D/m	锚杆长度与巷道跨度比	D/L
梅山铁矿	破碎机硐室	10.5	高岭土化安山岩与矽化安山岩	喷锚网	2.2~3.0	0.8	1/3~1/4	0.31~0.37
	副井运输巷道	4.0	高岭土化安山岩凝灰角砾岩石	喷锚	1.5	1.0	1/2.6	0.66
金山店铁矿	破碎机硐室	11.5	节理不发育的石英闪长岩	喷锚网	2.5~3.0	0.86~1.0	1/4	0.4
	运输巷道	4.0	节理间充填有高岭土、绿泥石的石英闪长岩	喷锚	1.5	1.0	1/2.6	0.66
南芬铁矿选矿厂	泄水洞	3.4	钙质、泥质、炭质页岩与石英岩、泥灰岩互层	喷锚	1.5	1.0	1/2.3	0.66
中条山铜矿	电耙道	3.1	节理较发育的大理岩	喷锚	1.6	1.0	1/2	0.66

7.5.3.3 锚杆的检验

为了保证锚杆支护质量，必须对锚杆施工加强技术管理和质量检查，主要检查锚杆孔径、深度、间距和排距以及螺母的拧紧程度，并对锚杆的锚固力进行抽查检验。如发现锚固力不符合设计要求，则应重新补打锚杆。锚杆锚固力试验，一般可采用 ML-20 型拉力计（图 7-43），或其他锚固力试验装置进行。

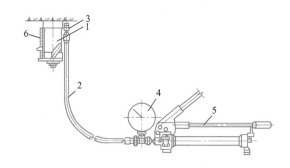

图 7-43　ML-20 型锚杆拉力计

1—空心千斤顶；2—油管（胶管）；3—胶管接头；4—压力表；5—手动油泵；6—标尺

ML-20 型拉力计主要部件是一个空心千斤顶和一台 SY4B-1 型高压手摇泵，其最大拉力为 196kN，活塞行程 100mm，重量 12kg。试验时，用卡具将锚杆紧固于千斤顶活塞上，然后将高压胶管与手摇泵连接起来；摇动油泵手柄，高压油经胶管达到拉力计的油缸，推动活塞拉伸锚杆。压力表读数乘以活塞面积即为锚杆的锚固力。锚杆位移量可从活塞一起移动的标尺上直接读出。

拉拔试验时，除检验锚固力外，在规定的锚固力范围内要求锚杆的拉出量不超过允许值。

对钢筋（钢丝绳）砂浆锚杆，还必须进行砂浆密实度试验。选取内径为 $\phi38mm$，长度与锚杆相同的钢管或塑料管三根，将管子一端封死，按与地面平行、垂直、倾斜方向固定，然后向管内注砂浆（砂浆配合比与施工相同），同时插入钢筋。经养护一周后，将管子横向断开，纵向剖开，检查钢筋位置及砂浆密实程度。

7.5.4　锚杆支护类型及其适用条件

7.5.4.1　喷锚支护类型及选用

A　单体锚杆支护

单体锚杆（图 7-44）是锚杆支护结构中最简单的支护结构形式，每根锚杆是一个个体，单独对顶板起作用，但通过岩体的联系又把每根锚杆的作用联合起来，每根锚杆共同作用的结果，控制不规则弱面的发展、危石的掉落，增强岩体强度，形成加固岩梁，共同支撑外部荷载。

单体锚杆支护结构主要适用于岩石稳定、坚固性系数大于 6，节理裂隙不发育的顶板，以及围岩

图 7-44　单体锚杆支护

应力较小的条件。其支护特点是：巷道支护施工方便，工序简单，有利于掘进水平提高；对围岩的支护功能较弱，用于较差围岩条件，围岩表层容易首先破坏，由表及里，导致锚杆失效。

B 锚梁支护结构

锚梁结构是指锚杆与钢筋梯梁或 W 型钢带组合的支护结构。锚杆通过钢筋梯梁或 W 型钢带扩大锚杆作用力的传递范围，把个体锚杆组合成锚杆群共同协调加固巷道围岩，这种组合大大增强了锚杆群体的作用和护表功能。

锚梁支护结构主要适用于：围岩强度较大，节理裂隙较发育的Ⅱ、Ⅲ类围岩条件。

锚梁支护特点：支护操作方便，施工简单，有利于单进水平提高。

C 锚网梁支护结构

锚网梁支护结构是锚杆托梁、梁压网、网护顶的组合锚杆支护结构（图 7-45）。它是在锚梁支护结构的基础上发展起来的，除具有锚梁结构的支护功能和作用外，由于使用金属网把锚梁间裸露的岩体全部封闭起来，护表功能更强。

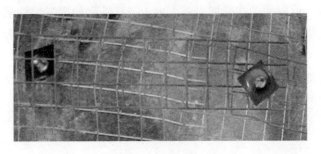

锚网梁支护

图 7-45 锚网梁支护

锚网梁支护主要适用于：复合层状顶板和岩体松软、压力大的Ⅳ、Ⅴ类巷道围岩条件。

锚网梁支护的特点：适应性强，支护效果好，加固岩体性能稳定。支护结构相对复杂，操作工序增多，对掘进速度有一定的影响。

D 锚梁网索支护结构

锚梁网索支护结构是在锚网梁支护结构的基础上增加锚索的组合支护结构。它凸显了锚索对锚网梁的补强作用，增大围岩抗剪强度，改善了巷道的受力条件，提高了巷道维护的安全可靠程度。

锚网梁索支护结构主要适用于：复杂地质条件下的巷道支护和岩体松软、压力大的Ⅳ、Ⅴ类巷道围岩条件，以及巷道断面加大、孤岛开采的工作面两巷、受构造影响区域的巷道等。

锚网梁索支护的特点：支护强度大，护表效果好，适用范围广，安全可靠性高，支护结构相对复杂，施工工序和难度较大，对掘进速度有一定影响，支护成本较高。

E 锚喷支护

在破碎岩体中，采用单体锚杆支护时，锚杆之间无支护部分的岩体容易脱落，将最终导致锚杆支护失效。锚喷支护是指以锚杆为主体，在锚杆支护的岩体表面喷射一定厚度的混凝土来共同加固围岩，提高围岩强度，减小破裂区厚度（图7-46）。

图7-46　锚喷支护

锚喷支护适用于：巷道开挖后围岩处于破裂状态，而破裂区的形成要经历较长的时间过程。

锚喷支护特点：支护操作方便，施工简单，有利于单进水平提高。

F　锚注支护

锚注是锚喷支护与围岩注浆相结合加固围岩的一种综合方法。它既是一种加固方法，又是一种独立的支护方式。这种支护方法用锚杆兼作注浆管，对巷道围岩进行外锚内注。与单纯的锚喷加固围岩不同，锚注支护在锚杆加固带的围岩深处形成一个注浆加固圈。由于锚杆外部的围岩因注浆而得到加固，整体性加强，为锚杆提供了可靠的着力基础，从而能有效地提高锚杆的锚固力，抑制巷道围岩的收敛变形。

锚注支护结合加固围岩综合了锚喷与围岩注浆两种加固方法的优点，对巷道围岩的加固效果更显著，同时也扩大了锚喷与围岩注浆各自的适用范围。

7.5.4.2　喷锚支护的优越性及适用条件

A　喷锚支护的优越性

（1）施工工艺简单，机械化程度高，有利于减轻劳动强度和提高工效。

（2）施工速度快，为组织巷道快速施工一次成巷创造了有利条件。

（3）喷射混凝土能充分发挥围岩的自承能力，并和围岩构成共同承载的整体，使支护厚度比砌碹厚度减少 $1/3 \sim 1/2$，从而可减少掘进和支护的工程量。此外，喷射混凝土施工不需要模板，还可节约大量的木材和钢材。

（4）质量可靠，施工安全。因喷射混凝土层与围岩黏结紧密，只要保证喷层厚度和混凝土的配合比，施工质量容易得到保证。又因喷射混凝土能紧跟掘进工作面进行喷射，能及时有效地控制围岩变形和防止围岩松动，使巷道的稳定性容易保持。许多施工经验说明，即使在断层破碎带，喷锚支护（必要时加金属网）也能保证施工安全。

喷锚支护也大量用于交通隧道及其他地下工程；既适用于中等稳定岩层，也可用于节理发育的松软破碎岩层；既可作为巷道的永久支护，也可用于临时支护和处理冒顶事故等。

B　适用条件

除严重膨胀性岩层，毫无黏结力的松散岩层以及含饱和水、腐蚀性水的岩层中不宜采用喷锚支护外，其他情况下均可优先考虑使用。平硐和斜井的锚喷支护类型设计参数见表7-22。

表 7-22　平硐和斜井的锚喷支护类型设计参数

围岩类别	毛硐跨度 B/m				
	$B \leqslant 5$	$5 < B \leqslant 10$	$10 < B \leqslant 15$	$15 < B \leqslant 20$	$20 < B \leqslant 25$
Ⅰ	不支护	50mm 厚喷射混凝土	（1）80~100mm 厚喷射混凝土；（2）50mm 厚喷射混凝土，设置 2.0~2.5m 长的锚杆	100~150mm 厚喷射混凝土，设置 2.5~3.0m 长的锚杆	120~150mm 厚钢筋网喷射混凝土，设置 3.0~4.0m 长的锚杆
Ⅱ	50mm 厚喷射混凝土	（1）80~100mm 厚喷射混凝土；（2）50mm 厚喷射混凝土，设置 1.5~2.0m 长的锚杆	（1）120~150mm 厚喷射混凝土，必要时配置钢筋网；（2）80~120mm 厚喷射混凝土，设置 2.0~3.0m 长的锚杆，必要时配置钢筋网	120~150mm 厚钢筋网喷射混凝土，设置 2.5~3.5m 长的锚杆	
Ⅲ	（1）80~100mm 厚喷射混凝土；（2）50mm 厚喷射混凝土，设置 1.5~2.0m 长的锚杆	（1）120~150mm 厚喷射混凝土，必要时配置钢筋网；（2）80~100mm 厚喷射混凝土，设置 2.0~2.5m 长的锚杆，必要时配置钢筋网	100~150mm 厚钢筋网喷射混凝土，设置 2.0~3.0m 长的锚杆	150~200mm 厚钢筋网喷射混凝土，设置 3.0~4.0m 长的锚杆	
Ⅳ	80~100mm 厚喷射混凝土，设置 1.5~2.0m 长的锚杆	100~150mm 厚钢筋网喷射混凝土，设置 2.0~2.5m 长的锚杆，必要时采用仰拱	150~200mm 厚钢筋网喷射混凝土，设置 2.5~3.0m 长的锚杆，必要时采用仰拱		
Ⅴ	120~150mm 厚钢筋网喷射混凝土，设置 1.5~2.0m 长的锚杆，必要时采用仰拱	150~200mm 厚钢筋网喷射混凝土，设置 2.0~3.0m 长的锚杆，采用仰拱，必要时，架设钢架			

注：1. 表中的支护类型和参数，是指平硐和倾角小于30°的斜井的永久支护。包括初期支护与后期支护的类型和参数。

2. 服务年限小于10年及硐跨小于3.5m的平硐和斜井，表中的支护参数，可根据工程具体情况，适当减小。

3. 复合衬砌的平硐和斜井，初期支护采用表中的参数时，应根据工程的具体情况，予以减少。

4. 急倾斜岩层中的平硐或斜井易失稳的一侧边墙，和缓倾斜岩层中的平硐或斜井顶部，应采用表中第Ⅱ种支护类型和参数，其他情况下，两种支护和参数均可采用。

5. Ⅰ、Ⅱ围岩中的平硐和斜井，当边墙高度小于10m时，边墙的锚杆和钢筋网可不予设置，边墙喷射混凝土厚度可取表中数据的下限值；Ⅲ类围岩中的平硐和斜井，当边墙高度小于10m时，边墙的锚喷支护参数可适当减少。

习　题

7-1　简要介绍各岩体分类方法。

7-2　简述混凝土定义及其特性。

7-3　简述混凝土配合比的定义及其计算方法。

7-4　简述水灰比的定义。

7-5　简述喷射混凝土的定义。

7-6　喷射混凝土作用的机理是什么?

7-7　喷射混凝土施工中存在的问题有哪些?

7-8　锚杆支护作用机理是什么?

7-9　简述锚杆支护参数选取方法及其特点。

7-10　简述锚喷支护的优越性及其适用条件。

8 复杂地质条件下的巷道施工

本章课件

本章提要

复杂地质条件一直是造成平巷困难掘进的自然因素。本章简要介绍松软岩层地质条件特征；松软岩层巷道维护方案；松软岩层掘砌施工方案；松软岩层巷道施工方法；含水岩层中的巷道施工方法。

金属矿山的岩层地质条件一般是较好的。但是由于矿床的成因各有不同，有些巷道穿过的岩层还是比较复杂的，常碰到一些断层破碎带、溶洞和含水流沙层等复杂的岩层地质条件，对巷道施工影响极大，在严重的情况下，可使掘进支护工作长期停滞不前，甚至无法进行。

例如龙烟铁矿850平硐施工时，除碰上很多中小断层破碎带外，还遇到一个特大的断层流沙冒落区，冒落高度达40m，宽30m，仅在几分钟内涌出600m³左右的碎碴，堵满了40m的巷道，使仅长8m的巷道掘砌作业时间便长达五个月，在距硐口685m处发生严重冒落，也处理了五个月时间，花费了大量人力物力；东川矿主平硐的施工中，遇到大小不等的断层破碎带，成巷速度受到了极大影响；易门铜矿主平硐掘进时，穿过 $f=2\sim3$ 的千枚状板岩和 $f=2\sim6$ 的泥质白云岩，岩体松散破碎，且有涌水，当岩面暴露1m²左右时，便可发生冒落现象，如不及时处理，将形成大空洞。在出现这种情况时，好的情况一星期可处理完，不好的情况则需2~3个月才能处理完，甚至无法处理而被迫绕道掘进；湘潭锰矿顶板冒落高度达7~8m，且有涌水，曾给施工造成很大困难，六〇一矿仅在一年多的平巷掘进中，碰到溶洞40多个，通过流沙层近100m，冒顶6次，有的形成高度超过20m长，超过10m的冒落区，停工半个月以上；云锡掘进四队在掘进过程中，常碰到溶洞和断层破碎带等困难的施工条件；大吉山钨矿的主平硐施工初期，曾因涌水过量而无法掘进，被迫短期停工。在实际工作中类似上述情况是很多的。由此可见，在金属矿山的平巷施工中，碰到上述复杂地质条件的情况不是个别的现象，特别是一般破坏程度的断层破碎带，更是常见。

巷道涌水量的大小，一般随地下水位的高低和岩石裂隙大小而变化，有些工作面的涌水量竟高达 $300\sim500\text{m}^3/\text{h}$。在金属矿山中，只要巷道的水源不与地面或河流相通，岩层涌水和破碎带情况一般有如下特点：

(1) 断层裂隙水的涌水量，随时间的增长和巷道的延伸而减少，直至最后流干为止。

(2) 水对流沙和断层的影响很大，在流沙层中，如进行预先排水和疏干，流沙便将稳定下来不再流动，而成为一般的破碎状态。一般情况下，在严重的破碎带中由于岩性易于风化，破碎得很厉害（如石英砂岩、花岗岩、闪长石等），当涌水量大时则产生流沙（其粒度一般为5cm，粗细掺杂，最小粒度的直径为 0.5~1mm）而流沙的严重程度，随涌水量的增大而剧增。因此，许多单位的经验表明，治理流沙必须先从治水入手。

（3）在断层破碎带中掘进巷道，易引起顶板冒落，其冒落高度严重者达 10~20m，最严重的竟高达 40m 以上，当冒落严重时，除流沙和碎块外，有时还有重达数百公斤甚至几吨的大块，对掘进支护的安全作业威胁很大。

8.1 松软岩层特征

8.1.1 松软岩层的物理特征

松软岩层一般是指岩体破碎和岩性软弱的岩层，具有松、散、软、弱的属性：

（1）"松"指岩石结构疏松、容重小、孔隙度大的岩层；

（2）"散"指岩石胶结程度很差或指未胶结的颗粒状岩层；

（3）"软"指岩石强度低，塑性大或黏土矿物易膨胀的岩层；

（4）"弱"指受地质构造的破坏，形成许多弱面，如节理、片理、裂隙等破坏原有岩体强度，极破碎，易滑移冒落的不稳定岩层，但其岩块单轴抗压强度较高。

8.1.2 松软岩层的主要力学特征

（1）岩层胶结程度差，怕风、怕水、怕震是其共同特点；

（2）松软岩层强度低，内聚力小，内摩擦角小；

（3）具有明显的流变性，表现为在初期变形速度快，变形量大，蠕变持续时间长；

（4）遇水崩解或膨胀；

（5）易受爆破震动影响。

8.1.3 松软岩层的类型

（1）受构造运动强烈影响和强风化的地带，如接触破碎带、断层破碎带、层间错动带、挤压破碎带、风化带等，基本呈散体结构，表现特征为总体强度低，稳定性差，其破坏状态表现为片帮、掉块或塌陷。

（2）软弱流变岩体，是指围岩塑性变形大，且延续时间长的岩体，如第三纪以来的沉积岩和其他一些岩体，在地压较大或埋藏较深时，常常表现出明显的流变特性，变形量大而且有较长的蠕变时间，其破坏状态一般表现为顶板下沉、底板鼓起、两帮内挤等。

（3）以含黏土矿物为主的某些岩体，从成分上看主要含有伊利石、蒙脱石、绿泥石、高岭土等，其主要特点是对水敏感，一般脱水风干后爆裂或崩解，而遇水则膨胀或软化。

在施工实践中，有时会发生以上几种岩层同时出现的情况，这时其破坏性状态就更为复杂。

8.2 松软岩层巷道的维护

在松软岩层中巷道的施工、掘进较容易，维护却极其困难，采用常规的施工方法和支护形式、支护结构，往往不能奏效。因此，研究在松软岩层中巷道的维护问题便成为井巷施工的关键问题。

8.2.1 基本原则

巷道维护的问题不能只看作是支护结构和材料的选择问题，而应把支护和巷道周围的岩体当做互相作用的力学体系来考虑。首先应分清地压的类型，摸清围岩压力活动规律而采用不同的支护原则和维护方法，采用综合措施，使巷道在服务年限内保持稳定。

8.2.1.1 破碎型软岩的变形特点及支护原则

破碎型软岩的变形是由岩块变形和结构面滑移两部分组成，以松动塌落变形和流变变形为主。它的破坏形式主要有顶板冒落、两帮片落、顶板大变形及两帮收敛变形等。

支护原则为加固结构面，提高岩体的整体强度。支护应采用承载力大的全封闭支护结构，同时适当释放地压。

8.2.1.2 软弱破碎型软岩的变形特点及支护原则

软弱破碎型软岩兼有软弱型与破碎型软岩的变形特点，变形机理十分复杂，表现为来压迅猛，持续快速变形，具有强烈的流变变形特性。

支护原则为采用超高承载力的全封闭支护结构，同时加固围岩。

8.2.1.3 渗水涌水地段的支护

岩巷掘进中，经常发生渗水或涌水现象，不仅影响正常施工，还降低围岩的稳定性，尤其以软岩更为严重，甚至会导致塌方。在掘进过程中，当遇到前方围岩破碎且有较大渗水或涌水时，一般采取如下措施：

（1）查清地下水的来源及流量，如无涌水先兆，可采取排水措施；

（2）加强排水工作，增加排水管；

（3）加强超前支护和初期支护，可采用喷射钢纤维混凝土；

（4）在模筑混凝土或注浆的浆液中，添加速凝剂，加快混凝土的硬化。

在初期支护喷射混凝土完成后、二次支护模筑混凝土浇筑之前，如果初期支护出现裂缝，发生渗水漏水现象，一般可采用固结注浆处理，即在渗水处设置注浆孔，采用水泥—水玻璃浆液注浆，同时应紧跟着模筑混凝土施工，必要时需要予以加强，提高排水能力。进行模筑混凝土施工作业后，如果出现渗漏水，可采用注浆堵水，即进行小导管注浆，或将渗水的混凝土凿开，埋设排水软管，将水引至排水沟内，再用混凝土填平。一般不需加强模筑混凝土支护，只有当初期支护的监测数据，如围岩压力、钢筋应力等明显增大时，才需要加强模筑混凝土支护。

某巷道工程围岩整体性比较差，受渗水的影响，围岩出现不稳定现象，但还未发生局部坍塌。采取加强超前支护和初期支护，稳定掘进工作面，采用 16 号工字钢拱架，喷射钢纤维混凝土，超前小导管注入水泥—水玻璃浆液等措施，但未加强二次支护。

8.2.2 主要技术措施

（1）采用喷锚支护或注浆法加固围岩。在来压快的软岩中宜推广管缝式或楔管式摩擦锚杆、水泥卷锚杆；在动压软岩巷道中钢纤维喷射混凝土支护有广阔的前景；在破碎、裂隙发育或含水岩层中采用注浆加固，使水泥浆或化学浆注满裂隙，提高整体性，并可封水堵水。

（2）选择合理的巷道断面形状和高宽尺寸比例。在这种岩层中，巷道断面形状以采用曲线形全封闭支护为宜，具体情况应根据原岩应力与巷道断面形状和高宽尺寸比的关系来确定，如当以水平应力为主时，应采用宽度大于高度的似椭圆形，反之为竖椭圆形。

（3）分次支护，合理选择二次支护时间。选择巷道支护时间关系到支架的强度和可缩量大小，对变形大的岩体一般要分两次支护。一次支护要紧跟工作面掘进及时施作，通常喷锚支护最有效，等围岩位移趋于稳定时，再上二次支护。二次支护刚度要较大，故总的支护原则是先柔后刚。围岩位移趋于稳定的时间，不仅取决于岩体本身的物理力学性质，而且与一次支护的刚度密切相关，因此它的变动范围很大，为了保证二次支护的效果，最好是根据围岩位移速度和位移量的测量数据来确定二次支护的时间，如金川二矿区，一般在第一次支护后 120 天实施第二次支护，张家洼铁矿则为 30 天。

国外比较有影响的新奥法就是利用这种原理，把巷道围岩与喷锚支护一起作为巷道支护结构体系，合理地选择一次支护与二次支护的间隔时间，充分发挥围岩的自身承载能力，从而获得了较好的支护效果。

（4）设置回填层。在一次支护与二次支护之间充填一层泡沫混凝土或低标号混凝土或砂子，可产生两个作用：

1）提供径向应力以稳定巷道周边岩石，使支护的应力重新分布；

2）起衬垫作用，避免在最终（二次）支护上产生集中载荷。

（5）加强巷道底板管理。软岩巷道，特别是在具有膨胀性的围岩中掘进巷道，多数是要发生底鼓。防止底鼓的措施一般是用砌块砌筑底拱，也有用锚杆进行加固。

（6）重视涌水的处理。采取排水、疏干措施，使巷道不积水，防止对围岩的溶蚀、软化、膨胀作用。

总之，要解决松软岩层巷道维护问题，一般都采用综合治理的办法，全面考虑上述的技术措施，但是在保证巷道稳定的条件下，也可只采用其中的一些措施，而省略某些措施。

8.3　松软岩层掘砌施工方案

8.3.1　掘砌施工方案确定的一般原则

巷道掘砌施工方案是根据其通过的岩层特征和具体施工条件确定的。

从掘砌施工方案看，主要是掘砌施工顺序的安排问题。而在复杂水文地质条件下的掘进方法的实质，基本上是临时支护方法及为有效的临时支护而采取的手段和措施；砌碹方法的实质是永久支护顺序及为进行永久支护创造方便条件的措施。

因此，在掘进方法上可以认为：

（1）在涌水量较大的岩层中掘进平巷时，可采用水泥注浆法和降水位法。当采用注浆法时，其工作情况与竖井内注浆法基本相似，仅注浆孔钻角及止水垫构造不同。

（2）当在不稳定的含水层内掘进平巷时，可根据具体情况采用人工降水法、撞楔法、穿梁护顶法、铁道送梁法及掩护筒掘进法等。

（3）在各种复杂水文地质条件下，均可采用冻结法，但此法所需的设备多而复杂，成本也高，故在一般条件下均不采用，金属矿山巷道掘进中也尚未见到实例。

在生产实际中，由于撞楔法、穿梁护顶法等的施工设备简单，施工方法简单可靠，故使用较多。在涌水量大的地段，并可伴随使用降水位法，如使用得当，加上严密的组织措施，一般能通过涌水量大的断层（破碎岩层）的地段。

8.3.2 掘砌施工顺序的几种方案

8.3.2.1 先掘进后砌碹

这种顺序的施工方法，在破碎带地段掘进双轨巷道时，从掘进断面看，有如下三种方式：

（1）缩小断面掘进。其特点是巷道暴露面小，易于控制，掘进速度快，但二次刷帮扩大时工作量大，速度低。这种方式适用于含水量大，掘进后需经较长时间（半年以上）才进行砌碹的地段。

（2）按设计断面掘进。其特点是形成双轨运输线，运输方便，砌碹时刷帮工作量小或根本不需刷帮，但暴露面积大，时间长时，临时支架承受压力较大。它适用于压力不是很大的地方。

（3）加大断面掘进。将掘进面扩大到砌碹时不再拆除临时支架的程度，即将整体浇灌的混凝土墙拱砌在临时支架内。其特点是砌碹不需刷帮，也可避免拆除临时支架时的安全事故，砌碹速度快，但暴露面积很大，往往需要加中间立柱并缩小棚距，才能承受地压。它适用于地压不是很大且掘进后不久即将进行永久支护的地方。

上述三种方法均属于先掘后砌的方法，它与边掘进边砌碹支护的方案比较，成巷速度低，且时间过长，往往使临时支护损坏或变形，影响运输；同时，坑木消耗量大，且不安全。但在下列情况下，采用先掘后砌的方法比较适合：

（1）巷道的地压不太大，冒落区不会继续扩展，而临时支护可以支持一个时期。

（2）破碎带的含水量大，而又有疏干的希望时，如当即进行砌碹，会造成施工困难，难以保证支护质量，而待水疏干后再支护，可大大改善永久支护的作业条件。

（3）当地质情况不明，巷道进行方向可能根据前方断层破碎带等困难条件的严重程度改变计划时，先掘进小规格巷道，最后扩大并进行永久支护，也是较为有利的。

（4）由斜井开拓拉开的平巷工作面，岩碴和支护材料均由斜井绞车提升和下放，运输条件差，如是贯通作业时，则可先行掘进，待贯通后再砌碹，便可使出碴运料各有出路，互不影响。所以，在这种情况下，砌碹工作稍后于掘进工作比较有利。

8.3.2.2 边处理（掘进）边砌碹的施工方法

在一般情况下均应采用这种方法，尤其是压力特别大，临时支护即使在较短的时间内也难以支持的情况下，更应采用这种方法，否则施工安全不易保证，且在技术经济上也不合理。

8.3.2.3 掘进与主巷道平行的副巷道或绕道渡过断层破碎带的施工方法

在黄土层中（或断层破碎带比较长）掘进巷道，当压力较大需做底拱时，为使砌碹和进行底拱砌筑作业不影响掘进的出碴工作，同时，为使挑顶刷帮和砌碹时有安全出口，并为疏干涌水，可在离主巷 20～25m 处开凿一条与之平行的副巷。但一般破碎程度不太严重，破碎带长度不大，不需采用这种方法。

当主巷道的涌水量很大，岩层又极破碎，且破碎带长度较大，同时经过实践证明一时难以通过时，可采用预注浆临时加固，如果仍然难以通过时，则应考虑开凿一绕道避开断层破碎带的方法。若采用这种方法首先要明确上述的应用前提，选用时要慎重，特别是对主巷道周围的较大范围的岩层情况，要有一个基本的了解，因为在一般情况下，大的断层破碎带周围的岩层稳定程度都是较差的，以避免绕道通过同样很破碎的地段。龙烟铁矿 850 平硐施工通过大断层破碎带时，曾采用开绕道的措施，先后开凿两个绕道都因同样大冒落而造成绕道报废。巷道掘进中出现类似的情况并不是个别的，应引起注意。

8.4　松软岩层巷道施工方法及实例

8.4.1　撞楔法

撞楔法也叫插板法，是一种通过松软破碎岩层常用的方法，也可用来处理严重塌冒，或被破碎岩石所充满的巷道，但这些松散岩石中不能有较大的坚硬大块，以免影响打入撞楔。它是一种超前支护法，在超前支架的掩护下，可以使巷道顶板完全不暴露，如图 8-1 所示。

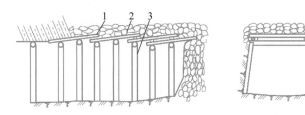

图 8-1　撞楔法
1—横梁；2—撞楔；3—支架

在即将接触松软破碎岩层时，首先紧贴工作面架设支架，然后从后一架支架顶梁下方向前一架支架顶梁上方由顶板一角开始打入撞楔。撞楔应以硬质木材制成，宽度不小于100mm，厚度为 40～50mm，前端要削成扁平尖头，以减少打入的阻力，撞楔的长度一般为 2～2.5m。撞楔要按顺序打入，不得露顶，打入撞楔要用木槌，以免把撞楔尾部打劈。打入撞楔时，每次将各撞楔依次打入 100～200mm，直至最终的预定深度。在撞楔超前支护下，可以开始出碴，当清到撞楔打入岩石深度的 2/3 时，便应停止清碴，架设支架开始打第二排撞楔，进行第二次循环，直至通过断层冒落破碎带为止。

如果巷道的顶底板、两帮都不允许暴露时，在巷道的四周都必须打入撞楔。施工时，打入工作面和底板的撞楔可以短些。

撞楔法，在缺乏特殊设备的情况下，是通过断层破碎带、含水流沙层、软泥层等比较有效的办法，施工时也比较安全。这种方法的缺点是施工速度慢，耗费的人力、物力较多。

8.4.2 超前锚杆

超前锚杆是在掘进之前，在工作面沿断面轮廓线以稍大的外插角纵向钻孔，安设锚杆，形成对前方围岩的预锚固。它作为支护拱顶的辅助方法，相当于传统的插板作用。

8.4.2.1 超前锚杆特点

超前锚杆使用凿岩机钻孔，施工方便，但它的柔性较大，整体刚度较小，加固围岩的效果和范围有限。超前锚杆宜与钢拱架配合使用。

超前锚杆主要适用于围岩应力较小，地下水较少，围岩软弱破碎，掘进工作面有可能坍塌的地段。当围岩压力较大时，由于其后期支护刚度不大，从而限制了超前锚杆的应用。

8.4.2.2 超前锚杆支护参数

超前锚杆的设置应充分考虑岩体结构面的特征，一般是在拱部纵向设置，称为拱部超前锚杆（见图 8-2），必要时可局部设置在拱脚附近，横向斜下方一定角度，称为侧墙超前锚杆。拱部超前锚杆设置范围的半弧长 $l = (1/3 \sim 1/2) a$，式中 a 为岩巷拱部外弧半长。根据围岩情况，超前锚杆可采用双层或三层，前后两组支护在纵向有不小于 1m 的水平投影搭接长度。

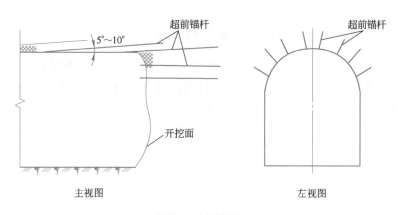

图 8-2 超前锚杆

超前锚杆宜采用早强水泥砂浆锚杆或树脂锚杆，也可采用组合中空锚杆，以尽早发挥超前支护作用。早强水泥砂浆的强度等级不应低于 M20。若用普通水泥砂浆，则爆破时其强度可能还未达到要求。当岩体较破碎时，可采用中空注浆锚杆或自钻式锚杆，可将锚杆和注浆管的功能合二为一，注浆后无需拔出即成为一根锚杆，但成本较高。

超前锚杆的长度宜为 3~3.5m，且要大于循环进尺的两倍加 1m 的搭接长度。超前锚杆通常与系统锚杆同时施工，并与格栅拱架配合使用，从格栅拱架的腹部穿过并与其焊接。

8.4.3　超前小导管注浆

超前小导管注浆是在岩巷掘进前，用喷射混凝土封闭掘进工作面，沿拱部轮廓线向外，以一定外插角将直径小于 50mm、管壁带孔的钢管打入围岩中，并通过钢管进行渗透注浆，在岩巷拱部形成固结体的加固围岩方法。

8.4.3.1　超前小导管注浆特点

超前小导管具有锚杆的超前支护和注浆加固围岩的共同作用，它可改良工作面围岩的结构，在其外貌形成厚度为 0.5~1m 的加固层。小导管注浆与钢拱架、围岩共同形成超前支护结构，使围岩稳定，控制硐口段地表沉降（见图 8-3）。

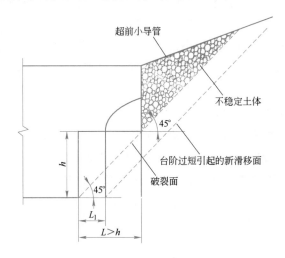

图 8-3　超前小导管注浆的作用

超前小导管比超前锚杆长，支护刚度和预支护效果均大于超前锚杆，但施工工期较长，对掘进循环影响较大。超前小导管与管棚相比具有简便易行、灵活经济、施工设备简单的优点，但由于注浆压力不高，浆液扩散范围较小（一般只有 0.4~0.5m），因此支护能力不如管棚。

超前小导管注浆适用于自稳时间很短的软弱围岩或断层及其影响带、浅埋地段及有崩塌危险硐口的超前支护，也用于塌方处理。

8.4.3.2　小导管注浆支护参数

小导管注浆的作用范围取决于布局、密度、管径、外插角及浆液的配合比等。超前小导管的布置及注浆半径如图 8-4 所示，可根据需要设置两层甚至更多层。

超前小导管注浆支护的参数如下：

（1）加固长度为掘进进尺的 2~3 倍，且不小于 0.4 倍硐跨，小导管长度一般为 3~6m，两组小导管纵向的水平搭接长度为 0.5~1m。

（2）横向加固拱顶范围为 120°，下部采用长锚杆。外插角（小导管与岩巷纵轴线的夹角）与小导管的长度和钢拱架的间距有关，一般为 10°~15°。

（3）环向间距根据前方地质条件及自稳能力，按注浆范围叠加原则确定，小导管间距为实测浆液扩散半径的 1.5~1.7 倍，一般为 300~500mm。

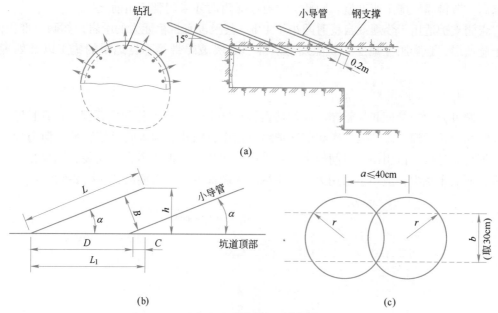

图 8-4　超前小导管注浆

（a）超前小导管布置；（b）小导管长度与纵向间距关系；（c）注浆半径及径向孔距选择

（4）小导管应与格栅拱架配合使用，小导管尾部的外露端通常支在工作面后方的格栅拱架上并与其焊接，与其共同组成超前支护系统。

8.4.4 管棚支护

管棚支护是在岩巷掘进前，沿掘进工作面的外轮廓线，以一定间距和较小的外插角向前方钻孔，插入直径大于 70mm 的钢管，钢管的长度也比超前小导管大得多，并将钢管尾部与型钢拱架焊接，再通过钢管向围岩注入水泥浆或砂浆，与围岩形成整体的超前支护体系。

8.4.4.1 管棚支护特点

管棚支护具有如下特点：

（1）管棚支护需要与型钢拱架配合使用，钢管作为纵向支护，型钢拱架作为横向支护，同时作为管棚末端的支撑。管棚注浆后，其与围岩共同组成刚度和承载力较大的承载拱，随着掘进的推进，它将支承岩巷上面的破碎围岩。

（2）管棚采用充填挤压注浆。稠度较大的浆液通过管壁孔注入周围岩体，对其充填挤压，改善管棚周围附近围岩的整体性，并起阻水帷幕的作用。

（3）管棚与初期支护配合可发挥更强大的支护作用。

（4）管棚可作为独立的加固围岩方法，用作永久支护结构。

应当指出，管棚钢管注入砂浆后将会形成类似钢管混凝土的"钢管砂浆"，从而大大提高砂浆的抗压强度，所以没有必要再于钢管中放入钢筋笼。

管棚支护的刚度大，能阻止和限制围岩变形，提前承受早期围岩压力，它的承载力和加固范围比超前小导管预注浆大。管棚支护可以防止围岩松弛，减少拱顶下沉和地表沉降，提高掘进工作面的稳定性，有效降低塌方的危险，但管棚支护的施工技术复杂，精度要求高，造价高，施工速度慢。因此，只有在必需时才采用管棚超前支护。

管棚支护适用于浅埋或自稳时间小于12h，甚至没有自稳能力的围岩，如硐口堆积体、砂土质地层、强膨胀性地层、裂隙发育岩体、断层破碎带等不良地质的施工以及处理大塌方。

8.4.4.2 管棚支护参数

管棚可分为短管棚和长管棚，通常将钢管长度小于15m的称为短管棚，钢管长度大于15m的称为长管棚。短管棚一次超前支护距离较小，钻孔和顶入管棚较容易，但与掘进作业频繁交叉进行，占用循环时间较多。长管棚一次超前支护距离大，安装管棚次数少，与掘进作业的干扰少，适用于采用大中型机械的大断面掘进。管棚设置如图8-5所示。

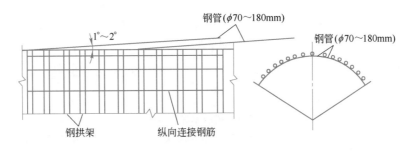

图 8-5 管棚设置示意图

管棚超前支护参数的选择应符合下列要求：

（1）管棚长度应根据地质、钻孔设备及施工条件确定，一般为10~40m，管棚的前端应超过软弱破碎围岩的长度加上因掘进而造成工作面松弛范围的长度，如需设置管棚段的长度较长，应分段设置。

（2）为保证掘进后管棚仍有足够的超前长度，纵向两排管棚的水平搭接长度应大于3m。

（3）由于采用管棚支护的软弱围岩常采用台阶法掘进，因此管棚一般只布置在岩巷的拱部，径向布置范围根据台阶的划分而定，一般为120°左右。而管棚外插角应考虑钻具下垂的影响，一般为1°~5°，外插角应随着管棚长度的增大而减小。

（4）管棚环向间距应根据地质条件、施工长度及水平钻孔的弯曲量确定，钢管中心距宜为管径的2~3倍，如果考虑防塌和防水，一般应为300~500mm。

8.4.5 实例

（1）龙烟铁矿在掘进850m平硐时，碰到了极其严重的断层破碎带，且涌水量大，开始涌水量为150m³/h。在此情况下，先后开凿了两条绕道，但同样发生冒落，无法通过，但起到了疏水作用，使涌水量降低为10m³/h。最后采用缩小断面、满帮满顶、梁上梁下打撞楔的办法，有效地控制了流沙，顺利穿过了施工极为困难的地段。

（2）武钢金山店铁矿东风井−60m中段运输平巷，长800m以上，断面为11.2m²，平巷穿过岩层的地质条件复杂，有断层破碎带，也有极易风化的地段；岩石为石英二长岩，节理裂隙发育，局部地段的二长岩呈高岭土化、绿泥石化，$f=2\sim4$。这样的岩石极易风化潮解，稳定性很差，暴露时间稍长，容易发生冒顶片帮，有一次放炮后不到 8 小时，冒落高达 10 余米。在这样的地段，施工单位过去采用短段掘砌，即掘一小段，立即用钢轨或木材作临时支护（事后一般不拆除，因此掘进的巷道断面大），永久支护用普通的浇灌混凝土，事后仍免不了产生纵横交错的裂缝。后来采用喷锚网联合支护、掘进依次作业，成功地通过了这一破碎岩层地段。其主要经验是：掘进时采用光面爆破，尽量减少爆破对围岩的影响，有利于提高围岩的稳定性；爆破后立即喷拱，其厚度不小于 50mm，喷好拱再出碴，之后再喷墙，完成临时支护。为了不使爆破震坏临时支护，喷完临时支护后到下次放炮的时间不小于 4h。进行第二次循环时，凿孔爆破之后喷拱、出碴、喷墙；在前一循环的临时支护处打锚杆孔、安装锚杆、挂网，喷混凝土至永久支护厚度（150mm）；之后，进行第三次循环。这种方法归纳起来为：先喷拱后出碴，使喷射混凝土紧跟工作面；喷射混凝土时是先拱后墙，先临时支护（速喷混凝土），后永久支护（喷锚网联合支护）。为了确保工程质量，应当把喷锚网伸展到冒顶区两端外不小于 3.0m 的距离。采用这样的方法，顺利地通过了大断面冒顶区，而且永久支护极少出现裂缝，至今已经受多年的使用考验，支护效果良好。

必须指出，切不可使用单一的喷射混凝土支护这样的地段，这是多次失败的教训证明了的。

在非常破碎、断层带多、掘进后随时都有冒落危险的地段施工，可用打超前锚杆的方法。锚杆向前倾斜 65°～70°或小些，以防止顶板冒落，如抚顺龙凤矿−635m 的电机车硐室、变电所在破碎岩层中施工时，就是采用这种方法。他们先用 1.7m 长的钢丝绳砂浆锚杆（间距 600mm）作超前支架，安全地通过了破碎带，通过后又及时补打了锚杆并喷浆。

（3）北皂煤矿曾用喷锚支护法处理过翻车机硐室及东大巷的冒顶（图 8-6 和图 8-7）。处理的方法是：冒顶落下的岩石暂不清除，先用长杆撬掉冒顶区的浮石，然后站在岩石堆上先喷一层混凝土固顶，后喷两帮。若顶、帮有渗漏水，可用特制的漏斗及导管将水引出。

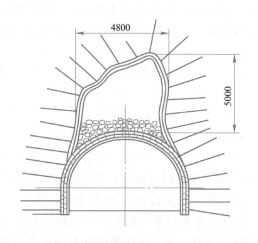

图 8-6　用喷锚法处理翻车机硐室冒顶

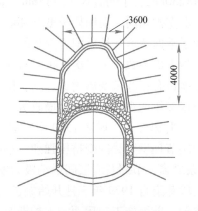

图 8-7　用喷锚法处理东大巷冒顶

初次喷层凝固后，开始打锚杆眼，而后安装锚杆并挂网，再复喷一次，两次喷射厚度以不超过 200mm 为宜，冒顶处理完之后，可按设计断面立模浇灌 300～400mm 厚的混凝土硐或砌毛料石硐。硐顶上充填 400~500mm 河沙及矸石作为缓冲层，以保护下方的硐顶。

在一般巷道喷射混凝土施工中，喷前应先用风、水吹洗岩面，而在处理冒顶时，则严禁用风、水吹洗。因为冒顶区的围岩比较破碎，岩块间黏结力差，摩擦力小，一旦经风、水吹洗将会完全失去黏结力和摩擦力，有可能发生更大的冒顶。

（4）甘肃金川二矿区 1150 中段西副井北大巷位于矿区 F16 断层及其影响带中，穿过前震旦纪古老变质页岩，主要由黑云母片麻岩、石墨片岩、绿泥石墨片岩等组成。该段岩层破碎，节理发育，稳定性差，施工时常常发生岩石冒落。

根据地应力以水平方向为主，采用宽大于高的低矮半圆形拱且带底拱的全封闭断面，拱与墙采用双层喷锚网支护，用混凝土预制块封底（图 8-8）。

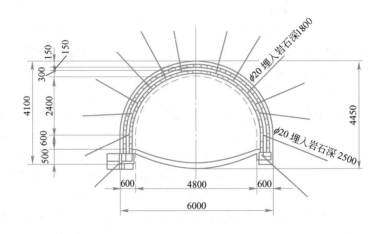

图 8-8 双层喷锚网加反拱封底支护图

施工时，采用控制爆破，尽量减轻对围岩的破坏，保证巷道有规则的断面形状。

巷道支护由一次支护和二次支护组成。一次支护喷射混凝土厚度为 150mm，拱部锚杆长度为 1.8m，侧壁锚杆长度为 2.5m，锚杆间距为 1.0m，锚杆直径为 20mm，钢筋网格 250mm×250mm，主筋直径 12~14mm，副筋直径为 5mm。二次支护的喷层厚度和钢筋网格都与一次支护相同，而锚杆长度全部取 2.5m，间距为 1.0m，直径为 20mm。

为了掌握巷道开挖后围岩变化的动向和支护的力学状态，监视施工中的安全程度，确定和调整支护参数，为二次支护合理施工提供可靠的信息，施工方安置了多种监测装置。其测量项目有：巷道变形测量、围岩位移测量、锚杆应力测量、喷层切向和径向应变测量等。根据多年的观测，巷道断面收敛变形速率已趋稳定，喷层外观完好，支护结构稳定。

（5）甘肃金川二矿区 1300 中段顶盘沿脉返修巷道的支护。该段岩石属中薄层大理岩组，岩层节理发育，蚀变挤压强烈，小断层纵横交错。据统计，100 多米巷道内穿插断层达 30 条之多，节理及岩层间错动极为发育，形成层间破裂结构，遇水崩解泥化。

该段巷道自 1979 年 3 月开始掘进与支护，采用直墙半圆形拱和部分加底拱的混凝土预制支护，前面施工，后面的支护即跟着变形破坏，不到一年，由于巷道变形破坏严重而全部堵塞。下面介绍的支护结构是在巷道返修条件下采用的：

首先采用喷射混凝土、预制块砌筑成圆弧形全封闭式的衬砌作永久支护。为了使支护承受的是均匀分布的地压，避免应力集中，在临时支护与永久支护之间设置一定厚度的回填层，最后还采用注浆法加固围岩，形成喷射混凝土—回填—砌块—注浆联合支护（图 8-9）。巷道圆弧形断面的净直径为 3.3m，底拱弧度半径为 2.4m。混凝土预制块的支护厚度为 300mm，每米巷道的预制块的圈数为 5 圈，每块重量为 26kg，砌块灰缝宽度为 15~20mm，混凝土喷层厚度 120mm，要求低标号砂浆。

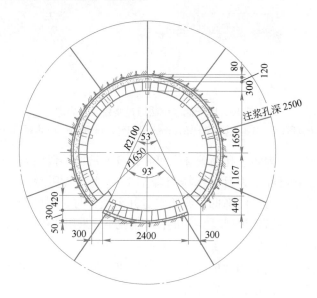

图 8-9 喷锚、预制块、注浆联合支护图

实践证明，当巷道支护 3~5 个月后，支护应力、位移趋于稳定。

8.5 含水岩层巷道施工

在含水岩层中，特别是在涌水量很大的含水流沙层或破碎带中掘进巷道，施工是很困难的。在含水岩层中掘进巷道时，必须首先治水，一般来说，治水有三条途径：一是疏（放水）；二是堵；三是疏堵结合，根据具体情况，或以疏为主或以堵为主。所谓疏，是用钻孔或放水巷道放水，以降低穿过岩层的水位，将水降至巷道底板水平以下，从而使掘进工作在已疏干的岩层中进行。所谓堵，就是采用注浆的方法，堵住流水进入巷道的裂隙或空洞，使巷道通过的岩层与水源隔绝，造成无水或少水，达到改善掘进条件的目的。当水疏干后，再根据岩层情况选用上述几种方法掘进。

8.5.1 人工降低水位法

8.5.1.1 坚硬的含水岩层钻孔放水法

在金属矿山中，巷道掘进有时遇到涌水量很大的溶洞性的石灰岩或极坚硬的含水岩层也可采用钻孔放水的方法。人工造成降水漏斗，降低巷道通过岩层的水位标高，实际上达到疏干的目的。

这种方法的工作情况是，当掘进工作面距含水岩层 30~40m 时，便从工作面以与水平呈 10°~40°倾角的方向钻进 2~3 个直径为 100~150mm 的钻孔（图 8-10），在钻孔口处安设长3~5m的孔口管并在其露出端安设闸门，然后即可用钻探用的轻型钻机钻孔。钻孔时如果预计水压很大，为防止水自钻孔中冲出，可在孔口管上安设保护压盖。

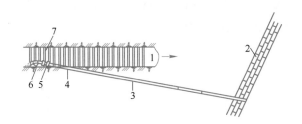

图 8-10 用降低水位法通过坚硬含水岩层

1—巷道前进方向；2—含水岩层；3—钻孔；4—孔口管；5—闸门；6—水泵；7—巷道支柱

当岩层不太稳定时，为防止孔壁破坏，可在靠含水层的一段内安设保孔管。

当钻孔中的涌水量已经不大且动水压力降至 1~2 个大气压时，即可开始在含水岩层带内掘进。但有时动水压力虽已降低，而涌水量并未减少时，则可安设水泵进行抽水。

实践表明，如果在坚硬岩层内水力沟通的良好情况下，采用钻孔降低水位法是有效的。

8.5.1.2 巷道放水降低水位法

金属矿山中有几个矿山采用这种方法人工地降低了水位，疏干了巷道所穿过的含水岩层的水，顺利地通过了流沙层，效果颇好。

江西大吉山钨矿在掘进主要运输平硐时，当自硐口开始掘至 80m 处时，碰到流沙断层，压力特别大，采用 24kg/m 的钢轨作支架，横梁也被压坏，巷道的压力来自顶、底板和两帮，且有较大涌水，掘进无法进行，被迫停掘数月，严重威胁工程进展。经分析，原来花岗岩分化后，长石变成了高岭土，与未分化的石英、云母混合在一起，在静止状态时无压力，水也可以渗透进去，但在掘进时，巷道岩石便成为稀糊状态的流沙，压力剧增，特别是岩层中有未分化的大块，给掘进工作的安全带来很大威胁。分析上述情况的结果，决定采取开凿放水巷道的措施，在离主平硐10m 处，开凿一条低于主平硐水平标高 3m 左右的放水小巷（规格 2×1.8m²），经月余放水后，将主平硐穿过岩层中的水位大大降低，使之在疏干的岩层中掘进，巷道岩层的稳定性大大提高，最后采用普通掘进法，木支架支护便顺利地通过断层流沙地带。

此外，如前所述，马万水工程队在担负龙烟铁矿 850m 平硐施工时，曾遇到流沙断层地带，且涌水量很大（约 150m³/h），在施工中采用直径为 50mm 的钢管以及成排的木撞楔，再加上稻草、荆笆等物，也无法堵住流沙和工作面涌水。经过讨论认为正面无法通过，决定另开道绕过去。但第一条绕道仅掘进数十米，便碰到同样的流沙断层，无法通过；又从主巷另一侧开凿第二条绕道，虽然仍无法通过，但发现主巷的涌水量大大降低，这表明两条绕道起到了良好的疏水作用。最后，主巷的涌水量降至 10m³/h 以下，因此，又回过头来按原设计的主巷方向继续掘进，采用撞楔法及一整套的技术组织措施，终于顺利通过了流沙断层地带。

综上所述，人工降低水位法对含水层，特别是对含水流沙层的掘进，是一项有效的措施和方法。此外，根据水文地质情况，估计在巷道前进方向将碰到有压力的涌水时，钻凿超前探水钻孔，不仅对疏水很有必要，同时，也是保证施工安全的必不可少的安全措施。

8.5.2　注浆加固法

注浆加固法是利用压力将能固化的浆液通过钻孔注入岩土孔隙或建筑物的裂隙中，改善裂隙发育围岩物理力学性能的一种方法。由于实用性较强、应用范围广，注浆法广泛应用到金属矿山巷道加固等多个领域。注浆法出现于 19 世纪初，1802 年法国的土木工程师查理斯·贝里格尼（Charles Berigny）应用黏土充填基础底板与地基间的空隙，修复被水流侵蚀了的挡潮闸的砾土地基。我国自 20 世纪 50 年代起开始应用水泥注浆，现已发展到采用水泥浆、化学浆液等多种材料进行围岩注浆的实用阶段。

矿山注浆堵水主要作用：封堵裂隙，隔离水源，胶结加固松散透水围岩，堵塞水点，封堵出水口及防治水患，减少矿井涌水量，提高围岩强度及承受外载荷和抵抗变形的能力，改善井巷施工条件，或恢复被淹没的矿井，保障井巷安全。

注浆工程中所用的材料主要由主剂（原材料）、溶剂（水或其他溶剂）及外加剂混合而成。通常，注浆材料指原材料中的主剂。注浆材料由原材料固结成为固结体（结石体）的过程见图 8-11。

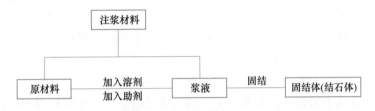

图 8-11　注浆材料由原材料固结成固结体的过程

注浆材料的渗透性与诸多因素有关，如岩体的孔隙率及孔隙大小，材料的可注性，注浆的施工方法，岩体非均质性，地下水的流动，注浆材料的时间特性等。注浆材料主要分为悬浮液型注浆材料（粒状浆材），如水泥浆液、水泥水玻璃双液浆、勃土类浆液等粒状浆材和溶液型注浆材料（化学浆液）。

注浆法的适用范围不仅取决于注浆材料的性质，也取决于注浆的方法、注浆工艺。在国外的工程实践中，常常采用联合的注浆工艺，包括不同的浆材及不同的注浆方法的联合。表 8-1 给出了各种注浆材料的大致的适用范围。

表 8-1　注浆材料的适用范围

材料	组成成分粒径/mm	渗透系数/cm·s⁻¹	适用范围
水泥	<0.1~0.08	$>10^{-2}$	砾砂、粗砂、裂隙宽度>0.2mm
膨润土黏土	<0.05	$>10^{-4}$	砂、砾砂
超细水泥	0.012~0.010	$>10^{-4}$	砂、砾砂、多孔砖墙，裂隙宽度＞0.05mm 混凝土、岩石
化学浆液	—	$>10^{-7}$	细砂、砂岩、微裂隙岩石

注浆工艺基本流程：注浆施工过程一般分为四个步骤：（1）钻孔；（2）清洗钻屑及钻孔壁上的松软料；（3）进行压水试验以获得岩石渗透性资料；（4）注浆。

注浆方法按照注浆的连续性可分为连续注浆、间歇注浆；按照一次注浆的孔数可分为单孔注浆、多孔注浆；按照地下水的径流可分为静压水注浆、动水注浆；按浆液在管路中运行方式分为纯压式注浆和循环式注浆；按照每个注浆段的注浆顺序分为下行式注浆和上行式注浆。选择注浆方法时要考虑介质的类型和浆液的凝胶时间，土体注浆一般吸浆量比较大，多采用纯压注浆；而裂隙岩体注水泥浆时，吸浆量一般比较小，多采用循环注浆。双液化学注浆时，浆液的凝胶时间不同，混合的方法也不同。

钻孔设备主要包括钻机（冲击式或回转式）、水泵和泥浆搅拌机等几种。钻进时钻孔钻机的主要配套组件，钻具配备是否合理对钻孔进度和效率影响很大。钻具主要包括钻头、岩芯管、加重钻链和钻杆等，按要求匹配。注浆孔的测斜、防斜及纠正。注浆孔的垂直度是影响注浆堵水质量的重要因素之一，为了保证注浆孔垂直度不超限，在钻进过程中应采取措施保证钻孔垂直度，把钻孔的偏斜控制在设计要求范围内。

在正式注浆之前现场一般需要压水试验，即适配性试验。压水试验用注浆泵压入清水，通过压水试验了解注浆钻孔的含水性、透水性，据此确定个注浆分段。同时，压入的清水壳冲洗岩石裂隙中的泥浆及充填物，提高浆液结石体的黏结强度及抗渗能力。另外，利用压水试验结果作为确定注浆参数标准（如浆液的初始浓度、压力和浓度等）并估算浆液消耗量的重要依据。

大型注浆工程应设有专门的注浆站，以保证浆液的输送和灌浆的连续性。注浆站的位置靠近注浆点，尽可能使注浆管线最短、弯头减少。注浆站所占面积的大小主要取决于设备的型号、数量、注浆材料等，单液浆比双液浆简单，但总体情况一致。

注浆泵是泵送浆液的设备，是浆液工程的重要设备之一。注浆材料不同使用的注浆泵也不同，如1.2TGZ-60/21型、2TGZ-120/10.5型双液调速高压注浆泵主要用于井壁注浆和井筒工作面预注浆，输送单液水泥浆和水泥-水玻璃双浆液，也可输送高浓度水泥浆和黏土浆。

浆液的配制应严格按照注浆设计的水灰比等严格进行，严格按照设计要求添加外加剂、适量添加。一般造浆用水没有特殊说明，应采用洁净的淡水。

止浆是注浆工艺的重要组成部分，止浆塞一般设在孔壁围岩稳定、岩芯完整、无纵向裂隙和孔形规则的地方，而且两个注浆段要保持3~5m的重叠长度，防止浆液沿纵向裂隙上窜或返浆。

止浆塞分为机械式和水力膨胀式两类。

浆液结束标准不尽相同，矿山行业与水利水电有各自的标准，但其共同点有两个方面：一是注浆量（注浆结束时的单位注浆量与总注入量）；二是注浆终压均达到设计标准。

注浆效果与注浆质量是两个完全不同的概念，注浆质量好，不一定注浆效果好，但是注浆效果好，却可以看作注浆质量总体良好。控制好注浆过程中的质量一般就可以保证注浆质量。

注浆控制分为过程控制和标准控制。

过程控制是把浆液控制在所要注浆的范围之内；标准控制时控制浆液达到注浆要求。过程注浆主要调整浆液的性质和注浆压力、流量，使浆液既能扩散到预定注浆范围又不能过多跑浆出注浆范围而流失掉，调整的依据是地质条件和注浆理论。

标准控制方法有定浆量控制法、定压控制法和定时控制法。

8.5.3 帷幕注浆法

帷幕注浆是通过在掌子面钻地质探孔和注浆孔，再向孔内压注水泥（或水泥—水玻璃等）浆液，浆液挤出开挖断面及其周围一定范围内的岩缝中的水，保证围岩的裂隙被具有一定强度的混合浆体充填密实，并与岩体固结成一体，建造一个封闭的不封闭形状的浆体帷幕，其深度应穿过不稳定表土层，并嵌入不透水稳定层6~10m，形成止水帷幕。

经过近30年的工程实践，我国矿山帷幕注浆工艺已日臻成熟，堵水技术处于国际领先水平，成功地完成了多个矿山治水工程。冶金矿山有山东张马屯、韩旺、黑旺等铁矿，有色系统的湖南水口山铅锌矿、湖北大红山铜铁矿，煤炭系统有协庄、田屯、青山泉等煤矿，这些矿山采用帷幕注浆堵水效果都很好，保护了水资源环境，节省了排水费用，大幅度降低了矿石生产成本。

8.5.3.1 注浆施工技术要求

A 成孔要求

钻孔的目的是为了注浆，为了了解岩石的可注性，要求钻孔时采取岩芯，还要进行详细的地质编录并分段进行压（注）水试验，重点了解岩石的风化程度、岩溶裂隙发育情况及充填情况。注浆钻孔深度根据勘察孔压（注）水试验成果及溶岩裂隙发育情况等资料确定。

B 钻孔冲洗

帷幕注浆孔灌浆前均应进行钻孔冲洗，孔内沉积厚度不应超过20cm，冲洗方法宜采用压力水脉冲冲洗法，直至回水清洁为止，冲洗压力宜为灌浆压力的80%。

8.5.3.2 注浆方案及主要技术参数

A 帷幕注浆材料及配比

不同的浆液浓度有不同的密度、黏度等特性，浆液的特性应考虑注浆对象的可灌性，另一方面也要考虑注浆机具的能力。

B 压水试验

压水试验的目的是为求得注浆前岩层的单位吸水量，查看各序次灌浆孔段的单位吸水量随灌浆序次的变化情况。试验方法采用单点法压水，试验压力取灌浆压力的80%。试验时，每间隔5~10min观测一次流量和压力值，在稳定的压力下，压入流量连续4次读数的最大值与最小值之差小于最终值的10%，视为稳定，取最终值作为计算值。

C 注浆试验

注浆试验的目的主要为检验该工程注浆工艺是否可行、可靠，所选择的注浆参数是否合理，并得出符合该工程实际情况的各项注浆参数及适用浆材、浆液配合比资料。

D 注浆压力

注浆压力由孔口压力、浆柱压力、管路损失压力构成，它的大小与岩石的强度、渗透性，钻孔的深度、位置，注浆次序及注浆材料的性质有关，特别是岩体裂隙分布状态极为复杂，用简单的理论公式很难真实地反映浆液在裂隙网络中的扩散情形，常通过现场注浆试验确定。

E　注浆结束标准

注浆压力均匀持续上升达到设计终压，同时钻孔吸浆量小于 10L/min 时，稳定 20~30min，作为注浆结束标准。在注浆过程中，个别注浆量特别大的孔段，可采用双液注浆。

F　溶洞、大量吃浆段注浆的措施

遇高度大于 1.00m 的溶洞、岩溶裂隙发育地段，发生大量吃浆的现象时，可采取的主要措施有：以溶洞底板作为注浆段的下限、压缩注浆段段长、降低注浆压力、孔口自流注浆、投放粗骨料、限制进浆量、间歇注浆、增加水玻璃掺杂量或水玻璃双液注浆等措施。使用的惰性粗骨料有：锯末、谷壳、海带、稻草、水洗砂及粒径 1~3cm 的碎石。

G　注浆孔封孔

注浆孔最后一段达到注浆结束标准后，采用全孔灌浆封闭法进行封孔，封孔材料采用水固比为 0.6：1 的浓水泥尾矿砂浆，封孔压力使用最大灌浆压力，持续时间不小于30min。封孔结束，对空孔段用浓水泥尾砂浆回填饱满。

8.5.4　在巷道通过含水岩层时的施工安全措施

在含水岩层中掘进巷道时，要特别注意安全。在技术组织工作上除应根据岩层稳定情况采取相应的施工安全措施外，还应采取防水的有效措施。现将国家《矿山井巷工程施工及验收规范》中对有关探水和放水方面的规定，摘录如下：

（1）在采空区、溶洞区或水文地质复杂的积水区掘进巷道前，应研究矿区附近的地质、水文地质以及该地区的矿业沿革，绘制采空区、积水区的正确位置图，编制探、放水施工设计及防止有害气体突然涌出的技术安全措施。

（2）掘进工作面遇到下列情况，必须探水前进：

1）接近溶洞、含水断层、水量大的含水层；

2）接近可能与河流、湖泊、蓄水池、含水层等相通的断层；

3）接近被淹井巷；

4）打开隔离矿柱放水。

当掘进工作面发现有异状流水和气体（如带铁锈、有色流水、异味气体）或巷道壁"挂汗"、水温降低、发生雾气、水叫、淋水加大、底板涌水增大时，应停止作业，进行处理。

（3）探水孔位置、方向、数目、每次钻进的深度、超前距离等，应根据水头高低、岩层或矿层硬度、厚度，在探、放水施工设计中具体规定。一般情况下应符合下列要求：

1）钻孔的数量不得少于 4 个；

2）中心钻孔的方向，应与巷道的中心线平行，深度金属矿不小于 10m，煤矿一般不小于 20m，其余钻孔应与巷道中心线呈 30°~40°夹角；

3）钻孔终点距预计掘进巷道周边的垂直距离，一般金属矿为 5~8m，煤矿为 10~15m。

（4）打超前探、放水孔之前，必须做好下列准备工作：

1）在工作面 5~10m 内，应加固支架，拆除巷道内的设备，迁移堆积的材料；

2）工作面附近，应准备好专用水泥、麻袋、木塞等堵水材料；

3）检查排水设备管路，清理水沟、水仓和水泵房；

4）特别危险地区，应选择坚固地点，砌固水闸门，并准备有安全可靠的出路。

（5）打超前探水钻孔时，孔口需设置管套、三通、阀门、水压表等设施，并遵守下列规定：

1）在钻进时，应测定钻孔的方向、倾角，并记录在巷道的平面图上；

2）钻进中应根据地质剖面图、钻孔位置、水质、气体比较结果进行综合分析，确定可能透水的时间，并加强防护工作；

3）探、放采空区积水时，必须加强对有害气体和易燃气体的检查防护，防止有害气体进入火区或工作地点。

（6）钻孔透积水区后，应根据情况增设放水孔降低水压，同时对放水情况和数量做出记录。放水过程中应经常测定水压，并检查各孔口岩石的稳定情况。

（7）在接近积水区掘进巷道时，必须考虑邻近施工巷道的作业安全，预先布置避灾路线。上方巷道必须先探后掘，并须超前于下方巷道工作面 30m 以上。

习　　题

8-1　简要介绍在复杂水文地质条件下的岩层施工顺序。

8-2　松软岩层类型特征有哪些？

8-3　简述松软岩层施工方法及其特点。

8-4　含水岩层中巷道施工方法有哪些？

9 巷道施工组织与管理

本章提要

科学管理巷道施工直接决定巷道的成巷质量与施工速度。本章介绍巷道施工方案,包括:一次成巷、多工序平行作业和交叉作业;巷道施工组织管理,包括:劳动组织形式;掘进作业循环;施工组织与管理。

9.1 巷道施工方案

9.1.1 一次成巷的施工方案

9.1.1.1 概述

巷道工程由开工到竣工,要完成掘进、支护、挖水沟、架设照明和动力线,以及铺设轨道等多项工序。这些工序(主要是掘进和支护)的施工次序按岩石地质条件、涌水情况、巷道断面尺寸、施工设施等条件,大致可分为下面三种方案:

(1)掘进与永久支护平行作业的一次成巷施工方案,也称掘砌平行作业。

(2)掘进与永久支护顺序作业的二次成巷施工方案,也称掘砌顺序作业。

(3)掘进与永久支护交替作业的施工方法,也称掘砌交替作业。

一次成巷施工方案的实质,是使构成施工主体的掘进和永久支护平行作业,并同时完成水沟、铺轨等主要辅助工程。构成一次成巷的基本条件是掘进、永久支护及水沟必须同时完成,部分地段岩石稳固,不需进行支护,但同时完成了按工程设计要求的主要项目,统称为一次成巷施工。一些矿山采用先掘进、并进行临时支护,经过一段时间后再进行永久支护的掘砌顺序作业的二次成巷施工方法。

9.1.1.2 一次成巷的施工技术组织问题

一次成巷施工时,要求在同样大小的巷道中,同时布置有供几道工序操作所需要的材料和其他技术装备,而最后既要保证掘砌等工序作业互不影响或者影响极小,还要满足通风运输要求;既要顶板暴露时间短,节省临时支架,为取运砌筑材料创造方便条件,又要注意安全,防止爆破崩坏悬拱。这种施工方案要求在巷道的有限空间内,同时有几个工种进行几道工序的施工,显然必须有严密的组织,以及对各施工工作面的各工序、各工种之间的合理安排和有机的配合。由此可见,一次成巷施工是一项牵涉面较广的综合性的技术组织工作。

A 一次成巷施工工作面的布置及其合理间距的确定

一次成巷施工时,同时安排的工序之间的间距确定及布置要求的基本原则是:

（1）在保证掘进和支护作业互不影响（或影响极小）及爆破时岩石不会崩坏永久支护的前提下，应尽可能地缩短掘进和永久支护作业区之间的间距，利于通风和支护充填材料的搬运，并缩短临时支护长度，减少木材消耗及岩石暴露时间。

（2）应满足装岩机的工作活动范围和调车设备的布置要求。

（3）能基本满足混合式通风的设备布置及工作面间距的要求。

合理确定掘砌工作面的间距是一项重要的工作，一些矿山根据上述基本原则及各自的具体的条件，掘砌平行作业中掘砌工作面间距实例见表 9-1。从表 9-1 中所列资料看出，掘砌工作面间距一般为 15~20m，实践证明，在多数情况下是适宜的。

表 9-1　掘砌平行作业中掘砌工作面间距实例

施工单位	马万水工程队	湘潭锰矿	焦作第二建井队	开滦赵各庄矿	包头长汗沟	大同新白洞	谢家集二矿	鹤壁二矿
巷道净断面/m²	11	6.5	5.6	7.43	10.4	6~8	12.7	—
掘砌工作面间距/m	10~14	15~18	10	14~16	15~20	20~40	20	10~20

为使工作面布置合理，不影响掘进的装岩调车和永久支护材料的堆放，在工作面附近一般应加设浮放道岔，特别是单轨巷道更应统筹兼顾，合理安排。

B　掘进进度的平衡及其作业循环的安排

正确地组织掘、砌进度的平衡，是保证掘砌工作面的间距不致过大的措施。但当岩石的凿岩可爆性较好时，掘进速度便将加快，避免因掘进和支护劳动力安排不当，重视掘进，忽视支护；避免由于支护材料供应不及时等原因引起掘进工作面间距离增大，造成风筒距掘进面太远，引起通风条件恶化，增大填充材料的搬运距离，增加劳动力的消耗；避免临时支护的数量增加。通过掘进进度的平衡，并制定和严格执行作业循环图表，加以控制。当出现这种情况时，不应停止掘进或减慢其速度，而是在保证掘进速度的同时，积极加强支护的技术组织工作，提高支护工效，或消除客观条件的影响，使之与掘进的速度相适应。湘潭锰矿在单轨巷道中采用一次成巷的施工方法（永久支护采用钢筋混凝土的预制支架）出现掘、砌（支架）间距过大时，采取了加强支护的措施。当超过合理间距 5m 左右时，开辟两个工作面对向进行，即增加一组支护劳动力临时支援补救，如果间距超过合理规定距离 10m 以上时，则开辟两个工作面同向进行，即增加一个支护小组专门负责超过地段的支护工作，原有支护小组的工作地点从合理间距的起点开始，随掘进工作面的推进而推进。当采取上述措施时，抽出式局扇的风筒应改为刚性风筒和柔性风筒混合连接，避免因支护工作面而造成通风困难，为提高一次成巷的速度，除应合理地保持掘砌作业区的间距，使掘砌两工序都能快速推进外，还应考虑各成巷工序间的严密配合，一同快速推进。因此，必须根据实际情况科学地编制作业循环图表，把掘进与支护既平行错开，又使彼此间的影响减到最小程度。但如采用钢筋混凝土预制支架或喷锚支护时，则掘进支护完全可以在班内同时进行。

C　掘进和支护工作

掘进工程是平巷施工中的主体，在一次成巷中，掘进速度在一定程度上决定着成巷速度，因此，必须强调以掘为主导，采用快速掘进的整套措施以保证高速度掘进，并在这个基础上不断平衡掘砌进度，经常保持掘砌作业区间的合理间距。对永久支护形式的要求，除了与地压控制需要相适应以及施工方便、工效高、成本低等一般要求外，尚应有便于掘、砌工作面布置及满足掘砌平行作业相互影响最小的要求。在巷道压力较大，岩石极为破碎时常用浇灌整体混凝土的支护方法，是掘、砌间相互影响最大的支护形式。一些单位在较差的岩层中推行一次成巷施工时，改用混凝土预制砌墙，整体浇灌混凝土拱，起到了同样的支护效果，但能减少掘砌间的相互影响。某工程队在单轨巷道施工时，为扩大巷道的利用空间，除采用混凝土预制块砌墙外，还使用"无腿拱胎"，其特点是拱胎不用立柱支承，根本不占巷道空间，经较长时间的实践，效果很好。临时支护的形式在条件许可下最好采用"无腿"结构的形式或矩形支架，其目的是在不需拆除临时支护的情况下便可进行挖砌墙基的工作，作业安全，有利于掘砌平行作业。应当指出，喷射混凝土支护技术的出现，为推广一次成巷施工方法开辟了更大的空间。

D　有关的几个问题

水沟工程一般应紧跟永久支护工作面进行，但相距不得小于10m。可安排2~3人固定在一个班进行，要求凿岩爆破时，考虑对水沟区域岩石的松动。轨道铺设要求一次按设计的轨型和坡度完成，投产时只稍加调整即可交付使用。

劳动组织必须是工程综合队，方能与一次成巷的要求相适应。它包括掘进、支护和其他辅助工序的工种，并努力使其成员成为一专多能的多面手。

在各工序和工种交错工作时，工作面上将比较拥挤，因此，应采取确保安全和通风防尘的措施。

要求施工场地的材料物件堆放整齐、文明生产，做到井然有序，以利掘、砌平行作业。

一次成巷的关键矛盾是有效利用巷道的有限空间，减少互相干扰。明确认识对支护形式的选择、劳动组织的确定、作业循环图表的制订以及掘砌等作业区间距离的合理确定和辅助作业的安排等，都是为了尽量利用巷道的有效空间，减少掘、砌作业之间的相互影响以扩大各工序的平行作业范围，达到提高综合成巷速度及有关指标的目的。

9.1.1.3　一次成巷施工方法的评价

掘砌平行作业一次成巷施工方法的优越性，已为许多矿山的施工实践证实。它与掘砌顺序作业二次成巷的施工方法比较，在以下几个方面突出地表现了它的优越性：

（1）成巷速度快。采用一次成巷施工方法，能充分地利用巷道的有限空间，在整个巷道的各个区段内安排较多的工种和人员。组织多工序平行作业，首先，可以多工种机动调整，统一指挥，消除各种工作的不平衡现象，从而可以减少窝工，挖掘劳动潜力，达到提高工效的目的；其次，可减去二次成巷施工方法所必须进行的许多辅助工序，如第一个月掘进，第二个月砌碹时，需将风水管和风筒予以拆除，而在第三个月掘进时，又将重新安装这些设施，使工作面准备时间每次多需要2~3天；此外，还可以减少收尾工程，由此可见，在其他条件相同的情况下，采用一次成巷的施工方法，成巷速度的提高是必然结果。

（2）综合工效高。一次成巷时，能充分利用工时，且工种之间能够充分协作，而减少窝工损失；永久支护所需要的充填材料，可以就地取材，节约劳力；支护工作面的刷帮挑顶工序可以在掘进时同时进行，能节省大量的辅助作业时间；此外，由于掘砌等许多工序均由一个工作队负责施工，更能促进掘进人员重视巷道规格质量，减少刷帮、挑顶和填充的工作量。所有这些都有效地促进成巷综合工效的提高。

（3）成本降低。成巷速度和工效的提高，材料消耗的降低，必然会使辅助车间服务费、间接费用以及工资和材料费用降低。湘潭锰矿曾使辅助车间服务费用降低 27.3%，间接费用降低 54%，且直接费用也有所降低，这必将导致成巷施工的总成本降低。

（4）对施工质量和施工安全有更可靠的保证。一般掘进后 4~5 天，巷道压力便可由永久支护来承担，能有效地控制顶板，确保安全。同时，由于填充材料可以就地取材，对永久支护的顶板和两帮均可确保充满，提高支护质量。诚然，推行一次成巷施工方法的工作面，总是比较拥挤和忙乱的，如组织不当，各工作面的影响是存在的，且容易出现一些安全事故，此外，需要的劳动力较多，劳动条件较差。但是，认真采取有效的技术组织措施，这些问题也是不难解决的。

9.1.2 多工序平行作业和交叉作业

9.1.2.1 多工序平行作业

在平巷快速掘进中，从有效掘进循环时间的充分利用来看，采用多工序平行作业的方式是合适的。其优越性也是为国内外平巷快速掘进的实践所证实。从整个平巷工程的施工项目来看，平巷作业的主要内容是掘进和支护。而对掘进而言，则主要是凿岩和装岩两个主要工序的平行作业。因此，在掘进中组织平行作业时，必须首先解决这两个工作平行作业的具体问题。为实现它们的平行作业，目前主要采用两种措施：一是爆破后凿岩工站在岩堆上作业，此时装岩工作在工作面远处进行，如在爆破时采取适当的岩石抛掷措施，工作面上部炮孔的钻凿便可与装岩工作平行进行；二是爆破后首先将紧靠工作面的岩石，用耙斗装岩机或人工耙离工作面 3~5m，然后凿岩与装岩工作同时进行。前者在国内矿山平巷快速掘进中较为常见，且起到一定的效果。一般快速掘进队都很强调主要工序的平行作业，在实际工作中，主要工序的平行作业时间大都占掘进循环总时间的 40% 以上，从而缩短了掘进循环时间，对加快掘进速度起了一定作用。近些年来，各工序平行作业的范围有进一步扩大的趋势。如凿岩与装岩、凿岩与支护（主要是临时支护）、凿岩与铺轨、凿岩与检修装岩机、凿岩与接风管、装药与测量、装岩与支护（主要是指架设临时支架的立柱）、看中线与工作面检查等，又称为"十大平行"。有的掘进队还有更多项目的平行。应当肯定，根据我国多数矿山的具体情况，在平巷快速掘进中推行广泛的多工序平行作业，对提高掘进速度和工效，是必要和有效的。但对于一些涉及与《安全规程》相抵触的安全作业问题，应持特别慎重的态度，并且采取安全措施，确保安全施工。

掘进各工序的平行作业，特别是主要工序的平行作业，是与各主要工序顺序作业相比较而言。从国内外矿山掘进技术的发展来看，随着大型高效的掘进设备，特别是一机多用设备的出现，顺序作业的方式正在不断扩大使用，且日益显示出它的优越性，如采用凿岩台车，就难以实现凿装平行作业；高效率凿岩和装岩等设备的出现，使有些工序平行作业的意义大大降低。顺序作业具有作业单一、工作条件较好、工效高、便于推广高效率的设备以提高机械化水平等优点。如上所述，作业方式的选择，在目前多数矿山的掘进机械化水平和生产率还不很高，且工人中的多面手在不断增加，以及气腿子凿岩支架的广泛采用等条件下，应首先考虑采用多工序平行作业的方式，并尽力设法增加各工序平行作业时间，在保证安全作业前提下，扩大平行作业的工序，以及消除或减少由于平行作业而引起的互相影响，以便更好地发挥平行作业的优越性。但也不能忽视具有不少优越性的顺序作业方式，在条件具备的矿山要积极推广。

9.1.2.2　多工序交叉作业

多工序交叉作业的实质就是在多工作面掘进中，各主要工序在各个工作面交错进行，即在同一时间内，掘进队成员分别在几个工作面进行不同工序的作业，如开始时甲工作面进行装岩，乙工作面进行凿岩。因此，对某一工作面而言，是顺序作业的。但就整个掘进队担负的几个工作面来说，各主要工序则是交错平行进行的。以云南锡业公司掘进四队三人三个工作面的多头掘进作业方式为例：上班后，一名凿岩工在前一班装完渣后的甲工作面上凿岩，其余两人在乙工作面装岩，凿岩结束后，装岩也基本同时完成；接着，原在甲工作面的凿岩工到乙工作面凿岩，其余两人到甲工作面装药、爆破、通风，并且开始通风后，此两人又到丙工作面装上一班爆破后的岩石，继续为凿岩工准备工作面，以后工作以此类推。

从云锡掘进四队和其他一些掘进队的实践经验来看，在用这种作业方式时，辅助作业时间少，设备利用率高，一套设备可完成 2~4 个工作面的作业任务，工作有条不紊，各工序互不干扰，且能做到人员和设备基本不停，环环相扣，对提高工效极为有利。平均工效可以达到 1m/(工·班)左右。

9.2　巷道施工组织管理

9.2.1　劳动组织与管理

平巷快速施工中，劳动组织与管理工作非常重要。正确选用和确定劳动组织形式和工种人数，对施工工效和速度的提高有着重要的作用。衡量选用的劳动组织合理与否，其主要标志是每个工人的技术专长能否充分发挥、工时是否得到充分利用。劳动组织是根据施工条件和任务的具体要求而定的，主要取决于施工方法是采用掘砌平行作业一次成巷，还是掘砌顺序作业二次成巷；掘进工作是否需要支护，以及施工机械化水平和工人掌握多工种技术的情况等因素。确定劳动组织（包括组织形式、工种及人数）时，应重点考虑各工种工人的工时充分利用问题。但是，合理的劳动组织形式，必须辅以强有力的技术和行政组织管理工作，才能真正发挥其作用，收到预期的效果。

9.2.1.1　劳动组织形式

总的来说，劳动组织形式有如下两种：

（1）单一专业性的组织形式。这种形式的主要特征是各工种的严格分工，基本上是一个工种只负担某一工序的任务，同时各工种是单独执行任务的，在这种组织形式下，工人的专业性较强，操作技术也较熟练，它一般适用于掘、砌顺序作业，且在掘进中的其他各主要工序中也基本上都是按顺序进行的。从专业分工来说，在多工作面掘进时较适用。

（2）综合性的组织形式。它的特点与单一专业性的形式相反，将各工种组合起来，统一领导，共同完成整个平巷工程施工或掘进循环过程中的主要工序或全部工序任务。目前，大部分矿山平巷施工中，特别是组织快速掘进时，基本上都采用了综合性的组织形式——综合工作队。

矿山实践表明，综合性的组织形式具有人选优越性。由于工种间互相协作，基本消除了工人在工作班内忙闲不均的现象，充分利用工时，使各工序的衔接更加紧密，缩短掘进循环时间。如临时支护、铺轨等辅助工序，过去往往由于人少而进度慢，现在由于其他工种的协作，可在短时间内突击完成，且平行作业的可能性也随着增大。

国外矿山平巷掘进中，多是以专业小组的形式，各主要工序由专门的小组负责，但也有不少是以2~5人组成的综合小组，负责掘进的全部工作。如加拿大国际镍矿公司所属矿山多采用三臂凿岩台车，每天三班制，每班5人，多工作面作业，每班完成两个循环，每天完成五个循环，留半个班时间维修机械设备；断面为5m×3m，循环进尺2.5m，日进尺12.5m，工效为0.82m/(工·班)，各工序的任务既有专职分工，又有协作。瑞典基鲁纳铁矿的采准巷道掘进，断面为5m×3.6m，每班2~4人，由一人操纵凿岩台车，孔深3m，炮孔钻凿速度为1m/min，采用蟹爪式装载机和两辆35t的汽车或采用LD450型铲运机，运至420m以外溜井卸渣，每班三个循环，进尺比较稳定。

9.2.1.2 施工组织管理

一个合理的劳动组织形式，必须辅以科学的技术管理和深入细致的思想工作，要制定一个严格按照按劳取酬原则的工资奖励制度，才能充分发挥劳动组织形式的作用。

建立和贯彻必要合理的规章制度，是确保工时利用率和工程质量、加快施工速度的重要保证，工程实践表明，应建立如下几种制度：

（1）工作面交接班制度。在工作面交接班，不仅是值班负责人的工作交接，而且应包括各工作面甚至每一个人的对口交接，同时，要做到"四交"——交任务、交措施、交设备、交安全。应使工作面连续作业，充分利用工时，且交接的任务具体，情况落实。

（2）岗位责任制。这种制度要落实到每一个工种及每一个人。内容要具体，队内每一个人都要明确分工和协作的任务。应该对每一个成员在整个工作班内的工种内容大体作出规定，使人人心中有数，有条不紊地进行工作，也便于检查和考核。

（3）质量验收制度。除队里负责人和质量检查员负责经常性的质量检查外，管理部门要建立质量的定期检查制度，以确保并不断提高工程质量。

（4）考勤和竞赛考核制度。这种制度和深入细致的思想政治工作是相辅相成的两个方面，且应该以后者为基础。出勤率是实现高速掘进的关键，而考核则是提高出勤率和保证规章制度得以很好贯彻执行的有效措施。考核范围应包括工人的技术、出勤和完成任务情况等，还要考核安全、材料消耗、成本以及重点考察先进技术的推广和协作精神。

（5）技术管理制度。技术管理内容主要包括由技术干部协同掘进队根据不同的岩石条件，共同制定的基本凿岩爆破参数和作业循环图表，以提高进尺，保证规格质量和安全的措施，定期检查执行情况，并不断调整和充实提高。

（6）材料成本管理制度。其主要内容有两个方面：一方面根据施工条件指定材料消耗定额及成本预算；另一方面是建立材料领取制度，按计划严格执行，采取措施，减少消耗，杜绝浪费，并定期分析执行情况，提出改进措施。此外，还应该根据施工任务及其特点，建立一些组织管理制度，如工人轮休制、工具管理制及多工作面掘进时的"四定三保制"（定人员、定设备、定工作面、定任务和保证施工质量、保证重点工程、保证安全生产）。所有这些制度的建立和贯彻执行，对促进生产和保证工程质量，都将起到积极的作用。

9.2.2 掘进作业循环

掘进作业循环是指掘进主要工序（凿岩、爆破、装岩、临时支护）和辅助工序（通风、铺轨和接管等）的周期性重复。为使掘进循环计划化，多数掘进队都编制了表示循环中的各个工序工作持续时间及其相互间在时间上的衔接关系的掘进循环图表，因此，有了循环图表，各工作人员就有了可循之规，使每一个工种和人员都清楚地知道在各个循环阶段的任务，可见，认真编制和贯彻执行掘进循环图表，对实现正规作业有着重要的作用。

9.2.2.1 掘进循环图表的制订

在制订掘进循环图表时，应对各工序的作业时间和潜在的能力以及新措施的作用等，进行必要的测定和留有余地的估算，获得第一手资料作为制订循环图表的依据，并考虑以下几个方面的因素：

（1）在我国目前的条件下，多数矿山应考虑尽可能地增长各工序的平行作业时间并推广多工序平行作业，但随着掘进机械化程度的提高，凿装主要工序顺序作业的方式也应予以推广。

（2）一个班的掘进循环次数，为便于组织，一般应为整数。

（3）在处理掘进循环次数和循环进尺的关系时，应保证在必要的循环进尺的前提下提高循环次数。一般认为，循环进尺 1.5~2m 是合适的，在这个前提下，便可根据各自的机械化水平、作业方式和生产能力、作业时间等条件，确定循环次数。制订循环图表，必须通过实践检验，予以调整，使其更加符合实际并起到指导生产实践的作用。

9.2.2.2 掘进循环与进尺

掘进循环次数与循环进尺有密切的关系，且相互制约，深孔多循环是快速掘进的基本要求。国内外矿山取得快速掘进的单位，大多是两者兼而有之，或其中有一个很突出。如前捷克斯洛伐克和前苏联创造月进 1021.3m 和 1237.6m 的纪录时，昼夜循环次数分别为 14.1 次和 16.5 次，循环进尺平均为 2.33m 和 1.81m。我国马万水工程队和新晃汞矿创造月进 628m 和 707.3m 的纪录时，昼夜循环次数平均分别为 18.45 次和 12.38 次，循环进尺平均为 1.12m 和 1.84m。而在 1976 年和 1977 年，马万水工程队和新晃汞矿掘进队把炮孔深度加大，循环进尺分别提高到 2m 和 2.04m 后，月进度便提高到 1403.6m 和 1056.8m。由此可见，炮孔深度和循环次数的数值，要全面地统一考虑，并要求保证一定的循环进尺。如前所述，采用气腿式支架凿岩时，循环进尺为 1.5~2m 是可行的、合理的。

9.2.3 巷道施工组织与管理

巷道施工要达到快速、优质、低耗和安全的要求，除合理选择先进技术装备配套外，采用行之有效的施工组织与科学的管理方法，也是很重要的组成部分。

9.2.3.1 施工组织

A 一次成巷及其作业方式

巷道施工有两种方案：一种是分次成巷；另一种是一次成巷。分次成巷是先掘进，永久支护和水沟留在以后施工。这种方法使围岩长期暴露、风化、变形而遭到破坏，尾工多，质量差，施工不安全，因而速度慢，效率低，材料消耗大。而一次成巷是把巷道施工中的掘进、永久支护、水沟三部分工程视为一个整体，统筹安排，要求在单位时间内（按月）完成掘进、永久支护、水沟三部分工程，有条件的还应加上永久轨道的铺设和管线安装。

掘进后能及时对围岩进行永久支护，不但作业安全，有利于保证支护质量，加快成巷速度，而且材料消耗和工程成本也显著降低。因此我国矿山已把一次成巷作为一项制度予以贯彻执行，评比考核以成巷指标为标准，按成巷进尺验收。

一次成巷施工方案，首先是在具有支护工程的巷道中使用。如果巷道不支护，只要同时完成了按工程设计要求的项目，也可称为一次成巷施工。特别是喷锚支护的应用为一次成巷的推广，开辟了新的前景。

依据地质条件、巷道断面尺寸、施工设备以及操作技术等因素，按照掘进和永久支护的相互关系，一次成巷施工法可分成以下三种作业方式：

（1）掘进与永久支护平行作业。在同一巷道中，掘进与永久支护在前后不同的地段同时进行，两者相距一般为20~40m，该段距离内可采用临时支护。掘支平行作业施工平面布置如图9-1和图9-2所示。

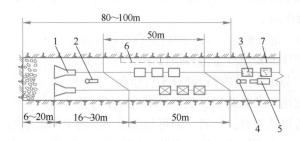

图 9-1 双轨巷道掘进与喷锚支护平行作业示意图

1—耙斗装岩机；2—混凝土喷射机；3—料车；4—混凝土喷射机（补喷加厚）；

5—上料机；6—掘砌水沟段；7—补喷加厚段

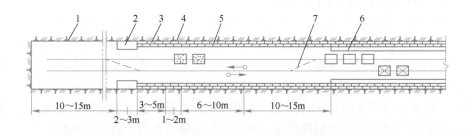

图 9-2 双轨巷道掘砌平行作业示意图

1—临时支架段；2—挖掘基础段；3—砌墙段；4—砌拱段；5—尚未拆除模板段；

6—掘砌水沟段；7—浮放道岔

这种作业方式成巷速度快，效率较高，但需要人员多，施工组织管理工作复杂，适用于围岩比较稳定，掘进断面应大于 $8m^2$，以免掘、支工作互相干扰，但喷锚支护不受此限。

（2）掘进与永久支护顺行作业。在同一巷道中，掘进与永久支护顺序进行，一般 10~20m 为一段，最大段距不得超过 40m。当围岩不稳定时，应采用短段掘支，每段长 2~4m，使永久支护尽量紧跟迎头。视围岩情况，采用喷锚支护时亦可采用一掘一喷锚、两至三掘一喷锚的组织方式。

这种作业方式需要人员、施工设备较少，施工组织管理工作简单，但成巷速度较慢。适用于巷道断面小，围岩不稳定等情况。

（3）掘进与永久支护交替作业。交替作业也属单行作业施工组织方式之一。在两个或两个以上距离相近的巷道中，由一个施工队分别交替进行掘进、支护工作。

这种作业方式工人按专业分工，技术熟练、效率高，掘、支工作在不同巷道中进行，互不干扰，可以充分利用工时，但战线较长，占用设备多，人员分散，不易管理。适用于井下车场及采区巷道，工作面相距不超过 200m 为宜，金属矿山采用较多。

B 多工序平行作业

掘进工作的每一掘进循环中，各项工序周而复始地重复进行，如交接班、凿岩、装药连线、放炮通风、装运废石、支护、铺轨等。为了缩短循环时间，加快施工速度，应尽量组织上述各工序平行作业。

根据一些快速施工的经验，下列工序可实行平行作业：

（1）交接班与工作面安全质量检查平行作业。

（2）凿岩、装岩与永久支护可以部分平行作业。

（3）测中线、腰线与准备凿岩、敷设风水管路平行作业。

（4）用铲斗装岩机装岩时，装岩后期可与凿岩工作面中部以上炮孔平行作业。

（5）钻下部孔与工作面铺轨、清扫炮孔平行作业。

（6）移动耙斗装岩机与接长风水管路平行作业。

（7）工作面打锚杆与装岩平行作业。

（8）装药与撤离、保护设备和工具平行作业。

（9）砌水沟与铺永久轨道平行作业。

作为掘进中主要工序（如凿岩、装岩）的作业安排，取决于所选用的施工设备。当用气腿凿岩机凿岩、铲斗装岩机或耙斗装岩机装岩时，为缩短掘进循环时间，可采用凿、装部分平行作业。随着大型、高效、多用的掘进设备的出现，凿、装顺序作业方式正在扩大使用，正日益显示出它的优越性。凿、装顺序作业具有作业单一、工作条件较好、工效高、有利于发挥机械设备的效率的特点。从国内外井巷施工技术的发展趋势来看，必然将越来越多地采用大型高效率的掘进设备，顺序作业的使用范围也将随之不断扩大。

C 劳动组织

实行一次成巷的施工方法，必须有与之相适应的劳动组织，才能保证各项任务的顺利实施。巷道施工中的劳动组织形式主要有以下两种：

（1）专业掘进队。这种组织形式的特点是各工种严格分工，一个工种只担负着一种工作，各工种是单独执行任务的。它的专业性强，易于钻研技术，适用于多头掘进。

（2）综合掘进队。综合掘进队的特点是，将巷道施工需要的主要工种（掘进、支护）以及辅助工种（机电维护、运输）组织在一个掘进队内，既有明确的分工，又要有在统一领导下的密切配合与协作来共同完成各项施工任务。实践证明，综合掘进队是行之有效的劳动组织形式。目前，大部分平巷施工中，特别是组织独头快速掘进时，基本上都采用综合掘进队。它具有以下优点：

1）在施工队长统一安排下，能够有效地加强施工过程中各工种工人在组织上和操作上的相互配合，因而能够加速工程进度，有利于提高工程质量和劳动生产率；

2）各工种、各班组在组织上、任务上、操作上，将集体与个人利益紧密联系在一起，有利于加快施工速度和提高工程质量。

综合掘进队的规模，要根据各地区的特点、施工作业方式、工作面运输提升条件等确定。一般有单独运输系统的施工工程，如平硐或井下独头巷道，可组织包括掘进、支护、掘砌水沟、铺轨、运输、机电维修、通风等工种的大型综合掘进队。当许多工作面合用一套运输、检修系统时，如井下车场、运输大巷及运输石门等，可组织只有掘进、支护、掘砌水沟等工种的小型综合掘进队。

D 正确循环作业及循环图表的编制

a 掘进循环

巷道施工要完成不少工序，不管怎样安排这些工序，它们总是经过一定的时间周而复始地进行的，如掘进时的钻孔、装药连线、放炮通风、装运岩石、支护、铺轨等，每种工序重复一次，就称为一个掘进循环。

b 循环进尺

循环进尺是指每个循环巷道向前推进的距离。

c 循环时间

循环时间是指完成一个循环所需的时间。

d 正规循环作业

正规循环作业是指在规定的时间内，按照作业规程、爆破图表和循环图表的规定，完成各工序所规定的工作量，取得预期的进度，并保证周而复始地进行施工。

e 月循环率

月循环率是指一个月中实际完成的循环数与计划的循环数之比。一个月循环率应在90%以上。正规循环率越高，则施工进度越快。抓好正规循环作业是实现持续快速施工和保证安全的重要措施。

f 循环图表

循环图表是把各工种在一个循环中所担负的工作量和时间、先后顺序以及相互衔接的关系，周密地用图表形式表示出来的一种指示图表。

循环作业以循环图表的形式表示出来，循环图表是组织正规循环作业的依据。它使所有的施工人员心中有数，一环扣一环地进行操作，并在实践中进行调整，改进施工方法与劳动组织，充分利用工时，将每个循环所耗用的时间压缩到最小限度，从而提高巷道施工速度。

g 循环图表的编制方法

（1）合理选择施工作业方式和循环方式。在编制图表前，首先必须对各工序正常施工所需要的人数和时间进行调查，根据巷道的断面、地质条件、施工任务和内容、施工技术水平和技术装备等情况，对各分部工程及各工序施工顺序进行综合考虑，并选定一次成巷的作业方式。

循环方式是根据具体条件，采用每班一循环或每班 2~3 个循环。每班完成的循环次数应为整数。当求得的小班循环次数为非整数时，应调整为整数，即一个循环不要跨班完成。否则，不便于工序之间的衔接，施工管理也较困难，不利于实现正规循环作业。

每班循环次数必须结合劳动工作制度考虑。劳动工作制度有"三八"作业制和"四六"作业制。在组织巷道快速施工时，因劳动强度大，采用"四六"作业制对提高劳动生产率，加快掘进速度是有利的。

（2）确定循环进尺。掘进循环进尺与掘进循环次数密切相关，互相制约。只要循环进尺确定，每个循环的工作量也就确定，同时也就确定了每个循环所需的时间，从而可求得每班的循环次数。但是，循环进尺决定于炮孔深度，因此还必须考虑凿岩爆破效果的合理性。根据目前的凿岩爆破技术水平，采用气腿凿岩机时，炮孔深度一般为 1.8~2.0m，采用凿岩台车时一般为 2.2~3.0m 较为合理。炮孔深度也可以按月进度和预定的循环时间估算。

（3）确定各工序作业时间和循环时间。确定炮孔深度，也就知道各主要工序的工作量，然后根据设备情况、工作定额（或实际测定数据）计算各工序所需要的作业时间。把凿岩、装药连线、放炮通风和装岩工序所占的单行作业时间加起来，作为一个循环的主要部分。其他工序则应尽可能与主要工序平行进行。

例如巷道施工的条件为：掘进断面 $6.7m^2$，岩石坚固性系数 $f=6~8$。掘进主要工序为单行作业，6h 完成一个循环，循环进尺 2m，采用"四六"作业制。掘进中使用多台凿岩机钻孔（7 台同时工作），激光指向仪定向，蟹爪式装岩机装岩，梭式矿车和架线式电机车组成的机械化作业线。在劳动组织和施工管理方面，采用综合工作队，实行岗位责任制，因此在掘进中取得了优异的成绩。

E　施工技术组织措施（作业规程）编制内容

根据巷道特征和地质条件，由区队主管技术人员制定出切实可行而又比较先进的施工技术组织措施（巷道作业规程），用以指导巷道施工，并以此为依据，定期检查执行情况，以便不断调整、充实提高，从而获得更高的施工速度和良好的技术经济指标。

9.2.3.2　施工管理制度

掘进队要健全和坚持以岗位责任制为中心的十项基本管理制度，即工种岗位责任制、技术交底制、施工原始资料积累制、工作面交接班制、考勤制、安全生产制、质量负责制、设备维修包机制、岗位练兵制和班组经济核算制。

工程上对巷道施工质量基本要求：

（1）水沟畅通，永久水沟距工作面不超过 5.0m，毛水沟要挖到耙斗装岩机处。

（2）巷道整洁无杂物，耙斗装岩机后无积水、无淤泥。

（3）设备清洁，喷射机下面无积物，设备机具、材料要摆放整齐。

（4）电缆、风筒、风管、水管、轨道要悬吊或敷设整齐。

（5）做到"五不漏"，即不漏电、不漏水、不漏风、不漏油、不漏压风。

习 题

9-1 一次成巷的作业方式有哪些?

9-2 多工序平行作业可采取什么措施?

9-3 巷道施工有哪些劳动组织形式?

9-4 简述掘进作业循环的定义。

9-5 简要说明循环进尺的定义。

9-6 简要说明正规循环作业的定义。

9-7 简述循环图表的定义。

10 竖井设计与施工

本章课件

本章提要

　　竖井工程是地表联系井下的主要通道，是井下矿山建设的主要工程项目。本章主要介绍竖井功能；井筒组成结构；竖井断面布置形式及井筒内装备；竖井断面形状选择及其尺寸计算；竖井施工方法及井筒支护方法；竖井凿井设备选择及凿井结构物；竖井延深方案。

　　井筒工程是矿井建设主要工程项目之一，是整个矿山建设的咽喉。井筒工程量一般占全矿井巷工程量的15%左右，而施工工期却占矿井施工总工期的30%~50%。因此，井筒工程设计与施工直接关系到矿山建设的成败和生产时期的正常使用。

　　井筒是矿井通达地表的主要进出口，是矿井生产期间提升矿（废）石、运送人员和材料设备、通风、排水的主要通道。依据用途不同，竖井可分为：主井、副井和风井。主井用于提升矿石，一般装配一对箕斗（图10-1（a））；副井用于提升材料、设备、废石、升降人员，兼作通风、排水等，一般装配罐笼（图10-1（b）（c））；风井专门用于进风和出风，兼作安全出口。主副井也兼作入风井，而风井也可用于通行人员或输送材料。在一个井筒内，同时装备有箕斗和罐笼，兼有主、副井功用的井称为混合井（图10-1（d））。井筒中既有运行设备，又要固定管路、梯子等设施。为此，将井筒断面分成不同的区间，例如：提升间、管道间等，有时根据需要还留有将来向下延伸井筒延伸间。井筒断面形状一般为圆形，很少采用方形。圆形断面有利于维护，但断面利用率较低。

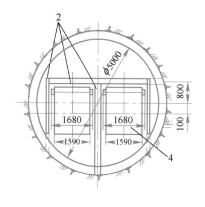

(a)

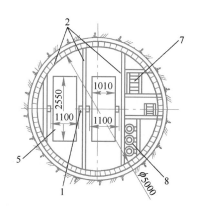

(b)

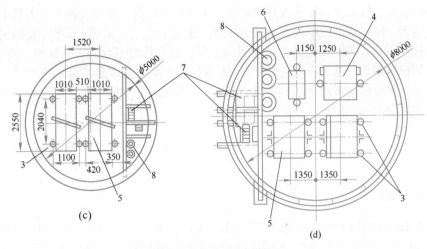

图 10-1　各种井筒内的装设情况

（a）箕斗井；（b），（c）罐笼井；（d）混合井

1—刚性罐道；2—罐道梁；3—柔性（钢丝绳）罐道；4—箕斗；5—罐笼；6—平衡锤；7—梯子间；8—管路

　　整个井筒自上而下是由井颈、井身和井底三个基本部分组成（图 10-2）。井颈是指井筒从第一个壁座起至地表的部分，通常位于表土层中。根据实际情况，其深度可以等于表土的全厚或厚表土层中的一部分。由于井颈多处于坚固性差或大量含水的表土层、风化带内，所受地压大；由于井架基础位于井颈上，使它承受着井架、提升载荷的作用，因此井颈部分的支护需要加强，通常井壁做成阶梯状，最接近地表的部分称为锁口盘，支护厚度可达 1m 以上。一般竖井井颈深度为 15~20m、壁厚 1.0~1.5m，斜井井颈部分应延深至基岩内至少 5m。井筒的用途及设备配置见表 10-1。

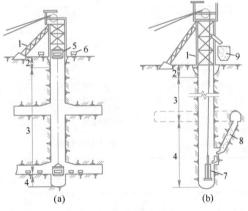

图 10-2　竖井井筒纵断面

（a）罐笼井；（b）箕斗井

1—井架；2—井颈；3—井身；4—井底；5—罐笼；6—矿车；7—箕斗；8—矿仓；9—地面矿仓

表 10-1　井筒的用途及设备配置

井筒类型	用　途	井内装设情况	示意图
主井（箕斗或罐笼）	提升矿石	箕斗或罐笼，有时设管路间、梯子间	图 10-1（a）
副井（罐笼井）	提升废石，上下人员、材料、设备	罐笼、梯子间、管路间	图 10-1（b），（c）
混合井	提升矿石、废石，上下人员、材料、设备	箕斗、罐笼、梯子间、管路间	图 10-1（d）
风　井	通风，兼作安全出口	井深小于 300m 时，设梯子间；井深大于 300m 时，设紧急提升设备	
盲　井	无直接通达地表的出口，一般作提升井用	根据生产需要装配	

　　金属矿山的特点是多水平（中段）开采，各中段巷道都要和井筒连通。从最低中段至井颈部分的井筒称为井身，多位于基岩中。井筒与中段相连部分称为马头门。此外，井筒还与

计量硐室、井底水泵房、排水硐室相连通。在这些情况下，连接处都有应力集中，此处井壁支护应适当加厚。从最低中段水平以下井筒部分叫井底，其深度视实际需要而定。对于罐笼井，井底有集存井帮淋水和提升过卷缓冲作用。如果井筒不延深，井底至少留 2m。提升人员的井筒设托罐架，其下应留 4m 水窝，水由专门水泵排至水仓。对于箕斗井，井底有装载硐室、水泵硐室以及清理井底斜巷等，其深度一般为 30~50m。需要延深的井筒，依据延深方法，井底深为 10~15m。

10.1 竖井断面设计

10.1.1 竖井断面的布置形式

竖井断面布置形式指竖井内的提升容器、罐道、罐梁、梯子间、管缆间、延深间等设施在井筒断面的平面布置方式。决定竖井断面布置方式的因素很多，如竖井的用途、提升容器类型和数量以及井内其他设施的类型和数量，都对竖井断面的布置有很大影响。所以，竖井断面布置方式变化较大，也比较灵活。这里只列举一些典型的布置形式（表 10-2）和实例（表 10-3）。

表 10-2 竖井断面布置形式

竖井断面布置形式示意图	提升容器	竖井设备	备注
图 10-3 (a)	一对箕斗	金属罐道，罐道梁双侧布置，设梯子间或延深间	箕斗井最常用形式
图 10-3 (b)	一对罐笼	金属罐道梁，双侧木罐道，设梯子间、管子间	罐笼井常用形式
图 10-3 (c)	一对罐笼	金属罐道梁，单侧钢轨罐道，设梯子间	罐笼井常用形式
图 10-3 (d)	一对罐笼	金属罐道梁，木或金属罐道端面布置，设梯子间、管子间	
图 10-3 (e)	一对箕斗和一个带平衡锤的罐笼	箕斗提升为双侧金属罐道，罐笼提升为双侧钢轨罐道或双侧木罐道，平衡锤可用钢丝绳罐道	
图 10-3 (f)	一对箕斗和一对罐笼	箕斗提升为双侧金属罐道，罐笼提升为单侧钢轨罐道	

表 10-3 竖井断面布置实例

实例图	竖井尺寸 /m	布置内容 提升容器	布置内容 井筒装备	备注
图 10-4 (a)	4.94×2.7	单层单车双罐笼	木井框、木罐道、木罐梁	罐梁层间距 1.5m
图 10-4 (b)	4.0	一个罐笼配平衡锤	双侧木罐道，槽钢罐梁金属梯子间	罐梁层间距 2m
图 10-4 (c)	6.5	一对 1t 矿车双层四车加宽罐笼	悬臂罐梁树脂锚杆固定，球扁钢罐，端面布置，金属梯子间，设管缆间	用于井型 1.8Mt/a 的副井
图 10-4 (d)	6.5	两对 12t 箕斗多绳提升	两根组合罐梁，树脂锚杆固定，球扁钢罐道，端面布置	用于井型 3.0Mt/a 的主井
图 10-4 (e)	6.0	一对 16t 箕斗多绳提升	钢丝绳罐道，四角布置	用于井型 1.8Mt/a 的主井

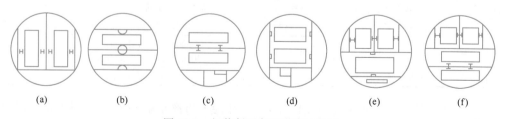

(a)　　　(b)　　　(c)　　　(d)　　　(e)　　　(f)

图 10-3 竖井断面布置形式示意图

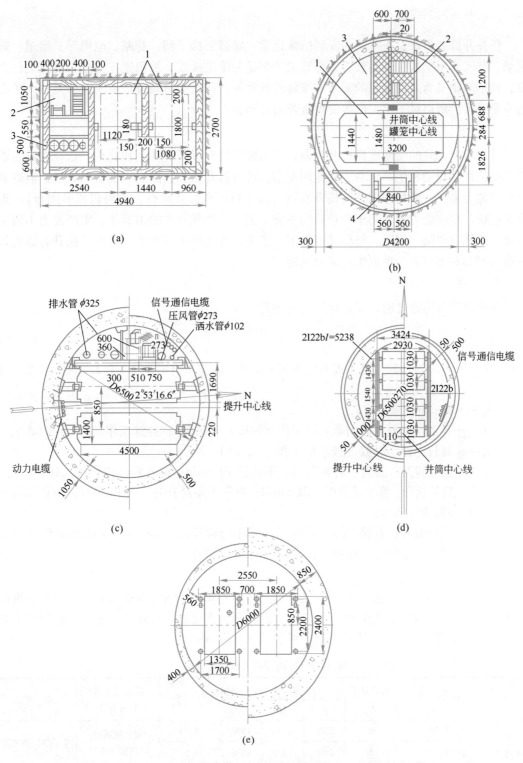

图 10-4 井筒断面布置实例
1—提升间；2—梯子间；3—管缆间；4—平衡锤间

10.1.2 井筒内的装备

竖井井筒装备就是指井筒内安装的罐道梁、罐道、梯子间、管路、电缆等。罐道、罐道梁、井底支承结构、过卷装置、托罐梁等都是为罐笼或箕斗的稳定、安全、高速运行而设，梯子间则是为井内设备的安装和维修或辅助安全行人通道而设。由于竖井是整个矿山的主要通道，所以风、水、电等管缆也都通过竖井。

10.1.2.1 提升容器

首先按照竖井的用途选择提升容器，目前竖井提升容器有罐笼和箕斗。选择提升容器的主要依据是用途和生产能力。罐笼用途多，可以提升矿石、废石、设备、人员，但罐笼的生产能力低，一般用作副井的提升容器。箕斗只用来提升矿石（也可以提升废石），提升速度快，生产能力大，用于产量高的主井。主井生产能力大的用箕斗，生产能力小的用罐笼。罐笼有单层、多层，每层又有单车、多车，罐笼的规格视矿车而定。提升容器的数量有单容器和多容器，根据生产能力确定。

A 提升容器的选择

在选择提升容器之前，需先计算小时提升量 A_s：

$$A_s = \frac{CA_n}{t_r t_n} \qquad (10\text{-}1)$$

式中 C——不均匀系数，箕斗提升时取 $C=1.15$；罐笼提升时取 $C=1.2$；兼作副提升时取 $C=1.25$；

A_n——矿石年产量，t/a；

t_r——年工作日数，矿山非连续工作制时取 $t_r=300\text{d/a}$；连续工作制时 $t_r=330\text{d/a}$；

t_n——每日工作小时数（按三班工作计），h/d；

箕斗提升：提升一种矿石时，不超过 19.5h/d；提升两种矿石时，取 18h/d；

罐笼提升：作主提升时，取 18h/d；兼作主副提升时，取 16.5h/d，只作副提升时，取 15h/d；

混合提升：有保护隔离措施时，箕斗与罐笼均取 18h/d；无隔离措施或隔离措施不完善时，按单一提升时减 1.5h/d 考虑。

B 箕斗规格的选择

箕斗根据采用罐道类型的不同，又分为刚性罐道箕斗及钢丝绳罐道箕斗。钢丝绳罐道箕斗又分为单绳、多绳两种形式。箕斗规格选择分为类比法和计算法，主要是根据矿山的生产能力确定箕斗容积，常用箕斗的规格和特征见表 10-4。

表 10-4 常用箕斗的规格和特征

名称	型 号	名义载重 /t	外形尺寸/mm			箕斗自重/t	罐道形式和布置方式	备 注
			长	宽	高			
立井单绳提矿箕斗	JL(Y)-6	6	2200	1100	7390	5.00	钢丝绳罐道四角布置	同（异）侧装卸
	JL(Y)-8	8	2200	1100	8520	5.50		
	JLG-6	6	1846	1590	7875	5.40	钢轨罐道两侧布置	同侧装卸
	JLG-8	8	1846	1590	8752	6.01		

名称	型 号	名义载重 /t	外形尺寸/mm			箕斗自重/t	罐道形式和 布置方式	备 注
			长	宽	高			
立井 多绳 提矿 箕斗	JDS-9/110×4	9	2300	1300	13350	10.70	钢丝绳罐道 四角布置	同侧装卸
	JDSY-9/110×4					11.60		异侧装卸
	JDG-9/110×4					10.70	型钢罐道 端面布置	同侧装卸
	JDGY-9/110×4					11.60		异侧装卸
	JDS-16/150×4	16	2400	1550	15690	16.90	钢丝绳罐道 四角布置	同侧装卸
	JDSY-16/150×4					17.80		异侧装卸
	JDG-16/150×4					16.90	型钢罐道 端面布置	同侧装卸
	JDGY-16/150×4					17.80		异侧装卸
	JD-20/4（Y）	20	2800	1500	14600	19.90	型钢罐道 端面布置	同（异）侧装卸
	JD-20/6（Y）							
	JD-25/6Y	25	3290	1640	15030	28.50	型钢罐道 端面布置	异侧装卸

双箕斗提升时一次提升量：

$$Q' = \frac{A_s}{3600}(K_1\sqrt{H} + u + \theta) \qquad (10\text{-}2)$$

单箕斗提升时一次提升量：

$$Q' = \frac{A_s}{1800}(K_1\sqrt{H} + u + \theta) \qquad (10\text{-}3)$$

箕斗容积的计算值为：

$$V' = \frac{Q'}{P_s C_m} \qquad (10\text{-}4)$$

式中 H——最大提升高度，m；

u——箕斗在卸载曲轨处低速爬行的附加时间，取 $u = 10 \sim 15\mathrm{s}$；

P_s——矿石松散密度（松散容重），t/m^3；

C_m——箕斗装满系数，取 $C_m = 0.85 \sim 0.9$；

K_1——系数，取 $K_1 = 2.7 \sim 3.7$，当 $H < 200$ 时取上限，当 $H > 600$ 时取下限；

θ——箕斗装载停歇时间，见表 10-5。

箕斗卸载

表 10-5 箕斗装载停歇时间

箕斗容积/m³	<3.1		3.1~5	≤8	>8
漏斗类别	计量	不计量	计量	计量	计量
停歇时间/s	8	18	10	14	20

算出箕斗容积的计算值 V' 后，应选择与 V' 相近的箕斗容积的标准值 V，然后再计算出一次有效提升量 $Q(\mathrm{t})$：

$$Q = P_s C_m V$$

最后按速度图计算每小时提升量，验算此一次提升量是否满足提升任务要求。

C 罐笼规格的选择

当罐笼作为主提升时，应根据提升矿车的外形尺寸选择其规格，一般选用单层罐笼，只有当产量较大时，才考虑用双层罐笼。常用罐笼的规格和特征见表10-6。

表 10-6 常用罐笼的规格和特征

名称	型 号	矿车型号和数目	外形尺寸/mm 长	宽	高	罐笼自重/t	允许载人	罐道形式及布置方式	备 注
立井单绳罐笼	GLS(Y)-1×1/1	MGC1.1-6×1	2550	1156		2.30	12	钢丝绳罐道四角布置	同(异)进出车
	GLS(Y)-1×2/2	MGC1.1-6×2	2550	1156		3.90	24		
	GLS(Y)-1.5×1/1	MGC1.7-6×1	3000	1354		3.30	17		
	GLS(Y)-1.5×2/2	MGC1.7-6×2	3000	1354		5.50	34		
	GLS(Y)-3×1/1	MGC3.3-9×1	4000	1636		5.50	28		
	GLS(Y)-3×2/2	MGC3.3-9×2	4000	1636		8.00	56		
	GLG(Y)-1×1/1	MGC1.1-6×1	2550	1156		2.30	12	型钢罐道端面布置	同(异)进出车
	GLG(Y)-1×2/2	MGC1.1-6×2	2550	1156		3.90	24		
	GLG(Y)-1.5×1/1	MGC1.7-6×1	3000	1354		3.30	17		
	GLG(Y)-1.5×2/2	MGC1.7-6×2	3000	1354		5.50	34		
	GLG(Y)-3×1/1	MGC3.3-9×1	4000	1636		5.50	28		
	GLG(Y)-3×2/2	MGC3.3-9×2	4000	1636		8.00	56		
立井多绳罐笼	GDG1/6/1/2 GDG1/6/1/2K	MGC1.1-6×2	4750	1024 1704	2930	4.57 5.80	23 38	型钢罐道端面布置	
	GDG1/6/2/2 GDG1/6/2/2K	MGC1.1-6×2	2240	1024 1504	5800	4.28 4.91	20 28	型钢罐道端面布置	
	GDG1/6/2/4 GDG1/6/2/4K	MGC1.1-6×4	4440	1024 1704	6100	9.03(9.16) 9.28(9.34)	46 76	型钢罐道端面布置	括号内数值为6绳罐笼自重
	GDS1/6/2/4 GDS1/6/2/4K	MGC1.1-6×4	4440	1024 1704	6100	8.07(8.09) 9.28(9.37)	46 76	钢丝绳罐道四角布置	括号内数值为6绳罐笼自重
	GDG1.5/6/1/2	MGC1.7-6×2	5270	1200	3900	8.04	62	型钢罐道端面布置	
	GDG1.5/6/2/2 GDG1.5/6/2/2K	MGC1.7-6×2	2850	1204 1674	6280	6.56 7.58	34 46	型钢罐道端面布置	
	GDG1.5/6/2/4 GDG1.5/6/2/4K	MGC1.7-6×4	4980	1204 1674	6563	10.78 11.91	65 88	型钢罐道端面布置	
	GDG1.5/6/3/4 GDG1.5/6/3/4K	MGC1.7-6×4	4980	1204 1674	9813	12.57 13.93	96 132	型钢罐道端面布置	
	GDG1.5/9/2/4 GDG1.5/9/2/4K	MGC1.7-9×4	4980	1274 1674	6563	10.93 11.88	65 88	型钢罐道端面布置	
	GDG1.5/9/3/4 GDG1.5/9/3/4K	MGC1.7-9×4	4980	1274 1674	9813	12.77 13.98	102 132	型钢罐道端面布置	
	GDG3/9/1/1 GDG3/9/1/1K	MGC3.3-9×1	4470	1474 1704	3919	8.35(8.41) 8.70(8.75)	33 38	型钢罐道端面布置	括号内数值为6绳罐笼自重
	GDG3/9/2/2 GDG3/9/2/2K	MGC3.3-9×2	4470	1474 1704	6619	11.35(11.37) 12.14(12.16)	66 76	型钢罐道端面布置	括号内数值为6绳罐笼自重
	GDG3/9/3/2 GDG3/9/3/2K	MGC3.3-9×2	4470	1474 1704	9869	13.45(13.47) 14.35(14.37)	99 114	型钢罐道端面布置	括号内数值为6绳罐笼自重

计算罐笼所能完成的小时提升量时，仍用式（10-3）和式（10-4），此时式中 $u=0$。

当罐笼作为副提升时，一般应根据矿车容积选定罐笼规格。但必须保证在 45min 内（特殊情况按 60min 考虑）将一班人员升降完毕。升降人员的停歇时间为：单罐笼取 (n_r+10) s；双层罐笼取 (n_r+25) s，n_r 为一次乘罐人数。当单面车场无人行绕道时，停歇时间应增加 50%。

对于副井提升，尚需根据其他提升工作量：如提升废石、下放材料、运送设备和其他非固定任务等做出罐笼每班提升平衡时间表。若不能满足升降人员的时间要求或辅助工作量大，而且平衡表的总时数超过规定时，可考虑采用双层罐笼。

10.1.2.2 罐道

罐道是提升容器在井筒中运行时的导向装置，必须有一定的强度和刚度，以减小提升容器的横向摆动。罐道分刚性罐道和柔性罐道两类，前者又有木罐道、钢轨罐道、型钢组合轧制罐道及复合材料罐道等，柔性罐道主要指钢丝绳罐道。

A 刚性罐道

刚性罐道的类型及性能见表 10-7，刚性罐道截面形式如图 10-5 所示。罐道和罐道梁与提升容器的相对位置有多种方式，罐道可以布置在提升容器的两侧、两端、单侧、对角或其他位置，原则是保证提升容器的稳定高速运行并尽量提高竖井断面的利用率。罐道和罐道梁的选择计算，可以按照静载荷乘以一定的倍数，或按动载应力计算。无论用哪种方式计算，选择的余地并不大，一般在常用的几种类型中选择即可。

表 10-7 刚性罐道的类型及性能

罐道类型	规 格	材料特点	适用条件	适用罐梁层距
木罐道	矩形断面，160mm× 180mm 左右，每根长 6m	易腐蚀，使用年限不长，宜先进行防腐处理	井筒内有侵蚀性水，中小型金属矿山	2m
钢轨罐道	常用规格为 38kg/m、33kg/m 或 43kg/m，标准长度 12.5m	强度大，使用年限长	箕斗井或罐笼井中多采用	4.168m
型钢组合罐道	由槽钢或角钢焊接而成的空心钢罐道	抵抗侧向弯曲和扭转阻力大，罐道刚性增加	配合弹性胶轮滚动罐耳，运行平稳磨损小，用于提升终端荷载和提升速度大的井中	
整体轧制罐道	方形钢管罐道	具有型钢组合罐道的优点，并优于其性能，自重小，寿命长	用于提升终端荷载和提升速度大的井中	
复合材料罐道	方形复合材料罐道	有型钢组合罐道的优点，且质量轻，安装方便、寿命长	用于提升终端荷载和提升速度大的井筒中，使用越来越广泛	

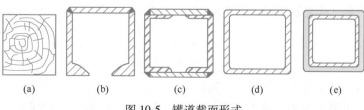

图 10-5　罐道截面形式

(a) 木罐道；(b) (c) 型钢组合罐道；(d) 整体轧制罐道；(e) 复合材料罐道

钢罐道断面选择，一般不进行计算。我国矿山过去多用钢轨罐道，型钢组合的罐道多用在滚动罐耳的情况下。钢轨作为罐道时，应根据总弯曲强度条件校核罐道受力的稳定性。其中，复合材料应用越来越广泛。

柔性罐道实质上是用钢丝绳作罐道，不用罐道梁。目前使用的钢丝绳罐道主要是异型股不旋转钢丝绳和密封钢丝绳。这两种钢丝绳表面光滑，耐磨性强，具有较大的刚性。在钢绳罐道的一端有固定装置，另一端有拉紧装置，以保证提升容器的正常运行。柔性罐道结构简单，安装、维修方便，运行性能很好。不足之处是井架的载荷大，要求安全间隙大（增大井筒直径）。

钢丝绳罐道应有 20~30m 备用长度，罐道的固定装置和拉紧装置应定期检查，及时串动和转动罐道钢丝绳。采用钢丝绳罐道的罐笼提升系统，中间各中段应设稳罐装置。凿井时，两个提升容器的钢丝绳罐道之间的间隙，应不小于 $250+H/3$ mm（H 为以米为单位的井筒深度的数值），且应不小于 300mm。

柔性罐道的布置方式与刚性罐道类似，有单侧、双侧、对角布置，另外在提升容器每侧还可以布置单绳或双绳。柔性罐道设计时应选择计算钢绳的直径、拉紧力和拉紧方式。钢绳直径可先按表 10-8 中的经验值选取，然后按式（10-5）验算：

$$m = \frac{Q_1}{Q_0 + qL} \geq 6 \tag{10-5}$$

式中　m——安全系数；

$\quad\quad Q_1$——罐道绳全部钢丝拉断力的总和，kg；

$\quad\quad Q_0$——罐道绳下端的拉紧力，kg；

$\quad\quad q$——罐道绳的单位长度质量，kg/m；

$\quad\quad L$——罐道绳的悬垂长度，m，$L = H_0$（井深）$+（20~50）$。

表 10-8　柔性罐道钢丝绳直径选取经验值

井深/m	终端荷载/t	提升速度/m·s⁻¹	罐道绳直径/mm	钢丝绳类型
150~200	3~5	3~5	ϕ28~32	6×7+1 普通钢丝绳，密封或半密封钢丝绳
200~300	5~8	5~6	ϕ30.5~35.5	密封或半密封钢丝绳
300~400	6~12	6~8	ϕ35.5~40.5	密封或半密封钢丝绳
>400	8~12 或更大	>8	ϕ40.5~50	密封或半密封钢丝绳

罐道绳的拉紧方式见表 10-9，拉紧力按式（10-6）计算：

$$Q_0' = \frac{qL}{\mathrm{e}^{\frac{4q}{K_{\min}}} - 1} \tag{10-6}$$

式中　Q_0'——每根罐道绳上的拉紧力，kg；

$\quad\quad K_{\min}$——罐道绳最小刚性系数，$K_{\min} = 45~65$kg/m，一般 $K_{\min} = 50$kg/m；对终端荷载和提升速度较大的大型井或深井，$K_{\min}$ 应选取大些，反之取小些。

表 10-9　罐道绳的拉紧方式

拉紧方式	罐道绳上端	罐道绳下端	特点及适用条件
螺杆拉紧	在井架上设螺杆拉紧装置，上端用此拉紧螺杆固定	用绳夹板固定在井底钢梁上	拧紧螺杆，罐道绳产生张力。拉紧力有限，一般用于浅井
重锤拉紧	固定在井架上	在井底用重锤拉紧，拉紧力不变，无需调绳检修	因有重锤及井底固定装置，要求井筒底部较深以及排水清扫设施。拉力大，适用于中、深井
液压螺杆拉紧	在井架上，此液压螺杆拉紧装置将罐道绳拉紧	用倒置的固定装置固定在井底专设的钢梁上	利用液压油缸调整罐道绳拉紧力，调绳方便省力，但安装和换绳较复杂。使用范围较广

钢丝绳罐道，应优先选用密封式钢丝绳。每根罐道绳的最小刚性系数应不小于 500N/m。各罐道绳张紧力应相差 5%~10%，内侧张紧力大，外侧张紧力小。

B　钢丝绳罐道提升间隙

提升容器之间最小间隙及提升容器与井壁之间最小间隙实例见表 10-10 和表 10-11。钢丝绳罐道提升间隙见表 10-13。

表 10-10　两容器之间的最小间隙

井 型	条 件	两容器间最小间隙/mm	井筒个数	矿 山 名 称
小型矿井	井深 150m 左右 绳端荷重小于 3t 提升速度 2~3m/s	200	6	王家岭、大众主井、白莲坡主副井、广兴、黑山三号井
		220~250	3	查扉村、东风岭、黑山二号井
		270~290	2	白龙岗、康山
		310	1	铜冶主井
大中型矿井	井深 150~300m 绳端荷重 5~8t 提升速度 5~6m/s	200	2	王封、龙泉
		270~300	4	李封、青山、卧牛山、新河
		320~340	3	演马庄、冯营、王家河
		374	1	蛇形山
		460	1	大窑沟

表 10-11　容器与井壁间的最小间隙实例

井 型	条 件	两容器间最小间隙/mm	井筒个数	矿 山 名 称
小型矿井	煤 矿	200	3	王家岭、白莲坡主副井、查扉村
		205~235	3	铜冶副井、大众主副井
		320~350	4	铜冶主井、白龙岗、康山、黑山三号井
		410~490	3	查扉村、广兴、东风岭
大中型矿井	煤 矿	225~250	2	王封、龙泉
		270~320	4	蛇形山、青山、卧牛山、王家河
		380	1	大沟
		425~465	4	新河演马庄、冯营、李封

提升容器的导向槽（器）与罐道之间的间隙，应符合下列规定：

（1）木罐道，每侧应不超过 10mm。

（2）钢丝绳罐道，导向器内径应比罐道绳直径大 2~5mm。

（3）型钢罐道不采用滚轮罐耳时，滑动导向槽每侧间隙不应超过 5mm。

（4）型钢罐道采用滚轮罐耳时，滑动导向槽每侧间隙应保持 10~15mm。

木罐道

10.1.2.3 罐道梁

井筒内为固定罐道而设置的水平梁，称为罐道梁（简称罐梁）。最常用的为金属罐梁，也有用钢筋混凝土罐梁；中小型金属矿山的方井中，个别也用木罐梁。罐梁沿井筒全深每隔一定距离布置一层，一般都采用金属材料。罐梁按截面形式分为工字钢罐梁、型钢组合封闭空心罐梁及异型罐梁等多种（见图 10-6）。

罐梁与井壁的固定方式有梁窝埋设、预埋件固定或锚杆固定三种。

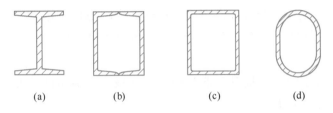

（a）　　　　　（b）　　　　　（c）　　　　　（d）

图 10-6　罐梁的截面图

（a）工字钢罐梁；（b）型钢组合封闭空心罐梁；（c）整体轧制的封闭空心罐梁；（d）异型罐梁

A　罐道梁的层间距

常用罐道梁层间距见表 10-12。

表 10-12　常用罐道梁层间距　　　　　　　（m）

罐道梁材料	使用条件	罐道梁层间距	
		钢罐道	木罐道
钢材（轨）	>15 年	4.168, 3.126	2.0, 2.5, 3.0
木　材	10~15 年		1.0, 1.5, 2.0, 3.0

B　罐梁长度计算

罐梁的长度 L 一般按式（10-7）计算（图 10-7）：

$$L = L_1 + 2a = 2\left(\sqrt{R^2 - D^2} + a\right) \qquad (10\text{-}7)$$

式中　L_1——罐梁的净跨长度，mm；

　　　a——罐梁埋入井壁深度，mm；

　　　R——井筒净半径，mm；

　　　D——AB 梁边与井筒中心线之间的距离，mm。

（1）工字钢梁的净跨度长度按梁的中心线取。梁埋入井壁的深度也以梁的中心线为准。

（2）槽钢梁的净跨长度按罐梁埋入井壁最短边取。

（3）计算长度的单位一律取到毫米，然后调整到厘米。

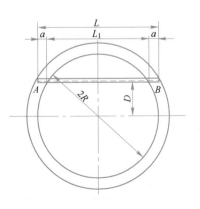

图 10-7　罐梁长度的计算简图

罐梁埋入井壁深度 a 的确定:

(1) 埋入深度等于井壁厚度的 2/3。

(2) 埋入深度等于罐梁的高度。

(3) 取上述两者较大值。单位调整到厘米。

10.1.2.4 梯子间

有安全出口作用的竖井必须设梯子间。梯子间除用作安全出口外,平时用于竖井内各种设备检修。梯子间一般布置在罐笼井中,箕斗井中可不设梯子间。梯子间通常布置在井筒的一侧,并用隔板与提升间、管缆间隔开。梯子间的布置,按上下两层梯子安设的相对位置可分为并列、交错、顺列三种形式(图 10-8)。梯子倾角不大于 80°;相邻两梯子平台的距离不大于 8m,通常按罐梁层间距大小而定;上下相邻平台的梯子孔错开布置,梯子口尺寸不小于 0.6m×0.7m;梯子上端应高出平台 1m;梯子下端离开井壁不小于 0.6m,脚踏板间距不大于 0.4m;梯子宽度不小于 0.4m。梯子的材质可以是金属或木质。

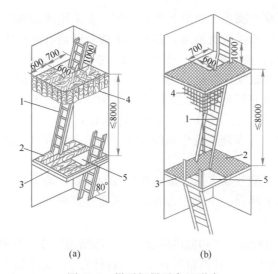

图 10-8 梯子间梯子布置形式

(a) 并列布置($S_小$=1.3m×1.2m);(b) 交错布置($S_小$=1.3m×1.4m)

1—梯子;2—梯子平台;3—梯子梁;4—隔板(网);5—梯子口

10.1.2.5 管缆间布置

排水管、压风管、供水管、下料管等各种管路和动力、通信、信号等各种电缆通常布置在副井中,并靠近梯子间。动力电缆和通信、信号电缆间要有大于 0.7m 的间距,以免相互干扰。管子与管子梁的间距,按管路中最大零件的最外尺寸距梁边为 100mm 布置;管子与井壁的距离一般不小于 350~400mm;管子和管子梁用管卡固定。

10.1.2.6 提升容器四周的间隙

提升容器是竖井中的运动装置,提升容器安全运行时,必须与其他装置间保持必要的间隙。柔性钢丝绳罐道运行时的摆动量较大,所以间隙应大些。提升容器与刚性罐道的罐耳间的间隙不能太大,钢轨罐道的罐耳与罐道间的间隙不大于 5mm,木罐道的罐耳与罐道间隙不大于 10mm,组合罐道的附加罐耳每侧间隙为 10~15mm。钢绳罐道的滑套直径不大于钢丝绳直径 5mm。冶金矿山提升容器与井内装置间的间隙参见表 10-13。

表 10-13　提升容器与井内装置间的最小间隙　　　　　　　　（mm）

罐道和罐梁布置方式		容器和井壁间	容器和容器间	容器和罐梁间	容器和井梁间	备　注
罐道在容器一侧		150	200	40	150	罐耳和导向槽之间为20mm
罐道在容器两侧	木罐道	200	—	50	200	有卸载滑轮的容器，滑轮和罐梁间隙增加25mm
	钢轨罐道	150	—	40	150	
罐道在容器正面	木罐道	200	200	50	200	
	钢轨罐道	150	200	40	150	
钢绳罐道		350	450		350	设防撞绳时，容器之间的最小间隙为250mm

10.1.3　竖井断面形状与尺寸

竖井井筒横断面形状有圆形、矩形和椭圆形等，多采用圆形断面，因为圆形断面既便于施工又易于维护，还可承受较大地压；矩形和多边形断面有时应用于地压小、服务年限不超过15年的小型矿井；椭圆形断面一般在改建、扩建旧的矩形断面小井时应用。

竖井断面尺寸的大小取决于井筒的用途、设备和所需要的通风量。其确定步骤为：根据提升容器、井筒装备和井筒延深方式等因素，先按规定的设备空间尺寸，用图解法或解析法求出井筒的近似直径，然后按0.5m晋级（净直径6.5m以上井筒按0.2m晋级）来初步确定井筒直径，通过验算来调整安全间隙及梯子间的断面尺寸，最后按通风要求校核井筒断面尺寸。

在设计竖井井筒前，应收集有关井筒所在位置的地表、地下水文及地质条件、井筒内设备配置情况、井筒服务年限、生产能力和通过风量等资料。

10.1.3.1　井筒净断面尺寸的确定

竖井断面尺寸包括净断面尺寸和掘进断面尺寸。净断面尺寸主要根据提升容器的规格和数量、井筒装备的类型和尺寸、井筒布置方式以及各种安全间隙来确定，然后根据通过井筒的风速来校核。掘进断面尺寸根据净断面尺寸和支护材料及厚度、井壁壁座尺寸等确定。

A　净断面尺寸确定步骤

（1）选择提升容器的类型、规格、数量，确定井筒的布置形式。

（2）选择井内其他设施（例如罐道、罐道梁型号、截面尺寸等），确定安全间隙。

（3）用图解法或解析法计算井筒的近似直径。

（4）按已确定的井筒断面验算罐道梁、罐道尺寸，按验算结果调整断面内的安全间隙及梯子间的断面尺寸。

（5）按通风要求核算井筒断面尺寸。

B　罐笼井井筒净断面尺寸确定

下面主要以刚性罐道罐笼井为例，介绍竖井断面尺寸计算的步骤和方法。图10-9所示为普通罐笼井的断面布置及有关尺寸。

a　罐道梁中心线的间距

$$L_1 = m_0 + 2(h - \Delta s) + \frac{b_1}{2} + \frac{b_2}{2} \qquad (10\text{-}8)$$

$$L = m_0 + 2(h - \Delta s) + \frac{b_1}{2} + \frac{b_3}{2} \qquad (10\text{-}9)$$

式中　L_1，L——两相邻罐道梁水平中心距离，mm；

　　　m_0——提升容器要求的罐道之间的水平净间距，由罐笼型号确定，mm；

　　　h——木质罐道的高度，mm；

　　　Δs——连接处木罐道卡入钢罐道的深度（或木罐道切口深度），mm；

　b_1，b_2，b_3——罐道梁的宽度，mm。

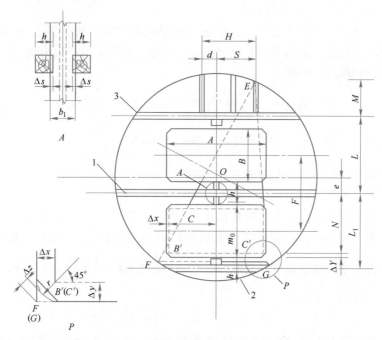

图 10-9　图解法确定井筒断面（双罐笼、梯子间）

1—1 号罐道梁，宽度为 b_1；2—2 号罐道梁，宽度为 b_2；3—3 号罐道梁，宽度为 b_3

b　梯子间尺寸计算

梯子间尺寸 M、H、N、J 计算方法如下：

$$M = 1200 + m + \frac{b_3}{2} \qquad (10\text{-}10)$$

$$S = H - d \qquad (10\text{-}11)$$

式中　M——梯子间短边梁中心线与井壁的交点至梯子主梁中心线间距，mm；

　　　m——梯子间安全隔栏的厚度，mm；

　　　b_3——梯子主梁或罐道梁的宽度，mm；

　　　S——梯子间短边次梁中心线至井筒中心线的距离，mm；

　　　H——梯子间的两外边次梁中心线间距，即梯子间长度，取不小于 1400mm；

　　　d——梯子间另一侧短边次梁中心线至井筒中心线的距离，考虑方便安装应不小于 300mm。

c　求竖井近似直径

竖井断面的近似直径可用图解法或解析法求出。

（1）图解法求竖井近似直径。图解法比解析法简单，而且可以满足设计要求。其步骤如下：

1）按计算出的提升间、梯子间平面结构布置尺寸，采用1：20或1：50的比例尺绘制井筒构件（装备）布置图，如图10-9中的 L_1、L、M、S、d 等，按 M 和 S 值交点确定 E 点。

2）对于切角罐笼的拐角收缩尺寸为 $\Delta x = \Delta y$，可求得 B' 和 C' 点。以 B' 和 C' 点为圆心，$r = \Delta x = \Delta y$ 为半径画圆得出罐笼最突出部分与井壁间的安全界限，再从 B' 和 C' 点沿角平分线向外量取 $\Delta z + r$，则得出 F 点或 G 点。

3）连接 E、F、G 三点为 $\triangle EFG$，作该三角形的外接圆，确定圆心 O 点，井筒半径 $R = OE = OF = OG$ 可量得，并按井筒直径晋级规定晋级，量得 e 值，取为整数。

4）验算并调整 Δz、M 值：

$$\Delta z = R - \sqrt{(N + e)^2 + C^2} - r \geqslant \text{表 10-13 的规定} \tag{10-12}$$

$$M = e + \sqrt{R^2 - S^2} - L \geqslant m + 1200 + \frac{b_3}{2} \tag{10-13}$$

式中　Δz——罐笼最突出部分与井壁之间的距离，mm；

　　　R——井筒半径，mm；

　　　N——罐道梁中心线至罐笼收缩尺寸 Δy 处的距离，mm，当罐笼不切角时，$\Delta y = 0$；

　　　e——井筒中心 O 点至罐道梁（最近处）中心线的距离，一般取整数值，mm；

　　　C——井筒中心线至罐笼短边收缩尺寸 Δx 处的距离，$C = \dfrac{A}{2} - \Delta x$，mm，当罐笼不切角时，$\Delta x = 0$；

　　　r——罐笼收缩半径，$r = \Delta x = \Delta y$，mm，当罐笼不切角时，$r = 0$；

Δx，Δy——罐笼拐角收缩尺寸，当罐笼不切角时，$\Delta x = \Delta y = 0$，罐笼拐角即为 B' 或 C' 点。

（2）解析法求竖井近似直径。解析法是确定普通罐笼井井筒直径的方法，计算步骤如下：

1）由图10-9和图10-10中的各构件平面几何关系，可列出下列方程，并解联立方程求解出 R 和 e 值。

$$(e + N)^2 + C^2 = (R - \Delta z - r)^2 \tag{10-14}$$

$$(L - e + M)^2 + S^2 = R^2 \tag{10-15}$$

$$N = \frac{m_0}{2} + (h - \Delta s) + \frac{b_1}{2} + \frac{B}{2} - \Delta y \tag{10-16}$$

当罐道梁宽度相等时用式（10-17）计算 N：

$$N = \frac{L_1}{2} + \frac{B}{2} - \Delta y \tag{10-17}$$

$$C = \frac{A}{2} - \Delta x \tag{10-18}$$

式中　L——罐笼的长度，mm；

　　　B——罐笼的宽度，mm。

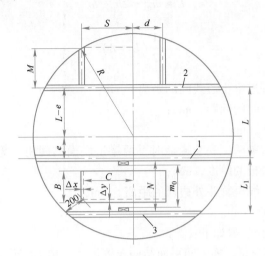

图 10-10　解析法确定井筒断面（双罐笼、梯子间）

1—1 号罐道梁，宽度为 b_1；2—2 号罐道梁，宽度为 b_2；3—3 号罐道梁，宽度为 b_3

L_1、L、M、S 为已知数，代入式（10-14）和式（10-15）联立解出 R 和 e。调整井筒直径 D 符合晋级模数要求且保证 e 值为整数。

2）根据确定的 R、e 值，按式（10-12）、式（10-13）校核 Δz、M，使之均符合规定。当罐笼不切角时，$r=\Delta x=\Delta y=0$，罐笼拐角即为 B' 或 C' 点。

C　双箕斗井井筒断面尺寸确定

双箕斗井井筒断面设计如图 10-11 所示。

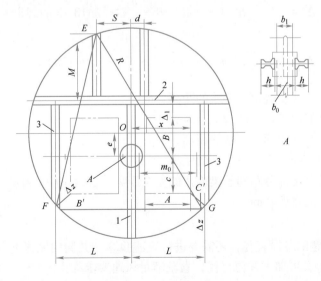

图 10-11　双箕斗井筒断面

1—1 号罐道梁；2—2 号罐道梁；3—3 号罐道梁

井筒各构件平面尺寸按式（10-19）和式（10-20）计算：

$$L = m_0 + 2h + b_0 \qquad (10\text{-}19)$$

$$x = \frac{1}{2}(L + A) \qquad (10\text{-}20)$$

式中　L——箕斗两侧罐道梁中心线间的距离，mm；

　　　m_0——箕斗两罐道间的间距，mm；

　　　h——罐道的高度，mm；

　　　b_0——同一根罐道梁两侧安装罐道时，两罐道底面的间距，等于罐道梁的宽度加上两个连接垫板的厚度，mm；

　　　x——罐道梁中心线至箕斗外边缘的距离，mm；

　　　A——箕斗的宽度，mm。

图解法确定井筒直径步骤如下：

（1）按计算出的提升间、梯子间平面结构布置尺寸，用 1：20 或 1：50 的比例尺绘出井筒断面布置图，如图 10-11 所示。

（2）确定 E、F、G 三点。根据梯子次梁的定位尺寸 M、S 和 d 确定 E 点，沿箕斗拐角 B' 或 C' 点角平分线向井壁方向量取 Δz，得 F 或 G 两点。

（3）连接 E、F、G 三点成 $\triangle EFG$，作该三角形的外接圆得圆心 O 点，量得井筒半径（直径）近似值，再按井筒直径晋级规定晋级，量得井筒中心线至箕斗罐道中心线的距离 c，并取为整数。

（4）验算并调整 M、Δl 和 Δz：

$$\Delta z = R - \sqrt{x^2 + (C + e)^2} \geqslant 表 10\text{-}13 的规定 \qquad (10\text{-}21)$$

$$\Delta l = \sqrt{R^2 - S^2} + e - M - B - \frac{b_2}{2} \geqslant 表 10\text{-}13 的规定 \qquad (10\text{-}22)$$

$$M = \sqrt{R^2 - S^2} + e - \Delta l - B - \frac{b_2}{2} \geqslant m + 1200 + \frac{b_2}{2} \qquad (10\text{-}23)$$

式中　e——井筒中心线至罐道中心线的距离，mm；

　　　R——井筒近似净半径，$D = 2R$，mm；

　　　B——罐道中心线距箕斗一端的距离，mm；

　　　C——罐道中心线距箕斗另一端的距离，mm；

　　　Δl——箕斗最突出部分距梯子梁内边的安全距离，查表 10-13 确定；

　　　b_2——梯子梁的宽度，mm。

D　风速校核

按上述方法确定的井筒直径，还需要进行风速验算（井筒内风速不大于允许的最高风速），如不满足要求，可加大井筒直径，直至满足风速要求为止。

$$v = \frac{Q}{S_0} \leqslant v_y \qquad (10\text{-}24)$$

式中　v——通过井筒的风速，m/s；

　　　Q——通过井筒的风量，m^3/s；

　　　S_0——井筒有效通风断面积，m^2，井筒内设梯子间时，$S_0 = S - A$；不设梯子间时 $S_0 = 0.9S$；

　　　S——井筒净断面积，m^2；

　　　A——梯子间断面积；

　　　v_y——规定井筒允许通过的最大风速（见表10-14）。

表10-14　井筒允许最大风速

井筒名称	允许最大风速/m·s⁻¹	井筒名称	允许最大风速/m·s⁻¹
无提升设备的风井	15	设梯子间的井筒	8
专为升降物料的井筒	12	修理井筒时	不小于8
升降人员与物料的井筒	8		

E　钢丝绳罐道竖井尺寸的确定

钢丝绳罐道竖井尺寸的确定方法与上述刚性罐道竖井断面尺寸的确定方法基本相同，由于钢丝绳罐道的特点，考虑以下几点：

（1）为减少提升容器的摆动和扭转，罐道绳应尽量远离提升容器的回转中心，且对称于提升容器布置，一般设4根，井较深时可设6根，浅井可设3根或2根。

（2）适当增大提升容器与井壁及其他装置之间的间隙。

（3）当提升容器间的间隙较小、井筒较深时，为防止提升容器间发生碰撞，应在两容器间设防撞钢丝绳。防撞绳一般为2根，提升任务繁重时可设4根。防撞绳间距约为提升容器长度的 3/5~4/5。

（4）对于单绳提升，钢丝绳罐道以对角布置为好；对于多绳提升，以单侧布置为好。单侧布置时容器运转平稳，且有利于增大两容器间的间隙。

10.1.3.2　井壁厚度的确定

影响井壁厚度的主要因素是地压，还要考虑井的形状、大小及井内、井口各种设备或建筑物施加到井壁的压力。

支护厚度的确定方法有两种：

（1）通过已确定的井筒地压值进行理论上的计算而求得井壁厚度，但各种地压的计算方法都有其局限性和不完善之处，其根据地压所算得的井壁厚度与实际有较大的出入，只能起参考作用。

（2）按工程类比法的经验数据来确定井壁厚度，此法应用较多。

A　整体混凝土井壁厚度

整体混凝土井壁厚度的计算方法如下：

（1）当井筒地压小于0.1MPa时，可采用最小构造厚度 $h = 0.2 \sim 0.3$m。

（2）当井筒地压为 0.1~0.15MPa 时，厚度 h 可用经验式估算：

$$h = 0.007\sqrt{RH} + 14$$

式中　h——最小支护厚度，cm；

R——井筒内半径，cm；

H——井筒全深，cm。

（3）当井筒地压大于 0.15MPa 时，用厚壁筒理论（即拉麦公式）计算：

$$h = R\sqrt{\frac{[\sigma]}{[\sigma]-2P_{max}}-1}$$

式中　R——井筒净直径，cm；

　　$[\sigma]$——井壁材料抗压允许应力；对现浇混凝土，$[\sigma]=R_a/K$，MPa；

　　R_a——混凝土轴心受压设计强度，MPa；

　　K——安全系数，一般可取 1.55～2.25；

　　P_{max}——作用在井壁上的最大地压值，MPa。

井壁厚度可参考表 10-15 选择。

表 10-15　井壁厚度参考数据

井筒净直径/m	混凝土井壁支护厚度/mm	井筒净直径/m	混凝土井壁支护厚度/mm
3.0～4.0	250	6.5～7.0	400
4.5～5.0	300	7.5～8.0	500
5.5～6.0	350		

注：1. 本表适用于 $f=4\sim6$。

　　2. 混凝土强度等级采用 C20 号。

B　喷射混凝土井壁支护厚度

岩层稳定时，厚度可取 50～100mm；地质条件稍差，岩层节理发育，但地压不大、岩层较稳定的地段，井壁厚度可取 100～150mm；地质条件较差，岩层较破碎地段，应采用喷、锚、网联合支护，支护厚度 100～150mm。在马头门处的喷射混凝土应适当加厚或加锚杆。

C　验算

初选井壁厚度后，还要对井壁圆环的横向稳定性进行验算，如不能满足稳定性要求，就要调整井壁厚度。为了保证井壁的横向稳定性，要求横向长细比不大于下列数值：

对混凝土井壁　　　　　　　$L_0/h \leqslant 24$

对钢筋混凝土井壁　　　　　$L_0/h \leqslant 30$

式中　L_0——井壁圆环的横向换算长度，$L_0=1.814R$，mm；

　　h——井壁厚度，cm。

井壁在均匀载荷下，其横向稳定性（K）可按式（10-25）验算：

$$K = \frac{Ebh^3}{4R_0^3P(1-\mu)} \geqslant 2.5 \qquad (10\text{-}25)$$

式中　E——井壁材料受压时的弹性模量，MPa；

　　b——井壁圆环计算高度，通常取 100cm 来计算；

　　R_0——井壁截面中心至井筒中心的距离，cm；

　　P——井壁单位面积上所受侧压力值，MPa；

　　μ——井壁材料的泊松系数，对混凝土取 $\mu=0.15$。

10.1.3.3　井壁壁座

井壁壁座是加强井壁强度的措施之一，在井壁的上部、厚表土层的下部、马头门上部等部位,一般都设有井壁壁座,以加强井壁的支承能力。壁座有两种形式(图10-12),即单锥形壁座和双锥形壁座。双锥形壁座承载能力大,适合于井壁载荷较大的部位,单锥形壁座承载能力较小,适用于较坚硬的岩层中。壁座的尺寸可根据实践经验确定。一般壁座高度不小于壁厚的 2.5 倍,宽度不小于壁厚的 1.5 倍。通常壁高度 $h = 1 \sim 1.5\mathrm{m}$,宽度 $b = 0.4 \sim 1.2\mathrm{m}$,圆锥角 $\alpha = 40°$ 左右。双锥形壁座的 β 角必须小于壁座与围岩间的静摩擦角($\varphi = 20° \sim 30°$),以保证壁座不至向井内滑动。

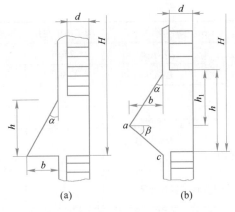

图 10-12 壁座形式
(a) 单锥形壁座;(b) 双锥形壁座

10.1.4 绘制井筒施工图并编制井筒掘砌工程量及材料消耗量表

井筒净直径、井壁结构和厚度确定后,即可计算井筒掘砌工程量和材料消耗量,并汇总成表(表10-16)。部分矿山井筒断面实例见表10-17。

表 10-16 井筒掘砌工程量及材料消耗量表

工程名称	断面/m²		长度/m	掘进体积 /m³	材料消耗			
	净	掘进			混凝土/m³	钢材/t		
						井壁结构	井筒装备	合计
冻结层			108	6264.5	2689	97.2	66	163.2
壁 座	33.2	58.1	2.0	159.3	93	1.35	1.14	2.49
基岩段			233.5	10321	2569		139.6	139.6
壁 座	33.2	44.2	2.0	132.3	66	1.16	1.14	2.30
合 计			345.5	16877.1	5417	99.71	207.88	307.59

表 10-17 竖井井筒断面实例

矿 井 名 称				狮子山矿主井	某矿主井	某矿副井	某矿主井	某矿副井
井筒		边长或直径/m		D4000	D5000	D5500	D6000	D6500
	断面	净/m²		12.56	19.63	23.65	28.3	
		毛/m²		24.62	29.63	35.3		
	深度/m			179				252
支护	混凝土	标号			150	150		
		壁厚/mm		300	300	300	350	350
罐梁	材料			工字钢	工字钢 槽钢	工字钢	工字钢 槽钢	工字钢
	规格/mm			20a 18a	20a 20a	20a	20a 20a	30a
	间距/mm			4000	2500	4000	4168	3126
罐道	材料规格			钢材 38kg/m	木 180mm×150mm	工字钢	钢材 38kg/m	钢材 38kg/m

续表 10-17

矿 井 名 称		狮子山矿主井	某矿主井	某矿副井	某矿主井	某矿副井
提升设备	容 器	双箕斗	双罐	单罐	单罐、单箕斗	双罐
	规格/mm	1.5m³	3 号	4000×1460	4000×1476；16t	4500×1760
	矿车/m³					
每百米井筒支护材料消耗	木材/m³		12			
	混凝土/m³		439	558	720	
	钢材/t		17		27	
井筒通过岩石情况			千枚岩 $f_{kp}=4\sim6$	灰岩 $f_{kp}=6\sim8$	灰页岩，石灰岩 $f_{kp}=8\sim12$	
备 注		梯子平台间距 4m		梯子平台间距 4m	梯子平台间距 4168mm	梯子平台间距 3126mm

10.2   竖井井筒施工

在井巷工程中，竖井与平巷的开挖方向不同，竖井是由上向下开挖的，所以，除凿岩爆破近似相同外，施工方案、装运方法等与平巷差别较大。

竖井开挖时，首先要进行表土施工，锁好井口，安装必要的设施和设备后再进行基岩掘进，所以有必要先介绍表土施工方法。

10.2.1   井口施工

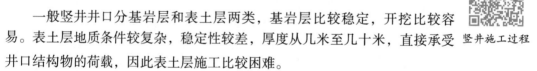

竖井施工过程

一般竖井井口分基岩层和表土层两类，基岩层比较稳定，开挖比较容易。表土层地质条件较复杂，稳定性较差，厚度从几米至几十米，直接承受井口结构物的荷载，因此表土层施工比较困难。

在井口施工前首先要标定井筒中心，因开挖井筒中心成为虚点，故要在井边四周设立十字线确定中心点。

井口向下开挖 2~4m 深开始井颈锁口，即加固井壁，防止下坍，并在井口用型钢或木梁搭成井字形，铺上木板，作为提升和运输场所。

井口段开挖常用简易的提升方法，如采用简易三脚架提升和由两个柱式结构拼装而成龙门架提升，也可使用移动方便的汽车起重机提升。

在表土层掘进，应遵守下列规定：

（1）井内应设梯子，不应用简易提升设施升降人员。

（2）在含水表土层施工时，应及时架设、加固井圈，加固密集背板并采取降低水位措施，防止井壁砂土流失导致空帮。

（3）在流沙、淤泥、沙砾等不稳固的含水层中施工时，应有专门的安全技术措施。

井筒表土普通施工主要可采用井圈背板普通施工法、吊挂井壁施工法和板桩法。

10.2.1.1   井圈背板普通施工法

井圈背板普通施工法就是采用人工或抓岩机（土硬时可放小炮）出土，下掘一小段后（空帮距不超过 1.2m），即用井圈、背板进行临时支护，掘进一长段后（一般不超过 30m），再由下向上拆除井圈、背板，然后砌筑永久井壁。如此循环，直至基岩。这种方法适用于较稳定的土层。

10.2.1.2 吊挂井壁施工法

吊挂井壁施工法适用于稳定性较差土层中的一种短段掘砌施工方法。为保持土的稳定性，减少土层的裸露时间，段高一般取 0.5~1.5m。按土层条件，分别采用台阶式或分段分块，并配以超前小井降低水位。吊挂井壁施工中，因段高小，不必进行临时支护，但每段井壁与土层的接触面积小，土对井壁的围抱力小，为了防止井壁在混凝土尚未达到设计强度前失去自承能力，引起井壁拉裂或脱落，必须在井壁内设置钢筋，并与上端井壁吊挂。

这种施工方法可用于渗透系数大于 5m/d、流动性小、水压不大于 0.2MPa 的沙层、透水性强的卵石层、岩石风化带。吊挂井壁法使用的设备简单，施工安全。但它的工序转换频繁，井壁接茬多，封水性差。故常在通过整个表土层后，自下而上复砌第二层井壁。为此，需按井筒设计规格，适当扩大掘进断面。

10.2.1.3 板桩法

对于厚度不大的不稳定表土层，在开挖之前，可先用人工或打桩机在工作面或地面沿井筒荒径一次打入一圈板桩，形成一个四周密封的圆筒，用以支撑井壁，并在它的保护下进行掘进。

板桩材料可采用木材和金属材料两种。木板桩多采用坚韧的松木或柞木制成，采用尖形接榫。金属板桩常用 12 号槽钢相互正反扣合相接。根据板桩入土的难易程度可逐次单块打入，也可多块并成一组，分组打入。木板桩一般比金属板桩取材容易，制作简单，但刚度小，入土困难，板桩间连接紧密性差，故用于厚度为 3~6m 的不稳定土层。而金属板桩可根据打桩设备的能力条件，适用于厚度 8~10m 的不稳定土层，与其他方法相结合，应用深度更大。

井筒表土普通施工法中应特别注意水的处理，如果工作面有积水，可采用降低水位法增加施工土层的稳定性。施工中为了防止片帮应开挖一个超前小井降低水位并汇集涌水，然后排到地面。如果井筒工作面涌水较大影响正常施工，可在井筒周围打降低水位钻孔进行抽水，以保证井筒顺利施工。

10.2.1.4 钻井法

钻井法凿井是利用钻井机（简称钻机）将井筒全断面一次钻成，或将井筒分次扩孔钻成。我国目前采用的多为转盘式钻井机，其类型有 ZZS-1、ND-1、SZ-9/700、AS-9/500、BZ-1 和 L40/800 型等。图 10-13 所示为我国生产的 AS-9/500 型转盘式钻井机的工作全貌。

钻井法凿井的主要工艺过程中有井筒的钻进、泥浆洗井护壁、下沉预制井壁和壁后注浆固井等。

A 井筒的钻进

井筒钻进是关键的工序。钻进方式多采用分次扩孔钻进，即首先采用超前钻头一次钻到基岩，在基岩部分占的比例不大时，也可用超前钻头一次钻到井底；而后分次扩孔至基岩或井底。超前钻头和扩孔钻头的直径一般是固定的，但有的钻机（如 BZ-1 钻机）可在

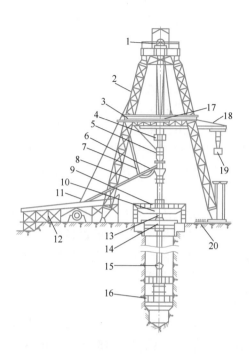

图 10-13　AS-9/500 型转盘式钻井机的工作全貌

1—天轮；2—钻塔；3—吊挂车；4—游车；5—大钩；6—水管；7—进风管；8—排浆管；
9—转盘；10—钻台；11—提升钢丝绳；12—排浆槽；13—主动钻杆；14—封口平台；15—钻杆；
16—钻头；17—二层平台；18—钻杆行车；19—钻杆小吊车；20—钻杆仓

一定范围内调整钻头的钻进尺寸。这样就可以选择扩孔的直径和次数。选择的原则是，在转盘和提吊系统能力允许的情况下，尽量减少扩孔次数，以缩短辅助时间。

钻井机的动力设备多数设置在地表。钻进时由钻台上的钻盘带动六方钻杆旋转，进而使钻头旋转，钻头上装有破岩的刀具，刀具在钻头旋转时破碎岩石。为了保证井筒的垂直度，都采用减压钻进，即将钻头本身在泥浆中重量的 30%~60% 压向工作面。

B　泥浆洗井护壁

钻头破碎下来的岩屑必须及时用循环泥浆从工作面清除，使钻头的刀具始终直接作用在未被破碎的岩石面上，提高钻进效率。泥浆由泥浆池经过泥浆地槽流入井内，进行洗井护壁。压气通过中空钻杆中的压气管进入混合器，压气与泥浆混合后在钻杆内外造成压力差，使清洗过工作面的泥浆带动破碎下来的岩屑吸入钻杆，经钻杆与压气管之间的环状空间排往地面。泥浆量的大小，应保证泥浆在钻杆内的流速大于 0.3m/s，使被破碎下来的岩屑全部排到地面。泥浆沿井筒自上向下流动，洗井后沿钻杆上升到地面，这种洗井方式称为反循环洗井。

泥浆的另外一个重要作用就是护壁。护壁的作用：（1）借助泥浆的液柱压力平衡地压；（2）在井帮上形成泥皮，堵塞裂隙，防止片帮。为了利用泥浆有效的洗井护壁，要求泥浆有较好的稳定性，不易沉淀；泥浆的失水量要比较小，能够形成薄而坚韧的泥皮；泥浆的黏度在满足排渣要求的条件下，要具有较好的流动性且便于净化。

C 沉井和壁后充填

采用钻井法施工的井筒，其井壁多采用管柱形预制钢筋混凝土井壁。井壁在地表制作，待井筒钻完，提出钻头，用起重设备将带底的预制井壁悬浮在井内泥浆中，利用其自重和注入井壁内的水缓慢下沉。同时，在井口不断接长预制管柱井壁。接长井壁时，要注意测量，以保证井筒的垂直度。在预制井壁下沉的同时，要及时排除泥浆，以免泥浆外溢和沉淀。为了防止片帮，泥浆面不得低于锁口以下 1m。

当井壁下沉到距设计深度 $1\sim2m$ 时，应停止下沉，测量井壁的垂直度并进行调整，然后再下沉到底，并及时进行壁后充填。最后把井壁里的水排净，通过预埋的注浆管进行壁后注浆，以提高壁后充填质量并防止破底时发生涌水冒砂事故。

10.2.2 竖井施工方法

竖井施工时，通常是将井筒全深划为若干井段，由上向下逐段施工。每个井段高度取决于井筒所穿过的围岩性质及稳定程度、涌水量大小、施工设备等条件，通常分为 $2\sim4m$（短段），$30\sim40m$（长段），最高时达 100 多米。施工内容包括掘进、砌壁（井筒永久支护）和井筒安装（安装罐道梁、罐道、梯子间、管缆间或安装钢丝绳罐道）等工作。当井筒掘砌到底后，一般先自上向下安装罐道梁，然后自下而上安装罐道，最后安装梯子间及各种管缆。也有一些竖井在施工过程中，掘进、砌壁、井筒安装三项工作分段互相配合，同时进行，井筒到底时，掘、砌、安三项工作也都完成。

竖井通过表土层后，即在基岩中继续开凿井筒至设计深度。在基岩中开挖一般采用钻爆法。钻爆法包括开挖、永久支护、安装三项主要作业：

（1）开挖，包括凿岩爆破、通风、临时支护、装岩和提升岩石等作业。

（2）永久支护，包括架设木材支架或砌筑石材、混凝土支护（又称混凝土井壁）及喷射混凝土井壁等。

（3）安装，包括安装井筒永久装备，如罐梁、罐道、管缆等格间及梯子等。

为了便于竖井施工和保证作业安全，通常将井筒全深划分成若干井段。根据上述三项主要作业在井筒施工顺序的不同，可分为五种施工方案：单行作业、平行作业、短段掘砌、一次成井及反井刷大。

10.2.2.1 单行作业

将井筒全深划分为 $30\sim40m$ 高的若干个井段，每一个井段先由上而下挖掘岩石，然后由下而上砌筑永久井壁。当此井段掘砌结束后，再按上述顺序掘砌下一井段，依此循环进行直到井底，最后再进行井筒装备的安装，如图 10-14（a）所示。

永久支护的砌筑，根据施工材料和方法不同，分别采用现浇混凝土、喷射混凝土等方式。

为了维护井帮的稳定，保证施工人员安全，在砌筑永久支护之前可采用井圈背板或厚度为 $50\sim100mm$ 的喷射混凝土支护井壁，破碎岩层须适当增加锚杆和金属网。砌壁时先将井圈背板拆除，或者在已喷的混凝土上再加喷混凝土至设计厚度。当围岩坚硬而且稳定时，可不用临时支护。

单行作业所需用的设备少，工作组织简单，较为安全。但是掘砌作业是按顺序进行的，将延迟整个井筒的开凿速度。在井筒深度不大（200m 左右）及地层比较稳定、井筒断面较小、砌壁速度很快和凿井设备不足的情况下，采用单行作业是合适的。单行作业在我国用得较多。

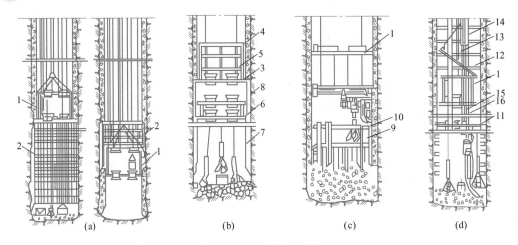

图 10-14　立井施工方案

（a）单行作业；（b）平行作业；（c）短段掘砌；（d）一次成井

1—双层吊盘；2—临时支护井圈；3—砌井托盘；4—活节溜子；5—门扉式模板；6—柔性掩护筒吊盘；
7—下部掩护筒；8—上部掩护筒；9—移动式模板；10—抓岩机；11—稳绳盘；12—罐梁；
13—罐道；14—永久排水管；15—临时压风管；16—临时排水管

井段高度可根据围岩稳定程度而定，但对井帮必须经常严格检查，清理井帮浮渣、危石，以确保安全。

10.2.2.2　平行作业

平行作业即挖掘岩石与砌壁在两个相邻的井段中同时进行。在下一井段由上向下挖掘岩石，而在上一井段中，则在吊盘上由下而上砌筑永久井壁。井筒装备的安装工作是在整个井筒掘砌全部完成之后进行。段高一般为 20~50m，砌筑方向是由下向上进行（图10-14（b））。我国目前采用的平行作业多属此种形式。

在一般情况下，平行作业的成井速度比单行作业快，但其使用的掘进设备较多，工作组织复杂，安全性较差。这种方案在井筒较深（大于 250m）、断面较大（直径大于 5m）、围岩较稳固、涌水量较小、掘进设备充足且施工队伍技术熟练的条件下，可以采用。

A　反向平行作业

将井筒同样划分为若干个井段，段高视岩层的稳定程度可为 30~40m。在同一时间内，下一井段由上而下进行掘进工作，而在上一井段中由下向上进行砌壁工作。这样，在相邻的不同井段内，掘进和砌壁工作都是同时而反向进行的。当整个井筒掘砌到底后，再进行井筒安装。

红阳煤矿二矿主井净直径 6m，井深 653.4m，永久井壁为混凝土整体浇灌，壁厚 400mm，用井圈背板作临时支护（图10-15），创月成井 134.28m 的纪录，且连续三个月平均月成井 102.69m。

B　同向平行作业

随着井筒掘进工作面的向下推进，浇灌混凝土井壁的工作也由上向下在多层吊盘上同时进行，每次砌壁的段高与掘进的每个循环的进度相适应。此时吊盘下层盘与掘进工作面始终保持一定距离，由挂在吊盘下层盘下面的柔性掩护筒或刚性掩护筒作临时支护，它随吊盘的下降而紧随掘进工作面前进，从而节省了临时支护时间。

贵州老鹰山副井采用钢丝绳柔性掩护筒作临时支护,整体门扉式活动模板砌壁,连续两个月达到成井 94.17m 和 105.46m(图 10-16)。

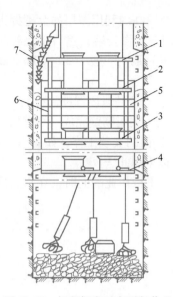

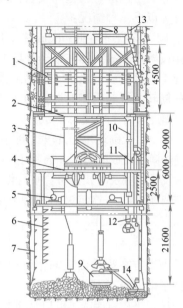

图 10-15　长段掘砌反向平行作业

1—第一层盘;2—第二层盘;
3—第三层盘;4—稳绳盘;
5—普通模板;6—悬吊第三层盘的钢丝绳;
7—活节溜子

图 10-16　老鹰山竖井短段同向平行作业

1—门扉式模板;2—砌壁托盘;3—风筒;4—挂掩护支架盘;
5—风动绞车;6—安全梯;7—柔性掩护网;8—吊盘悬吊
钢丝绳;9—吊桶;10—压风管;11—吊泵;
12—分风器;13—混凝土输送管;14—压气泵

10.2.2.3　短段掘砌

短段掘砌施工方案的特点是,每次掘砌段高仅 2~4m,掘进和砌壁工作按先后顺序完成,且砌壁工作是包括在掘进循环之中。由于掘砌段高小,无需临时支护,从而省去了长段单行作业时临时支护的挂圈、背板和砌壁后清理井底等工作。如果砌壁材料不是混凝土,而是采用喷射混凝土,就成为短段掘喷作业了。采用普通模板时,段高一般不超过 3~5m;用移动式金属模板时,段高和模板的高度一致,搭设临时脚手架即可进行永久支护(图 10-14(c))。

短段掘砌方案一般适用于不允许有较大的暴露面积和较长暴露时间的不稳定岩层中。短段掘砌顺序作业施工方案的施工组织简单,井内设备少,适用于断面较小的井筒。短段掘砌平行作业施工方案用于井筒断面较大的情况。

掘进时由于采用的炮孔深度不同,井筒每茬炮的进度也不同。根据作业方式及劳动力组织不同而有一掘一砌(喷),或二掘一砌(喷),或三掘一砌(喷)等几种施工方法。

如果掘进与砌壁工作,在一定程度上互相混合进行,例如在装岩工作的后期,暂时停止抓岩工作,组立混凝土模板后,再同时进行抓岩及浇灌永久支护,则称为混合作业。实质上它属于短段掘砌作业而又有所发展。

广东凡口铅锌矿新副井用一掘一喷方法,月成井 120.1m;湖南桥头河二井用此法创月进尺 174.82m 的新纪录。

10.2.2.4 一次成井

一次成井方案是掘进、砌壁和安装三项作业分别在不同的井段内顺序或平行进行，其施工方案可分为以下三种情况：

（1）掘、砌、安顺序作业一次成井。此方案是在每个段高内利用多层吊盘把掘进、砌壁和安装工作按顺序完成，即在每个井段内先掘进，后砌壁，再安装，然后按此顺序进行下一个井段施工。已安装的最下一层罐道梁距掘进工作面的距离一般为 30~60m。此法主要可缩短由井筒转入平巷掘进时井筒的改装时间。

（2）掘、砌、安平行作业一次成井。这种方案是先在下一个井段内掘进，在上一个井段内由下向上砌壁。由于砌筑一个井段比掘进一个井段快，则可利用砌壁完成一个井段后而下一个井段的掘进尚未完成的时间，再在上一个井段内进行井筒的安装工作，如图 10-14（d）所示。在永久设备供应及时，并符合平行作业条件时，可以采用此法。

（3）短段平行作业一次成井。此种方案是在短段掘砌平行作业的同时，在双层吊盘的上层盘上进行井筒安装工作。

10.2.2.5 反井刷大

以上各种施工方案都是由上向下进行开凿的。在地形条件合适能把平硐巷道送到未来井筒的下部时，或在未来井筒下部已开挖了平硐（巷），可以从下向上开凿小天井，然后由上向下刷大至设计断面。采用此法凿井，不必用吊桶提升岩渣，岩石仅从天井中溜下，从平硐上装运，不需排水设备，爆破后通风也较容易，因此，所需用的设备少，成井速度快，成本低。易门凤山竖井采用此种方法，8 天时间由上向下刷大了 103m 井筒。

如井筒深度较大，在施工过程中有几个中段巷道都可以送到井筒位置，这时可将井筒分成若干段，由各段向上或向下掘进井筒，这就形成了井筒的分段多头掘进（图 10-17）。

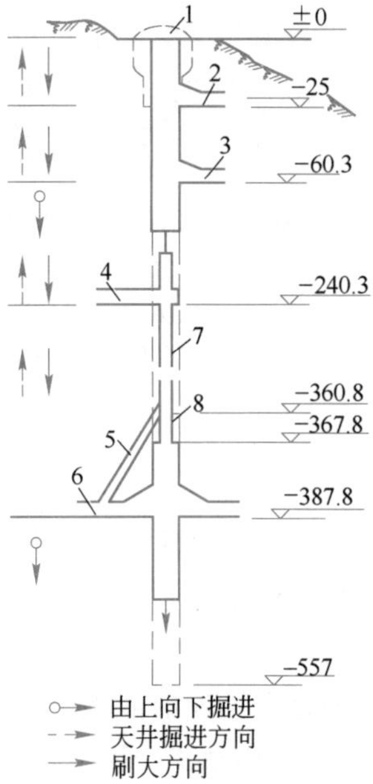

10.2.3 凿岩爆破

凿岩爆破是井筒基岩掘进中的主要工序之一，其工时一般占掘进循环时间的 20%~30%，它直接影响到井筒掘进速度和井筒规格质量。良好的凿岩工作是：凿岩速度快，打出的炮孔在孔径、深度、方向和布孔均匀上符合设计要求，孔内岩粉清理干净等；而良好的爆破工作应能保证炮孔利用率高，岩块均匀适度，底部岩面平整，井筒成形规整，不超挖，不欠挖，爆破时不崩坏井内设备，并使工时、材料消耗最少。

为了满足上述要求，需正确选取凿岩机具和爆破器材，确定合理的爆破参数，采取行之有效的劳动组织和熟练的操作技术等。

10.2.3.1 凿岩工作

根据井筒工作面大小、炮孔数目、深度等选择凿岩机具，布置供风、供水管路系统，以及采取供水降压措施等。

图 10-17 井筒分段多头掘进

1—提升机室；2—−25m 处平硐；
3—−60.3m 处平硐；4—通道总排风井；
5—斜溜井；6—井下车场；
7—天井；8—中间岩柱

A 凿岩机具

2m 以下的浅孔，可采用手持凿岩机钻孔，如改进的 01-30、YT-24、YT-23、YTP-26 等型号。一般工作面每 2~3m² 配备一台。钎头可用一字形、十字形或柱齿型钎头，钎头直径一般为 38~42mm。如用大直径药卷，则凿出的炮孔直径应比药卷直径大 6~8mm。

手持凿岩机钻孔劳动强度大，凿速慢，不能打深孔，多用在井筒深度浅，断面小的竖井中打浅孔。

B 钻架

为改变人工抱机钻孔方式，实现打深孔、大孔，加快凿岩速度，提高竖井施工机械化水平，国内已在推广使用环形和伞形两种钻架，配合高效率的中型或重型凿岩机，可以钻凿 4~5m 以下的深孔。

a 环形钻架

FJH 型环形钻架（图 10-18）由环形滑道、外伸滑道、撑紧装置（千斤顶及撑紧汽缸）和悬吊装置、分风分水环管等主要部件组成。外伸滑道具有与环形滑道相同的弧度，可绕各自的支点伸出或收拢于环形滑道之下。滑道由工字钢或两个槽钢对扣焊在一起而成。凿岩机通过气腿吊挂在能沿环形滑道翼缘滚动移位的双轮小车上。根据其外径大小，每个环形钻架可挂装 12~24 台凿岩机钻孔。

环形钻架外径比井筒净径小 300~400mm，用 3 台 2t 气动绞车通过悬吊装置悬吊在吊盘上。钻孔时环架下放到距工作面约 3m 处，放炮前提到吊盘上。

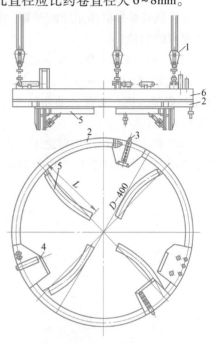

图 10-18 FJH 型环形钻架

1—悬吊装置；2—环形滑道；3—套筒千斤顶；
4—撑紧汽缸；5—外伸滑道；6—分风分水环管

钻孔时为了固定环形钻架，用套筒千斤顶及撑紧汽缸固定于井帮上。环形滑道上方装有环形风管与水管，以便向凿岩机供风供水。

环形钻架结构简单，制作容易，维修方便，造价低廉。不足之处是它仍用气腿推进的轻型凿岩机，其钻速和孔深都受到一定限制。FJH 型环形钻架的技术性能见表 10-18。

表 10-18 FJH 型环形钻架的技术性能

项 目	钻 架 型 号				
	FJH5	FJH5.5	FJH6	FJH6.5	FJH7
适用井筒净直径/m	5	5.5	6	6.5	7
环形滑道外径/mm	4600	5100	5600	6100	6600
外伸滑道数目/个	4	4	5	6	6
外伸滑道长度/mm	1350	1600	1850	2100	2350
使用凿岩机台数/台	12	12~16	16~20	20~24	20~24
重量(不包括凿岩机和风腿)/kg	2740	3000	3470	3980	4170
滑道宽度/mm	180				
推荐用凿岩机型号	YTP-26				
推荐用风腿型号	FT-170				
钻孔深度/m	3~4				
悬吊钢丝绳直径/mm	15.5				

　　b　伞形钻架

　　这是一种风、液联动并配备有重型高频凿岩机的设备，它由下列主要部件组成（图10-19）：

　　（1）中央立柱，由钢管制成，是伞钻躯干，支撑臂、动臂和液压系统都安装在立柱上。立柱钢管兼作液压系统的油箱，其上有顶盘及吊环，其下有底座，分别是伞钻提运和停放支撑的部件。

　　（2）支撑臂有3个，当伞钻工作时，用它支撑固紧在井帮上。

　　（3）动臂有6个或9个，均匀地布置在中央立柱周围。每个动臂上都安装一台YGZ-70型高频凿岩机。动臂借助曲柄连杆机构可在井筒中做径向运动，从而使凿岩机能钻任何部位的炮孔。

　　（4）推进器，位于动臂之上，由滑轨、风马达、丝杠、升降汽缸、活顶尖、托钎器等部件组成，可完成凿岩机工作时的推进、后退、换钎、给水、排粉等全部凿岩工作。

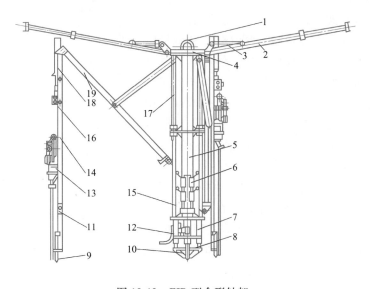

伞钻凿岩

图 10-19　FJD 型伞形钻架

1—吊环；2—支撑臂油缸；3—升降油缸；4—顶盘；5—立柱钢管；6—液压阀；7—调高器；8—调高器油缸；
9—活顶尖；10—底座；11—操纵阀组；12—风马达和丝杠；13—YGZ-70 型凿岩机；14—滑轨；15—滑道；
16—推进风马达；17—动臂油缸；18—升降油缸；19—动臂

　　还有集中控制的操纵阀组及液压与风动系统。

　　伞形钻架工作时，应始终吊挂在提升钩头上或吊盘的气动绞车上，以防止支撑臂偶然失灵时钻架倾倒。

　　钻孔结束后，先后收拢动臂、支撑臂和调高器油缸，关闭总风水阀，拆下风水管，用绳子将伞钻捆好，用提升钩头提至地面翻矸台下方，再改挂到翻矸台下方沿工字钢轨道上运行的小滑车上，然后由提升位置移至井口一边，以备检修后再用。

　　用伞形钻架钻孔机械化程度高，钻速快，在坚硬岩层中打深孔尤为适宜。其不足之处是使用中提升、下放、撑开、收拢等工序占用工时，井架翻矸台的高度须满足伞钻提放的要求，井口还需另设伞钻改挂移位装置等。FJD 型伞形钻架的技术性能见表 10-19。

表 10-19　FJD 型伞形钻架的技术性能

项　目	FJD-6	FJD-9
支撑臂个数/个	3	3
支撑范围/m	5.0~6.8	5.0~9.6
动臂个数/个	6	9
动力形式	风动-液压	风动-液压
油泵风马达功率/kW	6	6
油泵工作压力/MPa	5	5.5
推进形式	风马达-丝杠	风马达-丝杠
配用凿岩机型号及台数	YGZ-70 型 6 台	YGZ-70 型 6 台
使用风压/MPa	0.5~0.6	0.5~0.7
使用水压/MPa	0.45~0.5	0.3~0.4
最大耗风量/m³·min⁻¹	50	90
适用井筒直径/m	5~6	5~8
收拢后外形尺寸/m	4.5（高），1.5（直径）	5.0（高），1.6（直径）
总重/kg	5000	8000

C　供风、供水

供应足够的风量与风压，适当的水量与水压，是保证快速凿岩的重要条件。通常风水管由地面稳车悬吊送至吊盘上，再由吊盘上的三通及高压软管分送至工作面的分风、分水器，向手持凿岩机供风、供水。分风、分水器的形式很多，图 10-20 是金山店铁矿主井用的分风、分水器。它具有体积小，风水接头布置合理，风水绳不易互相缠绕，在地面用绞车悬吊，有升降迅速、方便、省力等优点。

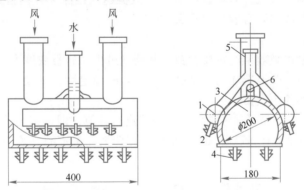

图 10-20　金山店铁矿主井用的分风、分水器

1—分水器；2—供水接头；3—分风器；4—供风接头；5—供风、供水钢管及法兰盘；6—吊环

至于伞钻与环钻的供风、供水，只需将风水干管与钻架上的风水干管接通后，即可供各凿岩机使用。

10.2.3.2　爆破工作

爆破工作主要包括正确选择爆破器材，确定合理的爆破参数，编制爆破图表，设计合理的起爆网络等。

A　爆破器材的选择

a　炸药与选择

根据岩石的坚固性、孔深等条件，应选择能达到较高的爆破效率和较好的经济效益的炸药。根据我国近年来竖井爆破作业的经验，可参考以下几点：

（1）在中硬以下的岩石、涌水量不大和孔深小于2m的情况下，可选用2号岩石乳化炸药。

（2）在2.5~5.0m的中深孔爆破作业中，不论岩石条件和涌水量大小，均应选用高威力炸药（包括胶质炸药）。

（3）药卷直径有标准型的，为32mm、35mm及45mm。光面爆破用炸药可将2号岩石乳化炸药根据炮孔密集系数大小而改装成直径为22mm、25mm、28mm的药卷，或者采用φ32mm的药卷和导爆索，用竹片绑扎在一起，使各药卷之间留有较大的距离，以实现空气间隔装药。但此种办法只适用于2m以下的浅孔，深孔则不便。

b　起爆器材与选择

（1）适用于金属矿山竖井爆破作业的起爆材料主要有毫秒（或半秒）非电导爆管及导爆索等。

（2）在竖井掘进中，选择毫秒非电导爆管雷管起爆，其优点如下：

1）爆破效率高。

2）破碎后的岩块小而均匀，从而提高装岩效率。

3）拒爆事故大大减少。

4）有利于推广光面爆破技术。

非电导爆管是竖井中深孔爆破的理想起爆器材，它具有抗水性能好、成本低、操作简单安全等优点。

B　爆破参数及炮孔布置

正确选择凿岩爆破参数，对提高爆破效率减少超挖，保证井筒掘进质量和工作安全，提高掘进速度，降低成本等有着重要意义。

a　炸药消耗量

炸药单耗是衡量爆破效果的重要参数。装药量过少，岩石块度大，爆破效率低，井筒成形差；装药量过多，既浪费炸药，又破坏了围岩的稳定性，造成井筒大量超挖，还可能造成飞石过高，打坏井内设备。

炸药单耗的确定：一是可参考某些经验公式进行计算，但这些公式常因工程条件变化，其计算结果与实际消耗量有一定出入；二是可按炸药消耗量定额（表10-20）或实际统计数据确定。

表10-20　竖井掘进（原岩）炸药消耗定额　　　　　　　　　（kg/m³）

岩石硬度系数 f	井 筒 直 径								
	4.0m	4.5m	5.0m	5.5m	6.0m	6.5m	7.0m	7.5m	8.0m
<3	0.75	0.71	0.68	0.64	0.62	0.61	0.60	0.58	0.57
4~6	1.25	1.71	1.11	1.07	1.05	0.99	0.95	0.92	0.91
6~8	1.63	1.53	1.46	1.41	1.39	1.32	1.28	1.24	1.23
8~10	2.01	1.89	1.8	1.74	1.72	1.65	1.61	1.56	1.55
10~12	2.31	2.2	2.13	2.04	2.0	1.92	1.88	1.81	1.78
12~14	2.6	2.5	2.46	2.34	2.27	2.18	2.14	2.05	2.0
15~20	2.8	2.76	2.78	2.67	2.61	2.53	2.5	2.38	2.3

注：1. 表中数据系指62%硝化甘油炸药消耗量。

　　2. 涌水量调整系数，涌水量 $Q<5m^3/h$ 时为1；$Q<10m^3/h$ 时为1.05；$Q<20m^3/h$ 时为1.12；$Q<30m^3/h$ 时为1.15；$Q<50m^3/h$ 时为1.18；$Q<70m^3/h$ 时为1.21。

光面爆破炮孔装药量一般以单位长度装药量计。

b　药卷直径与炮孔直径

药卷直径和其相应的炮孔直径，是凿岩爆破中另一个重要参数。最佳药卷直径应以获得较优的爆破效果，同时又不增加总的凿岩时间作为衡量标准。许多实例说明，使用直径为45mm的药卷比使用直径为32mm的药卷，其孔数可减少30%~50%，炸药单耗可减少20%~25%，且岩石的破碎块度小，装岩生产率得以提高。但炮孔直径加大后，尤其是采用较深的炮孔后，凿岩效率会降低。因此，在当前技术装备条件下，综合竖井掘进的特点，掏槽孔与辅助孔的药卷直径宜采用40~45mm，相应的炮孔直径相应增加到48~52mm，而周边孔仍可采用标准直径药卷，这样既可减少炮孔数目和提高爆破效率，也便于采用光面爆破，保证井筒的规格。

c　炮孔深度

炮孔深度不仅是影响凿岩爆破效果的基本参数，也是决定循环工作组织和凿井速度的重要参数。最佳的炮孔深度应使每米井筒的耗时、耗工量减少，并能提高设备作业效率，从而取得较高的凿井速度。根据凿井实践，确定合理的炮孔深度要考虑下面一些主要问题：

（1）采用凿岩钻架凿岩，每循环辅助作业时间比手持式凿岩增加一倍。为了使钻架凿岩掘凿1m井筒所耗的辅助工时低于手持式凿岩，必须将炮孔深度也提高一倍，即提高到2.5~4.0m以上。

（2）为了发挥大型抓岩机的生产能力，一次爆破的岩石量应为抓岩机小时生产能力的3~5倍，否则，清底时间所占比重太大。在爆破效果良好的前提下，炮孔深度越深，总的抓岩时间越少。

（3）每昼夜完成的循环数应为整数，否则，要增加辅助作业时间并不便于组织安排，在现有的技术水平条件下炮孔深度不宜太深。

（4）从我国现有的爆破器材的性能来看，要取得良好的爆破效果，炮孔深度也不能过深；从当前的凿岩机具性能来看，钻凿5m以上的深孔时，钻速降低很多。必须进一步改进现有的凿岩机具，否则，凿岩时间便要拖长。

综合上述分析与现场实际经验，在竖井掘进中，用手持式凿岩和NZQ_2-0.11型小型抓岩机时，炮孔深度为1.5~2.0m；采用钻架和大型抓岩机配套时，炮孔深度以2.5~4.5m为宜。

d　炮孔数目

炮孔数目取决于岩石性质、炸药性能、井筒断面大小以及药卷直径等。炮孔数目可用计算方法初算，或用经验类比的方法初步确定，以此作为布置炮孔的依据，然后再按炮孔排列布置情况，加以适当调整。

e　炮孔布置

在圆形竖井中，炮孔通常采用同心圆布置。布置的方法是，首先确定掏槽孔形式及其数目，其次布置周边孔，再次确定辅助孔的圈数、圈径及孔距。

（1）掏槽孔布置。掏槽孔的布置是决定爆破效果、控制飞石的关键，一般布置在最易爆破和最易钻凿炮孔的井筒中心。掏槽形式根据岩石性质、井筒断面大小、炮孔深度而不同。

直孔掏槽：圈径1.2~1.8m，孔数6~8个。由于打直孔，方向易掌握，也便于机械化施工（图 10-21（a）（b））。但直孔特别是较深炮孔时，往往受岩石的夹制作用而使爆破效果不佳。为此，可采用多阶（2~3 阶）复式掏槽（图 10-21（c））。后一阶的掏槽孔，依次比前一阶的掏槽孔要深。各掏槽孔圈间距也较小。一般为 250~360mm，分次顺序起爆。但后爆孔装药顶端不宜高出先爆孔底位置。孔内未装药部分，宜用炮泥填塞密实。为改善掏槽效果，要求提高炮泥的堵塞质量以增加封口阻力，而且必须使用高威力炸药。

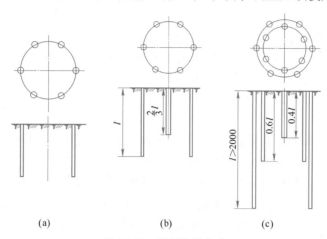

图 10-21　竖井掏槽方式

（a）直孔掏槽；（b）带中心空孔的直孔掏槽；（c）二阶直孔掏槽

（2）周边孔布置。一般距井壁 100~200mm，孔距 500~700mm，最小抵抗线约为 700mm。如采用光面爆破，须考虑炮孔密集系数 $a = E/W = 0.8~1.0$。式中，E 为周边孔间距，W 为光爆层的最小抵抗线。

竖井光爆的标准，要视具体情况而定，如井筒采用浇灌混凝土支护，且用短段掘砌的作业方式，支护可紧跟掘进工作面，则竖井光面爆破的标准可以降低。在此种情况下，过于追求井帮上孔痕的多少，势必增加炮孔的数目，使装药结构复杂化，从而降低技术经济效果。只有在采用喷锚支护，或光井壁单行作业的情况下才应提高光面爆破的标准。

（3）辅助孔布置。辅助孔圈数视岩石性质和掏槽孔至周边孔间距而定，一般控制各圈圈距为 600~1000mm，硬岩取小值，软岩取大值，孔距约为 800~1000mm。

各炮孔圈直径与井筒直径之比见表 10-21。各圈炮孔数与掏槽孔数之比见表 10-22。

表 10-21　孔圈直径与井筒直径比值

井筒掘进直径/m	圈数	第一圈	第二圈	第三圈	第四圈	第五圈
4.5~5.0	3	0.33~0.36	0.65~0.72	0.92~0.95		
5.5~7.0	4	0.23~0.28	0.5~0.55	0.65~0.72	0.94~0.96	
7.0~8.5	5	0.2~0.25	0.4~0.45	0.6~0.65	0.65~0.72	0.96~0.98

表 10-22　各圈炮孔数与掏槽孔数之比

井筒掘进直径/m	圈数	第一圈	第二圈	第三圈	第四圈
4.5~5.0	3	1	2		
5.5~7.0	4	1	1.5~2.0	2.5~3.0	
7.0~8.5	5	1	1.5~2.0	2.5~3.0	3.5~4.0

C　爆破图表编制

爆破图表是竖井基岩掘进时指导和检查凿岩爆破工作的技术文件，它包括炮孔深度、炮孔数目、掏槽形式。炮孔布置、每孔装药量、起爆网络连线方式、起爆顺序等，然后归纳成爆破原始条件表、炮孔布置图及其说明表、预期爆破效果三部分。岩石性质及井筒断面尺寸不同，就有不同的爆破图表。

编制爆破图表前，应取得下列原始资料：井筒所穿过岩层的地质柱状图、井筒掘进规格尺寸、炸药种类、药卷直径、雷管种类。所编制的爆破图表实例见表10-23～表10-25和图10-22。

D　装药、连线、放炮

炮孔装药前，应用压风将孔内岩粉吹净。药卷可逐个装入，或者事先在地表将几个药卷装入长塑料套中或防水蜡纸筒中，一次装入孔内。这样可加快装药速度，也可避免药卷间因掉入岩石碎块而拒爆。装药结束后炮孔上部须用黄泥或沙子充填密实。

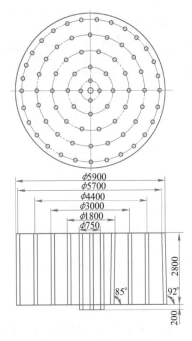

图 10-22　炮孔布置图

为了防止工作面爆破网路被水淹没，可将连接的雷管架在插入炮孔中的木橛上，与吊盘以下的干线相连。吊盘以上则为爆破电缆。

表 10-23　爆破原始条件

序号	项　目	数　值	序号	项　目	数　值
1	井筒掘进直径	5.9m	5	炸药种类	2号岩石乳化炸药
2	井筒掘进断面积	27.34m²	6	药包规格	φ32mm×200mm×150g
3	岩石种类	石英岩	7	雷管种类	非电导爆管
4	岩石坚固性系数	8~10			

表 10-24　爆破参数表

炮孔序号	圈径/m	圈距/m	孔数/个	孔距/m	炮孔角度/(°)	孔深/m	孔径/mm	装药量/kg 每孔	装药量/kg 每圈	充填长度/m	起爆顺序	连线方式
1~4	0.75	0.375	4	0.6	90	3.0	42	1.8	7.2	0.6	I	分两组并联
5~12	1.8	0.53	8	0.7	85	2.8	42	1.8	14.4	0.6	II	
13~26	3.0	0.60	14	0.67	90	2.8	42	1.5	21.0	0.8	III	
27~46	4.4	0.70	20	0.68	90	2.8	42	1.5	30.0	0.8	IV	
47~76	5.7	0.65	30	0.60	92	2.8	42	1.35	40.5	1.0	V	
合计			76						113.1			

表 10-25　预期爆破效果

序　号	项　目	数　量
1	炮孔利用率/%	85
2	每一循环进尺/m	2.38
3	每一循环实体岩石量/m³	65.07
4	实体岩石炸药消耗量/kg·m⁻³	1.74
5	进尺炸药消耗量/kg·m⁻¹	47.52
6	实体岩石雷管消耗量/个·m⁻³	1.17
7	进尺雷管消耗量/个·m⁻¹	31.93

竖井爆破通常采用并联、串并联网路（图 10-23）。

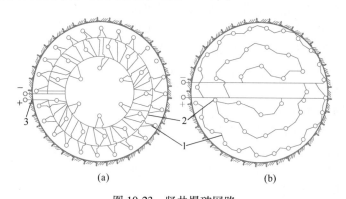

图 10-23 竖井爆破网路

（a）并联；（b）串并联

1—雷管脚线；2—爆破母线；3—爆破干线

E 爆破安全

竖井施工中进行爆破作业应严格遵守《爆破安全规程》的有关规定，同时必须注意以下几点：

（1）加工起爆药卷，必须在离井筒 50m 以外的室内进行，且只许由爆破工送到井下；禁止同时携带其他炸药，也不得有其他人员同行。

（2）装药前所有井内设备均须提至安全高度，非装药连线人员一律撤出井外。

（3）装药、连线完毕后，由爆破工进行严格检查。爆破工检查合格后将放炮母线与干线相连，此时井内人员应全部撤出。

（4）井口爆破开关应专门设箱上锁，专人看管。连线前，必须打开爆破开关，并切断通往井内的一切电源。信号箱、照明线等均须提到安全高度。

（5）放炮前，要将井盖门打开，确认井筒全部人员撤出后，才由专责放炮工合闸放炮。

（6）放炮后，立即拉开放炮开关，开动通风机，待工作面炮烟吹净后，方可允许班组长及少数有经验人员进入井内作安全情况检查，清扫吊盘上及井帮浮石；待工作面已呈现安全状态后，才允许其他人员下井工作。

10.2.4 装岩、翻矸、排矸

10.2.4.1 装岩工作

爆破后，经过通风与安全检查即行装岩。竖井装岩工作是井筒掘进中最繁重、最费力的工序，约占掘进循环时间的 50%～60%，是决定竖井施工速度的主要因素。

现有国产大型抓岩机按斗容有 0.4m³ 和 0.6m³ 两种，按驱动动力分为气动、电动、液压（包括气动液压和电动液压）三种，按机器结构特点和安装方式分为中心回转式、环形轨道式两种。

抓岩机的技术性能见表 10-26。

表 10-26 抓岩机的技术性能

技术性能	中心回转式		环形轨道式	
	NZH-5	HZ-6	HH-6	2HH-6
驱动方式	风动	风动	风动	风动
技术生产率/m³·h⁻¹	50	50	50	80~100
抓斗容积/m³	0.5	0.6	0.6	2×0.6
抓斗闭合直径/mm	1600	1600	1600	1600
抓斗张开直径/mm	2130	2130	2130	2130
提升能力/kg	4300	3500	3500	3500
提升高度/m		60	50	50
提升速度/m·s⁻¹	0.36	0.3~0.4	0.3~0.4	0.35
回转角度/(°)		360	360	360
径向位移/m		2.45		
工作风压/MPa	5~7	5~7	0.5~0.7	0.5~0.7
压气消耗量/m³·min⁻¹	10	17	15	30
功率总容量/kW	37	25~30	25~30	
外形尺寸(长×宽×高)/mm×mm×mm		900×800×7100		
机器重量/kg	7400	8077	7710~8580	13126~13636
适用井筒直径/m	>5	4~6	5~8	6.5~8
配套吊桶容积/m³		2~3	2~3	2~3

NZH-5 型中心回转式抓岩机的结构如图 10-24 所示，其工作情况如图 10-25 所示。抓岩机以吊盘下层盘为工作盘，在工作盘中心装有一根可回转的中心轴 6，工作盘下侧周边装有环形轨道 8，横梁 12 的一端套在中心轴上，另一端通过环形小车 9 支于环形轨道上。小车 9 由一台风马达驱动，沿环形轨道行驶，带动横梁 12 绕中心轴 6 回转。横梁上装有径向行走小车 5、行走风动绞车 13 的钢绳绕过横梁两端的滑轮，可牵引小车 5 沿横梁左右移动。小车 5 的下面装有提升绞车固定架 4，固定架上装有两台风马达驱动的提升绞车 3，两台绞车的钢丝绳绕过绳轮 2 闭合，绞车凭借缠绕和放出钢丝绳使抓斗 1 升降。利用小车 9 的环形运动和小车 5 的往复运动，可将抓斗送到不同的抓岩地点。

中心回转抓岩机结构简单，操纵灵活，动力消耗少，生产能力大，适合大断面井筒掘进。但必须依附于吊盘，机动性小，操纵室距井底视野较差，而且吊泵外其余悬吊设备难以通过吊盘的下层盘面。

为了发挥大型抓岩机的生产能力，除抓岩机本身结构不断改进和完善外，还必须改进掘进中其他工艺使其相适应。例如加大孔深，改善爆破效果，适当加大提升能力和吊桶容积，提高清底效率，及时处理井筒淋水，实现打干井，从而使抓岩机生产率提高。

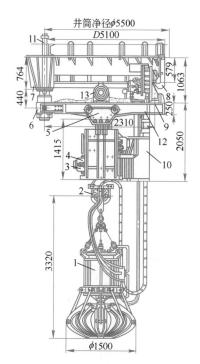

图 10-24　NZH-5 型中心回转式抓岩机结构

1—抓斗；2—绳轮；3—提升绞车；4—提升绞车固定架；5—径向
行走小车；6,7—中心轴；8—环形轨道；9—环形小车；10—操纵室；
11—供风管；12—横梁；13—径向行走风动绞车

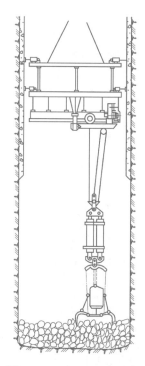

图 10-25　NZH-5 型抓岩机
工作示意图

吊桶出渣

10.2.4.2　翻矸方式

岩石经吊桶提到翻矸台上后，需翻卸在溜废槽内或卸在井口废石仓内，以便用自卸汽车或矿车运走。自动翻转有翻笼式、链球式和座钩式等几种翻转方式，其中以座钩式使用效果最好。

座钩式自动翻转装置（图 10-26），是由底部带中心圆孔的吊桶 1、座钩 2、托梁 4 及支架 6 等组成。翻转装置通过支架固定在翻矸门 7 上。

装满岩石的吊桶提到翻矸台上方后，关上翻矸门，吊桶下落，使钩尖进入桶底中心孔内。钩尖处于提升中心线上，而托梁的转轴中心偏离提升中心线 200mm。吊桶借偏心作用开始向前倾倒，直到钩头钩住桶底中心孔边缘钢圈为止。翻矸后，上提吊桶，座钩自行脱离，并借自重恢复到原来位置。

这种翻矸装置具有结构简单，加工安装容易，翻矸动作可靠，翻矸时间较短等优点，现在已在不少矿井广泛使用。

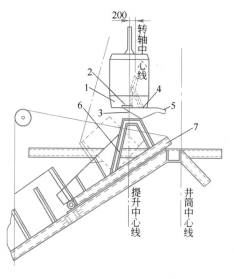

图 10-26　座钩式自动翻矸

1—吊桶；2—座钩；3—轴承；4—托梁；
5—平衡尾架；6—支架；7—翻矸门

10.2.4.3 排矸方式

排矸能力要满足适当大于装岩和提升能力之和的要求，以不影响装岩和提升工作不间断进行为原则。通常用自卸汽车排废。汽车排矸机动灵活，排矸能力大，废石可用来垫平工业场地，或运往附近山谷、洼地，方便迅速，易为施工现场所采用。

在平原地区建井可设废石山，井口废石装入矿车后，运至废石山卸载；在山区建井，废石装入矿车，利用自滑坡道线路，将废石卸入山谷中。

10.2.4.4 废石仓

为了调剂井下装岩、提升及地面排岩能力，应设立废石仓（图 10-27），其目的是贮存适当数量的废石量，以保证即使中间某一环节暂时中断时排岩工作仍可照常继续进行。废石仓容量可按一次爆破废石量的 1/10~1/5 进行设计，约为 20~30m³。废石仓设于井架一侧或两侧。为卸岩方便，溜槽口下缘至汽车车厢上缘的净空距为 300~500mm，溜矸口的宽度不小于 2.5~3 倍废石最大块径，高度不小于岩石最大块径 1.7~2 倍；溜槽底板坡度不小于 40°。

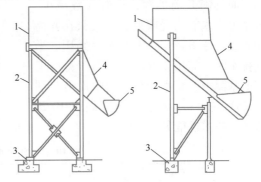

图 10-27 废石仓
1—仓体；2—立柱；3—基础；4—溜槽；5—溜槽口

10.2.5 排水与治水

在竖井施工中，地下水常给掘砌工作带来很不利的影响，恶化作业条件，减慢工程进度，降低井壁质量，增加工程成本，甚至造成淹井事故，拖长整个建井工期。因此，对水的治理，须采取有效措施，将井内涌水量减少到最低限度。

井筒施工前，应打探查钻孔，详细了解井筒所穿过岩层的性质、构造及水文情况，含水层的数量、水压、涌水量、渗透系数、埋藏条件以及断层裂隙、溶洞、采空区和它们与地表水的联系情况资料，为选择治水方案提供依据。

对水的治理，可归纳为两类：

（1）在凿井前进行处理，采用堵塞涌水通道，减少或隔绝向井内涌水的水源，地面预注浆，井外井点降水，井内钻孔泄水等措施，使工作面疏干。

（2）在凿井过程中，采用壁后、壁内注浆封水，截水和导水等方法处理井筒淋水，用吊桶或吊泵将井筒淋水和工作面涌水排到地面。

当井筒通过含水丰富的岩层时，上述两种方法有时还须同时兼用。我国建井实践表明，井筒涌水量超过 40m³/h 时，凿井前实行预注浆堵水对井筒施工较为有利。

通过综合治水后，最好使井筒掘进能达到"打干井"的要求，即工作面上所剩的涌水，与装岩同时用吊桶即可排出。达不到上述要求时，也应使井筒内的剩余涌水只用一台吊泵即可排出。

虽然采用综合治水达到"打干井"的要求需要一定的费用和时间，但从总的速度、费用、质量、安全等方面加以比较，还是有利的。

10.2.5.1 排水工作

A 吊桶排水

当井筒深度不大且涌水量小时，可用吊桶排水，随同废石一起提到地面。

吊桶排水能力取决于吊桶容积及每小时吊桶提升次数。吊桶小时排水能力（Q）可用式（10-26）计算：

$$Q = nVK_1K_2 \qquad (10\text{-}26)$$

式中　n——吊桶每小时提升次数；

　　　V——吊桶容积，m^3；

　　　K_1——吊桶装满系数，$K_1 = 0.9$；

　　　K_2——松散岩石中的孔隙率，$K_2 = 0.4 \sim 0.5$。

吊桶容积及每小时提升次数是有限的，而且随井筒加深，提升次数减少，故吊桶排水能力受限制，一般只在井筒涌水量小于 $8 \sim 10 m^3/h$ 条件下采用。吊桶排水时，需用压气小水泵置于井筒工作面水窝中，将水排至吊桶中提出（图10-28）。压气小水泵的构造如图 10-29 所示，技术性能见表 10-27。

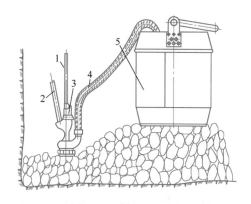

图 10-28　压气小水泵吊桶排水
1—进气管；2—排气管；3—压气泵；4—排水软管；5—吊桶

表 10-27　压气小水泵技术性能

型　号	流量 /$m^3 \cdot h^{-1}$	扬程/m	工作风压 /MPa	耗风量 /$m^3 \cdot min^{-1}$	进气管内径 /mm	排气管内径 /mm	排水管内径 /mm	重量/kg
F-15-10	15	10	>0.4	2.5	16	—	40	15
1-17-70	17	70	≥0.5	4.5	25	50	40	25

B　吊泵排水

当井筒涌水量超过吊桶的排水能力时，需设吊泵排水。吊泵为立式泵，泵体较长，但所占井筒的水平断面积较小，有利于井内设备布置。吊泵在井内的工作状况如图 10-30 所示。

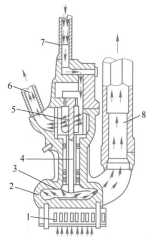

图 10-29　压气泵构造
1—滤水器；2—泵体；3—工作轮；4—主轴；
5—风动机；6—排气管；7—进气管；
8—排水管(排入吊桶或吊盘上水箱中)

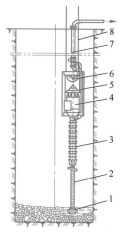

图 10-30　工作面吊泵排水
1—吸水笼头；2—吸水软管；3—水泵机体；
4—电动机；5—框架；6—滑轮；
7—排水管；8—吊泵悬吊绳

常用吊泵为 NBD 型及 80DGL 型多级离心泵，由吸水笼头、吸水软管、水泵机体、电动机、框架、滑轮、排水管、闸阀等组成，在井内由双绳悬吊。国产吊泵的技术性能见表 10-28。

表 10-28 国产吊泵技术性能

型 号	排水量 /m³·h⁻¹	扬程/m	电机功率 /kW	转速 /r·min⁻¹	工作轮 级别	外形尺寸/mm 长	宽	高	质量/kg	吸程/m
NBD30/250	30	250	45	1450	15	990	950	7250	3100	
NBD50/250	50	250	75	1450	11	1020	950	6940	3000	5
NBD50/500	50	500	150	2950		1010	868	6695	2500	5
80DGL50×10	50	500	150	2950	10	840	925	5503	2400	4
80DGL50×15	50	750	250	2950	15	890	985	6421	4000	

当井筒排水深度超过一台吊泵的扬程时，须采用接力排水方式。当排水深度超过扬程不大时，可用压气泵将工作面的水排至吊盘上或临时平台的水箱中，再用吊泵或卧泵将水排出地面（图 10-31）。当排水深度超过扬程很大时，需在井筒的适当深度上设转水站（腰泵房）或转水盘，工作面的吊泵将水排至转水站，再由转水站用卧泵排出地表（图 10-32）。如果主、副井相距不远，可以共用一个转水站，即在两井筒间钻一个稍为倾斜的钻孔，连通两井，将一个井筒的水通过钻孔流至另一井筒的转水站水仓中，再集中排出地面。

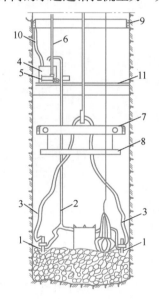

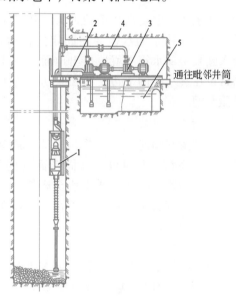

图 10-31 利用压气小水泵的多段排水系统
1—高压风动小水泵；2，6—排水管；3—压风管；
4—水箱；5—卧泵；7—吊盘；8—凿岩环；
9—集水槽；10—导水管；11—临时平台

图 10-32 转水站接力排水
1—吊泵；2—吊泵排水管；3—卧泵；
4—卧泵排水管；5—水仓

10.2.5.2 治水方式

A 截水

为消除淋帮水对井壁质量的影响和对施工条件的恶化，在永久井壁上或永久支护前应采用截水和导水的方法。

井筒掘进时，沿临时支护段的淋水，可采用吊盘折页（图 10-33）或用挡水板（图 10-34）截住导至井底后排出。

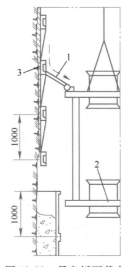

图 10-33　吊盘折页截水
1—折页；2—吊盘；3—挂圈背板临时支护

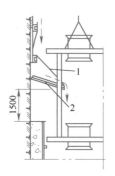

图 10-34　挡水板截水
1—铁丝；2—挡水板；3—木板；4—导水木条

在永久井壁漏水严重的地方应用壁后或壁内注浆予以封闭，剩余的水也要用固定的截水槽将水截住，导入腰泵房或水箱中就地排出地面（图 10-35）。截水槽常设在透水层的下边。在腰泵房上方有淋水时也应设截水槽。

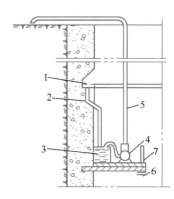

图 10-35　固定截水槽截水
1—混凝土截水槽；2—导水管；3—盛水小桶；4—卧泵；5—排水管；6—钢梁；7—月牙形固定盘

B　钻孔泄水

在开凿井筒时，如果井筒底部已通巷道，并已形成了排水系统，此时可在井筒断面内向下打一钻孔，直达井底巷道，将井内涌水泄至底部巷道排出。此法可取消吊泵或转水站设施，简化井内设备布置，改善井内作业条件，加快施工速度，在矿井改建、扩建有条件时应多利用。

泄水钻孔必须保证垂直，钻孔的偏斜值一定要控制在井筒轮廓线以内。其次，要保护钻孔，防止废石堵塞泄水孔或因泄水孔孔壁坍塌堵孔。为此孔内可下一带筛孔的套管，随工作面的推进，逐段切除套管。放炮前，须用木塞将泄水孔堵住，以免爆破废石堵孔。有的矿井使用这一方法，取得了较好的效果。

10.2.6　井筒支护

在井筒施工过程中，须及时进行井壁支护，以防止围岩风化，阻止围岩变形、破坏、坍塌，从而保证生产的正常进行。支护分临时支护和永久支护两种，以实现不同的目的。在支护材料方面，1963 年以前，料石井壁占 77.3%；包括混凝土块在内的混凝土井壁仅占 18%。在井壁结构方面，砌筑式井壁占 88%，而整体式井壁仅占 9%。随着水泥工业的迅速发展，整体式混凝土井壁得到了广泛的应用。

与砌筑式井壁相比，整体式混凝土井壁强度高，封水性能好，造价低，便于机械化施工，并能降低劳动强度及提高建井速度。

目前，整体式混凝土井壁的施工，从配料、上料、搅拌到混凝土的输送、捣固，基本上实现了机械化。整体式混凝土井壁施工所用的模板，也有了很大的发展。金属模板已普遍代替了木模板，移动式金属模板在竖井施工中的应用日益广泛，液压滑动模板在一些竖井中也得到了应用。

随着竖井永久支护形式及施工工艺的发展，竖井的临时支护也发生了相应的变化，一些新的临时支护形式相继出现。

10.2.6.1　临时支护

临时支护是当井筒进行施工时，为了保证施工安全，对围岩进行的一种临时防护措施。根据围岩性质、井段高度及涌水量等的不同，临时支护有锚杆金属网、喷射混凝土、挂圈背板、掩护筒等。

A　锚杆金属网

这种支护是用锚杆来加固围岩，并挂金属网以阻挡岩帮碎块下落。金属网通常由 16 号镀锌铁丝编织而成，用锚杆固定在井壁上。锚杆直径通常为 16~25mm，长度视围岩情况而定 1.5~2.0m，间距 0.7~1.5m。

锚杆金属网的架设是紧跟掘进工作面，与井筒的钻孔工作同时进行。支护段高一般为 10~30m。

锚杆金属网支护，一般适用于 $f>5$、仅有少量裂隙的岩层条件下，并常与喷射混凝土支护相结合，既是临时支护又是永久支护的一部分。它是一种较轻便的支护形式。

B　喷射混凝土

喷射混凝土作临时支护，其所用机具及施工工艺均与喷射混凝土永久支护相同，只是喷层厚度稍薄，一般为 50~100mm。它具有封闭围岩，充填裂隙、增加围岩完整性、防止风化的作用。

喷射混凝土临时支护，只有在采用整体式混凝土永久井壁时，其优越性才比较明显（便于采用移动式模板或液压滑模实现较大段高的施工，以减少模板的装卸及井壁的接茬）。当永久支护为喷射混凝土井壁时，从施工角度看，宜在同一喷射段高内按设计厚度一次分层喷够，避免以后再用作业盘等设施进行重复喷射；从适应性角度看，采用喷射混凝土永久井壁的井筒，其围岩应该是坚硬、稳定、完整的，开挖后不产生大的位移。

10.2.6.2　永久支护

A　混凝土支护

混凝土（或称现浇混凝土）与喷射混凝土同为目前竖井支护中两种主要形式。混凝土由于其强度高、整体性强、封水性能好、便于实现机械化施工等优点，故使用相当普遍，尤其在不适合采用喷射混凝土的地层中，常用混凝土作永久支护。混凝土的水灰比应控制在 0.65 以下，所用砂子为粒径 0.15~5mm 的天然沙，所用石子为粒径 30~40mm 的碎石或卵石，并应有良好的颗粒级配。井壁常用的混凝土标号为 C20~C80 级。混凝土的配合比，可按普通塑性混凝土的配合比设计方法进行设计，或者按有关参考资料选用。现将混凝土井壁厚度、浇灌混凝土时所用的机具及工艺特点分别介绍如下。

a　混凝土井壁厚度的选择

由于地压计算结果还不够准确，因而井壁厚度计算也只能起参考作用。设计时多按工程类比法的经验数据，并参照计算结果确定壁厚。

在稳定的岩层中，井壁厚度可参照表 10-15 的经验数据选取。

b　混凝土上料、搅拌系统

目前，混凝土的上料、搅拌已实现了机械化，可以满足井下大量使用混凝土的需要（图 10-36）。地面设 1~2 台铲运机 1，将砂、石装入漏斗 2 中，然后用胶带机 3 送至储料仓中。在料仓内通过可转动的隔板 4 将砂、石分开，分别导入砂仓或石子仓中。料仓、计量器、搅拌机呈阶梯形布置，料仓下部设有砂石漏斗闸门 7 及计量器 8。每次计量好的砂、石可直接溜入搅拌机 10 中。水泥及水在搅拌机处按比例直接加入。搅拌好的混凝土经溜槽溜入溜灰管的漏斗 11 送至井下使用。此上料系统结构紧凑，上料及时，使用方便。

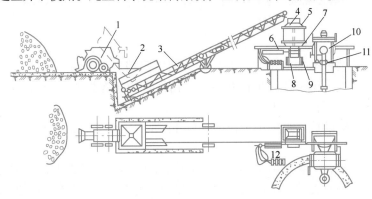

图 10-36　混凝土上料系统

1—气动铲运机（ZYQ-12G）；2—0.9m³ 漏斗；3—胶带机；4—储料仓间隔挡板；5—储料仓；6—工字钢滑轨；7—砂石漏斗闸门；8—底卸式计量器；9—计量器底卸汽缸；10—搅拌机；11—输料管漏斗；12—计量器行程汽缸

c　混凝土的下料系统

为使混凝土的浇灌连续进行，目前多采用底卸式吊桶将在井口搅拌好的混凝土输送到井下支护工作面。使用溜灰管下料的优点是：工序简单，劳动强度小，能连续浇灌混凝土，可加快施工速度。

溜灰管下料系统如图 10-37 所示。混凝土经漏斗 1、伸缩管 2、溜灰管 3 至缓冲器 6，经减速、缓冲后再经活节管 8 进入模板中。浇灌工作均在吊盘上进行。

（1）漏斗。由薄钢板制成，其断面可为圆形或矩形，下端与伸缩管连接。

（2）伸缩管（图 10-38）。在混凝土浇灌过程中，为避免溜灰管拆卸频繁，可采用伸缩管。伸缩管的直径一般为 125mm，长为 5~6m。上端用法兰盘和漏斗联结，法兰盘下用特设在支架座上的管卡卡住，下端插入 φ150mm 的溜灰管中。浇灌时随着模板的加高，伸缩管固定不动，溜灰管上提，直到输料管上端快接近漏斗

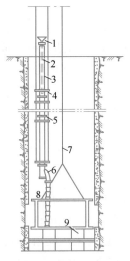

图 10-37　混凝土输送管路

1—漏斗；2—伸缩管；3—溜灰管；4—管卡；5—悬吊钢丝绳；6—缓冲器；7—吊盘钢丝绳；8—活节管；9—金属模板

时，才拆下一节溜灰管，使伸缩管下端仍刚好插入下面溜灰管中继续浇灌。为使伸缩管的通过能力不致因管径变小而降低，尚有采用与溜灰管等管径的伸缩管，在溜灰管上端加一段直径较大的变径管，接管时拆下变径管即可（图 10-39）。

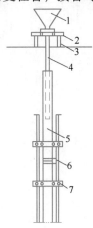

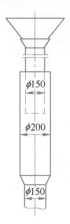

图 10-38　伸缩管　　　　　　　　　　　　　图 10-39　变径管

1—漏斗；2，7—管卡；3—支架座；4—伸缩管；

5—溜灰管；6—悬吊钢丝绳

（3）溜灰管。一般用 $\phi150mm$ 的厚壁耐磨钢管，每节管路之间用法兰盘联结。一条 $\phi150mm$ 的溜灰管，可供三台 400L 搅拌机使用。所以在一般情况下，只需设一条溜灰管。

（4）活节管。为了将混凝土送到模板内的任何地点而采用的一种可以自由摆动的柔性管。一般由 15～25 个锥形短管（图 10-40）组成。总长度为 8～20m。锥形短管的长度为 360～660mm，宜用厚度不小于 2mm 的薄钢板制成。挂钩的圆钢直径不小于 12mm。

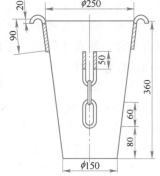

图 10-40　锥形短管

d　模板

在浇灌混凝土井壁时，必须使用模板。模板的作用是使混凝土按井筒断面成型，并承受新浇混凝土的冲击力和侧压力等。模板从材料上分有木模板、金属模板；从结构形式上分有普通组装模板、整体式移动模板等；从施工工艺上分，有在砌壁全段高内分节立模，分节浇灌的普通模板，一次组装，全段高使用的滑升模板等。木模板重复利用率低，木材消耗量大，使用的不多；金属模板强度大，重复利用率高，故使用广泛。大段高浇灌时多用普通组装模板或滑升模板，短段掘砌时多用整体式移动金属模板。

组装式金属模板是在地面先做成小块弧形板，然后送到井下组装。每圈约由 10～16 块组成；块数视井筒净径大小而定，每块高度 1～1.2m。弧长按井筒净周长的 1/16～1/8，以两人能抬起为准。模板用 4～6mm 钢板围成，模板间的联结处和筋板用 60mm×60mm×4mm 或 80mm×80mm×5mm 角钢制成，每圈模板和上下圈模板之间均用螺栓联结。为拆模方便，每圈模板内有一块楔形小模板，拆模时先拆这块楔形模板。模板及组装如图 10-41 所示。

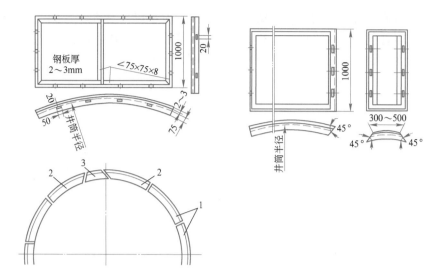

图 10-41　组装式金属模板

1—弧形模板；2—单斜面弧形模板；3—楔形小块弧形模板

组装式金属模板使用时需要反复组装及提放，既笨重，又费时。为了解决这一矛盾，我国自 1965 年起，成功地设计、制造、使用了整体式移动金属模板。它具有明显的优越性：节约钢材，降低施工成本，简化施工工序，提高施工机械化水平，减轻劳动强度，有利于提高速度和工效。如今，它已在全国各矿山得到推广使用，并在实践中不断改进。整体式移动金属模板有多种，各有优缺点，下面介绍整体门轴式移动模板的结构和使用。

整体门轴式移动模板（图 10-42）由上下两节共 12 块弧板组成，每块弧板均由六道槽钢作骨架，其上围有 4mm 厚钢板，各弧板间用螺栓连接。模板分两大扇，用铰链 2、8（门轴）连成整体。其中一扇设脱模门，与另一扇模板斜口接合，借助销轴将其锁紧，呈整体圆筒状结构。模板的脱模是通过单斜口活动门 1、门轴 2 转动来完成的，故称门轴式。在斜口的对侧与门轴 2 非对称地布置另一门轴 8，以利于脱模收缩。模板下部为高 200mm 的刃脚，用以形成接茬斜面。上部设 250mm× 300mm 的浇灌门，共 12 个，均布在模板四周。模板全高 2680mm，有效高度为 2500mm；为便于混凝土浇灌，在模板高 1/2 处设有可拆卸的临时工作平台。模板用 4 根钢丝绳通过四个手拉葫芦悬挂在双层吊盘的上层盘上。模板与吊盘间距为 21m。它与组装式金属模板的区别在于，每当浇灌完模板全高，经适当养护，待混凝土达到能支承自身重量的强度时，即可打开脱模门，同步松动模板的四根悬吊钢丝绳，依靠自重，整体向下移

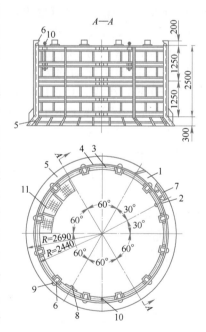

图 10-42　整体门轴式移动模板

1—斜口活动门；2，8—门轴；3—槽钢骨架；
4—围板；5—模板刃角；6—浇灌门；7—刃角
加强筋；9—浇灌孔盒（预留下井段浇灌孔）；
10—模板悬吊装置；11—临时工作台

放。使用一套模板即可由上而下浇灌整个井筒，既简化了模板拆装工序，也节省了钢材。

采用这种模板的施工情况如图 10-43 所示。当井筒掘进 2.5m 后，再放一次炮，留下虚渣，整平，人员乘吊桶到上段模板处，取下插销，打开斜口活动门，使模板收缩呈不闭合状。然后，下放吊盘，模板即靠自重下滑至井底。用手拉葫芦调整模板，找平、对中、安装活动脚手架后即可进行浇灌。

这种模板是直接稳放在掘进工作面的岩渣上浇灌井壁，因此只适用于短段掘砌的施工方法。模板高度应配合掘进循环进尺并考虑浇灌方便而定。这种模板拆装和调整均较方便，因此应用较多，效果也好。但变形较大，井壁封水性较差。

e 混凝土井壁的施工

（1）立模与浇灌。在整个砌壁过程中，以下部第一段井壁质量（与设计井筒同心程度、壁体垂直度及壁厚）最为关键，因此立模工作必须给予足够的重视。根据掘砌施工程序的不同，分掘进工作面砌壁和高空砌壁两种。

1）在掘进工作面砌壁时，先将废石大致平整并用沙子操平，铺上托盘，立好模板，然后用撑木将模板固定于井帮（图 10-44）。立模时要严格按中、边线操平找正，确保井筒设计的规格尺寸。

2）当采用长段掘砌反向平行作业施工须高空浇灌井壁时，则可在稳绳盘上或砌壁工作盘上安设砌壁底模及模板的承托结构（图 10-45），以承担混凝土尚

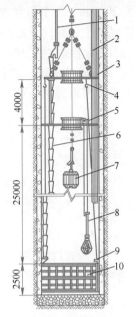

图 10-43　短段掘砌时混凝土井壁的施工
1—下料管；2—胶皮风管；3—吊盘；4—手拉葫芦；5—抓岩机风动绞车；6—金属活节下料管；7—吊桶；8—抓岩机；9—浇灌孔门；10—整体移动式金属模板

未具有强度时的重量。待具有自撑强度后，即可在其上继续浇灌混凝土，直到与上段井壁接茬为止。浇灌和捣固时要对称分层连续进行，每层厚为 250~300mm。人工捣固时要求混凝土表面要出现薄浆，用振捣器捣固时振捣器要插入混凝土内 50~100mm。

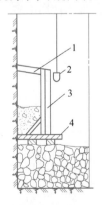

图 10-44　工作面筑壁立模板示意图
1—撑木；2—侧梁；3—模板；4—托盘

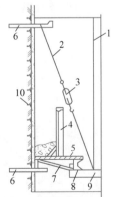

图 10-45　高空浇灌井壁示意图
1—稳绳盘悬吊绳；2—辅助吊挂绳；3—紧绳器，4—模板；5—托盘；6—托钩；7—稳绳盘折页；8—找平用槽钢圈；9—稳绳盘；10—喷射混凝土临时井壁

（2）井壁接茬。下段井壁与上段井壁接茬必须严密，并防止杂物、岩粉等掺入，使上下井壁结合成一整体，无开裂及漏水现象。井壁接茬方法主要有：

1）全面斜口接茬法（图 10-46）适用于上段井壁底部沿井筒全周预留有刃脚状斜口，斜口高为 200mm。当下段井壁最后一节模板浇灌至距斜口下端 100mm 时，插上接茬模板，边插边灌混凝土，并向井壁挤紧，完成接茬工作。

2）窗口接茬法（图 10-47）适用于上段井壁底部沿周长上每隔一定距离（不大于 2m）预留 300mm×300mm 的接茬窗口。混凝土从此窗口灌入，分别推至窗口两侧捣实，最后用小块木模板封堵即可。也可用混凝土预制块砌严，或以后用砂浆或混凝土抹平。

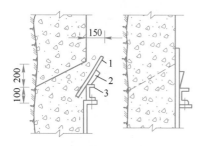

图 10-46   全面斜口接茬法

1—接茬模板；2—木楔；3—槽钢碹骨圈

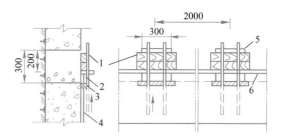

图 10-47   窗口接茬法

1—小模板；2—长 400mm 插销；3—木垫板；
4—模板；5—窗口；6—上段井壁下沿

3）倒角接茬法（图 10-48）。将最后一节模板缩小成圆锥形，在纵剖面看似一倒角。通过倒角和井壁之间的环形空间将混凝土灌入模板，直至全部灌满，并和上段井壁重合一部分形成环形鼓包。脱模后，立即将鼓包刷掉。

这种方法能保证接茬处的混凝土充填饱满，从而保证接茬处的质量，施工方便，在使用移动式金属模板时更为有利，但增加了一道刷掉鼓包的工序。

（3）采用刚性罐道时，可以预留罐道梁梁窝，即在浇灌过程中，在设计的梁窝位置上预先埋好梁窝木盒子，其尺寸视罐道梁的要求而定。以后井筒安装时，即可拆除梁窝盒子，插入罐道梁，用混凝土浇灌固定（图 10-49）。但目前有的矿山已推广使用树脂锚杆在井壁上固定罐道梁的方法，收到良好效果。至于现凿梁窝，因其费工费时，现已使用不多。

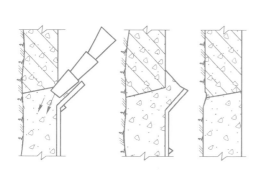

图 10-48   倒角接茬法

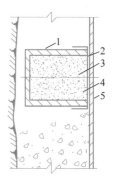

图 10-49   木梁窝盒及其固定

1—木梁窝盒；2—油毡纸；3—铁丝；4—木屑；5—钢模板

B 喷射混凝土支护

近些年来，喷射混凝土永久支护，在竖井工程中得到了较多的应用。采用喷射混凝土井壁，可减少掘进量和混凝土量，简化施工工序，提高成井速度。

喷射混凝土支护虽有明显的优越性，但因其支护机理等尚有待进一步探讨，故在设计和施工中均存在着一些具体问题。喷射混凝土支护存在着适应性问题，对竖井工程更是如此。金属矿山井筒的围岩一般均较坚硬、稳定，因此，采用喷射混凝土井壁的条件稍好。

a 喷射混凝土井壁结构类型

（1）喷射混凝土支护。

（2）喷射混凝土与锚杆联合支护。

（3）喷射混凝土和锚杆、金属网联合支护。喷锚和喷锚网联合支护，用在局部围岩破碎、稳定性稍差的地段。

（4）喷射混凝土加混凝土圈梁。混凝土圈梁除起加强支护的作用外，还用于固定钢梁及起截水作用。圈梁间距一般为 5~12m。

b 喷射混凝土井壁厚度

目前一般采用类比法确定喷射混凝土井壁厚度，视现场具体条件而定。地质条件好，岩层稳定，喷射混凝土厚度可取 50~100mm；在马头门处的井壁应适当加厚或加锚杆；地质条件稍差，岩层的节理裂隙发育，但地压不大岩层较稳定的地段，可取 100~150mm；地质条件较差、风化严重、破碎面大的地段，喷射混凝土应加锚杆、金属网或钢筋等，喷射厚度一般为 100~150mm。表 10-29 可作为设计参考。

表 10-29 竖井锚喷支护类型和设计参数

竖井毛径 D/m		$D<5$	$5 \leqslant D<7$
围岩类别	Ⅰ	100mm 厚喷射混凝土，必要时，局部设置长 1.5~2.0m 的锚杆	100mm 厚喷射混凝土，设置长 2.0~2.5m 的锚杆，或 150mm 厚喷射混凝土
	Ⅱ	100~150mm 厚喷射混凝土，设置长 1.5~2.0m 锚杆	100~150mm 厚钢筋网喷射混凝土，设置长 2.0~2.5m 的锚杆，必要时，加设混凝土圈梁
	Ⅲ	150~200mm 钢筋网喷射混凝土，设置长 1.5~2.0m 的锚杆，必要时，加设混凝土圈梁	150~200mm 厚钢筋网喷射混凝土，设置长 2.0~3.0m 的锚杆，必要时，加设混凝土圈梁

注：1. 井壁采用喷锚作初期支护时，支护设计参数应适当减少。
　　2. Ⅲ类围岩中井筒深度超过 500m 时，支护设计参数应予以增大。

c 竖井喷射混凝土井壁的适用范围

（1）一般在围岩稳定、节理裂隙不甚发育、岩石坚硬完整的竖井中，可考虑采用喷射混凝土井壁。

（2）当井筒涌水量较大、淋水严重时，不宜采用喷射混凝土井壁；但局部渗水、滴水或小量集中流水，在采取适当的封、导水措施后，仍可考虑采用喷射混凝土井壁。

（3）当井筒围岩破碎、节理裂隙发育、稳定性差、f 值小于 5，则不宜采用喷射混凝土井壁；但可采用喷锚或喷锚网作临时支护。

（4）松软、泥质、膨胀性围岩及含有蛋白石、活性二氧化硅的围岩，均不宜采用喷射混凝土井壁。

（5）就竖井的用途而言，风井、服务年限短的竖井，可采用喷射混凝土井壁；主井、副井，特别是服务年限长的大型竖井，不宜采用喷射混凝土井壁。

10.2.7　掘砌循环与劳动组织

影响竖井快速施工的重要因素，一是技术性的，如采用新技术、新设备、新工艺、新方法等；二是实行科学的施工组织与管理，如编制合理的循环图表确保正规循环作业以及严密的劳动组织等。

10.2.7.1　掘砌循环

A　掘进循环作业

在掘进过程中，以凿岩装岩为主体的各工序，在规定时间内，按一定顺序周而复始地完成规定工作量，称为掘进循环作业。

在筑壁过程中，以立拆模板、浇灌混凝土为主要工序，周而复始地进行，称为砌壁循环作业。如果采用短掘短喷（砌），则喷（砌）混凝土工序一般都包括在一个掘喷（砌）循环之内，则称为掘喷（砌）循环作业。

组织循环作业的目的，是把各工种在一个循环中所担负的工作量、时间、先后顺序以及相互衔接的关系，周密地用图表形式固定下来，使所有施工人员心中有数，一环扣一环地进行操作，并在实践中调整，改进施工方法与劳动组织，充分利用工时，将每个循环所耗用的时间压缩到最小，从而提高井筒施工速度。

B　正规循环作业

在规定的循环时间内，完成各工序所规定的工作量，取得预期的进度，称为正规循环作业。正规循环率越高，则施工进度越快。抓好正规循环作业，是实现持续快速施工和保证安全的重要方法。

C　月循环率

一个月中实际完成的循环数与计划的循环数之比值，称为月循环率。

一般月循环率为 80%~85%，施工组织管理得好的可达 90%以上。

循环作业一般以循环图表的形式表示出来。竖井施工中，有三八制、四六制两种。在每昼夜中，完成一个循环的称单循环作业，完成两个以上循环的称多循环作业。每昼夜的循环次数，应是工作小班的整倍数，即以小班为基础来组织循环，如一个班、二个班、三个班、四个班（一昼夜）组织一个循环。

每个循环的时间和进度，是由岩石性质、涌水量大小、技术装备、作业方式、施工方法、工人技术水平、劳动组织形式以及各工序的工作量等因素来决定。

D　编制循环图表的方法和步骤

（1）根据建井计划要求和矿井具体条件，确定月进度。

（2）根据所选定的井筒作业方式，确定每月用于掘进的天数。平行作业时，掘进天数约占掘砌总时间的 60%~80%；采用平行作业或短段单行作业时，每月掘进天数为 30 天。

（3）根据月进度要求，确定炮孔深度。

（4）根据施工设备配备、机械效率和工人技术水平，确定每循环中各工序的时间。

10.2.7.2　劳动组织

竖井工作面狭小，工序多而又密切联系，循环时间也固定。如何调动各工种的最大积极性，统一指挥，统一行动，互相配合，彼此支援，使之在规定时间内完成各项任务，是个非常复杂的任务。

竖井施工中的劳动组织形式主要有综合组织、专业组织两种，其中都包括有掘进工、砌壁工、机电工、辅助工，以及技术、组织管理人员等。

劳动组织中各工种工人数量，取决于井筒断面大小、工作量多少、施工方法和工人技术水平等多种因素。各矿井具体条件不一，所配备人员数量也不一致，表 10-30 为几个井筒劳动力配备情况。

表 10-30　几个竖井井筒施工所需劳动力配备情况

竖井类别	净径/m	井深/m	施工方法	最高月成井/m	凿岩	装岩	清底	喷混凝土	直接工人数合计
铜山新大井	5.5	313	一掘一喷		36	22	22	24	104
凤凰山新副井	5.5	610	一掘一喷	115.25	40	18	24	30	112
凡口新副井	5.5	591	一掘一喷	120.1	39	23		24	86
邯邢万年风井	5.5	231.2	一掘一喷	92	16	14	20	29	79

10.2.8　凿井设备

竖井施工时，需提升大量的废石，升降人员、材料、设备，这些任务要用吊桶提升来完成。此外，还需要在井筒中布置和悬吊其他辅助设备，如吊盘、安全梯、吊泵、各种管路和电缆等。为此，必须选用相应的悬吊设备，以满足施工需要。竖井提升设备包括提升容器、提升钢丝绳、提升机及提升天轮等。悬吊设备包括凿井绞车（又称稳车）、钢丝绳及悬吊天轮等。在竖井施工准备工作中，合理地选择提升和悬吊设备是一项很重要的工作，选择的合理与否将影响施工速度及经济效果。

10.2.8.1　提升方式

提升方式可分为：一套单钩提升、一套双钩提升、两套单钩提升、一套单钩与一套双钩共同提升。

竖井提升过程

影响选择提升方式的因素很多，主要是井筒断面、井筒深度、施工作业方式、设备供应等。我国建井中，采用单行作业时，大多使用一套单钩提升；采用平行作业时，有时使用一套双钩，或一套单钩为掘进服务，一套单钩为砌壁服务；只有当井径很大，井筒很深时，才采用三套提升设备。当井筒转入平巷施工后，在主、副两井中需有一个井筒改为临时罐笼提升，以满足平巷施工出矸、上下材料设备及人员需要，此时需用一套双钩提升。为此，在选择凿井提升方式时，还应考虑这种需要。

10.2.8.2　竖井提升设备

A　吊桶及其附属装置

a　吊桶

吊桶按用途分为矸石吊桶和材料吊桶两种（图 10-50）。矸石吊桶用来提升废石、上下人员、材料；材料吊桶用来向井下运送砌壁材料，如混凝土、灰浆等。两种吊桶已实现标准化、系列化（表 10-31）。

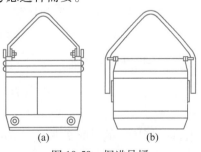

图 10-50　掘进吊桶
(a) 矸石吊桶；(b) 材料吊桶

表 10-31　吊桶技术规格表

吊桶容积及形式	全高/mm	桶身高/mm	桶身直径/mm	桶口直径/mm	吊桶外缘最大尺寸/mm	桶梁直径/mm d_a	桶梁直径/mm d_b	重量/kg	稳定系数
0.5m³矸石吊桶	1680	1100	810	730	820	40	40	188	—
1.0m³矸石吊桶	1865	1120	1112	1000	1150	55	53	344	1.03
1.5m³矸石吊桶	2140	1260	1280	1150	1320	65	65	482	1.04
2.0m³矸石吊桶	2270	1300	1447	1332	1500	70	70	607	1.15
3.0m³矸石吊桶	2660	1600	1600	1460	1680	78	82	866	1.05
4.0m³矸石吊桶	2920	1800	1850	—	—	—	—	—	1.03
0.5m³材料吊桶	1558	1100	810	800	965	62	50	225	
0.75m³材料吊桶	1725	1200	912	900	1064	75	60	302	
1.0m³材料吊桶	1853	1275	1012	1000	1178	80	68	383	

注：1. 稳定系数为桶身外径 D 与桶身高 h 之比。

　　2. d_a 为吊桶梁在挂钩处直径；d_b 为吊桶梁下部直径。

为了充分发挥抓岩机的生产能力，必须使提升一次的循环时间 T_1 小于或等于装满一桶岩石的时间 T_2，即：

$$T_1 \leqslant T_2 \tag{10-27}$$

提升一次循环时间用式（10-28）、式（10-29）进行估算：

单钩提升

$$T_1 = 54 + 2\left(\frac{H-h}{v_{max}}\right) + \theta_1 \tag{10-28}$$

双钩提升

$$T_1 = 54 + \frac{H-2h}{v_{max}} + \theta_2 \tag{10-29}$$

式中　H——提升最大高度，m；

　　　h——吊桶在无稳绳段运行的距离，一般不超过40m；

　　　54——吊桶在无稳绳段运行的时间，s；

　　　θ_1——单钩提升时吊桶摘挂钩和地面卸载时间，$\theta_1 = 60 \sim 90$s；

　　　θ_2——双钩提升时吊桶摘挂钩和地面卸载时间，$\theta_2 = 90 \sim 140$s；

　　　v_{max}——提升最大速度，m/s，按《安全规程》规定：升降物料时，$v_{max} = 0.4\sqrt{H}$；升

　　　　　降人员时，$v_{max} = \dfrac{0.5\sqrt{H}}{3}$。且最大不超过 12m/s。

装满一桶废石的时间 T_2 按式（10-30）计算：

$$T_2 = \frac{3600KV}{n\rho P} \tag{10-30}$$

式中　K——吊桶装满系数，取 0.9；

　　　V——矸石吊桶容积，m^3；

　　　P——每台抓岩机的生产率（松散体积），m^3/h；

　　　n——同时装桶的抓岩机台数；

　　　ρ——多台抓岩机同时扒岩的影响系数；如用 2 台 $0.4m^3$ 靠壁式抓岩机时，$\rho =$ 0.75~0.8；如用 NZQ_2-0.11 型抓岩机，2 台时取 ρ 为 0.9~0.95，3 台时取 ρ 为 0.8~0.85，4 台时取 ρ 为 0.75~0.8。

由式（10-29）和式（10-30）得：

$$V \geqslant \frac{n\rho PT_1}{3600K} \tag{10-31}$$

根据计算结果，在吊桶规格表中选择一个与计算值相近且稍大的标准吊桶。

在凿井提升中，现在常用容积为 $1.5m^3$、$2.0m^3$ 和 $3.0m^3$。国外吊桶容积已达 4.5~5.0m^3，有的甚至达 7.0~8.0m^3。

b　吊桶附属装置

吊桶附属装置包括钩头及连接装置、滑架、缓冲器等。

（1）钩头位于提升钢丝绳的下端，用来吊挂吊桶。钩头应有足够的强度，摘挂钩应方便，其连接装置中应设缓转器，以减轻吊桶在运行中的旋转。钩头及连接装置构造如图 10-51 所示。

（2）滑架位于吊桶上方，当吊桶沿稳绳运行时用以防止其摆动。滑架上设保护伞，防止落物伤人，以保护乘桶人员安全。滑架的构造如图 10-52 所示。

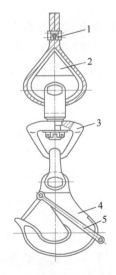

图 10-51　钩头及连接装置

1—绳卡；2—扩绳环；3—缓转器；

4—钩头；5—保险卡

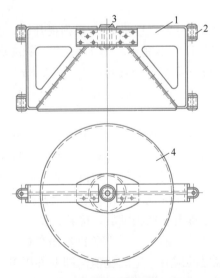

图 10-52　滑架

1—架体；2—稳绳定向滑套；3—提升

钢丝绳定向滑套；4—保护伞

（3）缓冲器位于提升绳连接装置上端和稳绳的下端两处，是为了缓冲钢丝绳连接装置与滑架之间、滑架与稳绳下端之间的冲击力量而设的。提升钢绳缓冲器构造如图 10-53 所示。

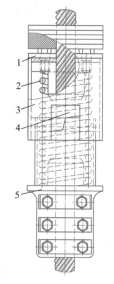

图 10-53 提升钢绳缓冲器构造
1—压盖；2—弹簧；3，4—外壳；
5—弹簧座

B 钢丝绳的选择

（1）提升钢丝绳。要求这种钢丝绳强度大、耐冲击，最好选用多层股不旋转钢丝绳，但通常选用 6×19 或 6×37 交互捻钢丝绳。

（2）悬吊凿井设备用的钢丝绳。要求强度大，但对耐磨性没有很高要求，可选用 6×19 或 6×37 交互捻钢丝绳。但双绳悬吊时应选左捻和右捻各一条。单绳悬吊，最好选用多层股不旋转钢丝绳。

（3）稳绳。除受一定拉力外，对耐磨要求高，可选用 6×7 同向捻或密封股钢丝绳。

选好钢丝绳类型后，随即要选钢丝绳直径。其方法是先根据所悬吊重物的荷载和《安全规程》规定的钢丝绳安全系数，算出每米钢丝绳的重量，然后根据此重量在钢丝绳规格表中查出其直径和技术特征。

C 提升机

竖井提升机

建井用的提升机，除少数利用永久提升机外，一般多为临时提升机，井建成后，又搬至他处建井继续使用。所以对临时提升机要求是：机器尺寸不能太大，安装、拆卸、运输均较方便，一般不带地下室，可减少基建工程量及基建投资。

近年来，建井一直使用 JK 系列提升机。该提升机是按生产矿井技术参数设计的，作为建井临时提升尚不完善。为了满足建井的要求，已研制出了 2JKZ-3/15.5（双筒直径为 3.0m）和 JKZ-2.8/15.5（卷筒直径为 2.8m）新型专用凿井提升机。这两种提升机安装、运输、拆卸方便，适于凿井工作频繁迁移要求，同时，机器操作方便，调绳快，使用安全可靠。

选择建井用的提升机，不但要考虑凿井时的需要，还要考虑到巷道开拓期间有无改装成临时罐笼提升的需要。若有此必要，须选用双卷筒提升机。因使用临时罐笼时，一般都是双钩提升，需要双卷筒提升机。如果凿井期间只需单卷筒提升机即可满足要求时，则双卷筒提升机在凿井期间可作单卷筒提升机之用。

确定了提升机的类型后，接着就要确定提升机的卷筒直径与宽度。

（1）卷筒直径。为了避免钢丝绳在卷筒上缠绕时产生过大的弯曲应力，卷筒直径与钢丝绳直径之间应有一定的比值。即凿井提升机的卷筒直径 D_s 不小于钢丝绳直径 d_k 的 60 倍，或不小于绳内钢丝最大直径 δ 的 900 倍，即：

$$D_s \geq 60d_k \tag{10-32}$$

或
$$D_s \geq 900\delta \tag{10-33}$$

从上两式中取一个较大值，然后到提升机产品目录中选用标准卷筒的提升机。所选的标准直径应等于或稍大于计算值。

（2）卷筒宽度。卷筒直径确定后，根据所选定的提升机，卷筒的宽度也就确定了，但还要验算一下宽度是否满足提升要求，即当井筒凿到最终深度后，所需提升钢丝绳全长是否都能缠绕得下。缠绕在卷筒上钢丝绳全长，由以下几部分组成：

1）长度等于提升高度 H 的钢丝绳。

2）供试验用的钢丝绳，长度一般为 30m。

3）为减轻钢丝绳与卷筒固定处的张力，卷筒上应留 3 圈绳。

4）在多绳缠绕时，为避免钢丝绳由下层转到上层而受折损，每季度应将钢丝绳移动约 1/4 绳圈的位置，根据钢丝绳使用年限而增加的错绳圈数 m；m 可取 2~4 圈。

由此可知，提升机应有的卷筒宽度 B 为：

$$B=\left(\frac{H+30}{\pi D_s}+3+m\right)(d_k+\varepsilon) \tag{10-34}$$

式中　ε——绳圈间距，取 2~3mm。

若计算值 B 小于或等于所选标准提升机的卷筒宽度 B_a，则所选提升机合格；若 $B>B_a$，可考虑钢丝绳在卷筒上作多层缠绕，缠绕的层数 n 为：

$$n=\frac{B}{B_a} \tag{10-35}$$

建井期间，升降人员或物料的提升机，按规定准许缠两层；深度超过 400m 时，准许缠绕三层。

此外，还需验算提升机强度和对提升机功率的估算。如果提升机卷筒直径、宽度、强度、电机功率等方面都满足要求，那么，所选提升机就是合适的。

D　提升天轮

提升天轮按材质分为铸铁和铸钢两种。铸钢天轮强度大，适于悬吊较重的提升容器。选择提升天轮时应考虑直径与提升机卷筒直径等值。提升天轮的外形如图 10-54 所示。

10.2.8.3　竖井悬吊设备

A　稳车（凿井绞车）

稳车用来悬吊吊盘、稳绳、吊泵、各种管路及电缆等，提升速度较慢，故又称为慢速凿井绞车。稳车分单筒和双筒两种。

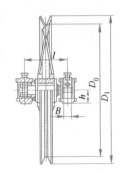
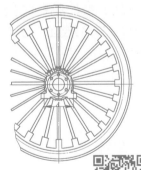

图 10-54　提升天轮

天轮

稳车主要根据所悬吊设备的重量和悬吊方法来选定。一般单绳悬吊用单卷筒稳车，双绳悬吊用一台双卷筒稳车；如无条件亦可用两台单卷筒稳车。

稳车的能力是根据钢丝绳的最大静张力来标定的，因此所选用的稳车最大静张力应大于或等于钢丝绳悬吊的终端荷重与钢丝绳自重之和。选用的稳车卷筒容绳量应大于或等于稳车的悬吊深度。

B 悬吊天轮

悬吊天轮按结构可分为单槽天轮和双槽天轮。单绳悬吊（稳绳、安全梯等）用单槽天轮，双绳悬吊采用双槽天轮或两个单槽天轮。若悬吊的两根钢丝绳距离较近，如吊泵、压风管、混凝土输送管等，可用双槽天轮；而吊盘的两根悬吊钢丝绳间距较大，只能用两个单槽天轮。选择时应考虑悬吊天轮直径与卷筒直径相同。悬吊天轮的外形如图 10-55 所示。

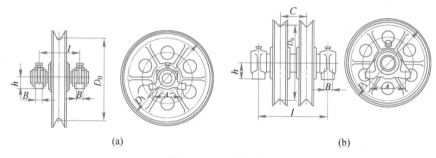

图 10-55   悬吊天轮

（a）单槽天轮；（b）双槽天轮

10.2.8.4 建井结构物

为了满足竖井井筒施工的需要，必须设置凿井井架、封口盘、固定盘等一系列建井结构物。下面分别介绍其作用及结构特点，以便选择和布置吊盘和稳绳盘。

A 凿井井架

凿井井架也称掘进井架，主要是供矿山开凿竖井井筒时，提升废石，运送人员和材料以及悬吊掘进设备用的。因此，它是建井工程设施中重要的结构物之一。

目前，国内在矿山竖井掘进中，由于井架上悬吊设备较多，通常要求四面出绳，大多数都采用装配帐篷式钢管掘进井架。这种钢井架主要由天轮房、天轮平台、主体架、基础和扶梯等部分组成，其概貌如图 10-56 所示。

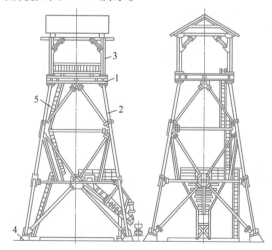

图 10-56   装配式钢井架

1—天轮平台；2—主体架；3—天轮房；4—基础；5—扶梯

这种井架形式的优点是：井架在四个方向上具有相同的稳定性；井架的结构是装配式的，可重复使用；天轮平台可四面出绳，悬吊天轮布置灵活；每个构件重量不大，便于安装、拆卸和运输；防火性能好；井架坚固耐用，应用范围广泛，大、中、小型矿井都可采用。

装配式钢掘进井架有Ⅰ、Ⅱ、Ⅲ、Ⅳ型及新Ⅳ型、Ⅴ型井架，其适用条件及主要技术特征见表 10-32。可以根据不同的井深、井径、悬吊设备的规格和数量参考选用。

表 10-32　凿井井架技术特征

型号	结构	架角跨 /m×m	天轮平台 尺寸/m	天轮平台 高度/m	卸矸平台 高度/m	基础规格(长×宽 ×高)/m×m×m	自重/t	适 用 条 件		
								净径/m	提升深度/m	载重/t
Ⅰ	钢管 槽钢	10×10	5.5×5.5	16.242 16.232	5.0	2.6×2.2×2.3	27.06 29.28	4.5~6.0	200	68
Ⅱ	钢管 槽钢	12×12	6.0×6.0	17.250 17.240	5.8	3.2×2.8×2.3	32.4 35.02	5.5~6.5	400	115
Ⅲ	钢管 槽钢	12×12	6.5×6.5	17.346 17.336	5.9	3.2×2.8×2.3	34.11 33.91	5.5~7.0	600	161
Ⅳ	钢管	14×14	7.0×7.0	21.970	6.6	4.0×3.0×2.9	50.12	6.0~8.0	800	285
新Ⅳ	钢管	14×14	7.2×7.25	26.372	10.4	4.0×3.0×2.9	82	8.0	800	331
Ⅴ	钢管	14×14	7.5×7.5	26.274	10.0		98	8.0	1100	427

B　施工用盘

在竖井施工时，特别是在井筒掘砌阶段，由于井下施工的特殊要求和施工条件的限制，必须在井口地面和井筒内设置某些施工用盘，以保证施工的顺利进行。这些施工用盘包括封口盘、固定盘、吊盘和稳绳盘。

（1）封口盘。封口盘也叫井盖，是防止从井口向下掉落工具杂物，保护井口上下工作人员安全的结构物，同时又可作为升降人员、上下物料、设备和装拆管路、电缆的工作台。

封口盘外形一般呈正方形，其大小应能封盖全部井口。封口盘一般采用钢木混合结构，它是由梁架、盘面、井盖门及管线通过孔的盖板组成（图 10-57）。封口盘的梁架孔格及各项凿井设施（包括吊桶及管路）通过孔口的位置，必须与井上下凿井设备布置相对应。

（2）固定盘。固定盘设置在井筒内而邻近井口的第二个工作平台，一般位于封口盘下4~8m 处。固定盘主要用来保护井下安全施工，同时还用来作为设置测量仪器，进行测量及管路装拆工作的工作台。固定盘的结构与封口盘相类似，但无井盖门，而设置喇叭口。由于固定盘承受荷载较小，因此梁和盘面板材的规格均比封口盘小。有些矿井将井口各项工作经过妥善安排后，取消了固定盘，从而节省了人力、物力，也降低了它对井内吊桶提升的影响。

（3）吊盘。吊盘是竖井施工时井内的重要结构物，是用钢丝绳悬吊在井筒内，主要用作砌筑井壁工作盘，在单行作业时可兼作稳绳盘，用于设置与悬吊掘进设备，拉紧稳绳，保护工作面施工安全，还可作为安装罐梁的工作盘。

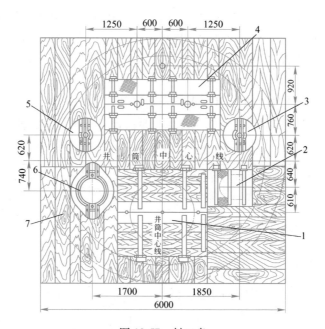

图 10-57　封口盘

1—井盖门；2—安全梯门；3—混凝土输送管盖门；4—吊泵门；5—压风管盖门；6—风筒盖门；7—盖板

　　吊盘呈圆形，有单层、双层及多层之分，其层数取决于井筒施工工艺和安全施工的需要。如工艺无特殊要求，一般采用双层吊盘。

　　吊盘的结构多采用钢结构或钢木结构（图 10-58），由上层盘、下层盘和中间立柱组成。双层吊盘的上层盘与下层盘之间用立柱连接成为一个整体。上下层之间的距离，要满足砌壁工艺的要求，与永久罐道梁的层间距相适应，一般为 4~6m。

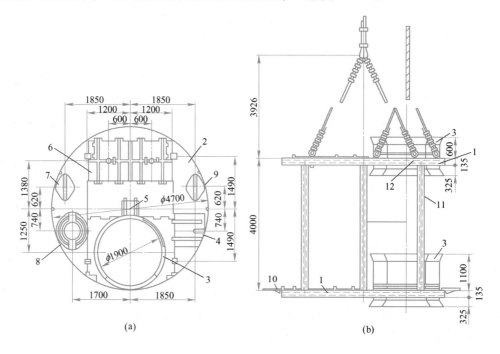

(a)　　　　　　　　　　　　　　　(b)

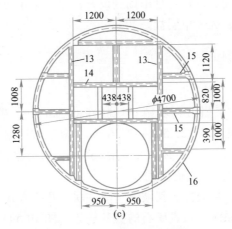

图 10-58 双层吊盘示意图

（a）双层吊盘盘面；（b）双层吊盘立面；（c）吊盘盘架钢梁结构

1—盘架钢结构；2—盘面；3—吊桶喇叭口；4—安全梯盖门；5—中心测锤孔盖门；6—吊泵门；

7—压风管盖板；8—风筒盖板；9—混凝土输送管盖板；10—活页；11—立柱；

12—悬吊装置；13—主梁；14—承载副梁；15—构造副梁；16—圈梁

上下盘均由梁格、盘面铺板、吊桶通过的喇叭口，管道通孔口和扇形折页等组成。上下盘的盘面布置和梁格布置，必须与井筒断面布置相适应。所留孔口的大小，必须符合《金属非金属矿山安全规程》和《矿山井巷工程施工及验收规范》的规定。

吊桶通过的喇叭口，多采用钢板围成的喇叭状，其高度一般在盘面以上为 $1\sim1.2m$，盘面以下为 $0.5m$。其他管道的通过口也可采用喇叭口，其高度不应小于 $0.2m$。吊泵、安全梯、测量孔口等应用盖门封闭。

各层盘周围设有扇形折页，用来遮挡吊盘与井壁之间的空隙，防止向下坠物。吊盘起落时，应将折页翻置盘面。折页数量根据直径而定，一般采用 $24\sim28$ 块，折页宽度一般为 $200\sim500mm$。

上下盘还应设置可伸缩的固定插销或液压千斤顶。当吊盘每次起落到所需位置时，这些装置在井帮上撑紧，稳住吊盘，防止吊盘摆动。撑紧装置的数量不应小于 4 个，均匀地布于吊盘四周。

连接上下层盘的立柱，一般用钢管或槽钢。立柱的数量根据下层盘的荷载和吊盘结构的整体刚度而定，一般采用 $4\sim6$ 根，其布置力求受力合理匀称。

吊盘的悬吊方式，一般采用双绳双叉悬吊。这种悬吊方式，要求两根悬吊钢丝绳分别通过护绳环与两组分叉绳相连接。每组分叉绳的两端与上层盘的两个吊卡相连接，因此上层盘需要设置四个吊卡。两根悬吊钢丝绳的上端将绕过天轮而固定在稳车上。由于吊盘采用双绳悬吊，两台稳车必须同步运转，方能保证吊盘起落时盘面不斜。

吊盘上除联结悬吊钢丝绳外，根据提升需要，还必须装设稳绳（掘砌单行作业时）。每个提升吊桶需设两根稳绳，它们应与提升钢丝绳处在同一垂直平面内，并与吊桶的卸矸方向相垂直。稳绳用作吊桶提升的导向绳，保证吊桶运行时的平稳。

（4）稳绳盘。当竖井采用掘砌平行作业时，在吊盘之下，掘进工作面上方，还应专设一个稳绳盘，用于拉紧稳绳、设置与悬吊掘进设备，保护工作面施工安全。稳绳盘的结构和吊盘相似，比吊盘简单，为一单层盘。

10.2.9　竖井井筒施工实例

10.2.9.1　矿区概况

新城金矿位于山东省莱州市金城镇新城村东 0.5km 处，矿区极值地理坐标为东经 120°08′07″~120°09′22″，北纬 37°25′50″~37°26′08″，其行政区划隶属于山东省莱州市金城镇管辖。矿区南距莱州城 35km，距潍坊火车站 134km，有公路相通，向西 20km 可达三山岛港，往北 30km 可达龙口港，交通便利。

新城金矿采用主竖井、盲竖井、斜坡道、斜井联合开拓方式，主竖井、盲竖井采用箕斗与罐笼互为配重的提升系统，负责矿石的提升任务（图 10-59）。

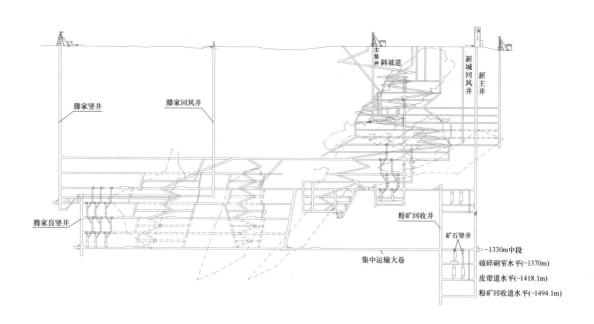

图 10-59　开拓系统纵投影图

10.2.9.2　工程设计概况

新城金矿新主井井筒（图 10-60）净直径为 $\phi6.7\text{m}$，井口标高 +32.9m（地表 +32.7m），井底标高 -1488.1m，井筒深度为 1521m。井口及井径见图 10-61，井身（图 10-62）正常段采用素混凝土支护，支护厚度 300mm（-622m 标高以上）和 400mm（-622m 标高以下），混凝土强度为 C25；施工过程中在通过 Ⅲ~Ⅳ级破碎岩层时采用树脂锚杆加钢筋网加混凝土的支护形式，混凝土强度 C25；在通过 Ⅴ级极破碎岩层时采用树脂锚杆加钢筋网加喷混凝土加钢筋混凝土的支护形式，喷混凝土 50mm，浇筑钢筋混凝土 350mm，喷射混凝土强度等级为 C25，浇筑混凝土强度等级为 C30。

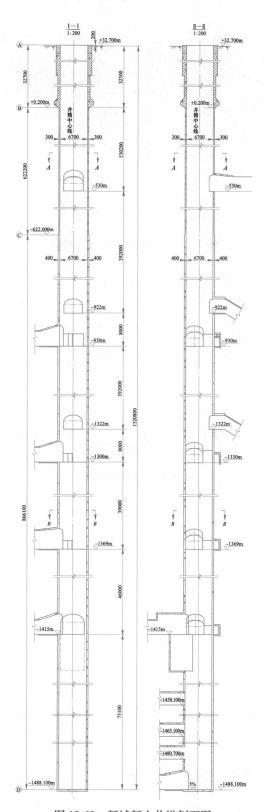

图 10-60　新城新主井纵剖面图

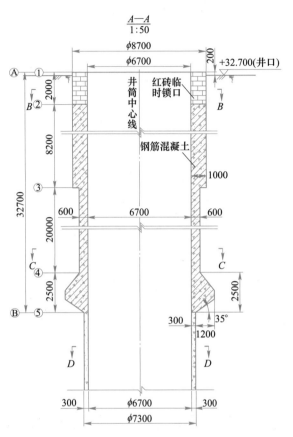

图 10-61　井径结构设计

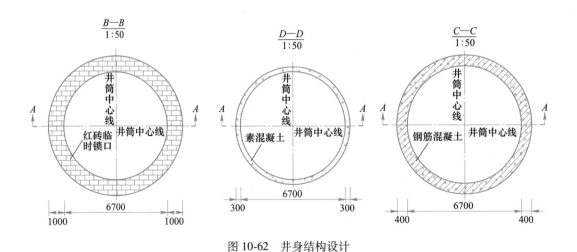

图 10-62　井身结构设计

10.2.9.3　新主井井筒地质概况

A　地质概况

根据钻探资料，进行不同深度岩体质量等级划分，见表 10-33。

表10-33 不同深度岩体质量等级划分

划分深度/m	岩层编号及名称	普氏岩石分级法 坚固性系数 f	普氏岩石分级法 岩石级别	岩石坚固程度	岩体完整性系数	完整程度	岩体质量分级 岩体质量等级分类	岩体硬度级别
15.10~23.60	中风化花岗闪长岩	2.75	Ⅴa	中等坚固	0.61	较完整	Ⅳ	较软岩
54.30~55.10	钾化花岗闪长岩	4.03	Ⅴ	中等坚固	0.92	完整	Ⅱ	较硬岩
88.40~90.00	钾化花岗闪长质碎裂岩	2.00	Ⅵ	比较软	0.65	较完整	Ⅳ	较软岩
119.60~120.40	钾化花岗闪长岩	6.85	Ⅳ	比较坚固	1.00	完整	Ⅰ	坚硬岩
168.00~168.80	黑云母花岗闪长岩	6.87	Ⅳ	比较坚固	1.00	完整	Ⅰ	坚硬岩
181.60~182.40	钾化花岗闪长岩	7.03	Ⅲa	坚固	1.00	完整	Ⅰ	坚硬岩
211.40~214.80	花岗闪长岩	7.69	Ⅲa	坚固	1.00	完整	Ⅰ	坚硬岩
243.40~246.10	绢英岩化花岗闪长岩	5.12	Ⅳa	比较坚固	0.71	较完整	Ⅲ	较硬岩
274.10~277.70	花岗闪长岩	6.95	Ⅳ	比较坚固	1.00	完整	Ⅰ	坚硬岩
304.20~306.70	钾化花岗闪长岩	7.13	Ⅲa	坚固	0.91	完整	Ⅰ	坚硬岩
333.00~335.50	花岗闪长岩	5.69	Ⅳ	比较坚固	1.00	完整	Ⅱ	坚硬岩
365.80~368.70	钾化花岗闪长质碎裂岩	2.63	Ⅴa	中等坚固	0.69	较完整	Ⅳ	较软岩
389.70~392.20	似斑状花岗闪长岩	4.91	Ⅳa	比较坚固	1.00	完整	Ⅱ	较硬岩
421.00~423.10	似斑状花岗闪长岩	5.83	Ⅳ	比较坚固	1.00	完整	Ⅱ	较硬岩
453.00~455.80	绢英岩化花岗闪长岩	6.42	Ⅳ	比较坚固	1.00	完整	Ⅰ	坚硬岩
483.70~484.70	似斑状花岗闪长岩	4.58	Ⅳa	比较坚固	0.98	完整	Ⅱ	较硬岩
514.60~515.70	似斑状花岗闪长岩	5.14	Ⅳa	比较坚固	1.00	完整	Ⅱ	较硬岩
545.10~546.10	花岗闪长岩	7.27	Ⅲa	坚固	1.00	完整	Ⅰ	坚硬岩
577.80~578.70	绢英岩化花岗闪长岩	6.03	Ⅳ	比较坚固	1.00	完整	Ⅰ	坚硬岩
606.30~607.80	花岗闪长岩	7.01	Ⅲa	坚固	1.00	完整	Ⅰ	坚硬岩
633.30~635.40	似斑状花岗闪长岩	6.34	Ⅳ	比较坚固	1.00	完整	Ⅰ	坚硬岩
660.70~661.80	似斑状花岗闪长岩	5.34	Ⅳa	比较坚固	1.00	完整	Ⅱ	较硬岩

续表 10-33

划分深度/m	岩层编号及名称	普氏岩石分级法			岩体质量分级			岩体硬度级别
		坚固性系数 f	岩石级别	岩石坚固程度	岩体完整性系数	完整程度	岩体质量等级分类	
693.40~694.70	绢英岩化花岗闪长岩	6.37	IV	比较坚固	1.00	完整	I	坚硬岩
720.90~722.00		5.29	IVa	比较坚固	1.00	完整	II	较硬岩
749.60~750.90	绢英岩化花岗闪长岩	5.94	IV	比较坚固	0.98	完整	II	较硬岩
779.50~782.90		7.41	IIIa	坚固	1.00	完整	I	坚硬岩
811.80~813.00	似斑状花岗闪长岩	8.90	IIIa	坚固	1.00	完整	I	坚硬岩
841.20~842.50		6.91	IV	比较坚固	1.00	完整	I	坚硬岩
873.80~875.30		6.73	IV	比较坚固	1.00	完整	I	坚硬岩
898.60~899.40	绢英岩化花岗闪长岩质碎裂岩	3.27	Va	中等坚固	0.71	较完整	III	较软岩
929.80~931.40	似斑状花岗闪长岩	7.05	IIIa	坚固	1.00	完整	II	坚硬岩
968.50~969.90	绢英质碎裂岩	2.89	Va	中等坚固	0.46	较破碎	IV	较软岩
989.40~991.10	绢英岩化花岗闪长岩	4.94	IVa	比较坚固	0.90	完整	II	较硬岩
1021.80~1023.30		6.78	IV	比较坚固	1.00	完整	I	坚硬岩
1052.00~1054.10	似斑状花岗闪长岩	8.07	IIIa	坚固	0.91	完整	I	坚硬岩
1069.00~1072.30	绢英岩化花岗闪长岩	5.17	IVa	比较坚固	0.85	完整	II	较硬岩
1106.60~1107.70		10.77	III	坚固	1.00	完整	I	坚硬岩
1131.90~1133.00	似斑状花岗闪长岩	8.85	IIIa	坚固	1.00	完整	I	坚硬岩
1164.10~1165.50		7.20	IIIa	坚固	1.00	完整	I	坚硬岩
1193.90~1195.20	钾化花岗闪长岩	5.16	IVa	比较坚固	1.00	完整	II	较硬岩
1223.90~1225.20	似斑状花岗闪长岩	6.65	IV	比较坚固	1.00	完整	I	坚硬岩
1250.00~1250.80		8.90	IIIa	坚固	1.00	完整	I	坚硬岩
1280.20~1281.00	绢英岩化花岗闪长岩	5.77	IV	比较坚固	0.83	完整	II	较硬岩
1320.00~1321.30	似斑状花岗闪长岩	6.74	IV	比较坚固	0.95	完整	I	坚硬岩

B 岩石硬度及涌水量

岩石硬度系数：

（1）井颈段岩石硬度系数 f 为 4~6；

（2）井筒段岩石硬度系数 f 为 8~10；

（3）各中段马头门、硐室及平巷岩石硬度系数 f 为 8~10。

井筒涌水量：

（1）井颈、井筒涌水量按小于等于 $10m^3/h$ 考虑。

（2）井颈、井筒涌水量大于 $10m^3/h$，应予以注浆，确保建成井筒漏水量符合规范要求。

10.2.9.4 施工概况

A 施工设备配置及主要辅助系统

a 凿井设备布置

利用 Ⅵ 型凿井井架凿井（图 10-63），在供电负荷满足施工要求的情况下，该井筒布置 1 台 JK-5.0×3/25 型提升机和 1 台 JKZ-4.0×3/17 型提升机提升。布置 2 套单钩提升，伞钻凿岩，吊盘上布置 2 台中心回转式抓岩机出矸，井筒内压风管、供水管、排水管及风筒等均采用井壁固定工艺。施工吊盘结构见图 10-64。

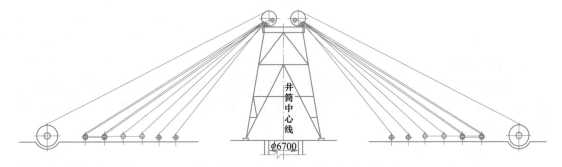

图 10-63 提升机与稳车平面布置

b 压风系统

凿井期间，以工作面凿岩及风泵排水时的耗风量为最大，经计算选用 2 台 SA120A 型空压机和 2 台 GA250 型空压机，总供风能力达到 $120m^3/min$，可满足同时用风需要。地面压风干管选用 $\phi273mm×6mm$ 无缝钢管，井下选用 $\phi194mm×6mm$ 的无缝钢管。井筒压风管采用井壁固定。

c 排水系统

当涌水量小于 $10m^3/h$ 时，采用工作面风动潜水泵向吊桶排水，吊桶带水排到地面。当井筒涌水量大于 $10m^3/h$ 时，在吊盘上层安装一台排量为 $20m^3/h$ 的 ZL184QJG20-1000 高扬程潜水泵，由工作面风动潜水泵排水至吊盘水箱，再由高扬程潜水泵排水至地面。井筒施工至 −930m 水平以下时，通过 −930m 水平贯通巷将水排至业主水仓。选用 $\phi159mm×8mm$ 无缝钢管作为排水管，用高压法兰连接，沿井壁固定，可满足各阶段施工排水需要。

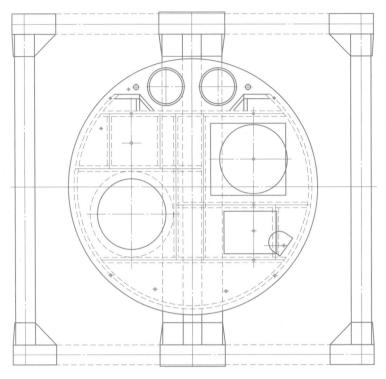

图 10-64　吊盘结构设计图

d　供水系统

井筒施工用水由地面供水系统供给，沿井壁固定一路 1.2 寸 32MPa 高压钢编管或 φ50mm×6mm 钢管作为供水管，在吊盘上设有卸压水箱，以适应凿岩等用水压力要求，供水管兼作注浆管。

e　混凝土搅拌系统

井口附近建搅拌站，站内布置 2 台 JW1000 型强制式混凝土搅拌机和 2 套 PLD1600 型混凝土配料机。该系统的最大特点是使用了微机控制自动计量装置和自动输配料系统，计量误差小于 2%，并可通过调整，适应不同的配合比要求，操作人员少、速度快。水的计量采用容积法。搅拌好的混凝土通过混凝土螺旋输送机输送至底卸式吊桶内，由底卸式吊桶下放至下层吊盘，严禁在上层吊盘放混凝土。

f　通信照明系统

为便于施工中的通信联系，井下与井口信号室，井口信号室与提升机房设置直通电话，井下吊盘设抗噪声电话，井下通过井口可以方便地同压风机房、绞车房、调度室进行通信联络。

井口设信号室；井口及绞车房均有声光及电视监测系统，并具有信号显示记忆功能，设电视监控系统，通过在吊盘、工作面、封口盘、翻矸台、绞车操作室等处设置探头，电视监控集控室和绞车房等处可监视上述位置。

井内设一路照明电缆，电压为 127V，各层吊盘上方各设 2 盏防水防爆灯，下层吊盘设 4 盏防水防爆灯和 2 盏竖井矿用投光灯照亮工作面。线路全部沿吊盘钢梁布置，垂直向下的线路穿入钢管内。盘面上活动的导线加胶质套管以防漏电。

B 凿井工艺流程

a 临时锁口施工

井筒相对标高±0.000m相当于设计的井口绝对标高+32.9m。井筒临时锁口2.0m采用砖砌，临时锁口净直径6.7m，砖墙厚1.0m。临时锁口在井架、绞车、压风、供电系统等凿井施工设备及设施已安装调试完毕，具备开挖条件后组织施工。在井筒锁口下挖2.5m，边挖边进行临时支护，组装整体金属模板（段高2.5m）浇筑混凝土后，在其上砌筑临时锁口，临时锁口内侧挂钢丝网，外侧灌筑水泥砂浆，防止雨季漏水。采用提升机挂吊桶提升，挖掘机配合人工挖掘，临时锁口位置预埋风水管路。

b 井颈施工

井筒上部风化层，该层岩石较破碎，在施工过程中易发生坍塌、掉块等现象，设计采用双层钢筋混凝土井壁结构。井筒满足试挖条件后，采用短段掘砌施工，采用施工段高为2.5m整体金属带刃脚模板砌壁（刃脚与模板脱开使用）。该段掘进时，将根据井帮稳定性采取锚网喷临时支护，掘够施工段高后，校正刃脚、绑扎双层钢筋、浇筑井壁混凝土施工。

若围岩松软，则采用挖掘机装罐；若挖掘机挖掘困难，则采用钻爆法松动爆破后挖掘施工，采用手抱钻凿岩，爆破材料采用T220型水胶炸药、导爆管。

井壁混凝土由地面搅拌站配制，封口盘形成前，混凝土通过溜槽经吊盘受灰、分灰装置入模；封口盘形成后，地面搅拌好的混凝土经底卸式吊桶接料下井，经吊盘受灰、分灰装置入模；入模混凝土采用振动棒振捣密实。

c 井身施工

井筒基岩段采用短段掘砌混合作业施工工法组织施工（图10-65）。应用该工法施工，井帮围岩暴露时间短，施工安全，简化了施工工序，辅助时间少，并能实现工种专业化，有利于提高工人的操作技术水平，实现正规循环，保证工程施工质量和进度。

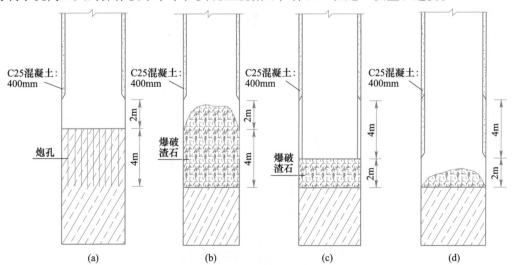

图10-65 短段掘砌混合作业施工工艺
（a）凿岩爆破；（b）出渣平底；（c）立模浇筑；（d）去模清底

（1）凿岩工作。伞钻下井前，要在地面认真检查并试运转，采用主提钩头下井至工作面，伞钻夺钩绳夺钩并悬吊于井筒中心位置，并按照伞钻操作规程的要求逐步完成伞钻凿岩工作。

打孔前，工作面的矸石要清理干净，定出井筒中心位置，并按爆破图表（图 10-66）定出孔位，做好标志，严格按标定孔位开钻，并控制炮孔深度和倾角，确保炮孔质量，实行定机、定人、定孔位的分区包干作业。打孔过程中，伞钻应始终吊挂在夺钩绳上，以防支撑臂突然失灵，导致钻架倾倒。打孔过程中，要及时插上木橛子，将炮孔保护好，防止岩粉、小碎石掉入钻孔。打完孔后，要核查炮孔质量，不符合要求的炮孔应重新补打。

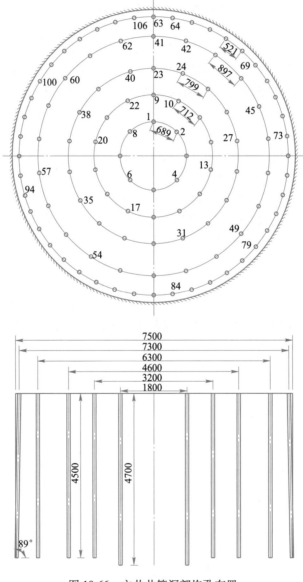

图 10-66　主井井筒深部炮孔布置

（2）装药。装药结构为反向装药，采用高威力水胶炸药，药卷直径 $\phi45\text{mm}$，导爆管配合秒延期电雷管起爆。施工过程中，要根据岩石条件和爆破效果及时调整炮孔布置与装药结构。所有炸药、雷管必须事先检查，质量不符合要求的火工品严禁下井使用。

装药前必须用压风吹净炮孔中的岩粉及杂物，清理干净炮孔周围的碎石、杂物等，炸药要装到孔底，药卷间要紧密接触，孔口炮泥要冲填满。装药时要定人、定孔、分区进行，并由放炮员统一指挥，按作业规程要求操作。

（3）连线放炮。采用并联的连线方式，地面380V电源起爆，井筒中单独悬吊一路专用放炮电缆。井口棚外设放炮开关，采用16号镀锌铁丝作为井筒工作面雷管连接母线。与放炮电缆连接之前时，要切断井下一切电源（通信除外），雷管脚线、放炮母线、放炮电缆之间相互接头要紧密连接，母线与电缆连接前，对工作面整个连线必须逐一检查，确保无误。

放炮前，将吊盘提至安全高度（以40m为宜），人员全部升井后打开井盖门，全部人员升井后撤出井口至安全距离以外，井口安全距离周围设警戒人员，放炮员发出三声警号，并得到警戒人员安全信号后，方可按照规定的程序合闸起爆。

（4）装岩排矸。采用中心回转抓岩机配合挖掘机分区装岩，小型挖掘机辅助出矸清底。清底后，挖掘机采用稳车悬吊于吊盘下方，放炮前随吊盘起到一定的安全高度（或提升至地面）。矸石经吊桶提升出井，经翻矸装置翻矸溜出井口外的矸石地坪，装载机配合自卸汽车排入甲方指定地点。

（5）井筒基岩段砌壁。该井筒的井壁结构根据地质条件，采用素混凝土施工，不良地层则采用锚网+素混凝土支护。砌壁选用MJY型整体金属下行模板（带刃脚），砌壁段高为4.0m，与深孔光爆相结合，实现了一掘一砌正规循环作业；不良地层段则根据围岩稳定情况调整合理的施工段高，并按照设计要求施工井壁。模板由地面稳车悬吊，实行集中控制，该模板整体强度大，不易变形，接茬严密无错台。单缝式液压脱模机构操作方便，混凝土由地面搅拌站拌制，底卸式吊桶下料。

素混凝土段的井筒施工工艺：在工作面掘够一个段高并找平后，直接校正整体刃脚模板浇灌混凝土。

混凝土由地面搅拌站配制，根据不同深度井壁混凝土强度设计的要求，及时调整配合比。混凝土输送采用底卸式吊桶下料，经分灰器及溜灰管入模，入模混凝土采用振动棒通过合茬窗口进行分层振捣。

C 井身段施工方案改进

结合深部高井筒围岩压力条件，运用超前序次释压机理改进井筒施工工艺（图10-67）：通过提高衬砌断面与井筒掘进工作面间距离至8m，辅以临时支护，后进行混凝土衬砌，可实现井筒处于"免承压或缓低压"状态，进而保证井筒及其围岩长期稳定。由此对原竖井施工工艺进行优化，详细如下：

（1）凿岩装药。伞钻悬吊于井筒中心位置，凿岩进尺4m，按照伞钻操作规程渐次完成伞钻凿岩工作。

（2）爆破通风。放炮前，将吊盘提至安全高度（以40m为宜），全部人员升井撤出井口至安全距离以外后，按照规定程序进行地表380V电起爆，放炮后，通风排烟，持续时间30min。

（3）出渣清底。采用中心回转抓岩机装岩，渣石经吊桶提升出井，经翻渣装置翻渣溜

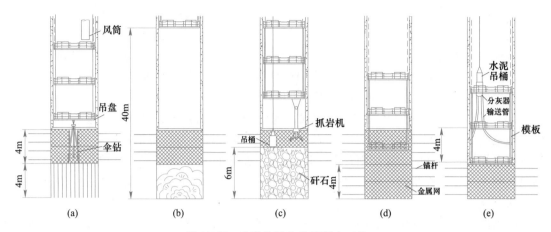

图 10-67 改进的竖井井筒掘支工艺

（a）凿岩装药；（b）爆破通风；（c）出渣清底；（d）临时支护；（e）混凝土支护

出井口外的渣石地坪。

（4）临时支护。临时支护采用锚网梁支护方式，树脂锚杆长度 2.5m，直径 20mm，间排距 1.5m，金属网采用 8 号线制菱形网，双筋条采用 ϕ8mm 或 ϕ10mm 钢筋焊接，间隔 80mm，长度 3m。

（5）立模浇筑。校正固定整体金属下行模板，使模板底端距掘进工作面间距离 4m，然后浇灌混凝土，混凝土由地面搅拌站配制，采用底卸式吊桶下料，经分灰器，溜灰管入模，入模后，采用振动棒进行分层振捣。

D 马头门及部分巷道施工

与井筒相关的硐室主要是各水平马头门、管子道及装载硐室。

为保证井筒和硐室连接的整体性，与井筒相连的硐室和井筒同时施工（图 10-68），即在井筒掘进的同时，将硐室掘出，并分别对井筒及硐室进行临时支护（锚网喷一次支护），然后与井筒同时立模并浇筑混凝土，接着施工硐室连接巷道。一个水平的硐室施工完后，即转入井筒施工。

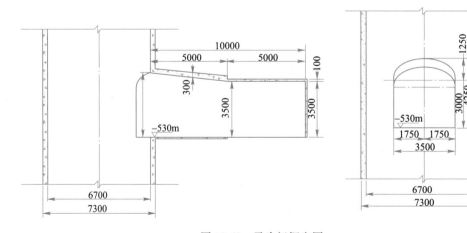

图 10-68 马头门掘砌图

具体为井筒施工到硐室顶板上方 1m 时，先砌好上部井筒井壁，继续下掘井筒并采取锚网喷临时支护掘支井筒及硐室，马硐室视顶板围岩情况可追加锚索支护。井筒掘至硐室底板下方 1m 及硐室掘进完成后，井筒与硐室同时稳模浇注成一整体。

硐室及巷道施工采用 YT-28 型气腿凿岩机钻孔，爆破后，利用中心回转抓岩机装吊桶排矸，在硐室单侧施工长度超过 5m 后，使用挖掘机配合扒矸机将矸石耙入井筒内，再利用井筒排矸设施排出。浇筑用混凝土由底卸式吊桶下到工作面，再由混凝土输送泵输送入模。

E　井筒过不良地层施工

井筒及相关硐室施工过程中，将穿过多层不良地层。不良地层段施工应合理调整爆破参数，采取松动爆破技术，即减少周边孔孔距和抵抗距，采用不耦合装药，尽量减少爆破对井筒围岩的破坏，保持围岩的完整性；同时缩小掘进段高，采用锚喷或锚网喷联合支护（图 10-69）；尽量缩短围岩的暴露时间，必要时增设钢井圈复合支护或采用工作面注浆加固围岩后再掘砌，确保安全顺利通过不良地质地层。

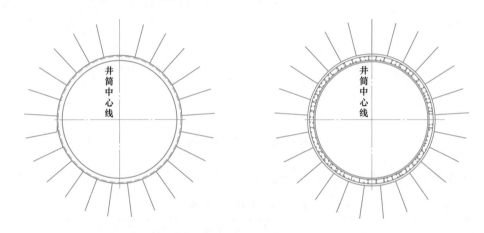

图 10-69　破碎段井壁支护图

F　井筒基岩段综合防治水

井筒基岩段对有疑问的含水层坚持"有疑必探、先探后掘"的施工原则组织施工。当井筒施工至距离有疑问的含水层段不少于 10m 时，采用液压钻机进行长段探水，并根据钻孔出水量计算井筒涌水量。当预计井筒最大涌水量小于 $10m^3/h$ 时，采取强排水法施工；当预计井筒最大涌水量大于 $10m^3/h$ 时，则采取工作面预注浆法通过。超千米深立井的防治水技术难点在于水压高，注浆难度大。目前已施工过的立井注浆工程中，地面预注浆最深的为 1355m（磁西副井），工作面注浆或壁后注浆深度 1000m 左右的案例不多（如潘一副井 1089m，唐口主井的 1029m、郓城主井的 950m）。千米以深立井注浆施工中，可采取大功率液压钻机造孔、高压注浆泵注浆、井壁加厚防高压注浆破坏井壁、预埋加长孔口管、浇筑高标号加厚止浆垫、探水注浆孔口管安装防喷装置防突水、注入黏土水泥浆或化学浆等措施，技术上是可行的。该工程 1100m 水平以下，宜先施工一个检查孔，获得地质及水文地质情况，施工时先探后掘，若需注浆，采用预注与后注相结合的原则，采用工作面预注浆时，可注黏土水泥浆。

10.2.9.5　劳动组织管理

A　项目管理结构

施工管理人员包括项目经理 1 人，总体把握项目整体运行情况；项目副经理 3 人，分管生产与技术、机电与安全等，具体到三级职能部门，包括质保部、工程技术部、劳资财务部、安全监察部、立井施工队、计划统计部、材料供应部以及机电队等。具体项目管理三级结构如图 10-70 所示。

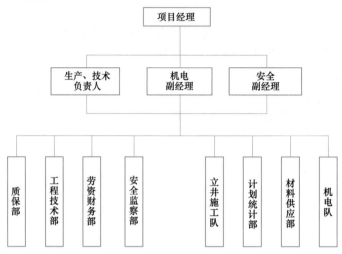

图 10-70　施工组织结构

工程各施工阶段的劳动组织见表 10-34。

表 10-34　劳动力计划表

工　种		按工程施工阶段投入劳动力情况		
		准备期	表土及风化基岩段	基岩段
管理人员	项目部	4	5	5
	队长	1	2	2
	技术组	3	4	4
	安监组	0	3	3
	经营组	2	2	2
	办事员	1	1	1
后勤人员	食堂	2	5	5
	锅炉	0	1	1
	保管员	1	1	1
钢筋工		0	3	0
土建工		32	0	0
机电工		15	12	12
司机		2	2	2
绞车司机		0	10	10

续表 10-34

工 种	按工程施工阶段投入劳动力情况		
	准备期	表土及风化基岩段	基岩段
通风测尘	0	1	1
排水泵工	0	0	3
火工品三员	0	2	2
搅拌工	4	2	2
井上下信把工	0	21	21
井 下		掘进班 3×12 (含挖机、大抓司机)	打孔放炮班 10
			出矸找平班 11 (含大抓司机)
		砌壁班 1×12	立模浇筑班 12
			出矸清底班 10 (含大抓、挖机司机)
合　计	67	125	120

B　施工作业制度

井筒基岩段掘进循环见表 10-35。

(1) 井筒基岩段施工,采用专业工种"滚班"作业制,一掘一砌,循环进尺 2.5/4.0m。

(2) 机电工及其他辅助工种均采用"三八"作业制。

(3) 工程技术人员及项目部管理人员,实行 24 小时值班制度。

表 10-35　井筒基岩段掘进循环表

班别	工序名称	工 时		时间/h									
		时	分	1	2	3	4	5	6	7	8	9	10
凿岩班	交接班		10										
	下伞钻及凿岩准备		30										
	凿岩	7	30										
	伞钻升井		20										
	装药连线放炮	1	10										
出矸班	交接班		10										
	通风安检		40										
	接管路风筒		40										
	出矸找平	5	10										
砌壁班	交接班		10										
	脱模立模		30										
	浇注混凝土	2	40										
清底班	交接班		10										
	出矸	4	50										
	清底		50										

说明:一个循环 25h30min,循环率 85%,炮孔深度 4.5m,循环进尺 4m;不良地层循环时间增加 4h 左右。

10.2.9.6　施工进度安排

掘砌施工准备期（表10-36）的主要工程内容有：生活大临设施（土建），稳绞压风设备基础与安装，供电设备的安装，供风、供水系统的管路安装，混凝土搅拌系统及输配料系统安装，井架、天轮平台、翻矸平台安装等。掘砌准备时期的主要矛盾线为：井架施工→天轮平台安装→二平台安装。

表10-36　井筒施工准备工期排队表

序号	工程名称	工程量	工期/天	工期/天 15	30	45	60	75	90
1	进点及大临准备		5						
2	临时变电所施工	2项	20						
3	压风系统施工	2项	15						
4	稳车群施工	2项	35						
5	提升绞车安装	2项	40						
6	井架安装	1项	10						
7	天轮平台安装	1项	7						
8	翻矸平台安装	1项	5						
9	混凝土搅拌系统	2项	5						
10	搅拌系统、井口硬化及隔音处理		5						
11	生活区施工		40						

说明：准备工期50天。

井筒掘砌进度（表10-37）指标：110m/月，垂深400m以上井筒；90m/月，垂深400~800m井筒；75m/月，垂深800~1000m井筒；60m/月，垂深1000~1200m井筒；55m/月，垂深1200~1400m井筒；55m/月，垂深1400~1521m井筒。硐室掘砌进度指标：600~400m³/月。

表10-37　井筒及相关硐室工程施工工期排队表

序号	工程名称	工程量 m³	m	进度 /m·月⁻¹	工期/天	施工工期/天 60	120	180	240	300	360	420	480	540	600	660	720	780	840	900
1	矿建施工准备				50															
2	井颈段 0~-32.7m		32.7		30															
3	井身段-32.7~-400m		367.3	110	100															
4	井身段-400~-800m		400	90	133															
5	井身段-800~-1000m		200	75	80															
6	井身段-1000~-1200m		200	60	100															
7	井身段-1200~-1400m		200	55	109															
8	井身段-1400~1521m		121	50	73															
9	-530m马头门及平巷	138.16	10	600	7															

续表 10-37

序号	工程名称	工程量		进度 /m·月⁻¹	工期 /天	施工工期/天														
		m³	m			60	120	180	240	300	360	420	480	540	600	660	720	780	840	900
10	−922m 管子道平台	144.16	8	600	7															
11	−930m 中段马头门	232.88	15	600	12															
12	−1322m 管子道平台	144.16	8	600	7															
13	−1330m 中段马头门	105.01	15	500	6															
14	−1369m 中段马头门	263.15	15	500	16															
15	−1415m 中段马头门	218.22	20	450	15															
16	计量装载硐室	928.4		650	43															
17	−1458.1m 中段马头门	71.33	13	400	5															
18	−1465.1m 中段马头门	71.33	13	400	5															
19	−1480.7m 中段马头门	71.33	13	400	5															
20	−1488.1m 中段马头门	204.62	15	400	15															
21	工作面勘察				60															
	合　计				879															

说明：总工期 879 天，其中施工准备期 50 天，井巷工程 829 天，不含井筒防治水工期。

10.3　竖井井筒延深

金属矿山一般为多水平开采，特别是急倾斜矿床更是如此。竖井通常不是一次掘进到底即掘进到最终开采深度，而是先掘到上部某一水平，进行采区准备，并达到投产标准后，矿山即可投产使用。在上水平开采的后期，需要延深原有井筒，及时准备出新的生产水平，以保证矿井持续均衡生产。这种向下延长正在生产井筒的工作称为井筒延深。

10.3.1　竖井延深注意事项

竖井延深注意事项如下：

（1）必须切实保障井筒工作面上工人的安全，即设保护岩柱。在延深井筒时，生产段和延深段之间，都必须有保护措施，一旦上面发生提升容器坠落或其他落物时，仍能确保下段延深工作人员的安全。保护设施有两种形式：

1）自然岩柱，即在延深井段与生产井段之间留有 6~10m 高的保护岩柱。岩柱的岩石应坚硬，不透水，无节理裂缝。保护岩柱可以只占井筒部分断面（图 10-71 (a)），也可以全断面预留（图 10-71 (b)）。前者适用于利用延深间或梯子间由上向下延深井筒，后者适用于由下向上延深井筒及利用辅助水平延深井筒。为增强岩柱的稳定性，在紧贴岩柱的下方应安设护顶盘。护顶盘由两端插入井壁的数根钢托梁和密背木板构成。

2）人工构筑的水平保护盘。水平保护盘由盘梁、隔水层和缓冲层构成（图 10-72）。盘梁承受保护盘的自重和坠落物的冲击力。盘梁由型钢构成，两端插入井壁 200mm，钢梁之上铺设木梁、钢板、混凝土、黏土等作隔水层，防止水及淤泥等流入延深工作面。

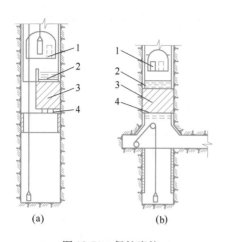

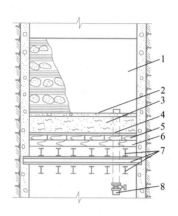

图 10-71　保护岩柱

（a）部分断面岩柱；（b）全断面岩柱

1—生产水平；2—井底水窝；3—保护岩柱；4—护顶盘

图 10-72　水平保护盘

1—缓冲层；2—混凝土隔水层；3—黄泥隔水层；
4—钢板；5—木板；6—方木；7—工字钢梁；8—泄水管

缓冲层是由纵横交错的木垛、柴束和锯末组成，其作用在于吸收坠落物的部分冲击能量，减缓作用于盘梁上的冲击力。泄水管直径 50～75mm，上端穿过隔水层，下端设有阀门。

不论保护岩柱或人工保护盘，均必须承担得起满载的提升容器万一从井口坠落下来时的冲击力，以确保延深工作面工人的安全。

（2）尽量减少延深工作对矿井生产的干扰。

（3）由于井下和地面没有足够的空间用来布置掘进设备，必须掘进一些专用的巷道和硐室，但此种工程量应当减至最低的限度。

（4）由于井筒内和井筒附近地下的空间特别窄小，使用的掘进设备体积要小，效率要高。

（5）要保证延深井筒的中心垂线与生产井筒的中心垂线相吻合，或者误差在允许的规定范围内。因此，必须加强延深井筒的施工测量工作。

10.3.2　常用竖井延深方案

常用的延深方式分两大类，而每一类又有不同的延深方案。

10.3.2.1　自下而上小断面反掘，随后刷大井筒

A　利用反井自下而上延深

这种延深方案在金属矿山使用最为广泛。其施工程序如图 10-73 所示。在需要延深的井筒附近，先下掘一条井筒 1（称为先行井）到新的水平。自该井掘进联络道 2 通到延深井筒的下部，再掘联络道 3，留出保护岩柱 4，做好延深的准备工作。在井筒范围内自下而上掘进小断面的反井 5，用以贯通上下联络道，为通风、行人和供料创造有利条件。反井掘进的方法，依据条件有吊罐法、爬罐法、深孔爆破法、钻进法和普通法等。然后刷大

反井至设计断面，砌筑永久井壁，进行井筒安装，最后清除保护岩柱，在此段井筒完成砌壁和安装，井筒延深即告结束。

　　a　先行井选择

　　采用这种方法的必要条件是必须有一条先行井下掘到新的水平。为了减少临时工程量，这条先行井应当是尽可能地利用永久工程。例如，当采用中央一对竖井开拓时，可先自上向下延深其中一个井筒作为先行井，利用它自下向上延深另一个井筒。金属矿的中央竖井常是一条混合井，其附近通常有溜矿井。这时可以先向下延深溜矿井在其中安装施工用的提升设备，用它作为先行井，自下而上延深混合井。河北铜矿混合井延深，就利用离竖井 12m 的溜矿井作为先行井。

　　b　井筒刷大

　　按照井筒刷大的方向，可分为自下向上刷大和自上向下刷大两种情况，现分述如下：

　　（1）自下向上刷大。自下向上刷大与浅孔留矿法颇为相似（图 10-73）。在反井 5 掘成以后，即可自下向上刷大井筒。为此，在井筒的底部拉底，留出底柱，扩出井筒反掘的开凿空间，安好漏斗 6。向上打垂直孔，爆下的岩石一部分从漏斗 6 放出，装入矿车 7，用临时罐笼 8 提到生产水平。其余的岩石暂时留在井筒内，便于在渣面上进行凿岩爆破工作，同时存留的岩渣还可维护井帮的稳定。人员、材料、设备的升降用吊桶 9 来完成。待整个井筒刷大到辅助水平 3 后，逐步放出井筒内的岩石，同时砌筑永久井壁。

　　这种井筒刷大方法的优点是：井筒不用临时支护；下溜废石很方便；用上向式凿岩机钻孔，速度快而省力。缺点是工人在顶板下作业，当岩石不十分坚固完整时，不够安全；每遍炮后，要平整场地，费时费力；井筒刷大前，要做出临时底柱；凿岩工作不能与出渣装车平行作业等。

　　（2）自上向下刷大（图 10-74）。开始刷大时，先自辅助水平向下刷砌 4～5m 井筒，安设封口盘，然后继续向下刷大井筒。刷大过程中爆破下来的岩石，均由反井下溜到新水平 4，用装岩机装车运走。刷大后的井帮，由于暴露的面积较大，须用临时支护，如用锚杆、喷射混凝土或挂圈背板等维护。为了防止刷大工作面上工人和工具坠入反井，反井口上应加一个安全格筛 2。放炮前将格筛提起，放炮后再盖上。刷大井筒和砌壁工作常用短段掘砌方式，砌壁与刷大交替进行。

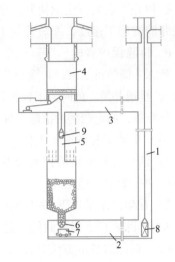

图 10-73　先上掘天井然后上行刷大的
延深方法示意图

1—盲井；2，3—联络道；4—保护岩柱；
5—反井；6—漏斗；7—矿车；
8—临时罐笼；9—吊桶

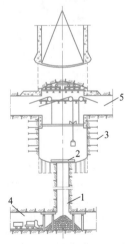

图 10-74　先上掘小井然后下行
刷大的延深方法示意图

1—天井；2—安全格筛；3—钢丝绳
砂浆锚杆；4—下部新水平；
5—上部辅助水平

这种井筒刷大方法能使井筒刷大的凿岩工作与井筒下部的装岩工作同时进行，这样可加快井筒的施工速度，缩短井筒工期。

　　c　拆除保护岩柱

延深井筒装备结束，井筒与井下车场连接处掘砌完成后，即可拆除保护岩柱（或人工保护盘），贯通井筒。此时为了保证掘进工人的安全，井内生产提升必须停止。因此事先要做好充分准备，制定严密的措施，确保安全而又如期地完成此项工作。

　　（1）拆除岩柱的准备工作。

　　1）清理井底水窝的积水淤泥。可以从生产水平用小吊桶或矿车清理，也可通过岩柱向下打钻孔泄水、排泥。

　　2）在生产水平以下1~1.5m处搭设临时保护盘，在辅助延深水平处设封口盘。

　　3）拆除岩柱下提升间的天轮托梁及其他设施。

　　（2）拆除岩柱的方法分普通法和深孔爆破法两种。如果所留岩柱很厚，也可考虑使用吊罐法小井掘透然后刷砌。

　　1）普通法。利用延深间或梯子间延深时，可利用原有的延深通道自上向下进行刷砌（图10-75）。当使用其他延深方法掘除全断面岩柱时，应先打钻孔或以不大于4m²的小断面反井，从下向上与大井凿通，然后再按井筒设计断面自上向下刷砌（图10-76）。

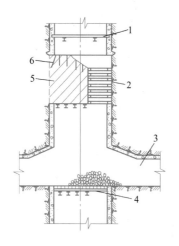

图 10-75　普通法掘除部分断面岩柱
1—临时保护盘；2—延深通道；
3—延深辅助水平；4—封口盘；
5—部分断面岩柱；6—炮孔

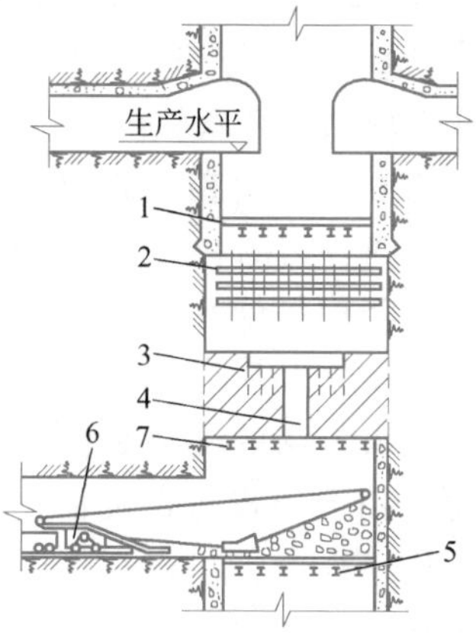

图 10-76　普通法掘除全断面岩柱
1—临时保护盘；2—临时井圈；3—下掘岩柱的台阶工作面；
4—小断面反井；5—封口盘；6—耙斗机；7—护顶盘

　　2）深孔爆破法。先在岩柱中打钻孔，确定岩柱的实际厚度，泄除井底积水。在岩柱中反掘小断面天井，形成爆破补偿空间。然后自下向上按井筒全断面打深孔，爆破后渣石由辅助延深水平装车外运（图10-77）。这种施工方法可免除繁重的体力劳动，无需事先清理井底，井内生产停产时间较短，因此在打深孔和装岩的大部分时间内，生产仍可照常进行，且深孔爆破崩岩速度较快。

利用反井自下向上延深的优点较多。如渣石靠自重下溜装车，因而省去了竖井延深中最费时费力的装岩和提升工作；整个延深过程中无需排水；采用一般的设备即可获得较高的延深速度；延深成本低。因此，凡岩层稳定，没有瓦斯，涌水量不大，有可利用的先行井时，均可使用这种延深方式。其不足之处是，准备时间较长，必须首先掘进先行井和联络道通至延深井筒的下部；如果先行井断面小，用人工装岩，小吊桶提升，则掘进速度往往受到限制。

B　自下向上多中段延深

金属矿山尤其是中、小型有色金属矿山，通常为多中段开采，由几个中段形成一个集中出矿系统。所以竖井每延深一次需要一次延深几个中段，准备出一个新的出矿系统。例如，红透山铜矿、河北铜矿的混合井都是一次下延三个中段，共180m。在此情况下，如果各中段依次延深，采用通常的施工方法，势必拖长施工工期。为了加快井筒延深速度，在条件许可时，应组织多中段延深平行作业。此种平行作业包括两个内容：一是先行井下掘和各中段联络道掘进平行作业；二是竖井延深时采用反掘多中段平行作业。

a　先行井下掘和联络道掘进平行作业

要确保两者平行作业的关键，是解决先行井和联络道两个工作面同时出渣的问题。图10-78所示为红透山铜矿第三系统延深时，先行井（盲副井）下掘和联络道平行作业的情况。在先行井下掘过程中，采用两段提升系统。一段用吊桶将先行井下掘的岩石提升至上一联络道水平，经溜槽卸入矿车，再由先行井内设置的另一套临时罐笼，提升至上一联络道水平后运出。因此，需将先行井井筒断面分为两个格间，其中一个布置有0.5m³的吊桶提升；另一个布置有双层临时罐笼，罐笼内可装0.7m³的固定矿车。在下掘盲副井的同时，在中间水平掘进通向延深井底的联络道，掘进的岩石装入矿车，也直接由临时罐笼提到上水平。这样就保证了盲副井与联络道的掘进作业同时进行。

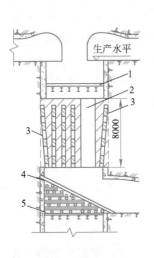

图10-77　深孔爆破法拆除岩柱

1—临时保护盘；2—小断面反井；3—深孔；
4—倾斜木垛溜矸台；5—封口盘

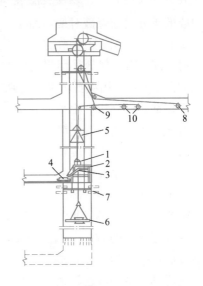

图10-78　红透山盲副井两段
提升系统出矸图

1—吊桶；2—翻矸台；3—漏斗；4—矿车；5—双层罐笼；
6—掘进吊盘；7—罐底棚；8—22kW单筒提升机；
9—1t手动稳车；10—8t稳车

b 竖井反掘多中段平行作业

竖井采用反井延深的程序是：钻凿挂吊罐的中心大孔，用吊罐法掘进反井，然后反井刷大，刷大后的井筒砌壁等。多中段同时延深井筒的实质，就是在不同的中段内，由下往上按上述顺序各进行一项延深程序，以达到各中段平行作业，缩短井筒施工工期的目的。红透山铜矿混合井第二系统延深时，采用这种方式的施工情况如图 10-79 所示。该井净直径 5.5m，延深前井深 220m，竖井一次需延深四个中段共 217m。井筒穿过黑云母片麻岩，岩石致密稳定，无涌水。利用混合井旁一条溜矿井作为先行井下掘，同时依次掘进各中段联络道，到达混合井井底后，即可组织竖井反掘多中段平行作业。由图 10-79 可见，第Ⅰ中段集中出渣、喷射混凝土井壁，第Ⅱ中段自下向上刷大井筒，第Ⅲ中段用吊罐法掘进天井，第Ⅳ中段钻进挂吊罐的中心大孔。

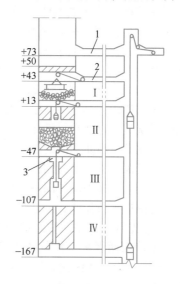

图 10-79 红透山铜矿混合井
延深多中段平行施工
1—生产水平；2—延深辅助
水平联络道；3—预掘 2m 天井段；
Ⅰ~Ⅳ—各延深中段

在每一段井筒准备反掘和进行反井刷大时，都要照顾到上下邻近中段的施工进度，搞好工序的衔接和配合。现以第Ⅱ中段为例来说明。首先，在井筒中心用吊罐法掘进断面为 2m×2m 的天井；待与第Ⅰ中段贯通后，在第Ⅱ中段下部水平巷道顶板以上 2.5~3.0m 处，进行井筒拉底，留出临时底柱，再扩出井筒反掘的开凿空间。在天井下端安设漏斗，以便放渣装车外运。为了防止第Ⅲ中段的天井贯通爆破时崩坏漏斗，在安漏斗以前，先在天井预计贯通的地方，按其规格下掘 2m。第Ⅲ中段打上来的吊罐孔，用钢管引出，使其高出中段联络道底板标高 200mm。钢管同岩石接触处采用封闭防水措施，以免大孔漏水，妨碍第Ⅲ中段天井掘进。预先下掘的 2m 天井，用渣石填平，将来贯通爆破时，可起缓冲作用，使漏斗不致崩坏。

井筒反掘前，要在天井中配设 0.5m^3 的吊桶提升，用以升降人员和材料。提升绞车利用吊罐的慢速绞车，它布置在第Ⅰ中段联络道内。井筒反掘用的风管、水管以及爆破、信号和照明电缆，均由第Ⅰ中段敷设。

正常情况下，当第Ⅱ中段的井筒刷大完成之时，第Ⅰ中段井筒业已放完岩石，砌好井壁。这时，可拆除第Ⅰ中段的漏斗，反掘该中段的临时底柱。此后，第Ⅱ中段即可投入集中出渣，砌筑井壁。如果第Ⅱ中段井筒反掘上来，而第Ⅰ中段的岩石尚未放完，则第Ⅱ中段应留 3~4m 厚的临时顶柱，暂停反掘，保护第Ⅰ中段平巷，待其出完岩石，拆除漏斗后，再继续反掘临时顶柱和底柱。

由上述可见，多中段延深平行作业，能加快井筒延深速度，缩短总的施工期限。但组织工作复杂，通风困难，测量精度要求高。

10.3.2.2 自上向下井筒全断面延深

A 利用辅助水平自上向下井筒全断面延深

利用辅助水平延深井筒，其施工设备、施工工艺与开凿新井基本相同，所差别的是为

了不影响矿井的正常生产，在原生产水平之下需布置
一个延深辅助水平，以便开凿为延深服务的各种巷
道、硐室和安装有关施工设备。所掘砌的巷道和硐室，
包括辅助提升井（如连接生产水平和辅助水平的下山
或小竖井）及其绞车房、上部和下部车场、延深凿井
绞车房、各种稳车硐室、风道、料场及其他机电设备
硐室。这些辅助工程量较大，又属临时性质，因此需
要周密考虑，合理地布置施工设备。尽量减少临时巷
道及硐室的开凿工程量，是利用辅助水平延深井筒实
现快速、安全、低耗的关键。

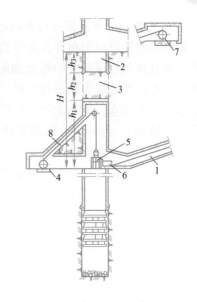

图 10-80 利用辅助水平延深井筒
1—辅助下山；2—井底水窝；3—保护岩柱；
4—延深用提升机；5—卸矸台；6—矿车；
7—下山出矸提升机；8—提升绳道

利用辅助水平自上向下延深井筒的施工准备及工
艺过程如图 10-80 所示。预先开掘下山、巷道和硐
室，形成一个延深辅助水平，以便安装各种施工设备
和管线工程，还要从延深辅助水平向上反掘一段井筒
作为延深的提升间（井帽），留出保护岩柱。如用人
工保护盘，则将井筒反掘到与井底水窝贯通后构筑人
工保护盘。随后下掘一段井筒、安好封口盘、天轮台
及卸矸台，安装凿井提绞设备及各种管线，完成后即
可开始井筒延深。当井筒掘砌、安装完后，再拆除保护岩柱或人工保护盘。最后做好此段
井筒的砌壁和安装工作。

这种延深方法在煤矿使用得很广泛。它的适应性强，对围岩稳定性较差，或有瓦斯或
涌水较大的条件都可使用；延深工作形成自己的独立系统，对矿井的正常生产影响较小；
井筒的整个断面可用来布置凿井设备，可使用容积较大的吊桶提升废石，延深速度可以提
高。其缺点是临时井巷工程量大，延深准备时间长，成本较高，废石多段提升，需用设
备多。

B 利用延深间或梯子间自上向下延深井筒

此种延深方法的特点：利用井筒原有的延深间和梯子间，用来布置和吊挂延深施工用
设备，从而使井筒延深工作，在不影响矿井正常生产的情况下得以独立、顺利地进行。

根据延深用的提升机和卸矸台的布置地点的不同可分为如下两类：

（1）提升机和卸矸台均布置在地面。采用这种布置方式（图 10-81），其优点是延深提
矸和下料均从地面独立进行，管理工作集中，井下开凿的临时工程量减到最少，利用一套提
升设备先后延深几个水平。其缺点是随延深深度的增加，吊桶提升能力降低，会影响延深速
度，特别是深井延深时尤甚；不能利用地面永久井架作延深用，需另行安设临时井架；工程
比较复杂，如要利用梯子间延深时，梯子间的改装工程量大。其适用条件是地面及井口生产
系统改装工程量不大，便可布置延深施工设备和堆放材料，且不影响矿井生产，但提升高度
不应大于 300~500m。

（2）提升机和卸矸台都布置在井下生产水平。这种布置的优点是提升高度小，吊桶提
升时间短，梯子间改装工程量小。缺点是井下临时掘砌工程量较大，延深工作独立性小，
提升出矸、下料等都受矿井生产环节的影响。其适用条件是，井筒延深深度大于 300~

500m，且地面缺少布置延深设备场地。

    提升机和卸矸台都布置在井下的井筒延深施工程序如图 10-82 所示。延深前在生产水平要开凿各种为延深服务的巷道和硐室，安装延深提绞设备，将生产水平以上 7~20m 的梯子间拆除，改装成为吊桶提升间，其中设天轮台，天轮台上方设斜挡板以资保护。排除井底水窝内的积水，清除杂物，构筑临时水窝，开凿延深通道。待延深通道掘完后，开始沿井筒全断面下掘 6~8m，砌筑此段井壁，架设保护岩柱底部钢梁，在钢梁下 4~6m 处安设固定盘以布置小型提绞设备。在生产水平设封口盘和卸矸台。这些准备工作完成后，即可开始延深工作，达到延深深度后即拆除岩柱。

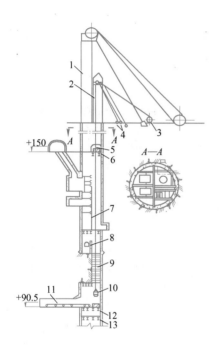

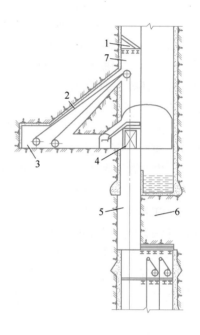

图 10-81   某矿主井延深示意图

1—永久井架；2—掘进木井架；3—延深提升绞车；
4—稳绳稳车；5—第一生产水平通道；6—安全门；
7—隔板；8—隔墙；9—延深孔架；10—吊桶；
11—稳车硐室；12—封口盘；13—固定盘

图 10-82   利用延深间或梯子间
延深井筒示意图

1—斜挡板；2—绳道；3—绞车硐室；
4—卸矸台；5—延深通道；
6—保护岩柱；7—原梯子间

    利用延深间和梯子间延深井筒，虽具有延深辅助工程量少、准备工期短、施工总投资少等优点。但此方案在金属矿山很少使用，而且只限于利用梯子间的一种形式。其原因是现有井筒设计一般不预留延深间，梯子间断面小，只能容纳小于 $0.4m^3$ 的小吊桶，提升能力小，井筒延深速度慢。

    由于井筒延深是在矿井进行正常生产的情况下进行的，所以施工条件差，施工技术管理工作比较复杂。选择延深方案时，必须经过仔细的方案比较，才能选出在技术上和经济上均最优的方案。

习　题

10-1　竖井按其作用不同可分为哪几类，其特点是什么？

10-2　简述罐道定义及其类型。

10-3　竖井净断面尺寸确定步骤有哪些？

10-4　简述井筒表土施工方法及其特点。

10-5　简述竖井施工方法及其特点。

10-6　竖井施工用盘有哪些类型？

10-7　竖井延深方案有哪些，它们的特点分别是什么？

参 考 文 献

[1] 周昌达. 井巷工程[M]. 北京：冶金工业出版社，1994.

[2] 中国矿业大学等. 井巷工程[M]. 北京：煤炭工业出版社，1991.

[3] 东兆星，吴士良. 井巷工程[M]. 徐州：中国矿业大学出版社，2004.

[4] 刘刚. 井巷工程[M]. 徐州：中国矿业大学出版社，2005.

[5] 王毅才. 隧道工程[M]. 北京：人民交通出版社，2000.

[6] 柏建彪，曾宪桃，周英. 井巷设计优化与施工新技术[M]. 徐州：中国矿业大学出版社，2008.

[7] 冶金工业部南昌有色冶金设计院. 冶金矿山井巷设计参考资料（上册）[M]. 北京：冶金工业出版社，1979.

[8] 沈季良，等. 建井工程手册[M]. 北京：煤炭工业出版社，1985.

[9] 解世俊. 金属矿床地下开采[M]. 北京：冶金工业出版社，1986.

[10] 侯朝炯，郭励生，勾攀峰. 煤巷锚杆支护[M]. 徐州：中国矿业大学出版社，1999.

[11] 中国煤炭建设协会. GB 50215—2005 煤炭工业矿井设计规范 [S]. 北京：中国计划出版社，2006.

[12] 任飞，赵兴东，郝志贤. 采选概论[M]. 北京：地质出版社，2009.

[13] 李长权，杨建中. 井巷设计与施工[M]. 北京：冶金工业出版社，2008.

[14] 董方庭，姚玉煌，黄初，等. 井巷设计与施工[M]. 徐州：中国矿业大学出版社，1994.

[15] 中华人民共和国应管管理部. GB 16423—2020 金属非金属矿山安全规程[S]. 2020.

[16] 朱浮生. 锚喷加固设计方法[M]. 北京：冶金工业出版社，1993.

[17] 国家基本建设委员会，煤炭工业部. 光爆锚喷技术汇编（内部资料），1980.

[18] 东北工学院采矿系矿井建设专业. 井巷工程设计与施工（内部资料），1975.

[19] 《井巷工程施工手册》编写组. 井巷工程施工手册[M]. 北京：煤炭工业出版社，1979.

[20] 吴理云. 井巷硐室工程[M]. 北京：冶金工业出版社，1985.

[21] 王文龙. 钻眼爆破[M]. 北京：煤炭工业出版社，1983.

[22] 吴贤振，刘洪兴. 井巷工程[M]. 北京：化学工业出版社，2009.

[23] 李长权，戚文革. 井巷施工技术[M]. 北京：冶金工业出版社，2008.

[24] William A. Hustrulid and Richard L. Bullock. Underground mining methods, Society for Mining, Metallurgy, and Exploration, INC. 2001.

[25] Hoek E, Kaise P K, Bawden W F. Support of underground excavations in hard rock, Netherlands：A. A. Balkema/Rotterdam/Brookfield, 2000.

[26] 崔云龙. 简明建井工程手册[M]. 北京：煤炭工业出版社，2003.

[27] 赛云秀. 现代矿山井巷施工技术[M]. 西安：陕西科学出版社，2000.

[28] 洪晓华. 矿井运输提升[M]. 徐州：中国矿业大学出版社，2002.

[29] 王青，史维祥. 采矿学[M]. 北京：冶金工业出版社，2002.

[30] 《井巷掘进》编写组. 井巷掘进[M]. 北京：冶金工业出版社，1975.

[31] O. 雅各毕，等. 实用岩层控制[M]. 黄阿毕，等译. 北京：煤炭工业出版社，1980.

[32] 吴健，乔缺斋，李万忠. 巷道维修[M]. 北京：煤炭工业出版社，1984.

[33] 宋宏伟. 井巷工程[M]. 北京：煤炭工业出版社，2006.

[34] 卢义玉，康勇，夏彬伟. 井巷工程设计与施工[M]. 北京：科学出版社，2010.

[35] 王运敏. 现代采矿手册[M]. 北京：冶金工业出版社，2012.

[36] 孙延宗，孙继业. 岩巷工程施工[M]. 北京：冶金工业出版社，2011.

[37] 郭章. 新城金矿改扩建工程斜坡道设计与施工[J]. 黄金，1995，16(5)：22~25.